高校土木工程专业规划教材

土木工程材料

主　　编　刘　军
副 主 编　钱晓倩　李东旭
　　　　　王培铭　肖力光
编写单位　沈阳建筑大学　浙江大学　同济大学
　　　　　南京工业大学　吉林建筑工程学院

中国建筑工业出版社

图书在版编目(CIP)数据

土木工程材料 / 刘军主编. —北京：中国建筑工业出版
社，2009
（高校土木工程专业规划教材）
ISBN 978-7-112-11370-5

Ⅰ. 土… Ⅱ. 刘… Ⅲ. 土木工程—建筑材料 Ⅳ. TU5

中国版本图书馆 CIP 数据核字(2009)第 170669 号

本书主要介绍了土木工程中的材料知识。共 14 部分内容，包括绪论、材料的基本性质、砖和砌块、天然石材、无机气硬性胶凝材料、水泥、混凝土、砂浆、沥青及沥青混合料、建筑钢材、木材、高分子材料、建筑功能材料、土木工程材料试验。

本书可作为土木工程类专业教材，也可供相关专业的人员参考使用。

* * *

责任编辑：常　燕

高校土木工程专业规划教材
土木工程材料
主　编　刘军
副主编　钱晓倩　李东旭
　　　　王培铭　肖力光
编写单位　沈阳建筑大学　浙江大学　同济大学
　　　　　南京工业大学　吉林建筑工程学院

*

中国建筑工业出版社出版、发行(北京西郊百万庄)
各地新华书店、建筑书店经销
广州友间文化有限公司制版
北京京丰印刷厂印刷

*

开本:787×1092毫米　1/16　印张:22¼　字数:541 千字
2009 年 11 月第一版　2012 年 7 月第五次印刷
定价:**36.00** 元
ISBN 978-7-112-11370-5
(18632)

前　言

　　土木工程材料课程是土木建筑类各专业必修的一门专业技术基础课,该课程为土木工程、建筑学和工程管理等专业奠定了坚实的专业基础,在各专业课程设置中具有承上启下的作用,在实现各专业的人才培养目标方面具有重要的基础作用。

　　目前,关于土木工程材料的教材很多,但大多是针对某一专业,尤其是针对土木工程专业的教学要求编写的,在内容上很难满足其他土木建筑类专业的人才培养要求,因此急需编写一本能够同时满足土木建筑类各专业人才培养要求的教材。此外,随着科学技术的日新月异,土木工程所使用的新材料和新技术层出不穷,新标准和新规范不断更新,土木工程材料的课程也应紧随土木工程材料发展的步伐,不断更新内容,以满足专业人才培养的要求,提高专业人才培养质量。本教材即是出于上述考虑编写的。

　　本书以全国高等院校土木工程专业指导委员会、建筑学专业指导委员会和工程管理专业指导委员会制订的课程教学大纲以及最新颁布的各种土木工程材料的技术标准和规范为主要依据进行编写,全书以材料的组成和结构与材料性质之间的关系以及材料的性质与材料的应用、运输和贮存之间的关系为主线,详细介绍了各类常见土木工程材料的生产与制备、组成与结构、技术性质、工程应用、检验方法、运输与贮存等方面的基本知识,重点突出了各类常用的土木工程材料的技术性质和工程应用,另外对于近些年在工程中发展应用效果较为理想的新型土木工程材料以及常用土木工程材料的实验方法,也在相应章节里作了介绍。

　　为了使读者能够全面、深入、有针对性地把握各类常用土木工程材料的基本概念、基本理论和基本方法,本书在充分考虑语言的精炼和逻辑性强的基础上,在每章前设置了内容提要,每章后设置了思考题和答案栏目。

　　本书由刘军(沈阳建筑大学教授)担任主编,钱晓倩(浙江大学教授)、李东旭(南京工业大学教授)、王培铭(同济大学教授)、肖力光(吉林建筑工程学院教授)担任副主编,参编人员有徐长伟(沈阳建筑大学副教授)、谷亚新(沈阳建筑大学副教授）、陈彦文（沈阳建筑大学高级工程师）。其中刘军编写绪论、第一章、第四章，并负责全书统稿；钱晓倩编写第六章、第十章；李东旭编写第五章、第九章；王培铭编写第二章、第七章；肖力光编写第八章、第十二章、徐长伟编写第三章、第十三章（实验四～实验七）；谷亚新编写第十一章；陈彦文编写第十三章（实验一～实验三）。

本书在编写过程中得到了包括参与编写的多位老师以及同行的大力帮助，在此表示衷心的感谢。

由于本教材内容广泛，编者水平所限，书中不完善之处在所难免，敬请同行和读者批评指正。

编　者

目　录

绪 论

一、土木工程材料的定义、特点及分类

对于土木工程材料的定义,可以从广义和狭义两个角度理解,从广义角度讲,土木工程材料是指在土木建筑工程中所应用的各种材料的总称,应包括:

(1) 构成建筑物本身的材料,如钢材、木材、水泥、石灰、砂石、红砖、玻璃、防水材料等。

(2) 施工过程中所用的材料,如钢、木模板及脚手杆、跳板等。

(3) 各种建筑器材,如给水排水设备,采暖通风设备,空调、电气、电信、消防设备等。

从狭义角度讲,是指构成建筑物本身的材料,本书中主要介绍构成建筑物本身所使用的各种材料。

土木工程材料作为一切土木建筑工程的物质基础,素有"建筑业粮食"之称,其质量、功能以及价格对于房屋建筑工程的质量、功能和价格具有重要影响,因此作为土木工程材料应具有如下四大特点:适用(具有要求的使用功能)、耐久(具有与使用环境条件相应的耐久性)、量大(具有丰富的资源)和价廉。

理想的土木工程材料应具有轻质、高强、防火、无毒、高效能和多功能的特点。

土木工程材料品种繁多,为了便于掌握,可从不同角度进行分类,常见有按化学成分(表1)和按使用功能(表2)两种分类方法。

土木工程材料按化学成分分类 表1

分 类			实 例
无机材料	金属材料	黑色金属	生铁、碳素钢、合金钢
		有色金属	铝、锌、铜及其合金
	非金属材料	天然石材	碎石、卵石、砂、毛石、料石
		烧土制品	黏土砖、瓦、建筑陶瓷
		玻璃及熔融制品	玻璃、玻璃棉、岩棉、铸石
		胶凝材料	气硬性:石灰、石膏、水玻璃、菱苦土 水硬性:各类水泥
		混凝土类	砂浆、混凝土、硅酸盐制品
有机材料	生物质材料		木材、竹材、植物纤维及其制品
	沥青材料		石油沥青、沥青制品
	高分子材料		塑料、橡胶、有机涂料、胶粘剂
复合材料	金属 – 非金属复合		钢纤维混凝土、钢筋混凝土、预应力混凝土
	非金属 – 有机复合		聚合物混凝土、沥青混凝土、水泥刨花板、玻璃钢(玻璃纤维增强塑料)

分　类	定　　　义	实　　例
建筑结构材料	构成基础、柱、梁、框架屋架、板等承重系统的材料	砖、石材、钢材、钢筋混凝土、木材
墙体材料	构成建筑物内、外承重墙体及内分隔墙体的材料	石材、砖、空心砖、加气混凝土、各种砌块、混凝土墙板、石膏板及复合墙板
建筑功能材料	不作为承受荷载，且具有某种特殊功能的材料	保温隔热材料：膨胀珍珠岩及其制品、膨胀蛭石及其制品、加气混凝土 吸声材料：毛毡、棉毛织品、泡沫塑料 采光材料：各种玻璃 防水材料：沥青及其制品、树脂基防水材料 防腐材料：煤焦油、涂料 装饰材料：石材、陶瓷、玻璃、涂料、木材
建筑器材	为了满足使用要求，而与建筑物配套的各种设备	电工器材及工具 水暖及空调器材 环保器材 建筑五金

二、土木工程材料在建设工程中的地位和作用

土木工程材料是一切土木建筑工程的基础。要发展建筑业，就必须发展建筑材料工业。因此，建筑材料工业是国民经济的重要基础工业之一。

随着国民经济的高速发展，需要建造大量的工业建筑、水利工程、港口工程、交通运输工程以及大量的民用住宅工程，这就需要数量巨大、优质、品种齐全的土木工程材料。

土木工程材料不仅用量大，而且有很强的经济性，它直接影响工程的总造价。一般住宅工程的材料费用约占总造价的 50%~60%。所以，在建筑过程中能否恰当地选择和合理地使用土木工程材料不仅能提高建筑物质量及其寿命，而且对降低工程造价有着重要的意义。

土木工程材料的质量如何，直接影响建筑物的坚固性、适用性及耐久性。因此，要求土木工程材料必须具有足够的强度以及与使用环境条件相适应的耐久性，才能使建筑物具有足够的使用寿命，并尽量地减少维修费用。

三、土木工程材料的技术标准

土木工程材料技术标准（规范）是针对原材料、产品以及工程质量、规格、检验方法、评定方法、应用技术等作出的技术规定。因此它是在从事产品生产、工程建设、科学研究以及商品流通领域中所需共同遵循的技术法规。

土木工程材料技术标准包含内容很多，如原料、材料及产品的质量、规格、等级、性质要求以及检验方法；材料及产品的应用技术规范（或规程）；材料生产及设计的技术规定；产品质量的评定标准等。

根据技术标准的发布单位与适用范围，可分为国家标准、行业标准和企业及地方标准三级。

（1）国家标准

国家标准通常是由国家标准主管部门委托有关单位起草，由有关部委提出报批，经国

家技术监督局会同有关部委审批,并由国家技术监督局发布。国家标准在全国范围内适用,是对全国范围的经济、技术及生产发展有重大意义的标准。

(2)行业标准

行业标准是指全国性的某行业范围的技术标准。这级标准是由中央部委标准机构指定有关研究院所、大专院校、工厂、企业等单位提出或联合提出,报请中央部委主管部门审批后发布,因此又被称为部颁标准,最后报国家技术监督局备案。

(3)企业标准与地方标准

企业标准与地方标准是指只能在某地区内或某企业内使用的标准。凡国家、部未能颁布的产品与工程的技术标准,可由相应的工厂、公司、院所等单位根据生产厂家能保证的产品质量水平所制定的技术标准,经报请本地区或本行业有关主管部门审批后,在该地区或行业中执行。

各级技术标准,在必要时可分为试行与正式标准两类。按其权威程度又可分为强制性标准和推荐性标准。建筑材料技术标准按其特性可分为基础标准、方法标准、原材料标准、能源标准、环境标准、包装标准、产品标准等。

每个技术标准都有自己的代号、编号和名称。标准代号反映该标准的等级或发布单位,用汉语拼音字母表示,见表3。

技术标准所属行业及代号 表3

所属行业	标准代号	所属行业	标准代号
国家标准	GB	石油	SY
建材	JC	冶金	YB
建设工程	JG	水利电力	SD
交通	JT		

编号表示标准的顺序号和颁布年代号,用阿拉伯数字表示;名称以汉字表达,它反映该标准的主要内容。例如

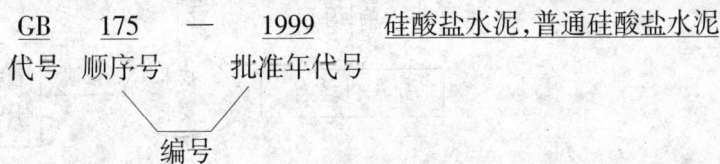

GB　　175　—　1999　　硅酸盐水泥,普通硅酸盐水泥

代号　顺序号　批准年代号

编号

表示国家标准175号,1999年颁布执行,其内容是:硅酸盐水泥和普通硅酸盐水泥。

又如

GB/T 14684—2001 建筑用砂

表示国家推荐性标准14684号,2001年颁布执行的建筑用砂标准。

由于技术标准是根据一个时间的技术水平制定的,因此它只能反映该时期的技术水平,具有暂时相对稳定性。随着科学技术的发展,不变的标准不但不能满足技术飞速发展的需要,而且还会对技术的发展起到限制和束缚作用。所以技术标准应根据技术发展的速度与要求不断地进行修订,我国5年左右修订一次。为了适应改革开放和加入WTO后的需要,当前我国各种技术标准都正向国际标准靠拢,以便于科学技术的交流与提高。目前,国

际上普遍采用的标准有 ISO(国际标准化组织)标准、ASTM(美国材料试验协会)标准、JIS(日本)标准、NF(法国)标准、BS(英国)标准等。

四、学习本课程的目的、任务及学习方法

土木工程材料与建筑设计、建筑结构、建筑施工及建筑经济一样,是建筑工程学科的一个分支,是土木工程、建筑学和工程管理等专业的重要专业基础课。本课程的目的是为其他专业课程(如房屋建筑学、建筑施工、砖混结构、钢结构等)提供土木工程材料的基本知识;为从事技术工作,能合理地选择和正确地使用土木工程材料打下基础。因此,课程的任务就是使学生获得常用土木工程材料的性质与应用的基本知识和必要的基本理论;了解土木工程材料的标准,并获得主要土木工程材料检验方法的基本技能训练。本课中涉及到常用土木工程材料如砖、石灰、石膏、水泥、混凝土、建筑砂浆、建筑钢材、木材、防水材料、塑料、装饰材料、绝热材料及吸声材料等,主要讨论这些材料的原料与生产;组成、结构与性质的关系;性质与应用;技术要求与检验;运输、验收与储存等方面的内容。从本课程的目的及任务出发,主要应掌握土木工程材料的性质、应用及其技术要求的内容。

土木工程材料课程内容繁杂,因此掌握良好的学习方法是至关重要的。正确的学习方法是要运用好事物内因与外因、共性与特性的关系。要了解土木工程材料各方面内容的关系,见图1。要了解不同种类材料具有不同的性质;同类材料不同品种既存在共性,又存在各自的特性;只要抓住代表性材料的一般性质,运用对比的方法去掌握其他品种土木工程材料的特性。掌握了抓重点内容、抓内容关系、抓对比手法即可事半功倍。

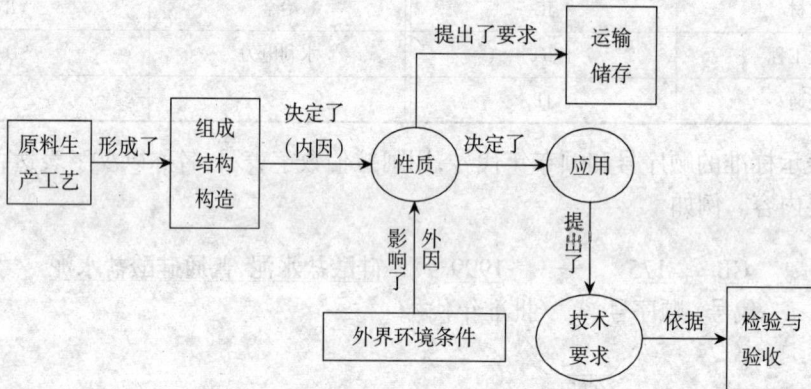

图1 土木工程材料各方面内容的联系

土木工程材料课是一门以生产实践和科学实验为基础的实践性很强的学科。因而实验课是本课程的重要教学环节。通过实验,可以学会和掌握土木工程材料的基本试验方法,从而培养科学研究的能力和严谨慎密的科学态度。

五、土木工程材料的发展现状及发展趋势

土木工程材料的发展是随着人类社会生产力的不断发展和人民生活水平的不断提高而向前发展的。现代科学技术的发展,使生产力不断提高,人民生活水平不断改善,这将要求土木工程材料的品种与性能更加完备,不仅要求经久耐用,而且要求土木工程材料具有

轻质、高强、美观、保温、吸声、防水、防震、防火、节能等功能。

　　随着社会生产力的发展,土木工程材料已从最开始只是纯天然发展到人造,从单一功能发展到集多功能于一体,从为数不多发展到现在种类繁多、门类齐全,从质量低劣、性能较差发展到高质量高性能,从高资源能源消耗发展到绿色环保,从单体发展到单体的集成,体现了不断进步的过程。目前土木工程材料已呈现出以预应力混凝土、混凝土、水泥、钢材为代表的结构材料和以绝热、吸声、防水、防腐、防潮、耐腐蚀、采光、装饰为特征的功能性材料并存,能够充分满足各种土木建筑工程需求的良好态势,并且,随着科技的进步,新型材料层出不穷。

　　展望未来社会发展,今后土木工程材料的发展趋势有:

　　(1)轻质高强——材料发展的永恒主题。

　　(2)绿色环保——材料发展的基本理念。

　　(3)节能节水——社会发展的必然选择。

　　(4)部品化、组装化——材料施工的基本要求。

　　(5)充分利用地方资源生产低成本土木工程材料——可持续发展的基本要求。

思考题与习题

　　1.如何理解土木工程材料的基本概念?

　　2.土木工程材料在建设工程中的地位和作用体现在哪些方面?

　　3.土木工程材料常见的分类方法有哪些?具体如何分类?

　　4.在我国技术标准分为哪三级?分级依据是什么?

　　5.试分析土木工程材料的发展趋势。

第一章 材料的基本性质

内容提要：本章主要介绍土木工程材料的组成、结构与性质的关系；材料的吸湿性、吸水性、耐水性、导热性、耐燃性等物理性质；材料的强度等级、比强度、脆性、硬度等力学性质。同时介绍了材料耐久性的概念和影响材料耐久性的因素；对材料的装饰性也进行了简单的介绍。

材料是构成土木工程的物质基础，不同的土木工程材料在工程结构物中起着不同的作用。如梁、板、柱以及承重的墙体主要承受各种荷载作用；房屋屋面要承受风霜雨雪的作用且能保温、防水；基础除承受建筑物全部荷载外，还要承受冰冻及地下水的侵蚀；墙体要起到抗冻、隔声、保温隔热等作用。为了保证工程结构物的使用功能、安全性和耐久性，土木工程材料应具有抵御上述各种作用的性质。这些性质归纳起来包括材料的物理性质、力学性质和耐久性等。

工程材料所具有的各种性质，主要取决于材料的组成和结构状态，同时还受到环境条件的影响，为了能够合理地选择和正确地使用材料，必须了解材料的各种性质以及性质与组成、结构状态的关系。

第一节 材料的组成与结构

一、材料的组成

材料的组成包括化学组成、矿物组成和相组成。它不仅影响着材料的化学性质，而且也是决定材料物理力学性质的重要因素。

（一）化学组成

化学组成是指构成材料的化学元素及化学物的种类及数量。无机非金属材料是由金属元素和非金属元素所组成，其化学成分常以氧化物含量的百分数形式（%）表示。根据化学组成可大致地判断材料的化学稳定性，如氧化，燃烧，受酸、碱、盐类的侵蚀等。

（二）矿物组成

金属元素与非金属元素按一定化学组成构成具有一定的分子结构和性质的物质，称为矿物。无机非金属材料是由不同的矿物构成的，因此其性质主要取决于其矿物组成。有些材料由单一矿物组成，如石灰、石膏等。有些材料由多种矿物组成，这样的材料其性质取决于每种矿物的性质及含量。如硅酸盐水泥中含有硅酸三钙这种矿物，若提高其含量，则水泥硬化速度和强度都将提高。

（三）相组成

材料中具有相同的物理、化学性质的均匀部分称为相。自然界中的物质可分为气相、液相、固相。即使是同种物质在温度、压力等条件发生变化时常常会转变其存在状态,例如气相变为液相或固相。凡是由两相或者两相以上物质组成的材料称为复合材料。土木工程材料大多数可看作复合材料。

二、材料的结构

材料的性能除与其组成成分有关外,还与其组织结构有着密切关系。对固体材料的研究,可包括从原子、分子水平直至宏观可见的各个层次的构造状态,从广义上讲统称为结构。对材料结构的研究,通常可分为微观结构、亚微观结构和宏观结构三个结构层次。

(一)微观结构

微观结构又称显微结构或微细结构,是指用电子显微镜和 X 射线衍射分析等手段来研究材料内部质点(原子、离子、分子)在空间分布情况的层次结构,其尺寸范围为 $10^{-6}\sim10^{-10}$ m。材料的许多物理性质,如硬度、熔点、塑性等都是由其微观结构决定的。根据内部质点在空间的分布状态不同可分为晶体、玻璃体和胶体。

1. 晶体

相同质点在空间中作周期性重复排列的固体称为晶体。按质点及质点间的作用力不同,晶体分为:原子晶体、离子晶体、分子晶体和金属晶体。

晶体的内部质点按一定的规律由近及远的有序排列,使其处于稳定的低能状态。晶体具有以下特点:

(1)具有规则的几何外形,这是质点规则排列的外部表现。

(2)具有各向异性,这是结构特点在性能上的反映。

(3)具有固定的熔点和化学稳定性,这是质点处于稳定的最低能量状态所决定的。

(4)结晶接触点和晶面是晶体结构破坏或变形的薄弱部位。

2. 玻璃体

玻璃体是一种不具有明显晶体结构的结构状态,又称为无定形态或非晶体,如玻璃。玻璃体的结合键为共价键和离子键,其结构特征为构成玻璃体的质点在空间上呈非周期性排列。玻璃体没有规则的几何外形,不具有各向异性的性质,没有一定的熔点,只能出现软化现象。由于玻璃体中质点的化学键没有达到最大程度的满足,它总有自发地向晶态转变的趋势,是化学不稳定结构。

对玻璃体结构的认识,目前存在如下三种观点:

(1)构成玻璃体的质点呈无规则空间网络结构,此为无规则网络学说。

(2)构成玻璃体的微观组织结构为微晶子,微晶子之间通过变形和扭曲的界面彼此相连,此为微晶子学说。

(3)构成玻璃体的微观结构为近程有序、远程无序,此为近程有序、远程无序学说。

玻璃体易与其他物质发生化学作用,如水淬矿渣磨细后与石灰在有水的条件下能起硬化作用而被利用作水泥的混合材料。

3. 胶体

以结构粒径为 $10^{-7}\sim10^{-9}$ m 的固体颗粒(胶粒)作为分散相,分散在连续相介质中形成分散体系的物质称为胶体。其中分散粒子一般带有电荷(正电荷或负电荷),而介质有相反的电荷从而使胶体保持稳定性。

在胶体结构中,若胶粒较少,液体性质对胶体结构的强度及变形性质影响较大,这种胶体结构称为溶胶结构。若胶粒数量较多,胶粒在表面能作用下发生凝聚作用,或者由于物理化学作用而使胶粒产生彼此相连,形成空间网络结构,从而使胶体结构的强度增大,变形性减小,形成固体状态或半固体状态,此胶体结构称为凝胶结构。

胶体结构与晶体及玻璃体结构相比,强度较低、变形较大。

(二)亚微观结构

亚微观结构也称细观结构,是指用光学显微镜观测手段研究的结构层次,其尺寸范围为 $10^{-3} \sim 10^{-6}$ m。它包括晶体粒子、玻璃体、胶体及材料内孔隙的形态、大小、分布等结构情况。材料亚微观结构层次上的不同组织其性质各不相同,这些组织的特征、数量、分布和界面性质对材料性能有重要影响。

(三)宏观结构(亦称构造)

宏观结构又称粗通结构,是指用放大镜或用肉眼即能分辨的结构层次,其尺寸范围在 10^{-3} m 级以上。如:材料的孔隙,木材的纹理等。

1. 材料的宏观结构按孔隙尺寸可分为:

(1)致密结构:指在外观和结构上都是致密而无孔隙存在(或孔隙较少)的结构,如金属、玻璃、致密的天然石材等。

(2)微孔结构:指在材料中存在均匀分布的微孔隙,如水泥制品、石膏制品及黏土砖瓦等。

(3)多孔结构:指在材料中存在均匀分布的孤立或适当连通的粗大孔隙,如加气混凝土、泡沫塑料等。

2. 按构成形态可分为:

(1)聚集结构:由骨料与胶凝材料胶结成的结构,如水泥混凝土、砂浆、沥青混凝土、烧土制品、塑料等。

(2)纤维结构:其内部组成有方向性,纵向较密实而横向较疏松,组织中存在相当多的孔隙,如玻璃纤维、矿棉、棉麻等纤维状材料。

(3)层状结构:是将材料叠合成层状,以粘结或其他方法结合成为整体的结构,如胶合板、纸面石膏板等。

(4)散粒结构:指松散颗粒状结构,如砂、石、珍珠岩等。

(5)纹理结构:天然材料在生长或形成过程中自然造就天然纹理,如大理石、木材、花岗石等。

材料的宏观结构是影响材料性能的重要因素,尽管组成和微观结构相同,宏观结构不同的材料也会出现不同的工程性质。若组成和微观结构不同,但只要有相同的宏观结构,也会出现相似的工程性质。

随着材料科学理论和技术的日益发展,深入研究探索材料的组成、结构和构造与材料性能的关系,通过技术手段改善其宏观结构等方式研制推广多功能材料,不仅有利于工程正确选用材料、适应现代建筑的需要,而且会加速人类生产新型土木工程材料的进程。

三、材料的结构特征参数

（一）材料的密度

材料的密度是指材料的质量与体积之比。根据材料所处状态不同，可分为密度、表观密度和堆积密度。

1. 密度

材料在绝对密实状态下，单位体积的质量称为密度，按下式计算：

$$\rho=\frac{m}{V}$$

式中　ρ——密度，g/cm^3 或 kg/m^3；

　　　m——材料的质量，g 或 kg；

　　　V——材料绝对密实状态下的体积，cm^3 或 m^3。

绝对密实状态下的体积是指不包括材料内部孔隙在内的体积。材料密度的大小取决于材料的组成及微观结构，因此相同组成及微观结构的材料其密度为一定值。

在建筑材料中，除金属、玻璃等少数材料外，都含有一些孔隙。为了测得含孔材料的密度，应把材料磨成细粉（粒径小于 0.20mm），除去孔隙，经干燥后用李氏密度瓶测定其密实体积。材料磨得愈细，所测定的体积越接近绝对体积。

2. 表观密度

材料在自然状态下，单位体积的质量称为表观密度，按下式计算：

$$\rho_0=\frac{m}{V_0}$$

式中　ρ_0——表观密度，g/cm^3 或 kg/m^3；

　　　m——材料的质量，g 或 kg；

　　　V_0——材料在自然状态下的体积，cm^3 或 m^3。

在自然状态下，材料体积内常含有孔隙。一些孔之间相互连通，且与外界相通称为开口孔。一些孔相互独立，不与外界相通称为闭口孔，如图 1-1。材料在自然状态下的体积是指包含材料内部开口孔隙和闭口孔隙的体积。通常把包括所有孔隙在内的密度称为体积密度，而把只包括闭口孔在内时的密度称为视密度，用 ρ_0' 表示。

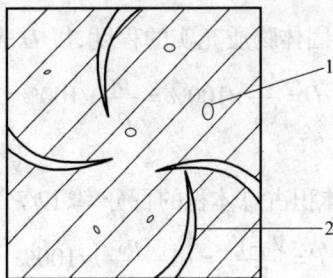

图 1-1　材料内部孔隙示意图
1- 闭口孔；2- 开口孔

材料体积密度的大小与含水情况有关，材料的重量和体积均随其含水率的变化而有所改变，因此在测定体积密度时要注明其含水率。通常材料的体积密度是指材料在气干状态下的体积密度，干燥材料的体积密度称为干体积密度。

3. 堆积密度

粉状或颗粒状材料在堆积状态下，单位体积的质量称为堆积密度，按下式计算：

$$\rho'_0 = \frac{m}{V'_0}$$

式中　ρ'_0——堆积密度，kg/m³；

$\quad m$——材料的质量，kg；

$\quad V'_0$——材料的堆积体积，m³。

材料在堆积状态下的体积不仅包括所有颗粒内的孔隙，而且包括颗粒之间的空隙。其值的大小不但取决于材料颗粒的体积密度，还与堆积的疏密程度有关。

在土木工程中，计算材料用量、构件自重、配料计算及确定堆放空间时经常要用到材料的密度、体积密度和堆积密度。常用土木工程材料的密度、表观密度和堆积密度见表1-1。

常用土木工程材料的密度、表观密度和堆积密度　　　　　表1-1

材料名称	密度(g/cm³)	表观密度(kg/m³)	堆积密度(kg/m³)	孔隙率(%)
石灰岩	2.60	1800~2600	—	—
花岗岩	2.80	2500~2700	—	0.50~3.00
碎石	2.60	—	1400~1700	
砂	2.60	—	1450~1650	
黏土	2.60	—	1600~1800	
普通黏土砖	2.50	1600~1800		20~40
黏土空心砖	2.50	1000~1400		
水泥	2.50		1200~1300	
普通混凝土	3.10	2100~2600		5~20
轻骨料混凝土	—	800~1900		
木材	1.55	400~800		55~75
钢材	7.85	7850		0
泡沫塑料	—	20~50		
沥青(石油)	约1.0	约1000		

(二) 材料的密实度与孔隙率

1. 密实度

密实度是指材料体积内，被固体物质充实的程度，以 D 表示，按下式计算：

$$D = \frac{V}{V_0} \times 100\% = \frac{\rho_0}{\rho} \times 100\%$$

2. 孔隙率

孔隙率是指材料内部孔隙体积占总体积的百分率，以 P 表示，按下式计算：

$$P = \frac{V_0 - V}{V_0} = (1 - \frac{\rho_0}{\rho}) \times 100\%$$

孔隙率与密实度从两个不同侧面反映材料的致密程度，孔隙率小，则密实程度高，即 $P + D = 1$。

孔隙按其尺寸大小又可分为粗孔、细孔和微孔。孔隙特征主要指孔隙的种类(开口孔和闭口孔)、孔径的大小及孔的分布等。孔隙率的大小及孔隙本身的特征与材料的许多重要性质，如强度、吸水性、抗渗性、抗冻性和导热性等都有密切关系。实际上绝对的闭口孔是不存在的,在建筑材料中,常以在常温、常压下水能否进入孔中来区分开口孔和闭口孔。

开口孔隙率(P_K)是指常温常压下能被水所饱和的孔体积(即开口孔体积 V_K)与材料自然状态下体积之比,即:

$$P_K = \frac{V_K}{V_0} \times 100\%$$

闭口孔隙率(P_B)是指总孔隙率 P 与开口孔隙率 P_K 之差,即:

$$P_B = P - P_K$$

孔隙率小,且连通孔较少的材料,其吸水性较小,强度较高,抗渗性和抗冻性较好,因此常采用改变材料孔隙率及孔隙特征的方法来改善材料的性能。

（三）材料的填充率和空隙率

1. 填充率

填充率是指粉状或颗粒状材料在堆积体积中,被固体颗粒填充的程度。以 D' 表示,用下式计算:

$$D' = \frac{V_0}{V'_0} \times 100\%$$

式中　V_0——材料所有颗粒体积之总和,m^3;

　　　V'_0——材料堆积体积,m^3。

2. 空隙率

孔隙率是指粉状或颗粒状材料在堆积体积中,颗粒间空隙体积所占的比例。以 P' 表示,用下式计算:

$$P' = \frac{V'_0 - V}{V'_0} = (1 - \frac{\rho'_0}{\rho}) \times 100\%$$

填充率和空隙率是从两个不同侧面反映粉状或颗粒状材料的颗粒相互填充的疏密程度,即 $P' + D' = 1$。

第二节　材料的物理性质

一、材料与水有关的性质

（一）亲水性与憎水性

材料在空气中与水接触时,会出现两种不同的现象,如图 1-2 所示。当液体与固体在空气中接触且到达平衡时,从固、液、气三相界面的焦点处,沿着液体表面作切线,此切线与材料和水接触面夹角 θ 称为润湿边角(或接触角)。θ 角越小,表明材料越易被水润湿。当 $\theta \leq 90°$,材料遇水后其表面能降低,则水在材料表面易于扩散,这种与水的亲和性称为亲水性。表面与水亲和能力较强的材料称为亲水性材料。与此相反,当 $\theta > 90°$,材料与水接触时不与水亲和,这种性质称为憎水性。

亲水性材料能通过毛细管作用,将水分吸入材料内部,憎水性材料一般能阻止水分渗入毛细管中,从而降低材料的吸水作用。所以憎水性材料常用作防潮、防水及防腐材料,也可以对亲水性材料进行表面处理,用以降低吸水性。土木工程材料大多数为亲水材料,如水泥、混凝土、砂、石等,只有少数材料如沥青、石蜡及某些塑料等为憎水性材料。

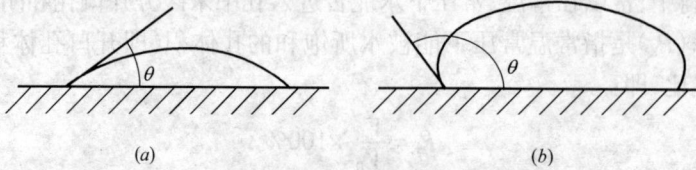

图 1-2　材料润湿边角

(a)亲水材料;(b)憎水材料

(二)吸湿性与吸水性

1. 吸湿性:材料在环境中,能自发地吸收空气中水分的性质称为吸湿性。材料的吸湿性用含水率表示,即吸入水与干燥材料的质量之比,用下式计算:

$$W_h = \frac{m_h - m}{m} \times 100\%$$

式中　W_h——材料的含水率,%;

　　　m_h——材料含水时的质量,g 或 kg;

　　　m——材料在干燥状态下的质量,g 或 kg。

材料的吸湿性主要取决于材料的组成及结构状态。干燥材料在潮湿环境中能吸收水分,而潮湿材料在干燥环境中也能放出(又称蒸发)水分,这种性质称为还水性。材料中所含水分与周围空气的湿度相平衡时的含水率,称为平衡含水率。此时的含水状态称为气干状态。当材料吸湿达到饱和状态时的含水率即为吸水率。

2. 吸水性:材料在水中能吸收水分的性质称为吸水性。吸水性大小用吸水率表示,有以下两种表示方法:

(1)质量吸水率:是指材料吸入水的质量与材料干质量之比,用下式计算:

$$W_m = \frac{m_W}{m} = \frac{m_1 - m}{m} \times 100\%$$

式中　W_m——材料的质量吸水率,%;

　　　m_W——材料吸水饱和时,体积内水的质量,g 或 kg;

　　　m_1——材料吸水饱和后的质量,g 或 kg;

　　　m——材料在干燥状态下的质量,g 或 kg。

(2)体积吸水率:对于高度多孔的材料的吸水率常用体积吸水率表示,即材料吸入水的体积与材料自然状态下体积之比。

$$W_V = \frac{V_W}{V_0} = \frac{m_1 - m}{V_0} \times \frac{1}{\rho_W} \times 100\%$$

式中　W_V——材料的体积吸水率,%;

　　　ρ_W——水的密度,g/cm³;

　　　V_W——材料吸水饱和时,水的体积,cm³;

　　　V_0——材料在自然状态下的体积,cm³。

材料所吸收的水分是通过开口孔隙吸入的,故开口孔隙率越大,则材料的吸水量越多。材料吸水饱和时的体积吸水率,即为材料的开口孔隙率。

土木工程材料一般采用质量吸水率,它与体积吸水率存在如下关系:

$$W_V = W_m \times \rho_0 \times \frac{1}{\rho_W}$$

式中 ρ_0——材料干燥状态下的体积密度,g/cm³。

材料的吸水性不仅与其亲水性及憎水性有关,也与其孔隙率的大小及孔隙特征有关。一般孔隙率越高,其吸水性越强。封闭孔隙水分不易进入;粗大开口孔隙,不易吸满水分;具有细微开口孔隙的材料,其吸水能力特别强。

材料在水中吸水饱和后,吸入水的体积与孔隙体积之比称为饱和系数。

$$K_B = \frac{V_W}{V_0 - V} = \frac{W_V}{P} = \frac{P_K}{P}$$

式中 K_B——饱和系数,%;

P_K、P——分别为材料的开口孔隙率及总孔隙率,%。

饱和系数说明了材料的吸水程度,也反映了材料的孔隙特征,若 $K_B = 0$,说明材料的孔隙全部为闭口孔,$K_B = 1$,则全部为开口孔。

材料的吸水性和吸湿性均会对材料的性能产生影响,材料吸水后导致质量增加,强度下降,保温性能和抗冻性能都随之下降,有时还会发生明显的体积膨胀。

(三)耐水性

材料长期在饱和水的作用下抵抗破坏,保持原有功能的性质称为耐水性。材料的耐水性常用软化系数 K 表示:

$$K = \frac{f_1}{f}$$

式中 K——材料的软化系数;

f_1——材料在吸水饱和状态下的抗压强度,MPa;

f——材料在干燥状态下的抗压强度,MPa。

K 值的大小表明材料在浸水饱和后强度降低的程度,软化系数越小,说明材料吸水饱和后强度降低得越多,耐水性越差。土木工程中将 $K \geqslant 0.85$ 的材料,称为耐水材料。在设计长期处于水中或潮湿环境中的重要结构时,必须选用 $K > 0.85$ 的材料。用于受潮较轻或次要结构的材料,其 K 值不应小于 0.75。

二、材料的热工性质

(一)导热性

材料传导热量的能力称为导热性,用导热系数表示

$$\lambda = \frac{Qd}{(T_1 - T_2) \cdot A \cdot t}$$

式中 λ——材料的导热系数,W/(m·K);

Q——传导的热量,J;

d——材料的厚度,m;

$T_1 - T_2$——材料两侧的温差,K;

A——传热面积,m²;

t——热传导时间,s。

令 $q = \frac{Q}{A \times t}$ 称为热流量,上式可写成:

$$q = \frac{\lambda}{d}(T_1 - T_2)$$

从式中可以看出,材料两侧的温度差是决定热流量 q 的大小和方向的客观条件,而 $\frac{\lambda}{d}$ 则是决定 q 值大小的内因。在建筑热工中常把 $\frac{d}{\lambda}$ 称为材料的热阻,用 R 表示,单位为 m·K /W, 上式可写成:

$$q = \frac{1}{R}(T_1 - T_2)$$

导热系数与热阻都是评价建筑材料保温隔热性能的重要指标。导热系数越小,热阻值越大,材料的导热性能越差。

影响材料导热系数的主要因素有材料的化学成分及其分子结构、体积密度、材料的湿度和温度状况等。材料受潮后其导热系数将明显地增加,若受冻则导热系数更大。各种材料的导热系数差别很大,大致在 0.029~3.5 W/(m·K),如泡沫塑料 $\lambda=0.035$ W/(m·K),而大理石 $\lambda=0.35$ W/(m·K)。一般将 $\lambda < 0.175$ W/(m·K)的材料称为绝热材料。

(二)比热容与热容

材料受热时吸收热量,冷却时放出热量的性质称为材料的热容量。材料吸收或放出的热量可用下式计算:

$$Q = c \times m(T_2 - T_1)$$

式中 Q——材料吸收或放出的热量,J;

  c——材料的比热容(亦称热容量系数),J/(g·K);

  m——材料的质量,g;

  T_2-T_1——材料受热或冷却前后的温差,K。

比热容 c 的物理意义表示 1g 材料温度升高或降低 1K 时所吸收或放出的热量。不同的材料比热容不同,即使是同一种材料,由于所处的物态不同,比热容也不同。比热容与材料质量之积为材料的热容量值,材料具有较大的热容量值对室内温度的稳定有良好的作用。

几种典型材料的导热系数和比热值列于表 1-2。

几种典型材料的热性能指标   表 1-2

材料名称	钢材	混凝土	松木	烧结普通砖	花岗岩	密闭空气	水
比热容(J/g·K)	0.48	0.84	2.72	0.88	0.92	1.00	4.18
导热系数(W/m·K)	58	1.51	1.17~0.35	0.80	3.49	0.023	0.58

三、材料的耐热性与耐燃性

(一)耐燃性(亦称耐高温性或耐火性)

材料长期在高温作用下,不失去使用功能的性能称为耐热性,材料在高温作用下发生性质的变化而影响材料的正常使用。

1. 受热变质:一些材料长期在高温作用下会发生材质的变化,如二水石膏在 65~140℃ 脱水成为半水石膏。

2. 受热变形:材料受热作用要发生热膨胀导致结构破坏,受热膨胀大小常用线膨胀系数表示。混凝土在 300℃ 以上,由于水泥脱水收缩,骨料受热膨胀,会导致混凝土结构破坏。

(二) 耐燃性

在发生火灾时,材料抵抗和延缓燃烧的性质称为耐燃性(或称防火性)。材料的耐燃性按耐火要求规定分为非燃烧材料、难燃烧材料和燃烧材料三大类。

1. 非燃烧材料:即在空气中受高温作用不起火、不燃烧、不碳化的材料。无机材料均为非燃烧材料,如混凝土、玻璃、陶瓷、钢材等。

2. 难燃烧材料:即在空气中受高温作用难起火、难燃烧、难碳化,当火源移走后燃烧立即停止的材料。这类材料多为以可燃材料为基体的复合材料,如沥青混凝土、水泥刨花板等。

3. 燃烧材料:即在空气中受高温作用会自行起火或燃烧,当火源移走后仍能继续燃烧或微燃的材料,如木材及大部分有机材料。

第三节 材料的力学性质

材料的力学性质通常是指材料在外力(荷载)作用下的变形性质及抵抗外力破坏的能力。

一、材料的受力变形

材料受外力作用,其内部会产生一种用来抵抗外力作用的内力,同时还伴随着材料的变形,根据变形的特点,可将变形分为弹性变形和塑性变形。

(一) 弹性变形

材料在外力作用下产生变形,当外力取消后,能够完全恢复原来形状的性质称为弹性。这种能够完全恢复的变形称为弹性变形。

(二) 塑性变形

材料在外力作用下产生变形,当外力取消后仍保持变形后的形状和尺寸,并且不产生裂缝的性质称为塑性。这种不能恢复的变形称为塑性变形。

实际上,只有单纯的弹性或塑性的材料是不存在的。各种材料在不同的应力下,表现出不同的变形性能,如图 1-3 所示。

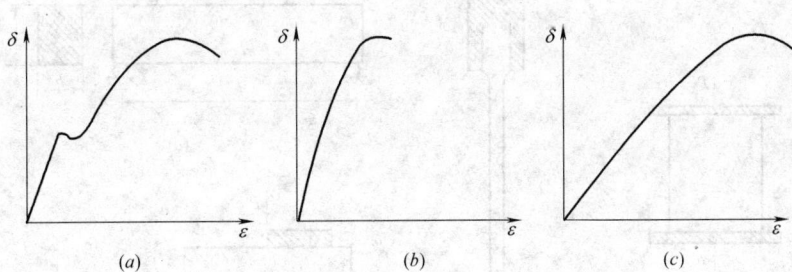

图 1-3 几种材料的变形曲线
(a)软钢的变形曲线;(b)硬钢的变形曲线;(c)混凝土的变形曲线

二、强度及强度等级

(一) 材料的理论强度与实际强度

材料在外力作用下抵抗外力破坏的能力称为强度。当材料受外力作用时,其内部产生应力,外力增加,应力相应也增加,直至材料内部质点间结合力不足以抵抗所作用的外力时,材料即发生破坏。材料破坏时,应力达到极限值,这个极限应力值就是材料的强度,也称极限强度。

从理论上讲,材料受外力作用产生破坏的原因主要是由于拉力造成质点间结合键断裂的缘故。实际上也是由于压力作用引起内部产生拉应力或剪应力而造成的破坏。各种材料具有非常高的理论强度,其理论抗拉强度可用奥洛旺公式表示

$$f_m = \sqrt{\frac{E\gamma}{d}}$$

式中　f_m——材料的理论抗拉强度,MPa;

　　　E——材料的纵向弹性模量,MPa;

　　　γ——固体材料的表面能,J/m^2;

　　　d——原子间距,m。

材料的实际强度远低于理论强度,英国科学家葛里斯菲提出了脆性材料的断裂理论,得出了破坏应力与裂缝尺寸的关系。

$$f = \sqrt{\frac{2\gamma E}{\pi a}}$$

式中　f——材料的断裂应力,MPa;

　　　a——材料内部裂缝长度之半,m。

由前两个公式得出:

$$\frac{f_m}{f} = \left(\frac{\pi a}{2d}\right)^{\frac{1}{2}}$$

由于 $a \geqslant d$,这就解释了材料实际强度远低于理论强度的原因。

(二)材料在不同载荷下的强度

根据外力作用方式的不同,材料的强度有抗压强度、抗拉强度、抗弯强度(或抗折强度)及抗剪强度等,如图1-4所示。

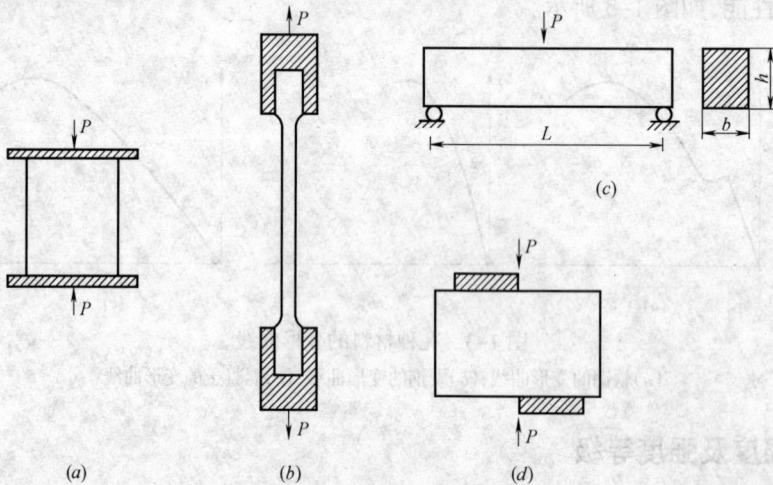

图1-4　材料所受外力示意图
(a)压力;(b)拉力;(c)弯曲;(d)剪切

抗压、抗拉、抗剪的强度计算公式如下：$f = \dfrac{F}{A}$

式中　f——材料的强度，MPa；

　　　F——材料破坏时的最大荷载，N；

　　　A——材料受力截面积，mm^2。

材料的抗弯强度用下式计算：

$$f_m = \frac{3FL}{2bh^2}$$

材料的强度与其组成及结构有关，即使材料组成相同，其构造不同，强度也不同。材料的孔隙率越大则强度越低。材料的强度除与组成和结构有关外，其强度还受试件形状、尺寸、表面状态、温度、湿度及试验时的加荷速度等因素有关。

（三）强度等级

土木工程材料常按其强度的大小划分成若干个等级，称为强度等级。对脆性材料如砖、石、混凝土等，主要根据其抗压强度划分强度等级，对建筑钢材则按其抗拉强度划分强度等级。常见土木工程材料的强度见表1-3。

常见土木工程材料的强度（MPa）　　　　　　　　　　　　表1-3

材　　料	抗压强度	抗拉强度	抗弯强度
花岗岩	100~250	5~8	10~14
烧结普通砖	7.5~30	—	1.8~4.0
普通混凝土	7.5~60	1~4	2.0~8.0
松木（顺纹）	30~50	80~120	60~100
钢材	235~1600	235~1600	—

三、比强度

比强度是评价材料是否轻质高强的指标。比强度反映材料单位体积质量的强度，其值等于材料的强度与体积密度之比，数值越大，表明材料越轻质高强，见表1-4。

几种材料的比长度　　　　　　　　　　　　表1-4

材　料　名　称	体积密度（kg/m³）	强度（MPa）	比强度
低碳钢	7850	420	0.054
普通混凝土	2400	40	0.017
松木（顺纹抗压）	500	36	0.070
玻璃钢	2000	450	0.225
烧结普通砖	1700	10	0.006

四、脆性与韧性

（一）脆性

材料在外力作用下，直至断裂前只发生很小的弹性变形，不出现塑性变形而突然破坏的性质称为脆性。具有这种性质的材料称为脆性材料。脆性材料的抗压强度远远高于其抗拉强度，这对承受振动和冲击作用是极为不利的，如砖、石、玻璃、陶瓷等。

（二）韧性

材料在冲击、振动荷载作用下，能吸收较大的能量，同时也能产生一定塑性变形而不致破坏的性质称为韧性（或冲击韧性）。如建筑钢材、木材、沥青混凝土等。

五、硬度与耐磨性

（一）硬度

硬度是指材料表面抵抗硬物压入或刻划的能力。测定材料硬度的方法很多，常用的有刻划法和压入法两种，不同材料其硬度的测试方法不同。刻划法常用于测定天然矿物的硬度，按刻划法矿物硬度可分为十级（莫氏硬度）。钢材、木材及混凝土等材料的硬度常用压入法测定，例如布氏硬度。

（二）耐磨性

耐磨性是材料表面抵抗磨损的能力。材料的耐磨性与材料的组成成分、结构、强度、硬度等因素有关。一般来说，强度较高且密实的材料，其硬度较大，耐磨性较好。

第四节　材料的耐久性

工程结构物在使用过程中，除受各种外力的作用外，还受到各种自然因素长时间的破坏作用，为了保持结构的功能，要求用于结构物中的各种材料具有良好的耐久性。材料的耐久性是指材料在各种因素作用下，抵抗破坏，保持原有性质的能力。自然界中各种破坏因素包括物理作用、化学作用以及生物作用等。

1. 物理作用：包括材料的干湿变化、温度变化及冻融变化等。这些变化可引起材料的收缩和膨胀，长期或反复作用会使材料逐渐破坏。如水泥混凝土的热胀冷缩。

2. 化学作用：包括酸、碱、盐等物质的水溶液及气体对材料产生的侵蚀作用，使材料产生质的变化而破坏。例如钢筋的锈蚀、沥青与沥青混合料的老化等。

3. 生物作用：是昆虫、菌类等对材料所产生的蛀蚀、腐朽等破坏作用。如木材及植物纤维材料的腐烂等。

影响材料耐久性的原因是多方面因素作用的结果，即耐久性是一种综合性质。它包括抗渗性、抗冻性、耐蚀性、耐老化性、耐风化性、耐热性、耐磨性等诸方面内容。

一、抗渗性

材料在压力水作用下，抵抗渗透的性质称为抗渗性。材料的抗渗性常用抗渗等级来表示，抗渗等级用材料抵抗压力水渗透的最大压力值来确定。抗渗等级越大，材料的抗渗性越好。

$$P = 10H - 1$$

式中　P——抗渗等级；

　　　H——试件开始渗水时的水压，MPa。

材料的抗渗性也可用其渗透系数 K 表示，K 越大，表明材料的渗水性越好，抗渗性越差。

$$K = \frac{Qd}{Ath}$$

式中　K——渗透系数，cm/h；

Q——渗水总量，cm^3；

t——透水时间，h；

A——透水面积，cm^2；

h——静水压力水头，cm；

d——试件厚度，cm。

材料的抗渗性主要取决于材料的孔隙率及孔隙特征。密实的材料,具有闭口孔或极微细孔的材料,实际上是不会发生透水现象的,具有较大孔隙率,且为较大孔径、开口连通孔的亲水性材料往往抗渗性较差。

抗渗性是决定材料耐久性的重要因素。在设计地下结构、压力管道、压力容器等结构时,均要求其所用材料具有一定的抗渗性。抗渗性也是检验防水材料质量的重要指标。

二、抗冻性

材料在吸水饱和状态下,经受多次冻融循环作用而质量损失不大,强度也无明显降低的性质称为材料的抗冻性。

冰冻的破坏作用是由于材料中含水,水在结冰时体积膨胀约 9%,从而对孔隙产生压力而使孔壁开裂。冻融循环的次数越多,对材料的破坏作用越严重。

材料的抗冻性用抗冻等级表示。抗冻等级是以规定的试件,在规定的试验条件下,测得其强度降低和质量损失不超过规定值,此时所能经历的冻融循环次数。

对处于冬季室外温度低于 −10℃的寒冷地区,建筑物的外墙及露天工程中使用的材料必须进行抗冻性检测。

三、抗侵蚀性

金属类的材料在使用环境中主要是遭受氧化腐蚀,尤其是在一定湿度的情况下,有了水,金属类的氧化锈蚀作用更为显著,而且这种侵蚀作用常伴有电化学腐蚀,使腐蚀作用加剧。防止金属材料侵蚀的主要措施是在金属表面进行处理,加设镀层或涂敷涂料。

无机非金属材料在环境中受到的侵蚀作用主要是溶解、溶出、碳化及酸碱盐类的化学作用。如水泥及混凝土构筑物受到流动的软水作用,其内部成分会被溶解和溶出,使结构变得疏松,当遇到酸、碱或盐类时,还可能发生化学反应使结构遭受破坏。

为了提高抗侵蚀能力,应针对侵蚀环境的条件选取适当的材料,在侵蚀作用剧烈条件下,也应采用保护层的做法。

四、耐老化性

高分子材料在光、热及大气(氧气)的作用下,其组成及结构发生变化,致使其性质变化,失去弹性、变硬变脆或降低机械性能变软变黏,失去原有功能的现象叫老化。

高分子材料的老化使高分子材料在工程中的利用受到了限制。目前防止高分子老化的措施主要有改变聚合物的结构、加入防老剂的化学方法以及表面涂防护层的物理方法。

一般土木工程材料,如石材、砖瓦、陶瓷、水泥混凝土、沥青混凝土等,暴露在大气中时,主要受到大气的物理作用;当材料处于水位变化区或水中时,还受到环境的化学侵蚀作用。金属材料在大气中易被锈蚀。沥青及高分子材料,在阳光、空气及辐射的作用下,会逐渐老化、变质而破坏。

为了提高材料的耐久性,延长建筑的使用寿命和减少维修费用,可根据使用情况和材料特点采取相应的措施。如设法减轻大气或周围介质对材料的破坏作用(降低湿度,排除侵蚀性物质等);提高材料本身对外界作用的抵抗性(提高材料的密度,采取防腐措施等),也可用其他材料保护主体材料免受破坏(覆面、抹灰、刷涂料等)。

第五节　材料的装饰性

随着社会经济水平的提高,人们越来越追求舒适、美观、整洁、健康的居住、工作的各种室内外活动的环境。对于材料装饰性的重视也逐渐提高,尤其在近几年,不仅要求装饰材料的高品质,而且注重材料的环保效应。

材料的装饰性是指材料能够美化环境、协调人工环境与自然环境之间的关系、增加环境情趣的性能。材料的装饰性主要取决于材料的光学性质、表面性质和几何性质。

(一)材料的光学性质

材料的光学性质包括颜色、光泽和透明性,其主要取决于材料的组成和结构。不同的颜色给人的感受不同:红色、橙色、黄色等暖色使人感到热烈、兴奋、温暖;绿色、蓝色、紫色等冷色使人感到宁静、优雅、清凉。光泽是材料对光线的反射效果,而镜面反射是产生光泽的主要因素,金属等晶体具有较好的光泽。透明性是光线对材料的透射效果,玻璃等非晶体材料具有较好的透明性。用具有较好光泽和透明性的材料进行装饰的环境,使人产生轻快感、豪华感和大空间感。

(二)材料的表面性质

材料的表面性质是指材料表面的粗细程度、软硬程度、凹凸现象、纹理构造、花纹图案等构造特征和材料表面的导热性质与化学性质。人们通过触觉、视觉、嗅觉从材料表面性质得到的综合感受称为材料的质感。如,混凝土给人粗犷、体积大、脆硬等感觉;木材、石材给人以回归自然的感觉;而木材表面的艺术图案、雕刻给人以优雅、柔和的感觉。

(三)材料的几何性质

材料的几何性质是指建筑装饰材料的几何形状与尺寸以及装饰物的空间造型。装饰制品有板状、块状、波浪片状、筒状、薄片状、异形和不同的尺寸与规格,使用时可拼成各种图案和花纹。如绿化混凝土、彩色地砖、仿石等景观材料和园林造型材料可以增加环境的美观、整洁和趣味;对地面、内外墙体和柱面等进行涂料喷刷,形成各种图案,也能获得一定的装饰效果。

思考题与习题

1. 材料的密度、体积密度和堆积密度有何区别?
2. 材料的孔隙率与密实度有何关系? 如何转化?
3. 如何区分亲水性材料和憎水性材料?
4. 什么是材料的导热性,影响材料导热性的因素有哪些?

5. 什么是软化系数,它有何意义?

6. 材料的强度和强度等级有何关系? 什么叫比强度?

7. 材料的脆性和韧性有何区别?

8. 影响材料耐久性的因素有哪些? 为什么对材料要有耐久性的要求?

9. 材料的装饰性对环境的美化效果主要取决于哪些因素?

10. 一块黏土砖质量为 55g,将其烘干,磨细放入李氏瓶,测得其体积为 2.07cm³。将卵石 1000g 在水中浸泡足够长时间,用布擦干后测其质量为 1005g,再将其放入已装满水的瓶中 (此装满水的瓶与水共重 1840g),称重为 2475g。求砖的密度,卵石的体积密度,表观密度, 质量吸水率及体积吸水率?

第二章　砖和砌块

> **内容提要：**墙体材料是建筑材料中用量最大的一类材料,按照重量计算在一般民用建筑中占70%。墙体材料种类很多,可分为砌体结构墙体和墙板结构墙体两大类,其中砌体结构墙体的应用历史久远,到目前为止仍然是主要的墙体组成材料,砌体的主要类型为砖和砌块。

第一节　砖

一、概述

秦砖汉瓦曾在我国建筑史上创造出许多辉煌,但目前由于其毁坏大量农田而受到国家政策的限制。据统计,全国现有制砖企业12万家,每年烧制黏土标砖600亿块,用土量$1.43 \times 10^7 m^3$,相当于毁田120万亩,需消耗$6 \times 10^9 t$标准煤并排放$1.7 \times 10^8 t CO_2$,对环境造成巨大破坏和浪费大量不可再生资源。国家发改委、国土资源部、建设部、农业部联合颁发的[2005]2656号文件规定了禁止使用黏土实心砖的时限:"2005年底前的所有省会城市、2008年底前的256个城市、2010年的所有城市"禁止使用黏土实心砖,取而代之的是鼓励利用工农业固体废料和其他废旧资源,生产出轻质、高强、低能耗、大体积、多功能的环保型墙体材料。

砖按照生产工艺的不同可分为烧结砖和非烧结砖,烧结砖是经焙烧工艺得到的,非烧结砖一般是通过蒸汽养护或蒸压养护得到的。

二、烧结砖

按照所用原材料的不同可分为烧结黏土砖(代号为N)、烧结页岩砖(代号为Y)、烧结煤矸石砖(代号为M)和烧结粉煤灰砖(代号为F)等。

1. 烧结黏土砖

我国从战国末年就开始使用烧结黏土砖,到秦代以后制作的"秦砖汉瓦"世界著名,并沿用至今,从西汉开始就有过一段黏土空心砖和砌块的制作繁盛时期,到东汉时空心砌块趋于消失,到20世纪70年代才又开始现代的多孔和空心黏土砖与砌块生产,但由于成本原因一直没有推广,直到近几年随着限制实心黏土砖政策的实施才迅速发展起来。发达国家从20世纪60年代开始发展节能保温的多孔和空心黏土砖,德国通过系统研究提出了精确的孔型设计、排孔方式与热工性能、强度关系的计算模型,意大利和英国发明利用可燃填充料如膨胀聚苯颗粒锯末等作为混合料,当焙烧后在黏土砖中形成大量小于1.5mm

孔径的封闭微孔。

2. 烧结页岩砖

页岩是一种沉积岩,固结较弱的黏土经过挤压、脱水、重结晶和胶结作用而成的黏土岩,在我国四川、贵州、重庆、湖北、吉林等省市的资源丰富。我国从 20 世纪 70 年代开始逐步发展页岩砖生产,早期采用传统的普通轮窑生产实心砖,逐渐发展采用三芯直通道节能高产窑和隧道窑,热效率大幅度提高,同时,产品也向传统单一的承重砖发展为多孔砖、装饰砖、铺路砖等几十个品种。页岩经开采后破碎至最大颗粒直径为 2.5mm 以下生产普通页岩砖,2mm 以下的可以生产多孔砖和空心砖,1.5mm 以下的可以生产装饰清水砖;破碎颗粒经陈化后,分别根据其自身塑性特点采用硬挤出(塑性指数小于 7)、半塑性挤出(塑性指数 7 ~ 11)和软塑挤出方式成型,烧成温度为 1000℃左右。

3. 烧结煤矸石砖

煤矸石是开采煤炭时剔除的废料,我国从 20 世纪 60 年代开始采用煤矸石制砖,可利用其具有的燃值节约煤炭,以生产实心砖为主,传统工艺的年人均劳动生产率为 8 ~ 20 万块,后通过引进先进的空心砖生产线使生产接近国际先进水平,年人均劳动生产率也提高到 35 ~ 60 万块,但直到 21 世纪初,总体发展较慢,许多煤矿地区的煤矸石堆积严重,受国家限制黏土砖政策的影响,煤矸石砖生产得到推动,不少原来堆积的煤矸石山已经被利用、削平了。煤矸石砖生产之所以长期发展受限,是因其生产控制较其他砖复杂,原料特性及工艺方法繁多。其原料特性包括:不烧结煤矸石、发热量过大的煤矸石及低塑性煤矸石,全煤矸石、煤矸石 – 页岩和煤矸石 – 粉煤灰等配料方式;其生产工艺包括:一次码烧或二次码烧,人工干燥或自然干燥等。这些都要求采用相应的配料方案、制备流程等工艺方法和特别的焙烧炉窑等硬件设计,调试工作量大。

4. 烧结粉煤灰砖

烧结粉煤灰砖是由粉煤灰与炉渣、黏土或页岩复合,掺加 15% ~ 30% 的膨润土或其他无机化学复合掺加剂,经过混合轮碾、加水搅拌、挤出成型、切码坯和干燥焙烧等工序制得。分为混墙砖和清水装饰砖,生产应用始于 20 世纪 70 年代,早期粉煤灰掺量低,到 90 年代通过技术进步逐渐提高掺量到 50% 以上。生产中,粉煤灰、炉渣与黏土的混合处理工艺非常关键,须选择合适的粉碎、轮碾设备才能保证其充分混合均匀;干燥周期需 18h 甚至 32h 以上,还要注意干燥温度、相对湿度等干燥制度和防止回潮,以保证焙烧前充分的干燥收缩,避免和减轻干燥裂纹的发生,防止焙烧后产生哑音和强度下降;烧成温度为 1000 ~ 1150℃,对于隧道窑的烧成周期应在 33h 以上。

按照孔洞率和孔特征的不同,烧结砖可分为烧结普通砖、烧结多孔砖和烧结空心砖。

(一)烧结普通砖

烧结普通砖以黏土、页岩、煤矸石、粉煤灰等为原料,经成型、焙烧制得,可制成无孔洞的实心砖和孔洞率小于 15% 的砖,其产品标准为《烧结普通砖》(GB/T 5101—2003),按照所符合的各种指标范围将产品划分为优等品(A)、一等品(B)和合格品(C)。

其原料丰富、来源广泛、工艺简单、价格低廉,应用广泛、历史悠久。不同原材料烧结砖的生产工艺基本相同,一般为:原料配制→制坯→干燥→焙烧→成品。其中在焙烧过程中应严格控制砖窑内的温度及其分布均匀性,如果焙烧温度过低,会出现欠火砖;如果焙烧温度过高,会出现过火砖。欠火砖的孔隙率大、颜色浅、声音哑、强度低、耐久性差;过火砖虽然孔隙率小、颜色深、声音脆、强度高,但会出现弯曲变形、尺寸不规则等现象。

当砖窑中为氧化气氛时,会生成红色的高价 Fe_2O_3,制得红砖;当砖窑中为还原气氛时,高价 Fe_2O_3 还原为青灰色的低价 FeO,制得青砖。青砖比红砖强度高、耐久性好,在我国古代常用,但其成本高,目前已较少使用。

1. 形状尺寸

砖的标准尺寸为 240mm × 115mm × 53mm,习惯将 240mm × 115mm 的面称为大面,将 240mm × 53mm 的面称为条面,将 115mm × 53mm 的面称为顶面,4 块砖长、8 块砖宽或 16 块砖厚加上砂浆缝的厚度(10mm)均为 1m,1m³ 砖砌体的理论用砖量为 512 块。

采用随机抽取的 20 块样本砖,检验其与上述 3 个标准尺寸的平均偏差和样本极差,按照标准的规定范围划分产品等级。

2. 外观质量

主要从 2 条面高度差、弯曲、杂质凸出高度、裂纹长度、缺角尺寸、完整面、颜色等 7 个方面检验样本砖所得到的产品等级。

3. 强度等级

根据标准《烧结普通砖》(GB/T 5101—2003)将砖分为 MU30、MU25、MU20、MU15 和 MU10 等 5 个强度等级,分别要求抽取的 10 块样本砖的平均抗压强度值大于 30MPa、25MPa、20MPa、15MPa 和 10MPa;并规定了强度变异系数不大于 0.21 时的平均强度分别应不小于 22MPa、18MPa、14MPa、10MPa 和 6MPa;强度变异系数大于 0.21 时的单块最小强度不小于 25MPa、22MPa、16MPa、12MPa 和 7.5MPa。

根据标准《砌墙砖试验方法》(GB/T 2542—2003)制备砖强度测试试样:

(1)将砖样切断或锯成两个半截砖,断开的半截砖长不得小于 100mm,见图 2-1 所示。如果不足 100mm,应另取备用试样补足。

(2)在试样制备平台上,将已断开的半截砖放入室温的净水中浸 10 ~ 20min 后取出,并以断口相反方向叠放,两者中间用厚度不超过 5mm 的水泥净浆粘结。水泥净浆采用强度等级为 32.5MPa 的普通硅酸盐水泥调制,要求稠度适宜。上下两面用厚度不超过 3mm 的同种水泥净浆抹平。制成的试件上下两面须互相平行,并垂直于侧面,见图试 2-2 所示。

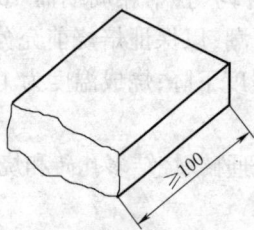

图 2-1 半截砖尺寸要求(单位:mm)

图 2-2 砖抗压试件示意图

4. 抗风化性能

抗风化性能是指在温度变化、干湿变化和冻融变化等物理因素作用下,材料不破坏并长期保持原有性质的能力。普通砖的抗风化能力越强,所建造的结构耐久性越好,烧结普通砖的抗风化性能通常用吸水率、饱和系数和抗冻性等指标判定。烧结普通砖的抗风化性能指标应满足表 2-1 中的要求,我国各省市严重风化地区和非严重风化地区的划分见表 2-2。

烧结普通砖的抗风化性能指标 表 2-1

砖的种类	严重风化地区				非严重风化地区			
	5h 沸煮吸水率(%)，≤		饱和系数，≤		5h 沸煮吸水率(%)，≤		饱和系数，≤	
	平均值	单块最大值	平均值	单块最大值	平均值	单块最大值	平均值	单块最大值
黏土砖	18	20	0.85	0.87	19	20	0.88	0.90
粉煤灰砖	21	23			23	25		
页岩砖	16	18	0.74	0.77	18	20	0.78	0.88
煤矸石砖								

我国的风化地区划分 表 2-2

严 重 风 化 地 区	非 严 重 风 化 地 区
1. 黑龙江省；2. 吉林省；3. 辽宁省；4. 内蒙古自治区；5. 新疆维吾尔自治区；6. 宁夏回族自治区；7. 甘肃省；8. 青海省；9. 陕西省；10. 山西省；11. 河北省；12. 北京市；13. 天津市	1. 山东省；2. 河南省；3. 安徽省；4. 江苏省；5. 河北省；6. 江西省；7. 浙江省；8. 四川省；9. 贵州省；10. 湖南省；11. 福建省；12. 台湾省；13. 广东省；14. 广西壮族自治区；15. 海南省；16. 云南省；17. 西藏自治区；18. 上海市

在严重风化地区的黑龙江、辽宁、吉林、内蒙古自治区和新疆自治区必须按照标准《烧结普通砖》GB/T 5101—2003 做砖的抗冻性试验，其抗冻性应满足表 2-3 中的要求；其他严重或非严重风化地区的烧结普通砖，如果各项指标符合表 2-1 中的规定，可以认为其抗风化性合格，不必进行冻融试验。

严重风化地区用砖的抗冻性指标 表 2-3

强 度 等 级	抗压强度平均值(MPa，≥)	单块砖的干质量损失(%，≤)
MU30	23.0	2.0
MU25	19.0	
MU20	14.0	
MU15	10.0	
MU10	6.5	

5. 烧结砖的泛霜和石灰爆裂

泛霜是指可溶性盐类如硫酸钠等在砖的使用过程中，随着砖内水分的蒸发在砖的表面逐渐析出的一层白霜。泛霜不仅影响建筑物的外观，还会造成砖表面分化与脱落，破坏砖与砂浆的粘结，导致建筑物墙体抹灰层剥落，严重的还可能降低墙的承载力。

当生产黏土砖的原料中含有石灰石时，在焙烧中石灰石会煅烧成石灰留在砖内，这些生石灰吸收外界水分后，会引其熟化而造成体积膨胀，导致砖因发生局部膨胀而破坏，这种现象称为石灰爆裂。石灰爆裂对墙体的危害很大，轻者影响外观，缩短使用寿命，重者会使砖砌体强度下降，危及建筑物的安全。

烧结普通砖对泛霜和石灰爆裂的要求应符合表 2-4 中的规定。

（二）烧结多孔砖

烧结多孔砖以黏土、页岩和煤矸石为原料，经研磨、制坯、烧结而成，主要用于结构承重，产品标准为《烧结多孔砖》(GB 13544—2000)，其主要规格尺寸有 190mm×190mm×

90mm(代号为 M)和 240mm×115mm×90mm(代号为 P)两种,如图 2-3 所示。M 型烧结多孔砖符合建筑模数,可以设计规范化、系列化,提高施工速度;P 型烧结多孔砖的长和宽与普通黏土砖相同,便于与普通黏土砖配套使用。

烧结普通砖对泛霜和石灰爆裂的要求 表 2-4

项目	优等品(A)	一等品(B)	合格品(C)
泛霜	无泛霜现象	无中等泛霜现象	无严重泛霜现象
石灰爆裂	不允许出现最大破坏尺寸 >2mm 的爆裂区域	(1)最大破坏尺寸 >2mm,且 ≤10mm 的爆裂区域,每组样砖不得多于 15 处; (2)不允许出现最大破坏尺寸 10mm 的爆裂区域	(1)最大破坏尺寸 >2mm、且 ≤15mm 的爆裂区域,每组样砖不得多于 15 处,其中 >10mm 的不得多于 7 处; (2)不允许出现最大破坏尺寸 10mm 的爆裂区域

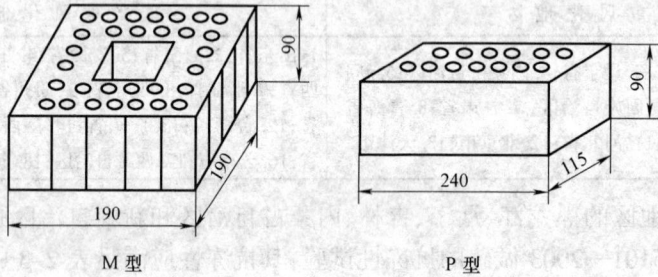

图 2-3　烧结多孔砖示意图(mm)

多孔砖的大面有孔洞,孔洞有矩形、长条形、圆形等多种,孔的尺寸小而数量多,孔洞率一般在 15% 以上。烧结多孔砖在使用时,孔道应垂直承压面,由于其强度比较高,主要应用六层以下建筑物的承重部位。

烧结多孔砖按照抗压强度和抗折强度,可分 MU30、MU25、MU20、MU15 、MU10 和 MU7.5 等 6 个强度等级,按照表 2-5 中的指标划分产品等级。

烧结多孔砖的产品质量等级 表 2-5

产品等级	强度等级	抗压强度(MPa,≥)		抗折强度(MPa,≥)	
		10 块平均值	单块最小值	10 块平均值	单块最小值
优等品	MU30	30.0	22.0	13.5	9.0
	MU25	25.0	18.0	11.5	7.5
	MU20	20.0	14.0	9.5	6.0
一等品	MU15	15.0	10.0	7.5	4.5
	MU10	10.0	6.0	5.5	3.0
合格品	MU7.5	7.5	4.5	4.5	2.5

模数多孔砖的尺寸是根据建筑模数标准制定的,便于实现建筑的标准化和商品化,目前在大城市得到推广,北京地区主要有四种规格:DM$_1$(190mm×240mm×90mm)、DM$_2$(190mm×190mm×90mm)、DM$_3$(190mm×140mm×90mm)和 DM$_4$(190mm×90mm×90mm),另有 190mm×190mm×40mm 的配砖。

(三)烧结空心砖

烧结多孔砖以黏土、页岩、煤矸石和粉煤灰为主要原料烧制而成,主要应用于非承重部位,常作为分隔墙。产品标准为《烧结空心砖和空心砌块》(GB 13545—2003),一般为2种外观尺寸(mm):390×290×240,240×180(175)×115,也可根据用户要求生产;按照表观密度划分为800、900、1100三个级别;根据孔洞排数分为双排孔、多排孔砖;根据大面和条面抗压强度分为MU10.0、MU7.5、MU5.0、MU3.5和MU2.5等5个强度等级;根据表2-6的外观指标划分产品质量等级。

烧结空心砖的产品质量等级　　　　　　　　　　　表2-6

序号	外观质量项目	质量等级		
		优等品(A)	一等品(B)	合格品(C)
1	弯曲度,≤	3	4	5
2	缺棱掉角的3个破坏尺寸不得同时大于	15	30	45
3	垂直度偏差,≤	3	4	5
4	未贯穿裂纹长度不大于 a 大面上宽度方向及其延伸到条面的长度 b 大面上长度方向的尺寸	不允许	100	120
5	未贯穿裂纹长度不大于 a 大面上宽度方向及其延伸到条面水平方向上的长度	不允许	120	140
6	贯穿裂纹长度不大于 a 大面上宽度方向及其延伸到条面的长度 b 大面上长度方向的尺寸	不允许	40	60
7	贯穿裂纹长度不大于 a 大面上宽度方向及其延伸到条面水平方向上的长度	不允许	40	60
8	壁、肋内残缺长度,≤	不允许	40	60

烧结空心砖一般比其他砖的尺寸大,上下面及侧面一般设计有槽沟,以增加与砂浆的粘结力,其外形主要为长方体,内部的孔型及其分布设计可以有很多变化,其中之一的外形及各个面的名称如图2-4。

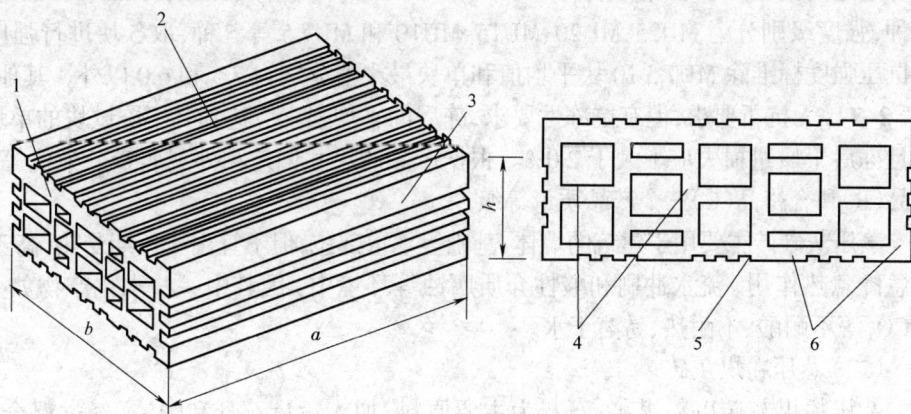

图2-4　烧结空心砖的外形
1-顶面;2-大面;3-条面;4-肋;5-凹线槽;6-外壁

烧结空心砖质量轻,可降低建筑物自重30%左右,节约黏土23%~30%,节省燃料10%~20%,施工效率提高40%;其强度低,保温、隔声性好,可做非承重的填充墙。

(四)多孔砖和空心砖的孔特征与热工性能

空心砖及多孔砖的孔型排列与其热工性能有关,在相同孔洞率条件下,圆孔比方孔热工性差很多,但比方孔的成型工艺简单很多;将孔洞错排比齐排的导热性低,在垂直传热方向上增加孔洞排数,即将大孔改为小孔,可使导热性降低。

三、非烧结砖

非烧结砖不经过焙烧制成,如蒸养、蒸压砖,免烧、免蒸砖、碳化砖等,实际中采用蒸养砖较多,该类砖采用含钙材料(如电石渣、石灰等)和含硅材料(如砂子粉煤灰、煤矸石、炉渣等)与水拌和后,经压制成型,然后通过常压蒸汽或高压蒸汽养护,生产出灰砂砖、粉煤灰砖、炉渣砖等。

(一)蒸压灰砂砖

蒸压灰砂砖以石灰、砂子为主要原料,经配料、混合、搅拌、陈化、轮碾、蒸压养护等生产过程制得,产品标准为《蒸压灰砂砖》(GB 11945—1999)。

实心砖外形尺寸与烧结普通砖相同(见 2.1 节),根据产品的尺寸偏差和外观质量分为优等品(A)、一等品(B)和合格品(C)三个产品质量等级;按照抗压、抗折强度分为 MU25、MU20、MU15 和 MU10 等 4 个强度等级,如表 2-7。

蒸压灰砂砖的强度等级 表 2-7

强度等级	抗压强度(MPa,≥)		抗折强度(MPa,≥)	
	10 块平均值	单块最小值	10 块平均值	单块最小值
MU25	25.0	20.0	5.0	4.0
MU20	20.0	16.0	4.0	3.2
MU15	15.0	12.0	3.3	2.6
MU10	10.0	8.0	2.5	2.0

空心砖的标准长和宽分别为 240mm 和 115mm,高度有 53mm、90mm、115mm 和 175mm 四种,强度级别分为 MU25、MU20、MU15、MU10 和 MU7.5 等 5 种,取 5 块进行强度测试,各级抗压强度标准除 MU7.5 10 块平均值和单块最小值分别为 7.5 和 6.0 以外,其他同实心砖(表 2-7)。无抗折要求,但有抗冻性要求,冻后的平均强度应达到其不冻试块的单块最小值,并且冻后干质量损失应不大于 2.0%。根据产品的尺寸偏差和外观质量分为优等品(A)、一等品(B)和合格品(C)三个产品质量等级。

蒸压灰砂砖主要用于建筑的墙体、基础等承重部位,但不宜用于长期受热(高于 200℃)、有急冷急热作用、流水冲刷和酸性介质腐蚀等环境中,因其中一些水化产物如 $Ca(OH)_2$、$CaCO_3$ 等不耐酸、不耐热、易溶于水。

(二)蒸压粉煤灰砖

蒸压粉煤灰砖以粉煤灰、石灰为主要原料,加入适量石膏和炉渣,经过混合、搅拌、制坯、成型、高压或常压蒸汽养护等生产过程制得。一般为实心砖,有灰色和深灰色,外形尺寸与烧结普通砖相同(图 2-1),表观密度为 $1.5 \times 10^3 kg/m^3$。产品标准为《粉煤灰砖》(JC 239—2001),根据产品的外观质量、强度等级、抗冻性和干燥收缩值等指标分为优等品(A)、一等品(B)和合格品(C)3 个产品质量等级;按照抗压、抗折强度分为 MU30、MU25、MU20、MU15 和 MU10 等 5 个强度等级,如表 2-8。

强度等级	抗压强度(MPa,≥)		抗折强度(MPa,≥)		15 次冻溶循环后的抗冻性	
	10块平均值	单块最小值	10块平均值	单块最小值	10 块抗压强度(MPa,≥)	单块砖质量损失率(%,≤)
MU30	30.0	24.0	6.2	5.0	24.0	
MU25	25.0	20.0	5.0	4.0	20.0	
MU20	20.0	16.0	4.0	3.2	16.0	2.0%
MU15	15.0	12.0	3.3	2.6	12.0	
MU10	10.0	8.0	2.5	2.0	8.0	

　　蒸压粉煤灰砖的干缩率较大,所以标准规定,优等品及一等品的干燥收缩率应不大于0.65mm/m,合格品的干燥收缩率应不大于 0.75 mm/m。

　　(三)蒸压炉渣砖

　　我国自 20 世纪 20 年代于上海开始生产炉渣砖,到 20 世纪 60 年代之后的一段时间发展较快,曾因消纳工业废渣而得到国家新型建材鼓励政策的扶持和推广,目前因受城市燃煤锅炉规模减小和燃煤收尘方式的改进,炉渣集中供应量降低,生产量逐渐减少。

　　蒸压炉渣砖以炉渣为主要原料,加入适量的石灰和少量石膏,经过配料、加水搅拌、陈化、轮碾、成型和蒸汽或蒸压养护制得,产品标准为《炉渣砖》(JC/T 525—2007),一般为实心砖,尺寸规格与烧结普通砖相同(图 2-1),强度为 10 ~ 25MPa,表观密度 1.5~2.0 × 10³kg /m³,根据强度和碳化性能分为 20MPa、15MPa、10MPa 和 7.5MPa 等 4 个强度等级,如表 2-9。当用于基础、易受冻、干湿循环等环境或防潮层以下部位时,必须采用 15MPa 以上的这种砖。

强度等级	抗压强度(MPa,≥)		抗折强度(MPa,≥)		碳化性能
	10块平均值	单块最小值	10块平均值	单块最小值	平均抗压强度(MPa,≥)
20	20.0	15.0	4.0	3.0	14.0
15	15.0	11.0	3.2	2.4	10.5
10	10.0	7.5	2.5	1.9	7.0
7.5	7.5	5.6	1.8	1.5	5.2

　　对生产原料的要求,炉渣含碳量小于 20%,破碎筛分后粒径在 20 ~ 10mm 的颗粒要低于10%,生石灰须经过磨细,过 0.08mm 方孔筛的筛余不大于 20%,石膏中三氧化硫含量大于 35%。以质量计,生石灰用量一般为 8%~12%,采用电石渣、消石灰时用量应适当增加,以保证混合料这有效氧化钙含量为 6%~10%;石膏用量 1%~3%;用水量与混合料的消化及砖坯的成型方式有关,用水过多对强度不利,过少则混合料松散,成型困难。采用蒸汽养护时的恒温温度为 95~100℃。

　　四、砖的砌筑施工

　　砖的砌筑施工规范为《砌体工程施工质量验收规范》(GB 50203—2002)。

　　(一)实心砖

1. 普通砖墙的厚度

一般有半砖(115mm,俗称 12 墙)、3/4 砖(178mm,俗称 18 墙)、一砖(240mm,俗称 24 墙)、一砖半(365mm,俗称 37 墙)和二砖(48mm,俗称 50 墙)等。

2. 立面砌筑形式有

(1)一顺一丁,即全部顺砖与同一皮中全部丁砖间隔砌成,上下皮竖缝互相错开 1/4 砖长,这种形式适合于砌一砖、一砖半及二砖墙。(2)梅花丁,即每皮中的丁砖与顺砖相隔,上皮丁砖坐中于下皮顺砖,上下皮竖缝互相错开 1/4 砖长,这种形式适合于砌一砖、及一砖半墙。(3)全顺,即各皮均为顺砖,上下皮竖缝互相错开 1/2 砖长,这种形式仅适合于半砖墙。(4)全顺一丁,即 3 皮中全部顺砖与一皮中全部丁砖相隔砌成,上下皮顺砖间的竖缝互相错开 1/2 砖长,上下皮顺砖与丁砖间的竖缝互相错开 1/4 砖长,这种形式适合于砌一砖和一砖半墙。

各种砌筑形式如图 2-5。

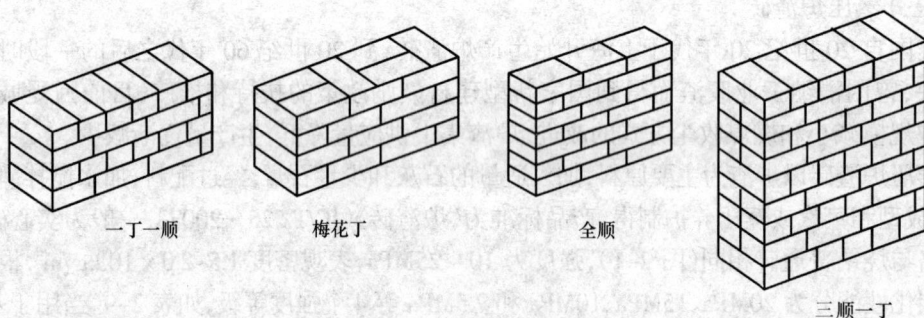

一丁一顺　　　梅花丁　　　全顺

三顺一丁

图 2-5　普通实心砖的砌筑形式

3. 砌筑要点

砖应在砌筑前 1~2d 浇水湿润,灰缝应横平竖直,厚薄均匀,37mm 厚度以上的墙应双面挂线,砌筑砂浆搅拌时间大于 1.5min,用砂须过筛,墙角及交接处立起皮数杆(间距不超过 15m),杆间拉准线。抹浆方法一般有铺浆法和"三一"法,铺浆长度不超过 750mm(气温高于 30℃时应不超过 500mm),"三一"法即采用"一铲灰、一块砖、一挤揉"。水平及竖向灰缝厚度为 8 ~ 12mm,以 10mm 为宜,每天砌筑高度不宜超过 1.8m。

墙角及交接处应同时砌筑,对不能同时砌起必须留槎时,应砌成长度不超过高度 2/3 的斜槎如图 2-6;墙角以外可留直凸槎,但其间须设置拉结钢筋,如图 2-7。

图 2-6　P 砖砌体斜槎砌筑

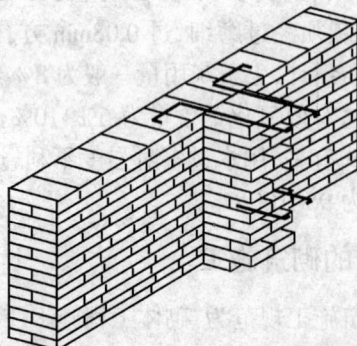

图 2-7　砖砌体直槎砌筑

为保证施工和墙体安全,在下列部位不能留手脚架用的眼洞:(1)半砖墙;(2)宽度小于1m 的窗间墙;(3)梁及梁垫下及其左右 500mm 范围内的墙;(4)门窗洞口两侧 200mm 和墙角处 450mm 范围内的墙;(5)过梁上按过梁净跨的 1/2 高度以及于过梁成 60°的三角形范围内的墙。

(二) 多孔砖和空心砖

多孔砖或空心砖在常温下上墙前 1 ~ 1.5d 应浇水湿润,临时湿润会影响砖的粘结强度。一般地,多孔砖的孔洞垂直于地面,空心砖的孔洞方向与地面平行,应尽量避免相反的操作,以免造成砌体轴压强度降低和砖间的粘结力下降。

1. 多孔砖的砌筑形式

M 型多孔砖只有"全顺",每皮均为顺砖,齐抓孔平行于墙面,上下皮竖缝相互错开 1/2 砖长,如图 2-8。P 型多孔砖有"一顺一丁"及"梅花丁"2 种,前者是一皮顺砖于一皮丁砖相隔砌筑,上下皮竖缝互相错开 1/4 砖长;后者是每皮中顺砖于丁砖相隔,丁砖坐中于顺砖,上下皮竖缝相互错开 1/4 砖长,如图 2-9。

图 2-8　M 型多孔砖砌筑形式　　　　　图 2-9　P 型多孔砖砌筑形式

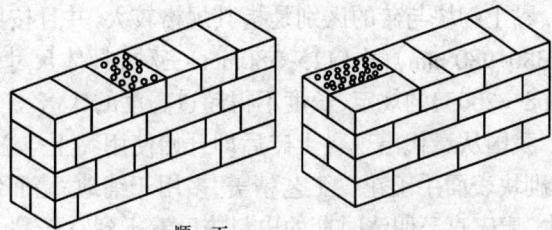

2. 空心砖的砌筑形式

一般侧立砌筑,空洞方向与地面平行,特殊情况下也可例外,空心砖墙的厚度等于空心砖的厚度,采用全顺侧砌,上下皮竖缝错开 1/2 砖长,如图 2-10。

3. 多孔砖建筑构造

砖的搭接,实心砖的接槎和 P 型多孔砖无大的区别,主要是细部和块体高度不同。使用P型多孔砖的砖挑檐,虽然建筑平面设计与实心砖相同,但由于砖高不同引起竖向尺寸的改变,设计中需要考虑到砌体洞口高度尺寸、构件、配件、部件等高度尺寸,预埋件大小及其安装高度位置应符合模数尺寸要求,例如墙上通风、烟道、垃圾道等洞口的高度应为基本模数的倍数,在建筑构造尺寸上,挑檐均为平砖挑出,高度为基本模数的倍数,如窗上口、砖台阶、砖挑檐等。

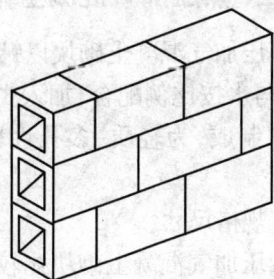

图 2-10　空心砖砌筑形式

一般构造按照国家通用建筑标准设计图集 96SG612 和《多孔砖墙体结构构造》(GJB T—392)标准图集进行;砌筑施工方法、接槎形式大多与实心砖接近,所不同的是,多孔砖的砌筑宜采用"三一"法,竖缝采用刮浆法,应防止灰浆掉入孔洞,并采用无齿锯加工所需要的非整块砖,不得砍凿;靠近门窗的 1 砖范围内应改用实心砖。

第二节 砌 块

一、概述

砌块是指比普通尺寸大的块材,实际工程中多采用高度为 18~350mm 的小型砌块,一般采用当地的工农业固体废弃材料制作。由于其施工速度快、效率高,能够改善墙体的功能,所以是我国政策推广的新型墙体材料,近年来发展迅速。其品种规格很多,主要包括:混凝土空心砌块(含小型和中型砌块两类)、蒸压加气混凝土砌块、轻骨料混凝土砌块、粉煤灰砌块、煤矸石空心砌块、石膏砌块、菱镁砌块、大孔混凝土砌块等,其中,混凝土小型砌块、蒸压加气混凝土砌块、粉煤灰硅酸盐砌块和石膏砌块等在实际中应用较多。由于砌块体积较大,不便于通过砍削来补充其错逢时在端头留下的不规则缺口,所以,在我国实际应用中常采用普通砖与其配合使用。

二、烧结空心黏土砌块

黏土砌块与砖的区别是指其规格较大,并且按照主规格高度的范围分为大(>980mm)、中(380~980 mm)、小(115~380mm)三种,具体尺寸有很多,但按照《墙体材料术语》(GB/T 18968—2003)的规定,长度不得超过高度的 3 倍。

我国从秦代出现黏土砖后即开始使用黏土空心砖和砌块,到西汉时有过一段发展繁盛期,砌块表面手工花纹工艺精美,多用于铺地、墙面装饰、砌筑墓室,到东汉时空心砌块趋于消失,唐宋直至明清时期的史料中已看不到空心黏土砌块的生产。20 世纪 70 年代南京、西安等地率先开始现代烧结空心黏土砌块生产,早期的名称叫做拱壳空心砌块,还有孔洞率 44%的楼板空心砌块,以及孔洞率 49%的 5 孔楼板空心砌块、孔洞率 50%的 10 孔楼板空心砌块等,也研制出用于装饰的花格砌块和大型砌块,但到目前中、大型空心黏土砌块应用较少。国外的发展起源于公元前一世纪,大规模发展则始于 20 世纪 60 年代,其后至 70 年代产量迅速增长。

三、蒸压加气混凝土砌块

蒸压加气混凝土砌块以钙质材料(水泥、石灰等)、硅质材料(砂子、粉煤灰、粒化高炉矿渣等)与水按比例配合,加入少量发气剂(铝粉)和外加剂,经过搅拌、浇筑、切割、蒸压养护等工序制成,为轻质、多孔性墙体材料,产品标准为《蒸压加气混凝土砌块》(GB 11968—2006)。

1. 规格尺寸

蒸压加气混凝土砌块比较容易切割成各种尺寸,一般采用的是,长度为 600mm,高、宽分别从 100~300mm 有多种尺寸和搭配,如表 2-10。

蒸压炉渣砖的强度等级   表 2-10

长度 L (mm)	宽度 B (mm)	高度 H (mm)
600	100 120 125	200 240 250 300
	150 180 200	
	240 250 300	

32

2. 外观质量

蒸压加气混凝土砌块按照表 2-11 中的质量指标划分为优等品(A)和合格品(B)两个等级。

蒸压炉渣砖的强度等级 表 2-11

项 目 指 标			等级指标	
			优等品(A)	合格品(B)
尺寸允许偏差(mm)	长度	L	±3	±4
	宽度	B	±1	±2
	高度	H	±1	±2
缺棱掉角	最小尺寸不得大于		0	30
	最大尺寸不得大于		0	70
	大于以上尺寸的缺棱掉角个数,不多于(个)		0	2
裂纹长度	贯穿一棱二面的裂纹长度不得大于所在面的裂纹方向尺寸总和的		0	1/3
	任一面上的裂纹长度不得大于裂纹方向尺寸的		0	1/2
	大于以上尺寸的裂纹个数,不多于(个)		0	2
爆裂、粘模和损坏深度(mm)			10	30
平面弯曲			不允许	
表面疏松、层裂			不允许	
表面油污			不允许	

3. 强度等级

加气混凝土砌块的强度是将试样加工成棱长 100mm 的立方体,每组 3 块,以平均抗压强度划分为 A1.0、A2.0、A2.5、A3.5、A5.0、A7.5、A10.0 共 7 个等级,各等级的指标应符合表 2-12 中的规定。

加气混凝土砌块的强度等级 表 2-12

强度等级	抗压强度(MPa,≥)		强度等级	抗压强度(MPa,≥)	
	平均值	单块最小值		平均值	单块最小值
A1.0	1.0	0.8	A5.0	5.0	4.0
A2.0	2.0	1.6	A7.5	7.5	6.0
A2.5	2.5	2.0	A10.0	10.0	8.0
A3.5	3.5	2.8			

4. 体积密度

根据干燥状态下的体积密度划分为 B03、B04、B05、B06、B07 和 B08 共 6 个级别,具体参数如表 2-13,体积密度与强度级别对照表如表 2-14。

对加气混凝土砌块的干燥收缩、抗冻性、导热、隔热等有要求,具体应符合表 2-15 的要求。

加气混凝土砌块的干体积密度(kg/m³)　　表 2-13

体积密度级别	B03	B04	B05	B06	B07	B08
优等品(A), ≥	300	400	500	600	700	800
合格品(B), ≤	325	425	525	625	725	825

加气混凝土砌块的体积密度与强度级别对照表　　表 2-14

体积密度级别	B03	B04	B05	B06	B07	B08
优等品	A1.0	A2.0	A3.5	A5.0	A7.5	A10.0
合格品			A2.5	A3.5	A5.0	A7.5

蒸压加气混凝土砌块的干缩值、抗冻性和导热系数要求　　表 2-15

体积密度级别			B03	B04	B05	B06	B07	B08
干燥收缩值 (mm/m,≤)	快速法		0.8					
	标准法①		0.5					
抗冻性	质量损失(%), ≤		5.0					
	冻后强度 (MPa, ≥)	优等品	0.8	1.6	2.8	4.0	6.0	8.0
		合格品			2.0	2.8	4.0	6.0
干态导热系数②[W/(m·K)], ≤			0.10	0.12	0.14	0.16	0.18	0.20

注：① 当 2 种方法的测试发生矛盾时,以标准法结果为准;

② 当有用户要求时才做的指标。

5. 应用

加气混凝土砌块的重量只有黏土砖的 1/3,所以其质量轻、高温隔热性好、易于加工、施工方便快捷。B03、B04、B05 级别的砌块通常用于非承重结构的围护和填充墙,也可用于屋面保温,B06、B07 和 B08 级别的砌块可用于 6 层及其以下建筑的承重墙。

在处于表面温度高于 80℃或长期受干湿循环或酸碱侵蚀的环境中,或者在标高线 ±0 以下且有长期浸水条件的环境中,不允许使用蒸压加气混凝土砌块。加气混凝土砌块在出蒸压釜以后的初期一段时间内,收缩值比较大,如果很快应用于建筑中,很容易产生墙体的裂纹、裂缝,所以在其出厂前应有足够的陈化期,以保证其充分的体积稳定性。

6. 砌筑施工

砌筑前应先浇水湿润,采用切锯工具而不得用刀砍斧凿方式切砖,墙上不得留手脚印,底层靠近地面至少 200mm 以内宜采用耐水性好的烧结普通砖或多孔砖等替代加气混凝土砌块,除此以外,不得与其他类型或不同密度、强度等级的砖、砌块混砌;与承重墙衔接处应在承重墙中预埋拉结钢筋,临时间断处应留斜槎。

四、混凝土小型空心砌块

混凝土小型空心砌块主要由水泥、细骨料、粗骨料、外加剂等与水搅拌、成型和养护后制成,产品标准为《混凝土小型空心砌块》(JC 860—2008)。

混凝土小型空心砌块的空心率为 25%~50%,于 20 世纪末发源于美国并很快推广,目前在发达国家的应用很普及,可用于包括高层、大跨度、围墙、挡土墙、桥梁、花坛等的各类建筑中。其具有很多优点,强度高、自重轻、安全、美观、耐久性好,其施工速度快,建造和维护成本低等;也有不少弱点,易产生收缩变形、不便于砍削等现场操作,因单块体积大而使块体较重,搬运困难,易破损率高。

1. 形状规格

混凝土小型空心砌块的形状一般为中间设孔的长方体,具体尺寸可以有很多种,主要为 390mm×190mm×190mm,配以 3~4 种辅助规格,形成系列规格。最小外壁厚度应小于30mm,最小肋厚度应不小于25mm。砌块两边一般设有企口,砌块、企口槽型及孔洞的形状、数量、分布等设计形式很多,标准图集中就有几十种,可以满足不同的结构和功能要求,常见结构如图 2-11。

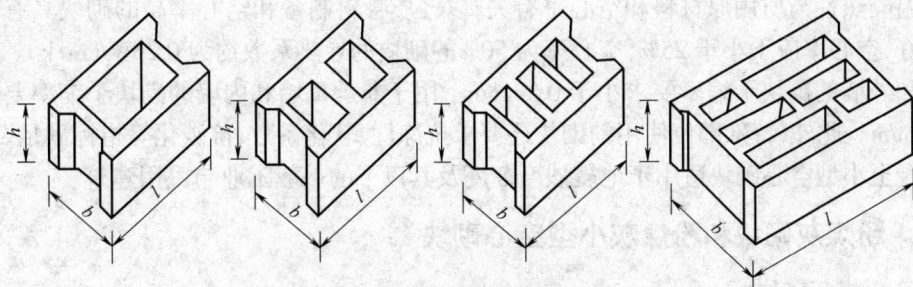

图 2-11 混凝土小型砌块的形状尺寸
$h=190(90)mm; l=390(190)mm; b=240(290)$

混凝土小型空心砌块的品质,根据尺寸偏差和外观质量,将其分为优等品(A)、一等品(B)和合格品(C)3 等,技术指标如表 2-16。

表 2-16

混凝土小型空心砌块的尺寸允许偏差和外观质量

项 目 名 称			优等品(A)	一等品(B)	合格品(C)
允许偏差	长度(mm)		±2	±3	±3
	宽度(mm)		±2	±3	±3
	高度(mm)		±2	±3	±3或 -4
外观质量	弯曲(mm) ≤		2	2	3
	缺棱掉角	个数(个) <	0	2	2
		3 个方向投影尺寸的最小值(mm) ≤	0	20	30
	裂缝延伸的投影尺寸累计值(mm) ≤		0	20	30

2. 强度等级

混凝土小型空心砌块分为 MU20.0、MU15.0、MU10.0、MU7.5、MU5.0、MU3.5 等,共 6 个等级,测试抗压强度时,每组试样 5 个砌块,上下表面用水泥砂浆抹平并养护到砂浆强度大于砌块强度,然后进行测试,其强度等级评价标准如表 2-17。

表 2-17

普通混凝土小型空心砌块的强度等级

强度等级	MU20.0	MU15.0	MU10.0	MU7.5	MU5.0	MU3.5
平均值(MPa) ≥	20.0	15.0	10.0	8.5	5.0	3.5
单块最小值(MPa) ≥	16.0	12.0	8.0	6.0	4.0	2.8

3. 相对含水率

相对含水率是指产品的出厂含水率与吸水率的比值，是影响收缩变形的重要指标。对年平均相对湿度（RH）大于 75% 的潮湿地区，要求相对含水率不大于 45%；对年平均相对湿度介于 50%~75% 的地区，要求相对含水率不大于 40%；对年平均相对湿度小于 05% 的地区，要求相对含水率不大于 30%。

4. 抗渗性

用于外墙面或有防渗要求的砌块，应满足抗渗要求，以 3 块砌块中任一块的水面下降高度不大于 10mm 为合格。

5. 其他性能

保温隔热性与所用原材料和空心率有关，以轻质骨料制备和空心率高的砌块具有保温隔热性好，空心率应不小于 25%，空心率为 50% 的砌块的导热系数约为 0.26W/(m·k)。用于承重墙和外墙的砌块干缩率要求小于 0.5mm/m，用于非承重墙和内墙的砌块干缩率要求小于 0.6mm/m。此外，特殊部位使用的砌块还要求抗冻性、软化系数、抗碳化等指标满足要求。普通混凝土小型空心砌块适用于地震烈度 8 度及其以下的一般工业与民用建筑。

五、粉煤灰砌块和粉煤灰小型空心砌块

（一）粉煤灰砌块

粉煤灰砌块又称粉煤灰硅酸盐砌块，是以粉煤灰、石灰、石膏和骨料为原料，经加水搅拌、振动成型、蒸汽养护而制成的实心砌块，产品标准位《粉煤灰砌块》（JC 238—1991），主要尺寸规格有 880mm×380mm×240mm 和 880mm×430mm×240mm 两种，外形如图 2-12。

根据外观尺寸偏差分为（B）和（C）两种产品品质等级，分为 10 级和 13 级两个强度等级，其强度及人工碳化后强度、抗冻性、密度、干缩值等性能指标要求如表 2-18。

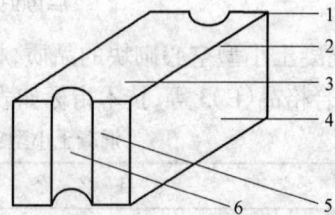

图 2-12　粉煤灰砌块外形及各部位名称
1- 角;2- 棱;3- 坐浆面;4- 侧面;5- 端面;6- 灌浆槽

粉煤灰砌块的性能指标　　　　　　　　　　　表 2-18

项　　目		强　度　等　级	
		10 级	13 级
抗压强度(MPa，≥)	3 块平均值	10.0	13.0
	单块最小值	8.0	10.5
人工碳化后的抗压强度(MPa)，≥		6.0	7.5
抗冻性(-20℃)		冻融循环结束后，外观无明显疏松、剥落或裂缝，强度损失率不大于 20%	
密度(kg/m³)		不超过设计的 10%	
干缩值(mm/m)		一等品不大于 0.75，合格品不大于 0.90	

我国从 20 世纪 60 年代起首先从大城市开始发展粉煤灰砌块，到 1986 年底，上海采用粉煤灰砌块建造的住宅面积达到 1600 多万立方米，占该时期该地区建房总面积的 1/3。生

产每立方米粉煤灰砌块可利用 420kg 湿排粉煤灰,解决了当时电厂的废物堆积问题,对环保贡献很大,随着电厂排渣方式的改进,粉煤灰更多地被用作高附加值的混凝土掺合料,其生产逐渐下降。

(二)粉煤灰小型空心砌块

粉煤灰小型空心砌块以水泥、粉煤灰、各种轻重外加剂骨料以及外加剂等为原料,经配料、搅拌、成型、养护而成,产品标准为《粉煤灰小型空心砌块》(JC 862—2008)。

按照孔排数分为单排孔(1)、双排孔(2)、三排孔(3)和四排孔(4),按照尺寸偏差、外观质量、碳化系数等性能指标分为优等品(A)、一等品(B)和合格品(C)3 个产品质量等级;砌块的最小外壁厚度应不小于 25mm,肋厚度应不小于 20mm;按照抗压强度分为 MU2.5、MU3.5、MU5.0、MU7.50、MU 10.0、MU 15.0 等 6 个强度等级,分为 800、900、1000、1200、1400 等 5 个密度等级。优等品、一等品和合格品的碳化系数应分别不大于 0.80、0.75 和 0.70,软化系数均应不小于 0.75,干燥收缩率均应不大于 0.06%,吸水率不大于 20%。在采暖地区(最冷月份的平均气温不大于 −5℃)对抗冻性有要求,在一般环境中要求达 D15 级,即在经过 15 次冻融循环后的强度损失率应不大于 25%,在有干湿交替环境中的抗冻等级要求达到 D25,即在经过 15 次冻融循环后的强度损失率应不大于 5%。其强度等级划分如表 2-19、密度等级划分如表 2-20、出厂时不同干缩率应与如表 2-21 相对含水率对应。

粉煤灰小型空心砌块的强度等级 表 2-19

强度等级	抗压强度(MPa),≥		对应密度 (kg/m³),≤	强度等级	抗压强度(MPa),≥		对应密度 (kg/m³),≤
	平均值	单块最小值			平均值	单块最小值	
MU 2.5	2.5	2.0	800	MU 7.5	7.5	6.0	1200
MU 3.5	3.5	2.8	800	MU10.0	10.0	8.0	1400
MU 5.0	5.0	4.0	1000	MU15.0	15.0	12.0	1400

粉煤灰小型空心砌块的密度等级 表 2-20

密 度 等 级	800	900	1000	1200	1400
干密度范围 (kg/m³)	710~800	810~900	910~1000	1010~1200	1210~1400

不同干缩率粉煤灰小型空心砌块的相对含水率 表 2-21

干缩率 (%)	< 0.03	0.030~0.045	0.045~0.060
相对含水率 (%,≤)	45	40	35

六、石膏砌块

石膏砌块以建筑石膏为原料,经料浆拌和、浇注成型、自然干燥或烘干制成,产品标准为《石膏砌块》(JC/T 698—1998)。

其外形一般为长方体,通常在纵横边缘设有企口,按照规格形状可分为标准、非标准及异形石膏,标准长度和高度分别为 666mm 和 500mm,标准厚度分别为 60mm、80mm、90mm、100mm 和 120mm;按照原料可分为天然石膏砌块(T)和工业副产品石膏(或称化学石膏)砌块(H);按照结构特征可分为实心石膏砌块(S)和空心石膏砌块(K),其表观密度应分别不小于 10000kg/m³ 和 700 kg/m³；按照其防水性能可分为普通石膏砌块（P）和防潮石膏砌块（F），防潮石膏砌块的软化系数应不低于 0.6。

石膏砌块的断裂荷载值应不小于 1.5kN，平整度应不大于 1.0mm，允许尺寸偏差和外观质量要求如表 2-22。

石膏砌块的尺寸偏差和外观质量 表 2-22

	项　目	长度	高度	厚度		
尺寸偏差 (mm)	规　格	666	500	60、80、90、100、110、120		
	偏　差	±3	±2	±1.5		
外观质量	缺角	同一砌块不得多于 1 处，缺角尺寸应小于 30mm×30mm				
	板面断裂	非贯穿裂纹不得多于 1 条，裂纹长度小于 30mm，宽度小于 1mm				
	油　污	不允许				
	气　孔	直径 5~10mm 的气孔不多于 2 处，不允许有大于直径 10mm 的气孔				

石膏制品历史悠久、应用成熟，具有保温、隔声、防火、调节湿度、体积稳定性好、可回收利用等许多优点，是典型的绿色建材，至今仍被发达国家大量应用，目前欧洲国家的年产量约为：德国 470 万 m³，比利时 450 万 m³，法国 2500m³，西班牙 250m³。我国最早有生产和应用，但始终发展较慢，主要是受工艺、原材料和其他墙材的价格冲击等因素的制约，近年来，国内大力发展利用化学石膏生产砌块。其生产成型工艺一般有 2 种，采用液压顶出成型工艺生产实心砌块，采用固定轴抽芯工艺生产空心砌块。

石膏砌块不得露天堆放以免淋雨受潮，堆放不得超过 5 层以免破损，砌筑时长度超过 6m 时应增设加固柱，竖向高度超过 4m 时应增设加固梁，与其他墙体连接时应采用铁钉和胶粘胶等加固。

七、泡沫混凝土砌块

泡沫混凝土砌块的外形和物理力学性质类似于加气混凝土砌块，产品标准为《泡沫混凝土砌块》(JC/T 1062—2007)，外形规格主要有 880mm×380mm×240mm、880mm×430mm×240mm，也可以通过供需双方协商确定，其尺寸允许偏差和外观质量要求如表 2-23。

泡沫混凝土砌块的尺寸允许偏差和外观质量要求(mm) 表 2-23

项目	表观密度	贯穿面棱的裂缝	空洞、爆裂	缺棱掉角在长、宽、高三个方向上的投影的最大值	允许尺寸偏差		
					长	宽	高
指标	不允许	不允许	直径不大于 30	30	±4	±3	±2

泡沫混凝土砌块为多孔、轻质材料，表观密度为 300~1000kg/m³；吸声系数是红砖的 5~6 倍，其导热系数为 0.07~0.15 W/(m·K)，而普通混凝土的导热系数为 1.3~1.5 W/(m·K)，红砖的为 0.29 W/(m·K)，所以，其吸声和保温隔热性能较好；其干缩值为 0.6~1.0mm/m，吸湿率小于35%，是完全抗冻材料。

泡沫混凝土砌块分为蒸养和非蒸养两种，非蒸养砌块又称水泥泡沫混凝土（砌块），是在水泥和填料中加入泡沫剂和水，经过机械搅拌和成型，在常温下养护而成，抗压强度为

0.7~2.5MPa;蒸养砌块又称硅酸盐泡沫砌块,以石灰和粉煤灰为主要原料,加入适量的石膏和泡沫剂后与水搅拌,经过蒸压或蒸汽养护而成,抗压强度为2.5~3.5MPa。

泡沫剂的发泡量要求大于0.5m³/kg,通过高速搅拌来制泡。其制品砌块主要用于框架结构,也可现浇作为外墙填充和内墙隔断,可用于抗震圈梁构造柱、多层建筑外墙或保温隔热复合墙体。

八、轻骨料混凝土小型空心砌块

以粉煤灰陶粒、黏土陶粒、页岩陶粒膨胀珍珠岩等各种轻骨料配以水泥、砂制成,生产工艺于普通混凝土小型砌块类似,产品标准为《轻集料混凝土小型空心砌块》(GB 15229—2002),分为单排孔、双排孔、三排孔和四排孔等4种外形,分为500、600、700、900、1000、1200、1400kg/m³等8个密度等级,分为1.5、2.5、3.5、5.0、7.5、10.0等6个强度等级,按照尺寸允许偏差和外观质量分为优等品(A)、一等品(B)和合格品(C)3个产品质量等级,最小外壁和肋厚度均不应小于20mm。

九、装饰混凝土砌块

装饰砌块分为砌体装饰砌块[包括实心装饰砌块(Sq)和空心装饰砌块(Kq)]和贴面装饰砌块(Tq),产品标准为《装饰混凝土砌块》(JC/T 641—2008)。砌体装饰砌块按照表2-24的要求分为1.5、2.5、3.5、5.0、7.5、10.0、15.0、20.0、25.0、30.0MPa等10个强度等级;分为普通型(P)和防水型(F)。

砌体装饰砌块的强度等级(MPa)　　　　　　　　　　　　　　　　表2-24

等　级		1.5	2.5	3.5	5.0	7.5	10.0	15.0	20.0	25.0	30.0
空心装饰砌块	5块平均值	1.5	2.5	3.5	5.0	7.5	10.0	15.0	20.0		
	单块最小值	1.2	2.0	2.8	4.0	6.0	8.0	11.0	16.0		
实心装饰砌块	5块平均值						10.0	15.0	20.0	25.0	30.0
	单块最小值						8.0	11.0	16.0	20.0	24.0

其基本外形尺寸及允许偏差如表2-25,空心装饰砌块的最小外壁和肋厚度应分别不小于30mm和25mm。

装饰砌块的基本外形尺寸及允许偏差(mm)　　　　　　　　　　表2-25

长　度		590 ± 4、490 ± 4、390 ± 3、290 ± 3、190 ± 2
高　度		290 ± 3、240 ± 3、190 ± 2、140、90
宽　度	砌体装饰砌块 Sq、Kq	240 ± 3、190 ± 2
	贴面装饰砌块 Tq	$(70-30) \pm 1$

按照表2-26的外观质量分为优等品(A)、一等品(B)和合格品(C)3个产品质量等级。

贴面装饰砌块的强度等级以抗折强度确定,5块平均值应不小于4.0MPa,单块最小值应不小于3.2MPa。在采暖地区要求抗冻等级达到F25,即在25次冻融循环后的质量损失不超过5%,且强度损失率不超过25%。

项　目		优等品(A)	一等品(B)	合格品(C)
裂纹	饰面	无	无	无
	其他面裂纹延伸的投影长度累计不超过长度尺寸的百分数(%,≤)	3.8	5.0	7.7
缺棱掉角	饰面 棱个数（个）	无	1	2
	长度不超过边长的百分数(%)	—	1.5	2.5
	角个数（个）	无	1	2
	相临两边长度不超过边长的百分数(%)	—	0.77	1.28
	底面 棱、角个数（个）	2	2	2
	长度不超过边长的百分数(%)	4.0	5.0	6.0
弯曲(%,≤)		0.50	0.77	1.00
饰面色泽、花纹于订货样板比较		基本相似	无显著区别	无显著区别

十、小型空心砌块的砌筑施工特点

砌块的砌筑施工施工与砖的砌筑施工有许多相同之处,所不同是为了利用多孔性和空心的热工性能以及为保障其结构的稳定、安全性而规定了许多特殊的工法,目前采用的相关标准有:《混凝土小型空心砌块建筑技术规程》(JGJ/T 14)、《砌体结构设计规范》(GBJ 3)、《建筑抗震设计规范》(GBJ 11)、《混凝土结构设计规范》(GBJ 10)、《建筑热工设计规范》(GBJ 50176)、《民用建筑节能设计标准（采暖居住部分)》(JGJ 26)、《混凝土小型空心砌块块体》[96SJ 102(一)]、《混凝土小型空心砌块墙体建筑构造》[96SJ 102(二)]、《混凝土小型空心砌块墙体结构构造》[96SG 613(一)、(二)]、《混凝土小型空心砌块砌筑砂浆》(JV 860—2000)、《混凝土小型空心砌块灌孔混凝土》(JC 861—2000)等,还有大量地方标准和规范。

1. 芯柱

空心砌块的一个重要用途是利用其灌注芯柱,是在单排孔砌块墙体的贯通上下砌块孔洞中现浇混凝土柱,通常为钢筋混凝土芯柱,芯柱内设置一根主筋,不设箍筋。芯柱主要在墙体转角和内外墙交叉部位、门窗洞口两侧以及在墙体内分布设置,与水平灰缝钢筋、混凝土配筋带、圈梁和过梁等共同作用对墙体进行约束,以提高墙体的整体性能,加强抗震和承载能力。

2. 控制缝

在较长墙体中设置的竖向变形缝,在控制缝处除楼层圈梁外,墙体完全分断并容许墙体发生微小收缩变形,以人为预留缝隙的方法消除墙体因湿度变化产生的收缩变形和应力集中,减少或避免墙体发生开裂。控制缝的连接主要有凹槽式、舌槽式和胶条式等形式。

3. 正砌与反砌

砌块孔洞较大的一面（即坐浆面)朝下砌筑称为反砌,反之为正砌,实际施工中以反砌为主。将正砌砌块孔洞内部的向下收口用适当形状的硬纸板或铁皮填塞可起到盲孔砌块的作用。

4. 灌实

用混凝土将部分砌块孔洞灌实,形成芯柱,一般用于系梁、现浇配筋带、埋置地下的砌体以及高层建筑的下层墙体等部位。灌实部分的边模一般利用砌块壁;梁带类灌实部位可采用盲孔砌块或在通孔砌块底部灰缝中铺设钢丝网作为底模。

5. 结构形式

分为混凝土单片墙、清水单片墙、夹芯复合墙等,其中单片墙用量较大,其竖向构造分为芯柱型、芯柱 – 构造柱组合型和构造柱型等 3 种。芯柱型由现浇混凝土芯柱组成,适用于单排孔砌体;组合型由现浇混凝土构造柱与芯柱组成,适用于单排孔砌体;全构造柱型与普通砖混结构相似,适用于多排孔砌体。通过在空心中填充保温材料可以大幅度提高墙体的保温性。

6. 应用环境

宜在现浇楼板上使用砌块,可以简化楼板在砌块砌体上的搁置构造处理;砌块宜用于坡屋面建筑,以减少屋面受热膨胀导致的砌块墙体开裂破坏。在基础、顶面、楼及屋盖处的所有纵横墙上设置混凝土圈梁,比较空旷的单层房屋,当檐口高度大于 5m 时也应设圈梁。砌块建筑在小高层中应用的性价比最佳,可比钢筋混凝土结构节省造价 20%。

思考题与习题

1. 国家为什么要限制黏土实心砖?多孔砖和空心砖的好处有那些?
2. 烧制青砖与红砖的工艺有什么区别?两种砖的优缺点各是什么?
3. 砌筑砖墙的接槎形式一般有几种?各适合哪种厚度的墙体?
4. 多孔砖的砌筑、施工方法与实心砖有什么区别?
5. 哪些情况下禁止在实心砖墙体上留手脚架空洞?
6. 哪些环境中的建筑部位不宜使用蒸压灰砂砖?
7. 哪些情况下禁止使用蒸压加气砌块?
8. 小型空心砌块有那些砌筑施工特点?

第三章 天然石材

内容提要: 本章从天然岩石的基本知识和常用天然石材两部分进行讲解。主要介绍天然石材的组成、形成与性质的关系,常用石材及其技术要求等内容,通过学习应了解天然石材组成与形成条件对性质的影响,了解常用石材的种类和品种。

凡是从天然岩石开采出来的,经加工或未加工的石材,统称为天然石材。天然石材在地壳中蕴藏丰富,分布广泛,便于就地取材。在性能上,天然石材具有抗压强度高、耐久、耐磨等特点。

天然石材是最古老的建筑材料之一,意大利的比萨斜塔,古埃及的金字塔,我国河北的赵州桥等,均为著名的古代石结构建筑。由于脆性大、抗拉强度低、自重大、开采加工较困难等原因,石材作为结构材料,近代已逐步被混凝土材料所替代。但石材用于建筑装饰已有悠久的历史,早在 2000 多年前的古罗马时代,就开始使用白色及彩色大理石等作为建筑饰面材料,在建筑立面上使用天然石材,不仅具有坚定、稳重的质感,还可以取得庄重、雄伟的艺术效果。天然石材不仅可以直接用作土木工程材料,而且它还是许多材料及制品的原材料,如石灰、水泥及玻璃的主要原料就是石灰石,而天然砂、卵石以及人工碎石又是配制砂浆和混凝土等的原料。因此,在现代建筑领域中,石材的应用前景依然十分广阔。

第一节 天然岩石的基本知识

岩石是由各种不同的地质作用所形成的天然矿物构成的集合体,组成岩石的矿物称为造岩矿物。矿物是在地壳中受各种不同的地质作用所形成的具有一定化学组成和物理性质的单质或化合物。目前已经发现的矿物有 3300 多种,绝大多数是固态无机物。主要造岩矿物有 30 多种,其中由单一矿物组成的岩石称为单成岩;有两种或者多种矿物组成的岩石称为复成岩。单成岩的性质取决于其矿物组成及结构,而复成岩的性质则由其矿物的相对含量及结构构造来决定。

一、天然岩石的分类

岩石根据其地质条件分为岩浆岩、沉积岩和变质岩三大类。

(一)岩浆岩

岩浆岩又叫做火成岩,是地壳深处的熔融岩浆上升到地表附近或者喷出地表时,由于热量散失逐渐冷凝而成。

岩浆岩根据形成条件不同分为深成岩、喷出岩和火山岩三类。其中深成岩结晶完整、晶粒粗大、结构较密,具有抗压强度高、孔隙率及吸水率小、体积密度大、抗冻性好等特点;喷出岩因形成的岩层厚度不同而具有不同的结构和特点,岩层较厚时,其结构与性质类似深成岩。岩层较薄时,则形成玻璃质结构及多孔构造,其性质近于火山岩;火山岩具有玻璃质结构和多孔构造。

岩浆岩按照其结晶程度分为全晶质结构、半晶质结构和非晶质结构,全晶质结构中矿物为结晶体,其矿物颗粒比较粗大,肉眼可以辨别,这些是深成岩的结构特征。半晶质结构中矿物部分结晶,它是出于岩浆冷却较快,部分来不及冷凝为玻璃质,常见于喷出岩。非晶质结构中矿物全部为玻璃质,几乎不含结晶体,多是岩浆喷出地表而迅速冷却而成的岩石。

(二)沉积岩

沉积岩又称为水成岩,是由岩石经风化、破碎后,在水流、山峰或者冰川作用下搬运、堆积、再经过胶结、压密等成岩作用而成的岩石。沉积岩的主要特征是具有层理性,呈层状构造,各层的组成、颜色、性能均不同且为各向异性。反映了在不同地质年代含有大量的次生矿物,如胶土矿物、碳酸盐类和硫酸盐类。按照成岩作用的性质,沉积岩的成因可分为碎屑沉积、化学沉积和生物沉积三类。

沉积岩具有碎屑结构、泥质结构、化学结构与生物结构。碎屑结构是由碎屑物质被胶结而成的岩石结构;泥质结构是由极细小的碎屑和胶土矿物积聚而成的岩石结构,其结构质地较弱,但比较均匀一致;化学结构是通过化学溶液沉淀结晶而成的岩石结构;生物结构是由生物遗体或者碎片相互堆聚所构成的结构。与岩浆岩相比,其体积密度小、孔隙率和吸水率较大、强度和耐久性较低。

(三)变质岩

变质岩是岩浆岩或沉积岩在地质条件发生剧烈变化时,在高温、高压或者其他因素作用下,经过变质作用后形成的岩石。其结构与岩浆岩相似,主要结构形式有变晶结构、变余结构等。变晶结构是由重结晶作用形成的,是变质岩中最常见的结构。

根据变晶矿物颗粒的相对大小可分为等粒变晶结构、不等粒变晶结构和斑状变晶结构。变余结构是原岩在变质作用时,重结晶不完全,残留着部分原岩的结构,它也是变质岩的最大特征之一。

二、天然石材的技术性质

工程中使用天然石材时,要根据用途、使用部位等考虑其技术性质。作为承重材料使用时主要考虑物理性质、力学性质和耐久性,物理性质包括表观密度、吸水率、耐水性、耐热性和导热性;力学性质包括抗压强度、冲击韧性、硬度等;耐久性主要考虑抗冻性和耐磨性。

用作装饰材料时的石材,主要考虑其加工性、磨光性、可胶性等。板材制品则主要检测其形状尺寸的偏差范围和表面质量,以保证装饰材料的要求。

(一)岩石的物理性质

1. 表观密度

石材的表观密度与其矿物组成和孔隙率有关。致密的石材,如花岗石、大理石等,其表观密度接近于其密度,一般为 2500~3100kg/m³。而孔隙率较大的石材,如火山凝灰岩、浮石等,其表观密度远小于其密度,为 500~1700kg/m³。因此,表观密度的大小间接地反映了石材内部结构的密实性和坚硬程度。同种石材,其表现密度越大,石材越坚硬,其抗压强度越高,耐久性越好。

按照表观密度的大小,将石材分为重石和轻石两类。

表观密度小于 1800 kg/m³ 时,称为轻石,多用作有轻质保温要求的墙体材料;

表观密度大于或者等于 1800kg/m³ 时,称为重石,主要用作基础、贴面、地面、桥梁及水工构筑物等结构物中要求较高强度的材料,要求高耐久性的耐腐蚀面材与水工覆面材料,以及要求耐磨性和装饰性的道路材料或者装饰材料等。

2. 吸水性

岩石的吸水性的大小主要取决于内部孔隙率及孔隙特征,因此也是反映石材内部结构致密性和密实程度的物理性能指标。深成岩以及一些变质岩的孔隙率很小,因而吸水率也很低,例如花岗石的吸水率通常小于 0.5%。

沉积岩由于形成条件的不同,密实程度也有所不同,内部孔隙率与孔隙特征的变化也很大,因而其吸水率波动也很大。致密的石灰岩,吸水率一般小于 1%;而多孔的贝壳石灰岩,吸水率则可达 15%。

通常吸水率小于 1.5% 的岩石称之为低吸水性岩石;吸水率介于 1.5%~3.0% 的称为中吸水性岩石,吸水率大于 3.0% 的岩石称为高吸水性岩石。

石材的吸水性对其强度和耐久性有很大影响。石材吸水后,内部结构减弱,降低矿物颗粒之间的胶结力,从而使石材的强度降低。同时,吸水性还会影响其导热性、抗冻性等其他性质。

3. 耐水性

耐水性是指石材在吸水饱和状态下的抗压强度与干燥状态的抗压强度之比。当岩石中含有较多的胶土或易溶物时,软化系数较小,耐水性较差,石材的耐水性用软化系数来衡量。

高耐水石材　软化系数大于 0.90;

中耐水石材　软化系数在 0.70~0.90 之间;

低耐水石材　软化系数在 0.60~0.70 之间;

对于软化系数小于 0.60 的石材,不能用于重要建筑。

4. 耐热性

石材的耐热性主要取决于石材的化学成分和矿物组成。含有石膏的石材,温度超过 100℃ 开始破坏;含有碳酸镁的石材,温度高于 625℃ 时会发生破坏;含有碳酸钙的石材,温度达到 827℃ 时结构才开始破坏;而由石英组成的石材,如花岗石等,当温度超过 573℃ 时,由于石英受热膨胀,强度会迅速下降。

5. 导热性

石材的导热性主要与石材的致密程度和结构状态有关。相同成分的石材,玻璃态比结晶态的导热系数小;孔隙率较高且具有封闭孔隙的石材则导热性差。轻质石材的导热系数在 0.23~0.70W/(m·K) 之间,而重质石材的导热系数可达 2.91~3.49W/(m·K)。

6. 抗风化性

水、冰、化学因素等造成岩石开裂或者剥落的过程,称为岩石的风化。孔隙率的大小对风化有很大影响。当岩石内含有较多的黄铁矿、云母时,风化速度快,此外由方解石、白云石组成的岩石在酸性气体环境中也易风化。

防风化的措施主要有磨光石材表面、防止表面积水、采用有机硅喷涂表面,对碳酸盐类石材可采用氟硅酸镁溶液处理石材表面。

（二）岩石的力学性质

1. 抗压强度

石材的抗压强度主要取决于矿石的矿物组成、结构与构造特征、胶结物质的种类与均匀性等。用于砌体结构的石材抗压强度采用边长为 70mm 的立方体试件进行测试，并以三个试件破坏强度的平均值表示。

石材的强度等级是由抗压强度值来划分，根据《砌体结构设计规范》（GB 50003—2001）的规定，石材的强度可分为 MU100、MU80、MU60、MU50、MU40、MU30、MU20 七个等级。不同尺寸的石材尺寸换算系数见表 3-1。

石材的尺寸换算系数 表 3-1

立方体边长（mm）	200	150	100	70	50
换算系数	1.43	1.28	1.14	1	0.86

2. 硬度

石材的硬度主要与其组成矿物的硬度和构造有关，其硬度多以莫氏硬度或肖氏硬度表示。抗压强度越高，其硬度越高；硬度越高，其耐磨性和抗刻划性越好，但其表面加工更困难。

3. 冲击韧性

石材的冲击韧性取决于矿物组成与结构。通常，晶体结构的岩石比非晶体结构的韧性好；石英岩、硅质砂岩脆性较高而表现为更差的韧性；含暗色矿物多的辉长岩、辉绿岩等具有相对较好的韧性。

（三）岩石的耐久性

1. 抗冻性

石材的抗冻性是用冻融循环次数表示的。石材在吸水饱和状态下，经反复冻融循环，若无贯穿裂缝，且质量损失不超过 5%，强度损失不超过 25%，则认为抗冻性合格。其允许的冻融循环次数就是抗冻等级。

石材的抗冻能力主十要与其吸水性、矿物组成及冻结情况等有关。通常，吸水率越低，抗冻性越好。

2. 耐磨性

石材的耐磨性与其组成矿物的硬度、结构构造、石材的抗压强度等因素有关。石材的组成矿物越坚硬、结构越致密、抗压强度越高时，其耐磨性越好。其耐磨性用单位面积磨耗量来表示。对于可能遭受磨损作用的场所，如地面、路面等，应采用高耐磨性的石材。

（四）岩石的工艺性质

石材的工艺性能指开采及加工的适应性，包括加工性、磨光性和抗钻性。

1. 加工性

石材的加工性是指岩石对劈解、破碎、凿磨等加工工艺的难易程度。通常强度、硬度、韧性较高的石材多不易加工；质脆而粗糙、有颗粒交错结构、含有层状或片状解理构造以及风化较严重的岩石，其加工性能更差，很难加工成规则石材。

2. 磨光性

石材的磨光性是指岩石能够研磨成光滑表面的性质。致密、均匀、细粒的岩石,一般都有良好的磨光性,可以磨成光滑亮洁的表面。疏松多孔、有鳞片状构造的岩石,磨光性不好。

3. 抗钻性

石材的抗钻性是指岩石钻孔难易程度的性质。影响抗钻性的因素很复杂,一般与岩石的强度、硬度等有关系。

第二节　常用天然石材

石材有天然形成和人工制造两大类。由开采的天然岩石经过或不经过加工的材料称为天然石材。我国对天然石材的使用已有悠久的历史和丰富的经验,例如江苏洪泽湖大堤、人民英雄纪念碑等都是使用石材的典范。我国有丰富的天然石材资源,可用于工程的天然石材几乎遍布全国。重质致密的块体石材常用于砌筑基础、桥涵挡土墙、护坡、沟渠与隧道衬砌等;散粒石材(如碎石、砾石、砂等)广泛用作混凝土骨料、道碴和筑路材料等;轻质多孔的块体石材常用于墙体材料,粒状石材可用作轻混凝土的骨料;坚固耐久、色泽美观的石材可用作土木工程构筑物的饰面或保护材料。由于天然石材具有抗压强度高、耐久性和耐磨性良好,资源分布广,便于就地取材等优点而被广泛应用。但岩石的性质较脆,抗拉强度较低,表现密度大,硬度高,开采和加工比较困难。

一、常用天然石材

天然石材品种繁多,在岩浆岩、沉积岩和变质岩三大类中,常用的有以下几种,现分别介绍如下。

(一) 花岗石

从岩石形成的地质条件看,花岗石属深成岩,也就是地壳内部熔融的岩石浆上升至地壳某层的岩石。构成花岗石的主要造岩矿物是长岩(结晶铝硅酸盐)、石英(结晶 SiO_2)和少量云母(片状含水铝硅酸盐)。从化学成分看,花岗石主要含 SiO_2(约 70%)和 Al_2O_3,CaO 和 MgO 含量很少,因此属酸性结晶深成岩。

花岗石的特点如下:

1. 色彩斑润,呈斑点状晶粒花样;

2. 硬度大,耐磨性好;

3. 耐久性好;

4. 具有高抗酸腐蚀性;

5. 耐火性差;

6. 可以打磨抛光。

花岗岩板材的质量应符合《天然花岗石建筑板材》GB/T 18601—2001 的规定。

(二) 大理石

大理石因盛产于云南大理而得名。从岩石的形成来看,它属于变质岩,即由石灰岩或白云岩变质而成。主要的造岩矿物为方解石(结晶碳酸钙)或白云石(结晶碳酸钙镁复盐)。其化学成分主要是 $CaCO_3$(CaO 约占 50%),酸性氧化物 SiO_2 很少,属碱性的结晶岩石。

大理石的性质如下:

1. 颜色绚丽、纹理多姿;

2. 硬度中等、耐磨性次于花岗石;

3. 耐酸蚀性差,酸性介质会使大理石表面受到腐蚀;

4. 容易打磨抛光;

5. 耐久性次于花岗石。

大理石主要用做室内高级饰面材料,也可以用做室内地面或踏步(耐磨性次于花岗石)。由于大理石为碱性岩石,不耐酸,因而不宜用于室外装饰。大气中的酸雨容易与岩石中的碳酸钙作用,生成易溶于水的石膏($CaSO_4$),使表面很快失去光泽变得粗糙多孔,从而降低装饰效果。

大理石板材的质量应符合《天然大理石建筑板材》(GB/T 19766—2005)的规定。

二、常用石材制品

土木工程中常用的石材制品有毛石、片石、料石和石板等。

(一)毛石

毛石又称块石,是由爆破直接得到的石块。按其表面平整程度分为乱毛石和平毛石两类。

1. 乱毛石

乱毛石是形状不规则的毛石,一般在一个方向的尺寸达 300~400mm,质量为 20~30kg,强度大于 10MPa,软化系数不应小于 0.75,常用于砌筑基础、勒脚、墙身、堤坝、挡土墙等,也可用作混凝土的骨料。

2. 平毛石

平毛石是乱毛石略经加工而成的石块,形状较整齐,表面粗糙,其中部厚度不应小于200mm。

(二)料石

料石又称条石,由人工或机械开采的较规则的并略加凿琢而成的六面体石块。按照表面加工的平整程度可以分为以下四种:

1. 毛料石

一般不加工或仅稍加修整,外形大致方正的石块。其厚度不小于 200mm,长度常为厚度的 1.5~3 倍,叠砌面凹凸深度不应大于 25mm。

2. 粗料石

外形较方正,截面的宽度、高度不应小于 200mm,而且不小于长度的 0.25 倍,叠砌面凹凸深度应大于 20mm。

3. 半细料石

外形方正,规格尺寸同粗料石,但叠砌面凹凸深度不应大于 15mm。

4. 细料石

经过细加工,外形规则,规格尺寸同粗料石,其叠砌面凹凸深度不应大于 10mm。制作为长方形的称作条石,长、宽、高大致相等的称方料石,楔形的称拱石。

上述料石常用致密的砂岩、石灰岩、花岗岩等开采凿制,至少应有一个面的边角整齐,以便相互合缝。料石常用于砌筑墙身、地坪、踏步、拱和纪念碑等;形状复杂的料石制品可用作柱头、柱基、窗台板、栏杆和其他装饰等。

（三）片石

片石也是由爆破而得的，形状不受限制，但薄片者不得使用。一般片石的尺寸应不小于150mm，体积不小于 0.01m³，每块质量一般在 30kg 以上。用于工程主体的片石，其抗压强度应不低于 30MPa。用于其他工程的片石，其抗压强度不低于 20MPa。片石主要用做砌筑工程、护坡、护岸等。

（四）石板

石板是用致密岩石凿平或锯解而成的厚度不大的石材。对饰面用的石板或地面板，要求耐磨、耐久、无裂缝或水纹、色彩美观，一般采用花岗石和大理石制成。花岗石板材主要用于土木工程的室外饰面；大理石板材可用于室内装饰，当空气中含有二氧化硫时遇水会生成亚硫酸，进而变成硫酸，与大理石中的碳酸钙反应，生成易溶于水的石膏，使表面失去光泽，变得粗糙多孔而降低其使用价值。

思考题与习题

1. 按地质形成条件，岩石分为几类？各有哪些特点？
2. 大理石为何不适合用于室外装修？
3. 如何测试砌筑用石材的抗压强度及强度等级？砌筑用石材产品有哪些？
4. 土木工程中常见的石材制品有哪几种？它们多用在土木工程中哪些部位？

第四章　无机气硬性胶凝材料

> **内容提要**：在土木工程材料中，胶凝材料是基本材料之一，通过它的胶结作用可配出各种混凝土及建筑制品，而各种混凝土及建筑制品的性质往往与所使用的胶凝材料的性质密切相关。
>
> 本章主要介绍胶凝材料中的无机气硬性胶凝材料，涉及到的常见品种有建筑石膏、建筑石灰、水玻璃和菱苦土，围绕上述四种无机气硬性胶凝材料，本章重点介绍了其生产、技术要求和应用等知识点。

土木工程材料中，凡是经过一系列物理作用、化学作用，能将散粒状或块状材料粘结成整体的材料，统称为胶凝材料。

根据胶凝材料的化学组成，一般可分为无机胶凝材料和有机胶凝材料两大类。

有机胶凝材料以天然的或合成的有机高分子化合物为基本成分，常用的有沥青、各种合成树脂等。

无机胶凝材料则以无机化合物为基本成分。根据无机胶凝材料凝结硬化条件的不同，又可分为气硬性的和水硬性的两类。

气硬性胶凝材料只能在空气中硬化，也只能在空气中保持或继续发展其强度。水硬性胶凝材料则不仅能在空气中，而且能更好地在水中硬化，保持并继续发展其强度。

常用的气硬性胶凝材料有石膏、石灰、菱苦土和水玻璃等；常用的水硬性胶凝材料有各种水泥。

第一节　建筑石膏

石膏胶凝材料是一种以硫酸钙为主要成分的气硬性胶凝材料，其应用历史悠久。由于石膏胶凝材料及其制品具有轻质、强度较高、防火性较好、温湿度调节性等许多优良的性质，原料来源丰富，生产能耗较低，因而在建筑工程中得到广泛应用。目前常用的石膏胶凝材料有：建筑石膏、高强石膏、无水石膏水泥、高温煅烧石膏（地板石膏）等。

一、石膏胶凝材料的生产

生产石膏胶凝材料的原料主要是天然二水石膏（$CaSO_4 \cdot 2H_2O$），又称生石膏、软石膏，纯净的石膏矿石呈无色透明或白色，但天然石膏常含有各种杂质而呈灰色、褐色、黄色、红色、黑色等颜色。

天然无水石膏（$CaSO_4$）又称天然硬石膏，结晶紧密，质地较天然二水石膏硬，只可用于生产无水石膏水泥和高温煅烧石膏等。

除天然原料外，也可用一些含有 $CaSO_4 \cdot 2H_2O$ 或含有 $CaSO_4 \cdot 2H_2O$ 与 $CaSO_4$ 的混合物的化工副产品及废渣(称为化工石膏)作为生产石膏的原料,例如磷石膏是制造磷酸时的废渣,氟石膏是制造氟化氢时的废渣,此外还有盐石膏、硼石膏、黄石膏、钛石膏等。废渣中有酸性成分,要用水洗涤或用石灰中和,使呈中性后才能使用。

生产石膏胶凝材料的主要工序有破碎、加热与磨细。由于加热方式和温度的不同可生产出不同品种的石膏胶凝材料。

将天然二水石膏(或主要成分为二水石膏的化工石膏)加热时,随着温度的升高将发生如下变化:

温度为 65~75℃时,$CaSO_4 \cdot 2H_2O$ 开始脱水,至 107~170℃时生成半水石膏 $CaSO_4 \cdot \frac{1}{2}H_2O$,其反应式为:

$$CaSO_4 \cdot 2H_2O \xrightarrow{107\sim170℃} CaSO_4 \cdot \frac{1}{2}H_2O + 1\frac{1}{2}H_2O$$

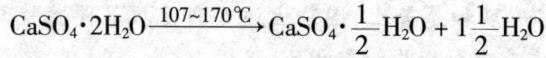

在该加热阶段中,若加热条件不同,所获得的半水石膏有 α 型和 β 型两种形态。若将二水石膏在非密闭的窑炉中加热脱水,可得到 β 型半水石膏,磨细后即为建筑石膏。其晶体较细,调制成一定稠度的浆体时,需水量较大,因而强度较低。若将二水石膏置于具有0.13MPa、124℃的过饱和蒸汽条件下蒸炼,或置于某些盐溶液中沸煮,可获得晶粒较粗、较致密的 α 型半水石膏,磨细后即高强石膏。

加热温度为 170~200℃时,石膏继续脱水,成为可溶性硬石膏,与水调和后仍能很快凝结硬化;当加热温度升高到 200~250℃时,石膏中残留很少的水,凝结硬化非常缓慢;当加热高于 400℃,石膏完全失去水分,成为不溶性硬石膏,失去凝结硬化能力,成为死烧石膏;当温度高于 800℃时,部分石膏分解出的氧化钙。起催化作用,所得产品又重新具有凝结硬性能,这就是高温煅烧石膏。

二、建筑石膏

建筑石膏主要成分为 β 型半水石膏($\beta CaSO_4 \cdot \frac{1}{2}H_2O$),主要用于制作石膏建筑制品。

(一)建筑石膏的硬化

建筑石膏与适当的水相混合,最初成为可塑的浆体,但很快就失去塑性和产生强度,并发展成为坚硬的固体。发生这种现象的实质是由于浆体内部经历了一系列的物理化学变化。

首先,半水石膏溶解与水,很快成为饱和溶液。溶液中的半水石膏与水化合,按下式还原为二水石膏:

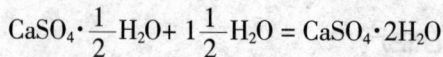

$$CaSO_4 \cdot \frac{1}{2}H_2O + 1\frac{1}{2}H_2O = CaSO_4 \cdot 2H_2O$$

由于二水石膏在水中的溶解度比半水石膏小得多(仅为半水石膏溶解度的 1/5),半水石膏的饱和溶液对于二水石膏就成了过饱和溶液。所以二水石膏以胶体微粒自水中析出。由于二水石膏的析出,破坏了半水石膏溶解的平衡状态,新的一批半水石膏又可继续溶解和水化。如此循环进行,直到半水石膏全部耗尽。浆体中的自由水分因水化和蒸发而逐渐减少,二水石膏胶体微粒数量则不断增加,而这些微粒比原来的半水石膏粒子要小得多,由于粒子总表面积增加，需要更多的水分来包裹，所以，浆体的稠度便逐渐增大，颗粒之间的摩擦力和粘结力逐渐增加，因而浆体可塑性逐渐减小，表现为石膏的"凝结"。其后，浆体继续变稠，逐渐凝聚成晶体，晶体逐渐长大，共生和相互交错。这个过程使浆体逐渐产生强度，并不断增长，直到完全干燥，晶体之间的摩擦力和粘结力不再增加，强度才停止发展。石膏的硬化过程见图4-1。

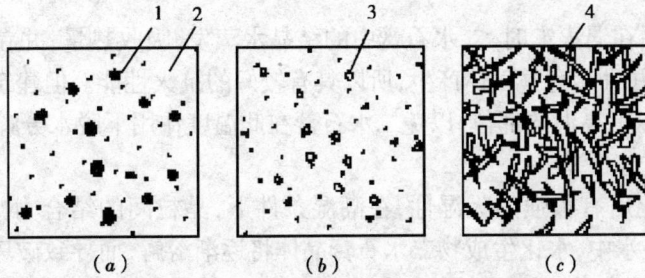

图 4-1　建筑石膏凝结硬化示意图
(a)胶化；(b)结晶开始；(c)结晶长大与交错
1-半水石膏；2-二水石膏胶体微粒；3-二水石膏晶体；4-交错的晶体

(二)建筑石膏的技术性质与应用

建筑石膏按技术要求分为优等品、一等品、合格品三个等级，其基本技术要求见表4-1所示。

建筑石膏技术要求(GB 9776—88)　　　　　　　　　　　　　表 4-1

技 术 指 标		优等品	一等品	合格品
强度(MPa)	抗折强度≥	2.5	2.1	1.8
	抗压强度≥	4.9	3.9	2.9
细度	0.2mm方孔筛筛余(%)≤	5.0	10.0	15.0
凝结时间(min)	初凝时间≥	6		
	终凝时间≥	30		

建筑石膏的密度约为 2.60~2.75g/cm²，堆积密度约为 800~1000kg/m³。

建筑石膏的主要特性有：

1. 凝结硬化快

建筑石膏初凝和终凝时间都很短，一般初凝时间为几分钟至十几分钟，终凝时间在30min 以内，大约 7d 左右完全硬化。为便于使用，需降低其凝结速度，可加入缓凝剂。常用的缓凝剂有硼砂、酒石酸钾钠、柠檬酸、聚乙烯醇、石灰活化骨胶或皮胶等。缓凝剂的作用在于降低半水石膏的溶解度和溶解速度。

2. 硬化体的孔隙率高

建筑石膏水化反应的理论需水量只占半水石膏重量的 18.6%，在使用中为使浆体具有足够的流动性，通常加水量可达到 60%~80%，因而，硬化后，由于多余水分的蒸发，在内部形成大量孔隙，孔隙率可达 50%~60%，导致与水泥相比强度较低表观密度小。

由于石膏制品的孔隙率大,因而导热系数小,吸声性强,吸湿性大,可调节室内的温度和湿度。

3. 尺寸稳定,装饰性好

石膏制品质地洁白细腻,凝固时不象石灰和水泥那样出现体积收缩,反而略有膨胀(膨胀量约1%),可浇注出纹理细致的浮雕花饰,所以是一种较好的室内饰面材料。

4. 防火性好

建筑石膏制品在遇火灾时,二水石膏中的结晶水蒸发,吸收热量,并在表面形成蒸汽幕和脱水物隔热层,并且无有害气体产生,所以具有较好的抗火性能。但建筑石膏制品不宜长期用于靠近65℃以上高温的部位,以免二水石膏在此温度作用下脱水分解而失去强度。

5. 耐水性和抗冻性差

建筑石膏硬化后有很强的吸湿性,在潮湿条件下,晶粒间的结合力减弱,导致强度下降。若长期浸泡在水中,水化生成物二水石膏晶体将逐渐溶解,而导致破坏。若石膏制品吸水后受冻,会因孔隙中水分结冰膨胀而破坏。所以,石膏制品的耐水性和抗冻性较差,不易用于潮湿部位。为提高其耐水性,可加入适量的水泥、矿渣等水硬性材料,也可加入氨基、密胺、聚乙烯醇等水溶性树脂,或沥青、石蜡等有机乳液,以改善石膏制品的孔隙状态和孔壁的憎水性。

建筑石膏为粉体材料,吸湿性强,导致强度下降,在运输及贮存时应注意防潮,一般贮存3个月后,强度将降低30%左右。所以贮存期超过3个月应重新进行质量检验,以确定其等级。

根据建筑石膏的上述性能特点,它在建筑上的主要用途有:制成石膏抹灰材料、各种墙体材料(如纸面石膏板、石膏空心条板、石膏砌块等),各种装饰石膏板、石膏浮雕花饰、雕塑制品等。有些石膏制品将在第二章(砖和砌块)中讲述。

三、高强石膏

如前所述,当二水石膏在不同的加热条件下脱水时,可获得 α 型和 β 型两种不同形态的半水石膏,它们虽然都是菱形晶体,但物理性能不同,β 型半水石膏(建筑石膏)是片状的、有裂隙的晶体,结晶很细,但表面积比 α 型半水石膏大得多,拌制石膏制品时,需水量高达60%~80%;制品孔隙率大,强度较低;α 型半水石膏结晶良好、坚实、粗大,因而比表面积较小,调成可塑性浆体时需水量约为35%~45%,只有 β 型半水石膏的一半左右。因此石膏硬化后具有较高密实度的强度,3h 抗压强度可达 9~24MPa,7d 抗压强度可达 15~40MPa,故名高强石膏。

高强石膏适用于强度要求较高的抹灰工程、装饰制品和石膏板。掺入防水剂,可用于湿度较高的环境中。加入有机材料如聚乙烯醇水溶液、聚醋酸乙烯乳液等,可配成胶粘剂,其特点是无收缩。

四、粉刷石膏

建筑石膏凝结时间短,难以在施工中直接作为抹灰材料。粉刷石膏是由 β 型半水石膏和其他石膏相(硬石膏或煅烧黏土质石膏)、各种外加剂(木质磺酸钙、柠檬酸、酒石酸等缓凝剂)及附加材料(石灰、烧黏土、氧化铁红等)所组成的一种新型抹灰材料。它能同水泥一样在施工中现拌现用,不仅可以在水泥砂浆及混合砂浆底层上抹灰,也可在各种墙用轻板较为光滑的底层上抹灰。石膏粉刷层表面坚硬、光滑细腻,不起灰,便于进行再装饰,如贴墙纸、刷涂料等。由于石膏的"呼吸"作用,还有调节室内空气湿度,提高舒适度的功能。

五、无水石膏水泥和地板石膏

如前所述,将天然二水石膏或化工石膏加热至400℃以上(400~750℃),石膏将完全失去水分,成为不溶性硬石膏,失去凝结硬化能力,但当加入适量激发剂混合磨细后,又能凝结硬化,称为无水石膏水泥。

无水石膏水泥宜用于室内,主要用作石膏板或其他制品,也可用作室内抹灰。

如果将天然二水石膏或天然无水石膏在800℃以上煅烧,使部分$CaSO_4$分解出CaO,磨细后的产品称为高温煅烧石膏,此时CaO起碱性激发剂作用,硬化后有较高的强度和耐磨性,抗水性也较好,也称地板石膏。地板石膏凝结较慢,加入少量石灰或半水石膏,或加入明矾等促凝剂,可提高其溶解度,从而加速其凝结硬化。

第二节　建筑石灰

石灰是人类使用较早的无机凝胶材料之一。石灰的原料石灰石分布很广,生产工艺简单,成本低廉,所以在建筑上一直应用很广。

石灰石的主要成分是碳酸钙,将石灰石煅烧,碳酸钙将分解成为生石灰,其主要成分为氧化钙:

$$CaCO_3 \xrightarrow{900℃} CaO + CO_2\uparrow$$

为了加速分解过程,煅烧温度常提高至1000~1100℃左右。生石灰原料中多少含有一些碳酸镁,因而生石灰中还含有次要成分氧化镁。生石灰中氧化镁含量≤5%的称为钙质石灰,>5%的称为镁质石灰。镁质石灰熟化较慢,但硬化后强度稍高。

石灰的另一来源是化学工业副产品。例如用水作用于碳化钙(即电石)以制取乙炔时,所生产的电石渣,其主要成分是氢氧化钙,即消石灰(或称熟石灰):

$$\underset{碳化钙}{CaC_2} + 2H_2O \rightarrow \underset{乙炔}{C_2H_2}\uparrow + Ca(OH)_2$$

一、生石灰的熟化

工地上使用石灰时,通常将生石灰加水,使之消解为消石灰——氢氧化钙,这个过程称为石灰的"消化",又称"熟化":

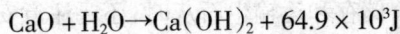

$$CaO + H_2O \rightarrow Ca(OH)_2 + 64.9 \times 10^3 J$$

石灰的熟化为放热反应,熟化时体积增大1~2.5倍。煅烧良好、氧化钙含量高的石灰熟化较快,放热量和体积增大也较多。

生石灰中常含有欠火石灰和过火石灰。欠火石灰降低石灰的利用率;过火石灰颜色较深,密度较大,表面常被黏土杂质融化形成的玻璃釉状物包裹,熟化很慢。当石灰已经硬化后,其中过火颗粒才开始熟化,体积膨胀,引起隆起和开裂。为了消除过火石灰的危害,石灰浆应在贮灰池中"陈伏"一周以上。"陈伏"期间,石灰浆表面应保有一层水分,与空气隔绝,以免碳化。

二、石灰的硬化

石灰浆体在空气中逐渐硬化,是由下面两个同时进行的过程来完成的:

(1)结晶作用——游离水分蒸发,氢氧化钙逐渐从饱和溶液中结晶。

(2)碳化作用——氢氧化钙与空气中的二氧化碳化合生成碳酸钙结晶,释出水分并被蒸发。

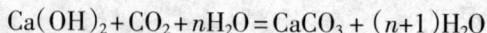

$$Ca(OH)_2+CO_2+nH_2O=CaCO_3+(n+1)H_2O$$

碳化作用实际是二氧化碳与水形成碳酸,然后与氢氧化钙反应生成碳酸钙。所以这个作用不能在没有水分的全干状态下进行。而且,碳化作用在长时间内只限于表层,氢氧化钙的结晶作用则主要在内部发生。

碳化所生成的碳酸钙晶体相互交叉连生或与氢氧化钙共生,形成紧密交织的结晶网,使硬化石灰浆体的强度进一步提高。但是,由于空气中的二氧化碳浓度很低,表面形成的碳酸钙层结构较致密,会阻碍二氧化碳的进一步渗入,因此,碳化过程十分缓慢。

三、石灰的技术性质

1. 保水性好,可塑性好

生石灰熟化为石灰浆时,能自动形成颗粒极细(直径约为 $1\mu m$)的呈胶体分散状态的氢氧化钙,表面吸附一层厚的水膜。因此用石灰调成的石灰砂浆其突出的优点是具有良好的可塑性,在水泥砂浆中掺入石灰浆,可使可塑性显著提高。

2. 凝结硬化慢,强度低

从石灰浆体的硬化过程可以看出,由于空气中二氧化碳稀薄,碳化甚为缓慢。而且表面碳化后,形成紧密外壳,不利于碳化作用的深入,也不利于内部水分的蒸发,因此石灰是硬化缓慢的材料。同时,石灰的硬化只能在空气中进行。硬化后的强度也不高,1:3 的石灰砂浆28d 抗压强度通常只有 0.2~0.5MPa,受潮后石灰溶解,强度更低,在水中还会溃散。所以,石灰不宜在潮湿的环境下使用,也不宜单独使用于建筑物基础。

3. 硬化后体积收缩大

石灰在硬化过程中,蒸发大量的游离水而引起显著的收缩,所以除调成石灰乳作薄层涂刷外,不宜单独使用。常在其中掺入砂、纸筋等以减少收缩和节约石灰。

块状生石灰放置太久,会吸收空气中的水分而自动熟化成消石灰粉,再与空气中二氧化碳作用而还原为碳酸钙,失去胶结能力。所以贮存生石灰,不但要防止受潮,而且不宜贮存过久。最好运到后即熟化成石灰浆,将贮存期变为陈伏期。由于生石灰受潮熟化时放出大量的热,而且体积膨胀,所以,储存和运输生石灰时,还要注意安全。

将块状生石灰磨成细粉,称为磨细生石灰。根据我国建材行业标准《建筑生石灰》(JC/T 479—92)与《建筑生石灰粉》(JC/T 480—92)的规定,按石灰中氧化镁的含量,将生石灰分为钙质生石灰(MgO 含量≤5%)和镁质生石灰(MgO 含量>5%)两类,它们按技术指标又可分为优等品、一等品、合格品三个等级。

生石灰及生石灰粉的主要技术指标见表 4-2、表 4-3。根据《建筑消石灰粉》(JC/T 481—92)的规定将消石灰粉分为钙质消石灰粉(MgO 含量<4%)、镁质消石灰粉(MgO 含量≥4%,<24%)和白云石消石灰粉(MgO 含量≥24%,<30%)三类,并按它们的技术指标分为优等

品、一等品、合格品三个等级,主要技术指标见表4-4。通常优等品、一等品适用于饰面层和中间涂层;合格品仅用于砌筑。

建筑生石灰技术指标(JC/T 479—92)　表 4-2

项　　目	钙质生石灰			镁质生石灰		
	优等品	一等品	合格品	优等品	一等品	合格品
CaO+MgO 含量不小于,(%)	90	85	80	85	80	75
CO_2 含量不大于,(%)	5	7	9	6	8	10
未消化残渣含量(5mm 圆孔筛余)不大于,(%)	5	10	15	5	10	15
产浆量,不小于,(L/kg)	2.8	2.3	2.0	2.8	2.3	2.0

建筑生石灰粉技术指标(JC/T 480—92)　表 4-3

项　　目		钙质生石灰			镁质生石灰		
		优等品	一等品	合格品	优等品	一等品	合格品
CaO+MgO 含量不小于,(%)		85	80	75	80	75	70
CO_2 含量不大于,(%)		7	9	11	8	10	12
细度	0.99mm 筛的筛余不大于,(%)	0.2	0.5	1.5	0.2	0.5	1.5
	0.125mm 筛的筛余不大于,(%)	7.0	12.0	18.0	7.0	12.0	18.0

建筑消石灰粉的技术指标(JC/T 481—92)　表 4-4

项　　目		钙质消石灰粉			镁质消石灰粉			白云石消石灰粉		
		优等品	一等品	合格品	优等品	一等品	合格品	优等品	一等品	合格品
CaO+MgO 含量不小于,(%)		70	65	60	65	60	55	65	60	55
游离水(%)		0.4～2	0.4～2	0.4～2	0.4～2	0.4～2	0.4～2	0.4～2	0.4～2	0.4～2
体积安定性		合格	合格	—	合格	合格	—	合格	合格	—
细度	0.9mm 筛筛余不大于,(%)	0	0	0.5	0	0	0.5	0	0	0.5
	0.125mm 筛筛余不大于,(%)	3	10	15	3	10	15	3	10	15

四、石灰在建筑中的应用

石灰在建筑上的用途很广,主要用途有:

(1)配制石灰乳和石灰砂浆

将消石灰粉或熟化好的石灰膏加入多量的水搅拌稀释,称为石灰乳,是一种廉价易得的涂料,主要用于内墙和顶棚刷白,增加室内美观和亮度,石灰乳可加入各种耐碱颜料;调入少量磨细粒化高炉矿渣或粉煤灰,可提高其耐水性;调入聚乙烯醇、干酪素、氯化钙或明矾,可减少涂层粉化现象。

石灰砂浆是将石灰膏、砂加水拌制而成,按其用途,分为砌筑砂浆和抹面砂浆。

(2)配制石灰土(灰土)和三合土

石灰土(石灰 + 黏土)和三合土(石灰 + 黏土 + 砂石或炉渣、碎砖等填料)的应用,我国已有数千年的历史,分层夯实成为灰土墙或广场、道路的垫层或简易面层。石灰与黏土之间的物理化学作用尚待继续研究,可能是由于石灰改善了黏土的和易性,在强力夯打之下,大大提高了紧密度。而且,黏土表面的少量活性氧化硅和氧化铝与氢氧化钙起化学反应,生成了不溶性水化硅酸钙和水化铝酸钙,将黏土颗粒粘结起来,因而提高了黏土的强度和耐水性。石灰土中石灰用量增大,则强度和耐水性相应提高,但超过某一用量(视石灰质量和黏土性质而定)后,就不再提高了。一般石灰用量约为石灰土总重的 6% ~ 12%或更低。为了方便石灰与黏土等的拌和,宜用磨细生石灰或消石灰粉,磨细生石灰还可使灰土和三合土有较高的紧密度,因而有较高的强度和耐水性。

(3)生产硅酸盐制品

石灰是制作硅酸盐混凝土及其制品的主要原料之一。

硅酸盐混凝土是以磨细的石灰与硅质材料为胶凝材料,必要时加入少量石膏,经高压或常压蒸汽养护,生成以水化硅酸钙为主要产物的混凝土。所谓硅质材料是指含 SiO_2 的材料,其中往往同时含有 Al_2O_3。硅酸盐混凝土中常用的硅质材料有粉煤灰,磨细的煤矸石、页岩、浮石、砂等。

硅酸盐混凝土按其密实程度可分为密实(有骨料)和多孔(加气)两类,前者可生产墙板、砌块及压制砖(如灰砂砖、粉煤灰砖等),后者用于生产加气混凝土制品,如轻质墙板、砌块、各种隔热保温制品。

(4)碳化石灰板

碳化石灰板是将磨细生石灰、纤维状填料(如玻璃纤维)或轻质骨料(如矿渣)搅拌成型,然后用二氧化碳进行人工碳化(12 ~ 24h)而成的一种轻质板材。为了减轻容重和提高碳化效果,多制成空心板。人工碳化的简易方法是用塑料布将坯体盖严,通以石灰窑的废气(废气中二氧化碳的浓度在 30% ~ 40%之间)。

人工碳化前,应将坯体干燥至具有适当的含水量。如果坯体的含水量太大,则孔隙中过多的水分(碳化作用也会产生新的水分)将妨碍二氧化碳向内扩散。适宜的坯体含水量应通过试验来确定。

碳化深度可用酚酞迅速测出:将碳化体折断,在新的断面上用酚酞处理,未碳化的氢氧化钙会变成红色,而已碳化部分则颜色不变。

碳化石灰空心板表观密度约为 700 ~ 800kg/m³(当孔洞率 34% ~ 39%时),抗弯强度为 3 ~ 5MPa,抗压强度为 5 ~ 15MPa,导热系数小于 0.2W/(m·K),能锯、能钉,所以这种板适宜用作非承重内隔墙板、顶棚等。

石灰在建筑上除以上用途外,还可用来配制无熟料水泥(如石灰矿渣水泥、石灰粉煤灰水泥、石灰火山灰水泥等)。

第三节　水　玻　璃

水玻璃俗称泡花碱,是一种能溶于水的碱金属硅酸盐,由不同比例的碱金属和二氧化硅所组成。根据碱金属氧化物种类不同,可分为硅酸钠水玻璃 $Na_2O·nSiO_2$ 和硅酸钾水玻璃 $K_2O·nSiO_2$ 等,最常用的是硅酸钠水玻璃。

水玻璃可采用湿法或和干法生产。湿法生产硅酸钠水玻璃时,将石英砂和苛性钠溶液在压蒸锅(2~3大气压)内用蒸汽加热,并加搅拌,使直接反应而成液体水玻璃。干法(碳酸盐法)是将石英砂和碳酸钠磨细拌匀,在熔炉内于1300~1400℃温度下熔化,按下式反应生成固体水玻璃,然后在水中加热溶解而成液体水玻璃:

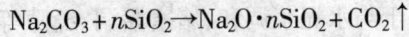

$$Na_2CO_3 + nSiO_2 \rightarrow Na_2O \cdot nSiO_2 + CO_2 \uparrow$$

氧化硅和氧化钠的分子比 n 称为水玻璃的模数,一般在1.5~3.5之间。固体水玻璃在水中溶解的难易随模数而定。n 为1时能溶解于常温的水中,n 加大,则只能在热水中溶解;当 n 大于3时,要在4个大气压以上的蒸汽中才能溶解。低模数水玻璃的晶体组分较多,粘结能力较差,模数提高时,胶体组分相对增多,粘结能力随之增大。

液体水玻璃因所含杂质不同,而呈青灰色、绿色或微黄色,以无色透明的水玻璃为最好。液体水玻璃可以与水按任意比例混合成不同浓度(或相对密度)的溶液。同一模数的液体水玻璃,其浓度愈稠,则相对密度愈大,粘结力愈强。在液体水玻璃中加入尿素,在不改变其黏度的情况下可提高粘结力25%左右。

一、水玻璃的硬化

液体水玻璃在空气中吸收二氧化碳,形成无定形硅酸,并逐渐干燥而硬化:

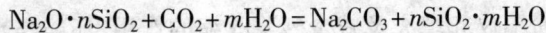

$$Na_2O \cdot nSiO_2 + CO_2 + mH_2O = Na_2CO_3 + nSiO_2 \cdot mH_2O$$

这个过程进行很慢,为了加速硬化,可将水玻璃加热或加入硅氟酸钠 Na_2SiF_6 作为促硬剂。水玻璃中加入硅氟酸钠后发生下面反应,促使硅酸凝胶加速析出:

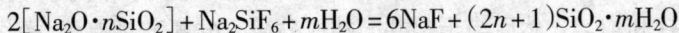

$$2[Na_2O \cdot nSiO_2] + Na_2SiF_6 + mH_2O = 6NaF + (2n+1)SiO_2 \cdot mH_2O$$

硅氟酸钠的适宜用量为水玻璃质量的12%~15%,如果用量太少,不但硬化速度缓慢,强度降低,而且未经反应的水玻璃易溶于水,因而耐水性差。但如用量过多,又会引起凝结过速,使施工困难,而且渗透性大,强度也低。

二、水玻璃的性质与应用

水玻璃有良好的粘结能力,硬化时析出的硅酸凝胶有堵塞毛细孔隙而防止水渗透的作用。水玻璃不燃烧,在高温下硅酸凝胶干燥得更加强烈,强度并不降低,甚至有所增加。水玻璃具有高耐酸性能,能抵抗大多数无机酸和有机酸的作用。

水玻璃由于具有以上性能,在建筑工程上可有多种用途,具体如下:

(1)涂料

用浸渍法处理多孔材料时,可使其密实度和强度提高。常用水将液体水玻璃稀释至相对密度为1.35左右的溶液,多次涂刷或浸渍,对黏土砖、硅酸盐制品、水泥混凝土和石灰石等,均有良好的效果。但不能用于涂刷或浸渍石膏制品,因为硅酸钠与硫酸钙会起化学反应生成硫酸钠,在制品孔隙中结晶,体系显著膨胀,从而导致制品的破坏。调制液体水玻璃时,可加入耐碱颜料和填料,兼有饰面效果。

用液体水玻璃涂刷或浸渍含有石灰的材料如水泥混凝土和硅酸盐制品等时,水玻璃与石灰之间起如下反应:

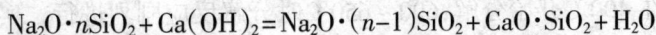

$$Na_2O \cdot nSiO_2 + Ca(OH)_2 = Na_2O \cdot (n-1)SiO_2 + CaO \cdot SiO_2 + H_2O$$

生成的硅酸钙胶体填实制品孔隙,使制品的密实度有所提高。

(2)配制防水剂

以水玻璃为基料,加入二种、三种或四种矾配制而成,称为二矾、三矾或四矾防水剂。四矾防水剂是以蓝矾(硫酸铜)、明矾(钾铝矾)、红帆(重铬酸钾)和紫矾(铬矾)各 1 份,溶于 60 份 100℃的水中,降温至 50℃,投入 400 份水玻璃溶液中,搅拌均匀而成。这种防水剂凝结迅速,一般不超过 1min,使用于与水泥浆调和、堵塞漏洞、缝隙等局部抢修。因为凝结过速,不宜调配水泥防水砂浆,用作屋面或地面的刚性防水层。

(3)配制水玻璃矿渣砂浆,修补砖墙裂缝

将液体水玻璃、粒化高炉矿渣粉、砂和硅氟酸钠按表 4-5 的比例(质量比)配合,压入砖墙裂缝。

水玻璃矿渣砂浆配合比   表 4-5

液体水玻璃			矿渣粉	砂	氟硅酸钠(%)
模数	相对密度	重量			
2.3	1.52	1.5	1	2	8
3.36	1.36	1.15	1	2	15

注:氟硅酸钠占液体水玻璃的质量百分比。

粒化高炉矿渣粉不仅起填充及减少砂浆收缩的作用,还能与水玻璃起化学反应,成为增进砂浆强度的一个因素。

先将砂和矿渣粉拌和均匀。另将硅氟酸钠粉末加入温水(不高于 60℃)化成糊状,倒入液体水玻璃内拌和均匀。然后与干料共同拌成砂浆。硅氟酸钠有毒,操作室应戴口罩防护。

(4)注浆材料

将模数为 2.5~3 的液体水玻璃和氯化钙溶液通过金属管轮流向地层压入,两种溶液发生化学反应,析出硅酸凝胶,将土壤颗粒包裹并填实其空隙。硅酸胶体为一种吸水膨胀的冻状凝胶,因吸收地下水而经常处于膨胀状态,阻止水分的渗透和使土壤固结。水玻璃与氯化钙的反应式为:

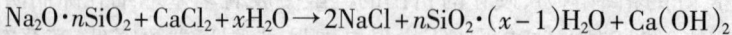

$$Na_2O \cdot nSiO_2 + CaCl_2 + xH_2O \rightarrow 2NaCl + nSiO_2 \cdot (x-1)H_2O + Ca(OH)_2$$

由这种方法加固的砂土,抗压强度可达 3~6MPa。

用水玻璃可配制耐酸砂浆和耐酸混凝土、耐热砂浆和耐热混凝土。水玻璃还可用作多种建筑涂料的原料。将液体水玻璃与耐火填料等调成糊状的防火漆,涂于木材表面,可抵抗瞬间火焰。

第四节 菱 苦 土

菱苦土是以天然菱镁矿($MgCO_3$)为主要原料,经煅烧后再磨细而得到的以氧化镁(MgO)为主要成分无机气硬性胶凝材料。我国菱镁矿蕴藏量丰富,辽宁、吉林、内蒙、宁夏、山东、湖北等为主要产地。

碳酸镁一般在 400℃开始分解,600~650℃时分解反应剧烈进行,实际煅烧温度约为 750~850℃。

$$MgCO_3 \rightarrow MgO + CO_2 \uparrow$$

煅烧适当的菱苦土的密度为 $31 \sim 34 \mathrm{g}/\mathrm{cm}^3$，堆积密度为 $800 \sim 900 \mathrm{kg}/\mathrm{cm}^3$。按《建筑地面工程施工及验收规范》（GB 50209—95），菱苦土用比重为 1.2 的氯化镁溶液调成标准稠度的净浆，初凝时间不得早于 20min，终凝不得迟于 6h；体积变化需安定；硬化一昼夜的抗拉强度不应小于 1.5MPa。菱苦土的 MgO 含量应不小于 75%。

一、菱苦土的硬化

用水调拌菱苦土时，将生成 $Mg(OH)_2$，浆体凝结很慢，硬化后强度很低。可用氯化镁（$MgCl_2 \cdot 6H_2O$）、硫酸镁（$MgSO_4 \cdot 7H_2O$）、氯化铁（$FeCl_3$）或硫酸亚铁（$FeSO_4 \cdot H_2O$）等盐类的溶液来调拌。最常用的是氯化镁溶液，硬化后强度最高（可达 $40 \sim 60$MPa），但吸湿性大，耐水性差（水会溶解其中的可溶性盐类）。其硬化后的主要产物为氧氯化镁（$xMgO \cdot yMgCl_2 \cdot zH_2O$）与 $Mg(OH)_2$，反应式为：

$$xMgO + yMgCl_2 \cdot 6H_2O \rightarrow xMgO \cdot yMgCl_2 \cdot zH_2O$$
$$MgO + H_2O \rightarrow Mg(OH)_2$$

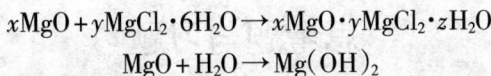

它们从溶液中析出，凝聚和结晶，使浆体凝结硬化。提高温度，可使硬化加快。

二、菱苦土的应用

菱苦土与植物纤维能很好粘结，而且碱性较弱，不会腐蚀纤维。建筑工程中常用来制造菱苦土木屑地面、木屑板和木丝板。菱苦土木屑地面一般是将菱苦土与木屑按 $1:0.7 \sim 4$ 配合，用相对密度为 $1.14 \sim 1.24$ 的氯化镁溶液调拌。为提高地面强度和耐磨性，可掺加适量滑石粉、石英砂、石屑等做成硬性地面（但会提高地面的导热性和单位重量）。为提高地面的耐水性，可掺入适量的活性混合材料如磨细碎砖或粉煤灰等。活性混合材料中的 SiO_2 和 Al_2O_3 能与 $Mg(OH)_2$ 作用，生成耐水性较强的物质。掺加耐碱矿物颜料，可将地面着色。地面硬化干燥后常涂刷干性油，并用地蜡打光。这种地面有弹性能防爆（碰撞不溅出火星）、防火，导热性小，表面光洁，不产生噪声与尘土。宜用于纺织车间、办公室、教室、剧场、住室等，但不易用于经常潮湿的处所。

菱苦土木屑板、木丝板和零件还可用作护壁板、窗台、门窗框和楼梯扶手等。

菱苦土地面的配合比可参考表 4-6。

菱苦土地面配合比参考表（GBJ 209—83） 表 4-6

地面种类与其上的行动密度	软性地面	硬性地面	氯化镁溶液相对密度	
	菱苦土：木屑	菱苦土：木屑：砂或石屑（粒径不大于 5mm）	软性地面	硬性地面
1. 单层或双层地面的上层密度不大时	1:2	1:1.4:0.6	1.18 ~ 1.22	1.18 ~ 1.22
密度较大时	1:1.5	1:1;0.5	1.20 ~ 1.24	1.20 ~ 1.24
特别容易损坏的地点（楼梯平台、主要通道等）	不采用	1:0.7:0.3	—	1.22 ~ 1.24
2. 双层地面的下层	1:4	1:3:0.3	1.14 ~ 1.16	1.17 ~ 1.19

氯化镁一般用工业氯化镁，其中 $MgCl_2$ 含量不应少于 45%，并易溶于水，沉淀物应予清除。调成的浆体，稠度以手紧握成团，挤出浆水为宜；用于面层时，以手紧握成团，轻压即碎为宜。必须控制氯化镁的用量，氯化镁（以 $MgCl_2 \cdot 6H_2O$ 计）与菱苦土的适宜重量比为 0.55 ~

0.60,氯化镁用量过多,将使浆体凝结硬化过快,收缩过大甚至产生裂缝,且地面易吸湿还潮;用量过少,将使硬化太慢,强度降低。

菱苦土的硬化速度,随环境温度的提高而加快,施工时的气温宜为 10~30℃。不得浇水养护。

菱苦土属气硬性胶凝材料,其制品一般不宜用于室外及多水的地方。研究证明,虽然菱苦土的碱性较弱,但对普通玻璃纤维仍有腐蚀性,所以用玻璃纤维增强时应特别注意其耐久性。

菱苦土运输贮存时应避免受潮,存期不宜过长,以防菱苦土吸收空气中的水分,水化生成氢氧化钙,进而与空气中的二氧化碳生成碳酸镁,失去化学活性。

思考题与习题

1. 何谓气硬性胶凝材料? 何谓水硬性胶凝材料? 在使用条件上有何区别?
2. 石膏有哪些常见的品种? 性能上有何特点?
3. 为什么说建筑石膏是一种性能优良的室内装饰装修材料?
4. 生石灰使用前为什么要陈伏?
5. 常见的建筑石膏制品有哪些? 各有何应用?
6. 石灰有哪些性能特点? 工程中应用如何?
7. 何谓水玻璃模数,对水玻璃的性能有何影响?
8. 菱苦土为什么不能直接用水调制?
9. 水玻璃有何性能特点? 工程中有何应用?

第五章 水　　泥

┌───┐
　　内容提要：本章阐述了水泥的定义、分类和水泥作为一种胶凝材料的发展历程，详细介绍了硅酸盐类水泥、铝酸盐水泥、硫酸盐水泥以及硫铝酸盐水泥的定义与性质、生产工艺、硬化原理以及技术标准，并对其他品种的水泥做了一般性的介绍。
└───┘

　　凡细磨成粉状，加入适量的水后成为塑性浆体，既能在空气中硬化，又能在水中硬化，并能将砂、石等材料牢固地胶结在一起的水硬性胶凝材料，通称为水泥（Cement）。水泥是重要的建筑材料，用水泥制成的砂浆或混凝土，坚固耐久，广泛应用于土木建筑、水利、国防等工程。

　　水泥等胶凝材料经历了漫长的发展历程，有着极为悠久的历史。它先后经历了天然产出的黏土、石灰—石膏、石灰—火山灰及人工配料制得水硬性胶凝材料等各个阶段。现代水泥的发明是一个循序渐进的过程，经历了水硬性石灰——罗马水泥——英国水泥——波特兰水泥的发展历程。1824 年，英国建筑工人 J·阿斯普丁（J·Aspdin）取得了波特兰水泥的专利权。他用石灰石和黏土为原料，按一定比例配合后，在类似于烧石灰的立窑内煅烧成熟料，再经磨细制成水泥。因水泥硬化后的颜色与英格兰岛上波特兰地方用于建筑的石头相似，被命名为波特兰水泥。它具有优良的建筑性能，在水泥史上具有划时代意义。随着现代水泥科学和生产技术的不断发展，到 20 世纪初，已经逐渐出现各种不同用途的硅酸盐水泥，如快硬水泥、抗硫酸盐水泥、大坝水泥以及油井水泥等。近 30 年来，又相继发明了硫铝酸盐水泥、氟铝酸盐水泥等品种，从而使水硬性胶凝材料又进一步发展成为更多类别。

　　水泥分类方法有多种：①根据生产的原料性质分为天然水泥、有熟料水泥（用石灰石和黏土按所需成分配合，在较高温度下煅烧得到的产物称为熟料）和无熟料水泥（利用粉煤灰、高炉矿渣等工业废料或天然火山灰与石灰、水玻璃等碱性激发剂以及石膏按比例磨细，不经煅烧而制得的水泥）。②根据水泥的性能，可分为快硬水泥（早强水泥）、低热水泥、膨胀水泥、耐酸水泥、耐火水泥等。③根据用途，可分为油井水泥、大坝水泥、喷射水泥、海工水泥等。④根据水泥中主要化学成分，分为硅酸盐水泥、铝酸盐水泥（高铝水泥）、磷酸盐水泥等，后者应用较少。

　　水泥的品种众多，但绝大部分属硅酸盐类、铝酸盐类、硫酸盐类以及硫铝酸类，所以本章主要介绍它们性质、生产工艺、硬化原理以及技术标准。

第一节　硅酸盐类水泥

　　硅酸盐类水泥是目前生产和使用量最大的水泥，国外称之为波特兰水泥，主要由硅酸盐水泥熟料、适量的混合材和石膏混合制备而成的水泥。硅酸盐类水泥属于一般意义上的通用水泥,按混合材的品种和掺量分为硅酸盐水泥、普通硅酸盐水泥、矿渣硅酸盐水泥、火山灰质硅酸盐水泥、粉煤灰硅酸盐水泥以及复合硅酸盐水泥等六大类,也被称为通用水泥。

一、硅酸盐水泥

(一)硅酸盐水泥的定义

硅酸盐水泥的定义为:凡以适当成分的生料烧至部分熔融,所得以硅酸钙为主要成分的硅酸盐水泥熟料,加入 0~5% 石灰石或粒化高炉矿渣和适量石膏,磨细制成的水硬性胶凝材料,称为硅酸盐水泥,不掺混合材料者称为 I 型,代号 P·I,掺混合材料者为 II 型,代号 P·II 型。

(二)硅酸盐水泥熟料的生产工艺及概述

1.硅酸盐水泥熟料的生产工艺

(1)硅酸盐水泥熟料的生产方法

按生料制备方法分类可以分为湿法和干法两种。所谓湿法,就是把原料加水在磨机中磨成生料浆;干法,是把原料先经过烘干,再在磨机中磨成生料粉。

按锻烧设备分类,又分为立窑生产和回转窑生产两种。由于人类对环境保护的认识以及出于节能降耗的目的,目前我国已经关闭大部分立窑企业,全国基本上实现了采用回转窑煅烧设备生产水泥熟料。

随着技术的进步,回转窑技术已经发展的相当成熟。20 世纪 70 年代起发展一种"窑外分解"烧成的先进技术,它是把生料在锻烧过程中的分解放在窑外的分解炉中进行。这种窑型的显著特点是热耗低、产量高。

(2)硅酸盐水泥熟料的生产流程

硅酸盐水泥熟料的原料主要是石灰质原料和黏土原料以及铁质校正原料等。石灰质原料主要提供 CaO,目前我国水泥企业的石灰质原料主要为石灰石,部分采用石砂石、白垩、石灰质凝灰岩等;黏土质原料主要提供 SiO_2、Al_2O_3 及少量 Fe_2O_3,黏土质原料一般采用黏土、黄土等。铁质校正原料主要为铁矿粉或其他含铁较高的工业废渣如黄铁矿渣等。

硅酸盐水泥熟料的生产过程如图 5-1:先把几种原材料按适当比例配合后在磨机中磨成生料,然后将制得的生料入窑在 1450℃ 左右进行锻烧,急冷后即得到水泥熟料。

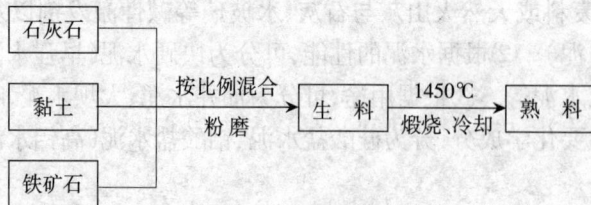

图 5-1　硅酸盐水泥熟料的生产流程

2.硅酸盐水泥熟料的矿物组成

硅酸盐水泥熟料的主要矿物名称与含量范围如下,

硅酸三钙 $3CaO·SiO_2$,简写为 C_3S,含量 37%~60%;

硅酸二钙 $2CaO·SiO_2$,简写为 C_2S,含量 15%~37%;

铝酸三钙 $3CaO \cdot Al_2O_3$，简写为 C_3A，含量 7%~15%；

铁铝酸四钙 $4CaO \cdot Al_2O_3 \cdot Fe_2O_3$，简写为 C_4AF，含量 10%~18%。

前两种称硅酸盐矿物，一般占总量的 75% ~ 82%。后两种矿物称熔剂矿物，一般占总量的 18% ~ 25%。硅酸盐水泥熟料除上述主要成分外，还有少量的游离氧化钙(f-CaO)、方镁石(结晶氧化镁)、含碱矿物以及玻璃体等。

(1) 硅酸三钙：在硅酸盐水泥熟料中，硅酸三钙并不是以纯的硅酸三钙形式存在，总含有少量其他氧化物，如氧化镁、氧化铝等形成固溶体，称为阿利特(Alite)矿，简称 A 矿。有分析表明，在 A 矿中除含有氧化镁和氧化铝外，还含有少量的氧化铁、氧化磷等，但其成分仍然接近于纯硅酸三钙，因而实际中把 A 矿简单地看做是 C_3S。C_3S 加水后与水反应的速度快，凝结硬化也快。C_3S 水化生成物所表现的早期与后期强度都较高。一般 C_3S 颗粒在 28d 内就可以水化 70%左右，水化放热量多，因此它能迅速发挥强度作用。

(2) 硅酸二钙：硅酸二钙由氧化钙和氧化硅反应生成。在熟料中的含量一般为 20%左右，是硅酸盐水泥熟料的主要矿物之一。纯硅酸二钙在 1450℃以下，也有同质多晶现象，通常有四种晶型，即 α-C_2S、α'-C_2S、β-C_2S、γ-C_2S，在室温下，有水硬性的 α、α'、β 型硅酸二钙的几种变形体是不稳定的，有趋势要转变为水硬性微弱型的 γ-C_2S。实际生产的硅酸盐水泥熟料中 C_2S 以 β-C_2S 的晶形存在。

由于在硅酸盐水泥熟料中含有少量的氧化铝、氧化铁、氧化钠及氧化钾、氧化镁、氧化磷等，使硅酸二钙也形成固溶体。这种固溶有少量氧化物的硅酸二钙称为贝利特(Belite)，简称 B 矿。C_2S 与水反应的速度比硅酸三钙慢得多，凝结硬化也慢，表现出早期强度比较低，28d 内水化很少一部分，水化放热量也少，但后期强度增进相当高。甚至在多年之后，还在继续水化增长其强度。

(3) 铝酸三钙：与水反应的速度相当快，凝结硬化也很快。其强度绝对值并不高，但在加水后短期内几乎全部发挥出来。因此，铝酸三钙是影响硅酸盐水泥早期强度及凝结快慢的主要矿物。在水泥中加入石膏主要是为了限制它的快速水化。铝酸三钙水化放热量多，而且快。

(4) 铁铝酸四钙：与水反应也比较迅速，但强度较低，水化放热量并不多。水泥是几种熟料矿物的混合物，熟料矿物成分间的比例改变时，水泥的性质即发生相应的变化。如能设法适当提高硅酸三钙的含量，可以制得高强度水泥；若能降低铝酸三钙和硅酸三钙含量，提高硅酸二钙含量，则可制得水化热低的水泥，如低热水泥。

(5) 游离氧化钙：它是在煅烧过程中没有全部化合而残留下来呈游离态存在的氧化钙，其含量过高将造成水泥安定性不良，危害很大。

(6) 游离氧化镁：若其含量高、晶粒大时，也会导致水泥安定性不良。

(7) 碱矿物及玻璃体中 Na_2O、K_2O 含量高的水泥，当其遇到活性骨料时，易发生碱骨料膨胀反应。

(三) 硅酸盐水泥的制备

将硅酸盐水泥熟料，加入 0 ~ 5%的石灰石或粒化高炉矿渣和适量石膏，粉磨后即得到硅酸盐水泥，其中不掺混合材料者称为 I 型，代号 P·I，掺混合材料者为 II 型，代号 P·II 型。

(四) 硅酸盐水泥的凝结硬化

1. 水泥的凝结硬化过程机理

水泥加水拌和后，成为可塑的水泥浆体，浆体逐渐变稠失去塑性，但尚不具有强度的过程，称为水泥的"凝结"。随后，产生明显的强度，并逐渐发展而成为坚硬的水泥石的过程称为水泥的"硬化"。

水泥颗粒与水接触，在其表面的熟料矿物与水发生水解或水化作用，形成水化物并放出一定热量，硅酸三钙水化很快，生成的水化硅酸钙几乎不溶于水，而立即以胶体微粒析出，并逐渐凝聚而成为凝胶，称为托勃莫来石凝胶（C-S-H）。水化生成的氢氧化钙在溶液中的浓度很快达到过饱和，呈六方晶体析出。水化铝酸三钙为立方晶体，在氢氧化钙饱和浓液中它能与氢氧化钙进一步反应，生成六方晶体的水化铝酸四钙。

为了调节水泥的凝结时间，水泥中掺有适量石膏，铝酸三钙和石膏反应生成高硫型水化硫铝酸钙（$3CaO \cdot Al_2O_3 \cdot 3CaSO_4 \cdot 31H_2O$）和低硫型水化硫铝酸钙（$3CaO \cdot Al_2O_3 \cdot 3CaSO_4 \cdot 12H_2O$）。生成的水化硫铝酸钙是难溶于水的稳定的针状晶体。如忽略一些次要的和少量的成分，则硅酸盐水泥与水作用后，生成的主要水化物有：水化硅酸钙和水化铁酸钙凝胶、氢氧化钙、水化铝酸钙和水化硫铝酸钙晶体。在完全水化的水泥石中，水化硅酸钙约占 50%，氢氧化钙约占 25%。

水泥和水拌和，未水化的水泥颗粒分散在水中，成为水泥浆体，水泥颗粒的水化从其表面开始。水和水泥一接触，水泥颗粒表面的水泥熟料先溶解于水，然后与水反应，或水泥熟料在固态直接与水反应，形成相应的水化物，水化物溶解于水。由于各种水化物的溶解度很小，水化物的生成速度大于水化物向溶液中扩散的速度，一般在几秒或几分钟内，在水泥颗粒周围的液相中，氢氧化钙、石膏、水化硅酸钙、水化铝酸钙、水化硫铝酸钙等的浓度，先后呈饱和或过饱和状态，因而从液相中析出，包在水泥颗粒表面。其中氢氧化钙、水化硫铝酸钙、水化铝酸钙，系结晶程度较好的物质，比表面积很大，相当于胶体物质，胶体凝聚形成凝胶。由此可见，水泥水化物中有凝胶和晶体。

水化初期，由于水化物尚不多，包有水化物膜层的水泥颗粒之间还是分离着的，相互间引力较小水泥颗粒不断水化，随着时间的推移，使包在水泥颗粒表面上的水化物增多，所形成的膜层是以水化硅酸钙凝胶为主体的半渗透膜层。膜层的形成减缓了外部水分向内渗入和水化物向外扩散的速度，因而使水化反应变慢。水分渗入膜层以内进行的水化反应使膜层向内增厚，而通过膜层向外扩散的水化物聚集于膜层外则使膜层向外增厚。较小的钙离子比氧化硅胶粒更易透过膜层，故氢氧化钙晶体多分布在膜的外层。为了方便，我们将水化物形成的结构（以水化硅酸钙凝胶为主体，其中分布着氢氧化钙等晶体），称为水泥凝胶体。

水泥凝胶体膜层的向外增厚和随后的破裂伸展，使原来水泥颗粒之间被水所占的空隙逐渐缩小，而包有凝胶体的颗粒则逐渐接近，以至在接触点相互粘结，水泥浆体黏度就会不断增高，最终使水泥浆的可塑性逐渐降低，这就是水泥的凝结过程。

2. 影响硅酸盐水泥凝结硬化的主要因素

（1）熟料矿物组成

硅酸盐水泥的熟料矿物组成，是影响水泥的水化速度、凝结硬化过程以及产生强度等的主要因素。硅酸盐水泥的四种熟料矿物中，C_3A 的水化和凝结硬化速度最快，因此它是影响水泥凝结时间的决定性因素。

（2）水泥细度

细度是指水泥颗粒的粗细程度。水泥颗粒的粗细直接影响水泥的水化、凝结硬化、强度、干缩及水化热等,这是因为水泥加水后,开始仅在水泥颗粒的表面进行水化,而后逐步向颗粒内部发展,而且是一个较长时间的过程。显然,水泥颗粒越细,水化作用的发展就越迅速而充分,使凝结硬化的速度加快,早期强度也就越高。一般认为,水泥颗粒小于 $40\mu m$ 时就具有较高的活性,大于 $100\mu m$ 活性较小。通常,水泥颗粒的粒径在 $7 \sim 200\mu m$($0.007 \sim 0.2mm$)范围内。

（3）石膏掺量

水泥中掺入石膏,是为了延缓初凝时间。否则,水泥凝结异常迅速,称之为瞬凝,原因是水泥熟料中的铝酸三钙水化极快,水化热极大所致。在有石膏存在时,C_3A 水化后易与石膏反应而生成难溶于水的钙矾石,它立刻沉淀在水泥熟料颗粒的周围,阻碍了与水的接触,延缓了水化,从而起到延缓水泥凝结的作用。但石膏掺量不能过多,过多则不仅缓凝作用不大,还会引起水泥安定性不良。石膏掺量主要取决于水泥中 C_3A 的含量和石膏的品种及质量,同时也与水泥细度和熟料中的 SO_3 含量有关,一般生产水泥时石膏掺量占水泥质量的 $3\% \sim 5\%$。

（4）拌和加水量（水灰比）

拌和水泥浆时,水与水泥的质量比,称为水灰比。拌和水泥浆体时,为使浆体具有一定塑性和流动性,所加入的水量通常要大大超过水泥充分水化时所需的水量。水灰比越大,水泥浆越稀,凝结硬化和强度发展越慢,且硬化后的水泥石中毛细孔含量越多。水泥石的强度随其毛细孔孔隙率的增加呈线性关系下降。因此,在保证成型质量的前提下,应降低水灰比,以提高水泥石的硬化速度和强度。

（5）养护湿度和温度

水是参与水泥水化反应的物质,是水泥水化、硬化的必要条件。环境湿度大,水分蒸发慢,水泥浆体可保持水泥水化所需的水分。如环境干燥,水分将很快蒸发,水泥浆体中缺乏水泥水化所需的水分,使水化不能正常进行,强度也不再增长。还可能使水泥石或水泥制品表面产生干缩裂纹。因此,用水泥拌制的砂浆和混凝土,在浇筑后应注意保持潮湿状态,以利获得和增加强度。通常提高温度可加速硅酸盐水泥的早期水化,使早期强度能较快发展,但对后期强度反而可能有所降低。相反,在较低温度下硬化时,虽然硬化速率慢,但水化产物较致密,所以可获得较高的最终强度。

（6）养护龄期

水泥的水化硬化是一个较长时期不断进行的过程,随着水泥颗粒内各熟料矿物水化程度的提高,凝胶体不断增加,毛细孔隙相应减少,从而随着龄期的增长使水泥石的强度逐渐提高。由于熟料矿物中对强度起决定性作用的 C_3S 在早期的强度发展快,所以水泥在 $3\sim14d$ 内强度增长较快,28d 后增长缓慢。

（7）水泥受潮与久存

水泥受潮后,因表面已水化而结块,从而丧失胶凝能力,严重降低其强度。而且,即使在良好的储存条件下,水泥也不可储存过久,因为水泥会吸收空气中的水分和二氧化碳,产生缓慢水化和碳化作用,降低水泥的强度。

（五）硅酸盐水泥的技术要求

目前硅酸盐水泥强度等级主要分为 42.5、42.5R、52.5、52.5R、62.5、62.5R 六个等级。

国家标准《通用硅酸盐水泥》(GB 175—2007)对硅酸盐水泥提出如下技术要求：

1. 化学指标

国家标准中对硅酸盐水泥的不溶物等化学指标进行了规定,具体指标见表 5-1。

硅酸盐水泥化学指标

表 5-1

品　种	代号	不溶物 (质量分数)	烧失量 (质量分数)	三氧化硫 (质量分数)	氧化镁 (质量分数)	氯离子 (质量分数)
硅酸盐水泥	P·I	≤0.75	≤3.0	≤3.5	≤5.0	≤0.06
	P·II	≤1.5	≤3.5			

如果水泥压蒸试验合格,则水泥中氧化镁的含量允许放宽至 6.0%。

2. 碱含量

水泥中碱含量按 $Na_2O+0.658K_2O$ 计算值表示。若使用活性骨料,用户要求提供低碱水泥时,水泥中的碱含量应不大于 0.60%或由买卖双方协商确定。

3. 物理指标

(1) 凝结时间

水泥的凝结时间分初凝和终凝。自水泥加水拌和算起到水泥浆开始失去可塑性所需的时间称为初凝时间;自水泥加水拌和算起到水泥浆完全失去可塑性、开始有一定结构强度所需的时间称为终凝时间。

水泥凝结时间的测定,是以标准稠度的水泥浆,在规定温度和湿度条件下,用凝结时间测定仪测定。所谓标准稠度用水量是指水泥净浆达到规定稠度时所需的拌和水量,以占水泥质量的百分率表示。硅酸盐水泥的标准稠度用水量,一般在 24%～30%之间。水泥熟料矿物成分不同时,其标准稠度用水量亦有所差别,磨得越细的水泥,标准稠度用水量越大。

国家标准《通用硅酸盐水泥》(GB 175—2007)规定,初凝时间不得早于 45min,终凝时间不得迟于 390min。

(2) 安定性

水泥体积安定性是指水泥浆在凝结硬化过程中,体积变化的均匀性。如水泥硬化后产生不均匀的体积变化,即为体积安定性不良。使用体积安定性不良的水泥,会使水泥制品、混凝土构件产生膨胀性裂缝,降低建筑物质量,甚至引起严重工程事故。因此,水泥的体积安定性检验必须合格,体积安定性不合格的水泥作废品处理。水泥安定性不良的原因是由于其熟料矿物组成中含有过多的游离氧化钙或游离氧化镁,以及水泥粉磨时所掺石膏超量等所致。当它们水化时生成氢氧化钙、氢氧化镁和钙矾石产生体积膨胀,从而引起不均匀的体积变化,破坏已经硬化的水泥石结构,引起龟裂、弯曲、崩溃等现象。当水泥中石膏掺量过多时,在水泥硬化后,硫酸根离子还会继续与固态的水化铝酸钙反应生成高硫型水化硫铝酸钙,体积膨胀,引起水泥石开裂。

国家标准《通用硅酸盐水泥》(GB 175—2007)规定,硅酸盐水泥的安定性测定应以沸煮法测定合格为准。

(3) 强度

硅酸盐水泥的不同龄期的强度应符合表 5-2 的规定。

(4) 细度(选择性指标)

品 种	强度等级	抗 压 强 度		抗 折 强 度	
		3d	28d	3d	28d
硅酸盐水泥	42.5	≥17.0	≥42.5	≥3.5	≥6.5
	42.5R	≥22.0		≥4.0	
	52.5	≥23.0	≥52.5	≥4.0	≥7.0
	52.5R	≥27.0		≥5.0	
	62.5	≥28.0	≥62.5	≥5.0	≥8.0
	62.5R	≥32.0		≥5.5	

国家标准《通用硅酸盐水泥》(GB 175—2007)规定,硅酸盐水泥的细度采用比表面积测定仪检验,其比表面积应大于 300m²/kg。

（六）硅酸盐水泥的性质、应用与储运

1. 硅酸盐水泥的性质与应用

（1）强度等级高,强度发展快

硅酸盐水泥因其 C_3S 含量高,强度等级较高,适用于地上、地下和水中重要结构的高强度混凝土和预应力混凝土工程。这种水泥凝结硬化较快,还适用于要求早期强度高和冬期施工的混凝土工程。

（2）水化热高

硅酸盐水泥中含有大量的硅酸三钙和较多的铝酸三钙,其水化放热速度快,放热量高。对大型基础、大坝、桥墩等大体积混凝土,由于水化热聚集在内部不易散发,而形成温差应力,可导致混凝土产生裂纹。所以,硅酸盐水泥不得用于大体积混凝土。

（3）耐腐蚀性差

硅酸盐水泥石中含有较多的易受腐蚀的氢氧化钙和水化铝酸钙,不宜用于受流动的和有压力的软水作用的混凝土工程, 也不宜用于受海水及其他腐蚀性介质作用的混凝土工程。

（4）抗冻性好

水泥石抗冻性主要决定于孔隙率和孔隙特征。硅酸盐水泥如采用较小的水灰比,并经充分养护,可获得密实的水泥石。因此,这种水泥适用于严寒地区遭受反复冻融的混凝土工程。

（5）抗碳化性好

水泥石中的氢氧化钙与空气中二氧化碳作用称为碳化。碳化使水泥石的碱度（即 pH 值)降低,引起水泥石收缩和钢筋锈蚀。硅酸盐水泥石中含较多氢氧化钙,碳化时碱度不易降低。这种水泥制成的混凝土抗碳化性好。

（6）耐热性差

水泥石受热到 300℃时,水泥水化产物开始脱水、分解,体积收缩,强度开始下降。温度达 700～1000℃时,强度降低很多,甚至完全破坏。其中,氢氧化钙高温下分解成氧化钙,若再吸湿或长期放置,氧化钙又会重新熟化,体积膨胀使水泥石再次受到破坏。可见,硅酸盐水泥是不耐热的,不得用于耐热混凝土工程。

（7）干缩小

硅酸盐水泥硬化时干缩小,不易产生干缩裂纹。可用于干燥环境下的混凝土工程。

（8）耐磨性好

硅酸盐水泥的耐磨性好,且干缩小,表面不易起粉,可用于地面和道路工程。

2. 硅酸盐水泥的储运

硅酸盐水泥的运输和储存应按国家标准的规定进行。

（1）水泥储运时应注意防潮。即使是在良好的储存条件下,水泥也不宜久存。因水泥在存放过程中会吸收空气中的水蒸气和二氧化碳,产生水化和碳化,使水泥丧失胶结能力,强度下降。一般储存三个月后,强度降低 10% ~ 20%;六个月后降低 15% ~ 30%;一年后降低 25% ~ 40%。超过三个月的水泥须重新试验,确定其强度等级。

（2）包装标志清楚。为了便于识别,避免错用,国家标准规定,水泥袋上应清楚标明:产品名称、代号、净含量,强度等级,生产许可证编号,生产者名称和地址,出厂编号,执行标准号,包装年、月、日。包装袋两侧应印有水泥名称和强度等级,硅酸盐水泥的印刷采用红色。

（3）储运时不得混入杂物。不同品种和强度等级的水泥应分别储存,不得混杂堆放。

二、其他类型硅酸盐类水泥

（一）其他类型硅酸盐类水泥的定义

1. 普通硅酸盐水泥:由硅酸盐水泥熟料、6%~15%混合材料,适量石膏磨细制成的水硬性胶凝材料,称为普通硅酸盐水泥(简称普通水泥),代号:P·O。

2. 矿渣硅酸盐水泥:由硅酸盐水泥熟料、粒化高炉矿渣和适量石膏磨细制成的水硬性胶凝材料,称为矿渣硅酸盐水泥,代号:P·S。

3. 火山灰质硅酸盐水泥:由硅酸盐水泥熟料、火山灰质混合材料和适量石膏磨细制成的水硬性胶凝材料,称为火山灰质硅酸盐水泥,代号:P·P。

4. 粉煤灰硅酸盐水泥:由硅酸盐水泥熟料、粉煤灰和适量石膏磨细制成的水硬性胶凝材料,称为粉煤灰硅酸盐水泥,代号:P·F。

5. 复合硅酸盐水泥:由硅酸盐水泥熟料、两种或两种以上规定的混合材料和适量石膏磨细制成的水硬性胶凝材料,称为复合硅酸盐水泥(简称复合水泥),代号 P·C。

（二）其他类型硅酸盐类水泥的技术要求

国家标准《通用硅酸盐水泥》(GB 175—2007)对硅酸盐类水泥提出如下技术要求:

1. 组分

硅酸盐类水泥的组分应符合表 5-3 的规定。

2. 化学指标

普通硅酸盐水泥、矿渣硅酸盐水泥、火山灰质硅酸盐水泥、粉煤灰硅酸盐水泥、复合硅酸盐水泥的化学指标主要包括烧失量、三氧化硫含量、氧化镁含量和碱含量。

3. 物理指标

（1）凝结时间

国家标准《通用硅酸盐水泥》(GB 175—2007)规定,这几种水泥的初凝时间不得早于 45min,终凝时间不得迟于 600min。

（2）安定性

沸煮法测定合格。

硅酸盐类水泥的组分规定 表 5-3

品 种	代号	组分(质量分数)				
		熟料 + 石膏	粒化高炉矿渣	火山灰质混合材料	粉煤灰	石灰石
硅酸盐水泥	P·I	100	—	—	—	—
	P·II	≥95	≤5	—	—	—
		≥95	—	—	—	≤5
普通硅酸盐水泥	P·O	≥80 且 < 95	> 5 且 ≤20			—
矿渣硅酸盐水泥	P·S·A	≥50 且 < 80	≥20 且 < 50	—	—	—
	P·S·B	≥30 且 < 50	≥50 且 < 70	—	—	—
火山灰质硅酸盐水泥	P·P	≥60 且 < 80		≥20 且 < 40	—	—
粉煤灰硅酸盐水泥	P·F	≥60 且 < 80			≥20 且 < 40	—
复合硅酸盐水泥	P·C	≥50 且 < 80	≥20 且 < 50			

(3)强度

硅酸盐类水泥的不同龄期的强度应符合表5-4的规定。

硅酸盐类水泥不同龄期的强度标准 表 5-4

品 种	强度等级	抗 压 强 度		抗 折 强 度	
		3d	28d	3d	28d
普通硅酸盐类水泥	42.5	≥17.0	≥42.5	≥3.5	≥6.5
	42.5R	≥22.0		≥4.0	
	52.5	≥23.0	≥52.5	≥4.0	≥7.0
	52.5R	≥27.0		≥5.0	
矿渣硅酸盐水泥 火山灰质硅酸盐水泥 粉煤灰硅酸盐水泥 复合硅酸盐水泥	32.5	≥10.0	≥32.5	≥2.5	5.5
	32.5R	≥15.0		≥3.5	
	42.5	≥15.0	≥52.5	≥3.5	6.5
	42.5R	≥19.0		≥4.0	
	52.5	≥21.0	≥52.5	≥4.0	7.0
	52.5R	≥23.0		≥4.5	

(4)细度(选择性指标)

国家标准《通用硅酸盐水泥》(GB 175—2007)规定,普通硅酸盐水泥的细度采用比表面积测定仪检验,其比表面积应大于 $300m^2/kg$;矿渣硅酸盐水泥、火山灰质硅酸盐水泥、粉煤灰硅酸盐水泥、复合硅酸盐水泥的细度以筛余表示,其中 $80\mu m$ 方孔筛筛余不大于 10%。

第二节　铝酸盐水泥

铝酸盐水泥又称高铝水泥或矾土水泥,是以铝矾土和石灰石为原料,经煅烧制得的以铝酸钙为主要成分、氧化铝含量约 50% 的熟料,再磨细制成的水硬性胶凝材料。铝酸盐水泥常为黄或褐色,也有呈灰色的。铝酸盐水泥的主要矿物为铝酸一钙($CaO \cdot Al_2O_3$,简写 CA)及其他的铝酸盐,以及少量的硅酸二钙($2CaO \cdot SiO_2$)等。

一、铝酸盐水泥生产工艺

(一)铝酸盐水泥的生产方法

根据煅烧方法的不同,铝酸盐水泥的生产方法基本上分为烧结法和熔融法两种。国内基本采用烧结法,国外多采用熔融法。

1. 烧结法

烧结法是将生料在回转窑、立窑、隧道窑等煅烧设备中烧至部分熔融的烧结方法。我国的石灰石较为丰富,矾土中 SiO_2 和 Fe_2O_3 含量均低,因此,一般采用回转窑进行烧结法生产,这种方法与硅酸盐水泥熟料的煅烧方法基本相同。

2. 熔融法

熔融法是将生料熔融,冷却后得到铝酸盐水泥熟料的一种方法。采用这种方法生产,生料不必经过磨细,熔融就可以达到混合均匀的目的。即使原料中 Fe_2O_3、SiO_2 杂质含量较多时,也能生产出高质铝酸盐水泥,因此可以采用低品味矾土。但这种方法生产出的铝酸盐水泥熟料热耗大,硬度大,粉磨电耗大。

(二)铝酸盐水泥的生产工艺

铝酸盐水泥的原料中矾土比石灰石难磨得多,生料设备一般是将两者分别粉磨,然后再配料、混合均匀。

铝酸盐水泥熟料烧结温度范围比较窄,一般在 1360 ~ 1410℃,温度过高容易产生大量液相,使窑内结块,温度如果偏低,熟料烧结不充分,则会影响质量。操作时要注意调整窑的旋转速度,用煤量,以及火焰的位置和长度,要注意窑内熟料的变化,保持煅烧制度的稳定。

与硅酸盐水泥不同的是,铝酸盐水泥粉磨时不需要加入石膏跟其他外加物,单一熟料经粉磨就可以得到铝酸盐水泥。

二、铝酸盐水泥的矿物组成及化学成分

(一)铝酸盐水泥的矿物组成

铝酸盐水泥熟料的矿物组成主要是铝酸一钙($CaO \cdot Al_2O_3$、简写 CA),二铝酸一钙($CaO \cdot 2Al_2O_3$,简写 CA_2),七铝酸十二钙($12CaO \cdot 7Al_2O_3$,简写 $C_{12}A_7$)、硅铝酸二钙($2CaO \cdot Al_2O_3 \cdot SiO_2$)、简写 C_2AS)和六铝酸一钙($CaO \cdot 6Al_2O_3$)。

CA 是铝酸盐水泥的主要矿物,具有很高的水硬活性,硬化迅速是铝酸盐水泥强度的主要来源,但 CA 含量过高的水泥,强度发展主要集中在早期,后期强度增进率就不显著。铝酸盐水泥初始强度发展速率远比普通硅酸盐水泥快,但是凝结时间则与硅酸盐水泥相似,常常还略慢一点。由此可见,铝酸盐水泥是快硬材料,而不是快凝材料。

CA_2 水化硬化较慢,后期强度较高,长期强度较稳定,但早期强度较低,如果含量过多,

将影响铝酸盐水泥的快硬性能,但能提高水泥耐火性和机械强度。

$12CaO \cdot 7Al_2O_3$ 水化迅速,凝结极快,但强度不高,当其含量高时,水泥出现快凝,强度降低,耐热性下降。当其含量超过 10% 时,常会引起水泥快凝,不便施工。

C_2AS 水化活性很低,当铝酸盐水泥熟料中含有较高的 C_2AS 时,水化较慢,严重影响水泥的早期强度。

$CaO \cdot 6Al_2O_3$ 惰性矿物,没有水硬性,可以提高水泥的耐热性。

(二)铝酸盐水泥的化学成分

按国家标准《铝酸盐水泥》(GB 201—2000)定义,凡以铝酸钙为主的铝酸盐水泥熟料,磨细制成的水硬性胶凝材料称为铝酸盐水泥,代号 CA。根据需要也可在磨制 Al_2O_3 含量大于 68% 的水泥时掺加适量的 $\alpha-Al_2O_3$ 粉。铝酸盐水泥按 Al_2O_3 含量百分数分为四类:CA-50,$50\% \leqslant Al_2O_3 < 60\%$;CA-60,$60\% \leqslant Al_2O_3 < 68\%$;CA-70,$68\% \leqslant Al_2O_3 < 77\%$;CA-80,$77\% \leqslant Al_2O_3$。铝酸盐水泥的化学成分按水泥质量百分比计应符合表 5-5 所列要求。水泥的比表面积不小于 $300m^2/kg$ 或 $45\mu m$ 筛余不大于 20%。

铝酸盐水泥的化学成分 表 5-5

类型	Al_2O_3(%)	SiO_2(%)	Fe_2O_3(%)	$R_2O(Na_2O+0.658K_2O)$(%)	S(%)	Cl(%)
CA-50	50~60	≤8.0	≤2.5	≤0.40	≤0.1	≤0.1
CA-60	60~68	≤5.0	≤2.0	≤0.40	≤0.1	≤0.1
CA-70	68~77	≤1.0	≤0.7	≤0.40	≤0.1	≤0.1
CA-80	≥77	≤0.5	≤0.5	≤0.40	≤0.1	≤0.1

(三)铝酸盐水泥的化学组成及作用

1. 氧化铝。Al_2O_3 是保证生产低碱性 CA、CA_2 及 $C_{12}A_7$ 等铝酸盐矿物的主要成分。我国采用烧结法生产,Al_2O_3 含量一般不低于 45%,国外在 35% ~ 45% 之间。氧化铝含量过低,熟料中的 $C_{12}A_7$ 增多,使水泥快凝,强度下降;氧化铝含量过高,过多形成 CA_2,甚至出现无活性的 CA_6,水泥强度特别是早期强度下降。Al_2O_3 在铝酸盐水泥熟料中可以形成一些硬化慢和无胶凝性的成分。因此,Al_2O_3 含量多,水泥早期强度低。

2. 氧化钙。CaO 是保证生产铝酸钙的基本成分。氧化钙过高,熟料形成 $C_{12}A_7$,使水泥快凝;氧化钙过低,形成大量的 CA_2,早期强度下降。用烧结法生产时,熟料的烧成温度随 CaO 含量的增加而降低,烧成温度范围也变窄,易使窑内结圈。CaO 含量超过 37% 时,窑内料结块,操作难以控制,产量、质量较低。

3. 氧化铁。铝酸盐水泥熟料中 Fe_2O_3 形成胶凝性弱的 C_2F、CF,会降低水泥的强度。

三、铝酸盐水泥的水化和硬化

铝酸盐水泥的水化和硬化,主要是铝酸一钙的水化和结晶作用。在不同温度下铝酸一钙水化生成物也不同。其反应如下:

温度 20℃ 以下时:

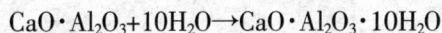

$$CaO \cdot Al_2O_3 + 10H_2O \rightarrow CaO \cdot Al_2O_3 \cdot 10H_2O$$

温度 20 ~ 30 ℃时:

$$2(CaO \cdot Al2O3) + 11H_2O \rightarrow 2CaO \cdot Al_2O_3 \cdot 8H_2O + Al_2O_3 \cdot 3H_2O$$

温度高于 30℃时：

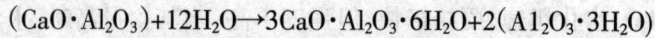

$$(CaO \cdot Al_2O_3)+12H_2O \rightarrow 3CaO \cdot Al_2O_3 \cdot 6H_2O+2(Al_2O_3 \cdot 3H_2O)$$

需要指出的是，CAH_{10} 和 C_2AH_8 都是不稳定的，会逐步转化为 C_3AH_6。这种转变会因温度升高而加速。晶体转变的结果，使水泥石析出游离水，增大了孔隙率；同时由强度高的晶体转化成强度低的 C_3AH_6。可见，铝酸盐水泥正常使用时，虽然硬化快、早期强度很高，但后期强度会大幅度下降，在湿热环境中尤其严重。

四、铝酸盐水泥的技术性质

《铝酸盐水泥》(GB 201—2000)对铝酸盐水泥规定的技术要求如下：

（1）细度。比表面积不小于 300m²/kg 或 45μm 筛余不大于 20%。

（2）凝结时间（胶砂）。应符合表 5-6 要求。

凝结时间　　　　　　　　　　　　　　　　表 5-6

水泥类型	初凝时间不得早于(min)	终凝时间不得迟于(h)
CA-50、CA-70、CA-80	30	6
CA-60	60	18

（3）强度。各类型水泥各龄期强度值不得低于表 5-7 数值。

水泥胶砂强度　　　　　　　　　　　　　　表 5-7

水泥类型	抗压强度(MPa)				抗折强度(MPa)			
	6h	1d	3d	28d	6h	1d	3d	28d
CA-50	20	40	50	—	3.0	5.5	6.5	—
CA-60	—	20	45	85	—	2.5	5.0	10.0
CA-70	—	30	40	—	—	5.0	6.0	—
CA-80	—	25	30	—	—	4.0	5.0	—

五、铝酸盐水泥的特性

1. 快硬早强

铝酸盐水泥硬化快、早期强度发展迅速。3d 强度与硅酸盐水泥 28d 强度相当。在低温环境（5~10℃）能很快硬化，强度高，而在较高温度下（30℃以上）养护，强度急剧下降，这一特点与硅酸盐水泥截然相反。

2. 水化热高、放热快

铝酸盐水泥水泥硬化过程放热量大，放热速度快，早期强度又较高，可避免冻害。

3. 耐蚀性好、密实不透水

铝酸盐水泥水化物中含有极少的 $Ca(OH)_2$，水泥石结构致密。因此耐软水侵蚀，耐硫酸盐、酸类侵蚀性好，抗渗性好。

4. 耐热性好

虽然铝酸盐水泥的水化反应不宜在较高温度下（30℃以上）进行。但硬化后的水泥石在 1000℃以上温度仍能保持较高强度，这是因为在高温下各组分发生固相反应成烧结状态，代替了水泥的水化结合。所以，铝酸盐水泥可作为耐热混凝土的胶结材料，用于窑炉炉衬，耐热可达1300℃，而且对酸性烟气侵蚀有较强的抵抗能力。

六、铝酸盐水泥的应用及注意事项

（一）铝酸盐水泥的应用

根据铝酸盐水泥的特性，可应用于：

1. 适用于紧急抢修、抢建工程和需要早期强度的工程，如军事工程、桥梁、道路、机场跑道、堤坝、码头的紧急施工与抢修，经济建设中的紧急施工项目，设备基础的抢修等，不宜用于长期承重的工程。

2. 适用于冬季及低温下施工，铝酸盐水泥在5~10℃温度下养护时，较常温时1d强度只降低30.6%，3d强度只降低1.6%，而普通水泥在这种低温下必须采取保温养护。

3. 适用于制作耐热和隔热混凝土及砌筑用耐热砂浆。如各种锅炉、窑炉所用的混凝土和耐热砂浆。

4. 适用于含硫酸盐的地下水、矿物水侵蚀的工程。与普通水泥相比，铝酸盐水泥的耐硫酸性是突出的。

5. 适用于油井和气井工程以及受交替冻融和交替干湿的构筑物。

6. 铝酸盐水泥和石膏等配合，还可制成特殊用途的膨胀水泥和自应力水泥。

（二）注意事项

用于土建工程上的注意事项：

1. 在施工过程中：一般不得与硅酸盐水泥、石灰等能析出氢氧化钙的胶凝物质混合，使用前拌和设备等必须冲洗干净。

2. 不得用于接触强碱性溶液的工程。

3. 铝酸盐水泥水化热集中于早期释放，从硬化开始应立即浇水养护。一般不宜浇筑大体积混凝土。

4. 铝酸盐水泥混凝土后期强度下降较大，应按最低稳定强度设计。

5. 若用蒸汽养护加速混凝土硬化时，养护温度不高于50℃。

6. 用于钢筋混凝土时，钢筋保护层的厚度不得小于3cm。

7. 未经试验，不得加入任何外加物。

8. 不得与未硬化的硅酸盐水泥混凝土接触使用；可以与具有脱模强度的硅酸盐水泥混凝土接触使用，但接茬处不应长期处于潮湿状态。

第三节　硫铝酸盐水泥

硫铝酸盐水泥是以无水硫铝酸钙熟料（$3CaO \cdot 3Al_2O_3 \cdot CaSO_4$）为主要成分的一种新型水泥。此类水泥以其早期强度高、干缩小、抗渗性好、耐蚀性好，而且生产成本低等特点，在混凝土工程中得到广泛应用。

从无水硫铝酸钙（$3CaO \cdot 3Al_2O_3 \cdot CaSO_4$）复合矿物研究中已经开发出的硫铝酸盐水泥系列包括普通硫铝酸盐水泥和高铁硫铝酸盐水泥（又称铁铝酸盐水泥）。普通硫铝酸盐水泥主要品种有：快硬硫铝酸盐水泥、膨胀硫铝酸盐水泥、低碱度硫铝酸盐水泥、自应力硫铝酸盐水泥和高强硫铝酸盐水泥。高铁硫铝酸盐水泥主要品种有：快硬铁铝酸盐水泥、膨胀铁铝酸盐水泥、自应力铁铝酸盐水泥和高强铁铝酸盐水泥。本节将着重介绍普通硫铝酸盐水泥和高铁硫铝酸盐水泥。

一、普通硫铝酸盐水泥

根据石膏掺入量和混合材的不同，此类水泥可分为5个品种：

（一）快硬硫铝酸盐水泥

1. 快硬硫铝酸盐水泥的定义及矿物组成

以适当成分的生料，经煅烧所得以无水硫铝酸钙和硅酸二钙为主要矿物成分的熟料，加入适量的石膏和0~10%的石灰石，磨细制成的早期强度高的水硬性胶凝材料，称为快硬硫铝酸盐水泥，代号 R·SAC。

生产快硬硫铝酸盐水泥的主要原料是矾土、石灰石和石膏。熟料的化学成分和矿物组成见表5-8。

快硬硫铝酸盐水泥化学成分与矿物组成 表5-8

化学成分	含量（%）	矿物组成	含量（%）
CaO	40~44	C_4A_3S	36~44
Al_2O_3	18~22	C_2S	23~44
SiO_2	8~12	C_2F	10~17
Fe_2O_3	6~10	$CaSO_4$	12~17
SO_2	12~16	—	—

快硬硫铝酸盐的主要水化产物是：高硫型水化硫铝酸钙（AF_t）、低硫型水化硫铝酸钙（AF_m）、铝胶和水化硅酸盐，$C_4A_3\overline{S}$、C_2S 和 $CaSO_4·2H_2O$ 在水化反应时互相促进，因此水泥的反应非常迅速，早期强度非常高。

2. 快硬硫铝酸盐水泥的技术性质

国家标准《硫铝酸盐水泥》（GB 20472—2006）在标准《快硬硫铝酸盐水泥》（JC 714—1996）的基础上对快硬硫铝酸盐部分进行了改动，改动后规定的技术要求是：

（1）比表面积。比表面积不得小于 350m²/kg；

（2）凝结时间。初凝不得早于 25min，终凝不得迟于 180min；

（3）强度。各强度等级各龄期强度不得低于表 5-9 所规定的数值。

快硬硫铝酸盐水泥各强度等级、各龄期强度值 表5-9

强度等级	抗压强度（MPa）			抗折强度（MPa）		
	1d	3d	28d	1d	3d	28d
42.5	30.0	42.5	45.0	6.0	6.5	7.0
52.5	40.0	52.5	55.0	6.5	7.0	7.5
62.5	50.0	62.5	65.0	7.0	7.5	8.0
72.5	55.0	72.5	75.0	7.5	8.0	8.5

3. 快硬硫铝酸盐水泥的主要特性

（1）早强、高强。这种水泥不仅具有较高的早期强度，而且后期强度能不断增长，12h~1d抗压强度能达30~60MPa，3~28d强度可达60~80MPa，6年龄期强度缓慢增长。其凝结时间也能满足要求。

（2）水化放热快。这种水泥虽然水化放热总量比硅酸盐水泥低，但水化放热集中在1d龄期。因此，快凝硫铝酸盐水泥适应于冬期施工。

（3）不收缩、高抗渗性。快硬硫铝酸盐水泥石的结构较硅酸盐水泥石、膨胀与自应力硅酸盐水泥石结构致密得多，所以具有高抗渗性，在3.0MPa水压下不渗漏。

（4）具有较好的低、负温性能。在0~10℃条件下施工，不用覆盖即可施工。负温0~20℃时，只需添加少量防冻剂及简单覆盖即可正常施工，即使处于塑性状态也不怕受冻，3~7d强度可达设计强度等级的70%~80%。

（5）高抗冻融性能。抗冻等级达到F270以上，60次冻融循环强度不仅不降低，甚至还提高。

（6）高抗腐蚀性。这种水泥对海水、Cl^-、Mg^{2+}、SO_4^{2-}以及它们的复合盐类的饱和溶液等均有极好的耐腐蚀性，明显高于抗硫酸盐硅酸盐水泥和铝酸盐水泥。

（7）钢筋锈蚀。这种水泥因碱度低（pH < 12），钢筋表面不能形成钝化膜，在水化初期由于含有较多空气和水，对钢筋早期有轻微锈蚀，但由于水泥石结构致密，水与空气不能进入，因此，随着混凝土制作过程中混入的空气和水分的耗尽，钢筋锈蚀便不再发展。

4. 快硬硫铝酸盐水泥的应用

快硬硫铝酸盐水泥主要用于抢修工程、冬季低温施工工程、堵漏工程，配制早强、抗渗和抗硫酸盐侵蚀混凝土以及喷射混凝土，生产水泥制品、玻璃纤维增强水泥制品和混凝土预制构件等。但由于钙矾石在150℃以上会脱水，强度大幅度下降，故耐热性较差。

（二）膨胀硫铝酸盐水泥

指以无水硫铝酸钙和硅酸二钙为主要矿物成分的熟料，加入适量石膏磨细制成的具有可调膨胀性能的水硬性胶凝材料，代号E·SAC。根据28d膨胀量，分为微膨胀硫铝酸盐水泥和膨胀硫铝酸盐水泥。这两种水泥均只有525一个强度等级。其专业标准为ZBQ 11007—87。

1. 膨胀硫铝酸盐水泥的膨胀源及膨胀机理：

水泥膨胀的动力主要来源于硬化过程中膨胀相的形成。按膨胀相的不同，膨胀类型分为以下几种：

（1）由含铝酸钙矿物与含硫酸盐类物质水化反应生成高硫型水化硫铝酸钙时产生的体积膨胀称为水化硫铝酸钙型膨胀；

（2）轻度过烧CaO在水泥硬化过程中遇水形成$Ca(OH)_2$而使水泥石发生的体积膨胀称为氢氧化钙型膨胀；

（3）经800~900℃灼烧的菱镁矿或白云石中的MgO与水作用形成$Mg(OH)_2$时造成水泥石的体积膨胀称为氢氧化镁型膨胀；

（4）在水泥硬化过程中金属铁与氧化剂作用而产生的膨胀称为氧化铁型膨胀；

（5）金属铝与水泥水化时析出的$Ca(OH)_2$发生作用放出氢气而引起水泥石的体积膨胀称为氢气型膨胀。

目前，工程中使用最广、用量最大的膨胀水泥的膨胀类型属高硫型水化硫铝酸钙型。由于其膨胀值大，所以自应力水泥的膨胀源也都属该类型。

硫铝酸盐水泥的膨胀源是高硫型水化硫铝酸钙。主要矿物 $3CaO \cdot 3Al_2O_3 \cdot CaSO_4$ 和 $6CaO \cdot Al_2O_3 \cdot 2Fe_2O_3$ 在石膏存在条件下遇水后生成 $3CaO \cdot Al_2O_3 \cdot 3CaSO_4 \cdot 32H_2O$，同时使水泥浆体中的固相体积膨胀，其膨胀量可按下式计算：

$$3CaO \cdot 3Al_2O_3 \cdot CaSO_4 + 2(CaSO_4 \cdot 2H_2O) + 34H_2O \rightarrow$$

相对分子质量	610	344
密度 /($g \cdot cm^{-3}$)	2.60	2.32
摩尔体积 /($cm^3 \cdot mol^{-1}$)	235	148

$$3CaO \cdot Al_2O_3 \cdot 3CaSO_4 \cdot 32H_2O + 2(Al_2O_3 \cdot 3H_2O)$$

相对分子质量	1255	312
密度 /($g \cdot cm^{-3}$)	1.73	2.40
摩尔体积 /($cm^3 \cdot mol^{-1}$)	725	130

$$\Delta V = \frac{(725+130)-(235+148)}{235+148} \times 100\% = 123\%$$

从上述计算式可以得出，硫铝酸盐水泥水化过程中主要矿物 $3CaO \cdot 3Al_2O_3 \cdot CaSO_4$ 形成 $3CaO \cdot Al_2O_3 \cdot 3CaSO_4 \cdot 32H_2O$ 和 $Al_2O_3 \cdot 3H_2O$ 时固相体积要增大 123%。

据计算，矾土水泥浆体中主要矿物 $CaO \cdot Al_2O_3$ 形成 $3CaO \cdot Al_2O_3 \cdot 3CaSO_4 \cdot 32H_2O$ 时的固相体积变化为 124%。这说明硫铝酸盐水泥主要矿物 $3CaO \cdot 3Al_2O_3 \cdot CaSO_4$ 在水化过程中可能产生的固相体积膨胀量接近矾土水泥中的 $CaO \cdot Al_2O_3$ 矿物产生的固相体积膨胀量。

2. 膨胀硫铝酸盐水泥的特点及应用

膨胀硫铝酸盐水泥最大的特点是：强度高，与快硬硫铝酸盐水泥相似；抗渗性和耐腐蚀性优于快硬硫铝酸盐水泥；具有可调的膨胀性能；在自然条件下，自应力保持率较高，可达70%。这种水泥主要用于配置补偿收缩混凝土和防渗工程。

（三）自应力硫铝酸盐水泥

凡以适当成分的生料，经煅烧所得以无水硫铝酸钙和硅酸二钙为主要矿物成为的熟料，加入适量石膏磨细制成的强膨胀性水硬性胶凝材料，称为自应力硫铝酸盐水泥，代号 S·SAC。按 28d 自应力值，硫铝酸盐水泥国家标准（GB 20472—2006）将自应力硫铝酸盐水泥由原来的 30 级、40 级、50 级三个级别划分为 3.0、3.5、4.0、4.5 四个级别，水泥比表面积、凝结时间、自由膨胀率应符合表 5-10 的规定；各级别各龄期自应力值应符合表 5-11 的要求；抗压强度 7d 不小于 32.5MPa，28d 不小于 42.5MPa；28d 自应力增进率不大于 0.010MPa/d。水泥中的碱含量按 $Na_2O + 0.658K_2O$ 计小于 0.50%。

比表面积、凝结时间、自由膨胀率要求 表 5-10

项 目		指 标 值
比表面积(m^2/kg)	≥	370
凝结时间 （min）	初凝 不早于	40
	终凝 不迟于	240
自由膨胀率 （%）	7d 不大于	1.30
	28d 不大于	1.75

级　别	7d	28d	
	≥	≥	≤
3.0	2.0	3.0	4.0
3.5	2.5	3.5	4.5
4.0	3.0	4.0	5.0
4.5	3.5	4.5	5.5

自应力原理:在配置钢筋的混凝土中,水泥石体积膨胀时带动钢筋同时张拉,在弹性变形范围内的被拉伸的钢筋压缩混凝土使混凝土产生压应力,从而提高其抗拉和抗折强度。靠水泥石自身膨胀而产生的混凝土压应力,人们通常称之为自应力。由于水泥石膨胀是矿物与水发生化学反应的结果,所以自应力又称化学预应力。用硫铝酸盐水泥制作的钢筋混凝土中 $3CaO \cdot 3Al_2O_3 \cdot CaSO_4$、$6CaO \cdot Al_2O_3 \cdot 2Fe_2O_3$ 和石膏遇水后发生化学反应,使水泥石体积膨胀,同时拉伸钢筋,于是钢筋对混凝土产生压应力,这就是硫铝酸盐水泥在钢筋混凝土中产生自应力的基本原理。

(四)高强硫铝酸盐水泥

高强硫铝酸盐水泥代号是 H·SAC。根据 28d 抗压强度可分为 72.5、82.5、92.5 三个标号。国家标准《硫铝酸盐水泥》(GB 20472—2006)中并未对此进行单独规定。

(五)低碱度硫铝酸盐水泥

低碱度硫铝酸盐水泥根据 7d 抗压强度,分为 32.5、42.5、52.5 三个强度等级。其行业标准为《低碱度硫铝酸盐水泥》JC/T 659—1997,国家标准《硫铝酸盐水泥》(GB 20472—2006)中对此也有改动。

低碱度硫铝破盐水泥在国家标准《硫铝酸盐水泥》(GB 20472—2006)中规定比表面积不低于 400m²/kg;初凝不早于 25min,终凝不迟于 3h;水泥浆液 1h 的 pH 值不大于 10.0;自由膨胀率:28d 自由膨胀率在 0~0.15%之间;强度指标具体数值列于表 5-12。

低碱度硫铝酸盐水泥强度指标　　　　　　　　　表 5-12

强度等级	抗压强度(MPa)		抗折强度(MPa)	
	1d	7d	1d	7d
32.5	25.0	32.5	3.5	5.0
42.5	30.0	42.5	4.0	5.5
52.5	40.0	52.5	4.5	6.0

第四节　硫酸盐水泥

硫酸盐水泥是运用活性混合材如粒化高炉矿渣、赤泥、化铁炉渣等和石膏,加入少量硅酸盐水泥熟料(10%以下)或石灰为激发剂共同混匀磨细而成。硫酸盐水泥按照其掺入的混合材料不同分类,可以分为矿渣硫酸盐水泥、赤泥硫酸盐水泥、石膏化铁炉渣水泥等。该水泥水化热低,抗硫酸盐腐蚀性好,抗渗性好。在潮湿环境中,后期强度提高较大,但早期强度低,抗冻性差,成型后需加强养护。主要用于砌筑砂浆或一般无筋或少筋低强度等级混凝土,特别适用于地下和水下的大体积工程,本节主要介绍矿渣硫酸盐水泥。

一、矿渣硫酸盐水泥的概念

矿渣硫酸盐水泥,又称石膏矿渣水泥,是一种以硫酸盐激发为主的无熟料水泥。水化热很低,耐腐蚀性和抗渗性好。在潮湿环境中后期强度增进较快。早期强度低,硬化慢,需较长的养护期,抗冻性较差,表面易起砂,抗风化能力差,不宜长久贮存。将粒化高炉炉渣(80%左右)加石膏(15%左右)和少量硅酸盐水泥熟料(不超过8%)或生石灰(不超过5%)先混合再粉磨或分别粉磨再混合而制成。矿渣质量、矿渣与配料的配比和水泥的粉磨细度对这种水泥的质量影响很大。适用于一般建筑工程,特别适用于地下、水工工程和大体积混凝土工程。不适用于要求早期强度较高的工程和抢修工程,以及冻融交替作用频繁的水工工程和地上重要的承重结构、薄壁结构和钢丝网结构。且不能与其他水泥混合使用。

二、矿渣硫酸盐水泥的硬化理论

矿渣经过用水冷却处理后,矿渣内会产生许多有活性的氧化铝和氧化钙成分,这两种成分在水泥掺加水分以后,能发生水化反应。生成水化铝酸钙。水化铝酸钙和石膏一同水化以后,石膏的重要成分硫酸钙对铝酸钙产生硫酸盐激发作用,结果生成一种结晶叫做水化硫铝酸钙。含水硫铝酸钙的结晶很稳定,不会在水中溶解,又有独立的胶凝性能,这就满足了水泥的要求。这一化学反应可以用方程式表示如下:

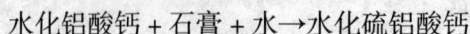

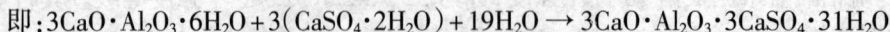

$$水化铝酸钙 + 石膏 + 水 \rightarrow 水化硫铝酸钙$$

即:$3CaO \cdot Al_2O_3 \cdot 6H_2O + 3(CaSO_4 \cdot 2H_2O) + 19H_2O \rightarrow 3CaO \cdot Al_2O_3 \cdot 3CaSO_4 \cdot 31H_2O$

普通硅酸盐水泥的硬化过程主要是依靠硅酸钙的水化,生成的主要结晶是水化硅酸钙。矿渣硫酸盐水泥与它不同,所以叫做硫酸盐水泥。对于硫铝酸钙,通常在硅酸盐水泥内是被认为是有害物质。这是因为在硅酸盐水泥中,硫铝酸钙的生成时间晚于硅酸盐水泥的凝固,而且在它生成时体积显著地膨胀达2.5倍,往往把已经凝固了的水泥结构破坏。但是在矿渣硫酸盐水泥内却有根本的不同,硫铝酸钙形成结晶的时间较早,当水泥浆体呈溶液状态时就生成,所以它的体积膨胀反而有好处,能使结构致密,提高透水性和减少收缩性。

除此以外,还可能生成晶体的水化铝酸二钙($2CaO \cdot Al_2O_3 \cdot nH_2O$)和水化硅酸钙($1.0 \sim 1.5CaO \cdot SiO_2 \cdot H_2O$)。这些生成物的出现,决定于矿渣的成分,并且对水泥的强度影响不是主要的。

矿渣硫酸盐水泥配料中加入少量的硅酸盐水泥熟料或熟石灰,是为了促进矿渣中的氧化铝和氧化钙成分化合成铝酸钙的需要。因为硅酸盐水泥熟料能够在水化时分离出$Ca(OH)_2$,使溶液成为碱性,可以大大地帮助氧化铝与氧化钙化合,有助于促进硫酸盐水泥硬化。我们把这种作用叫做碱性激发作用。在这里,硅酸盐水泥熟料又可以叫做碱性外加剂,它的用量虽少,却是矿渣硫酸盐水泥中一项有重要影响的原料。

并不是只有硅酸盐水泥熟料才能完成这个"促进"任务,实际所需要的只是其中的熟石灰成分。所以直接用加入熟石灰的办法也是可以的。但因熟石灰本身的质量比较不易控制,所以建议用硅酸盐水泥熟料较妥。在一般情况下,熟料可以用普通硅酸盐水泥来代替,也可以用土法生产的熟料球,或新鲜的熟石灰(但掺量应减少)。

三、矿渣硫酸盐水泥原料选择条件和配比活动范围

（一）矿渣

矿渣在矿渣硫酸盐水泥中的用量应占 80% 以上，决定矿渣硫酸盐水泥质量的主要因素是矿渣的化学组成与它和石膏的比例。矿渣从高炉中流出来以后，冷却的办法有急冷和缓冷 2 种。急冷矿渣是指在炽热状态的矿渣从高炉中出来后，流入水渣坑内作水冷处理，经过水冷处理的矿渣，颜色从白色到淡黄色，粒形和沙子差不多，质量很轻，呈蜂窝状构造。这样的渣子又叫高炉水渣。水渣能够保留下来的琉璃状体比较多，所以活性较高，我们需要的正是这一种矿渣。另一种是缓冷矿渣，是指矿渣从高炉中流出后自然冷却的，颜色是黑色或蓝黑色，形状是块状的硬矿渣，这种缓冷的活性差，所以不宜用来制造硫酸盐水泥。

从矿渣的化学成分来说，要求其中活性氧化铝和氧化钙越多越好。在采用某一种矿渣为原料以前，至少要测定一下其中氧化钙（CaO）、氧化镁（MgO）、氧化铝（Al_2O_3）、氧化硅（SiO_2）和氧化亚锰（MnO）五种成分的含量。分析出来以后就可以利用下面两个公式来计算出矿渣的硅酸率和碱性率。再参考表 5-13，可以大体查得这种矿渣制成水泥后可能达到的强度等级。

矿渣的化学成分对矿渣硫酸盐水泥强度等级的影响　　　　　　　　表 5-13

矿渣品种	碱性率	硅酸率	氧化亚锰含量	水泥预期强度等级
碱性的	>1.0	<3.0	<1.5	300~400
碱性的	>1.0	3.0~4.0	<1.5	200~300
酸性的	0.9~1.0	<2.0	<1.0	400~500
酸性的	0.75~0.9	<2.0	<3.0	250~300
酸性的	0.7~0.75	<2.0	<3.0	150~200

$$硅酸率（M_c）=\frac{氧化硅含量（SiO_2\%）}{氧化铝含量（Al_2O_3\%）}$$

硅酸率越低，表明氧化铝的含量越多，这样的矿渣较好。

$$碱性率（M_o）=\frac{氧化钙含量（CaO\%）+氧化镁（MgO\%）}{氧化铝含量（Al_2O_3\%）+氧化硅（SiO_2\%）}$$

碱性率如果大于 1，这种矿渣是碱性矿渣，如果小于 1，就是酸性矿渣。碱性矿渣内氧化钙含量较多。氧化亚锰是矿渣中的有害杂质，因为它妨碍硫酸盐水泥结晶过程的完成，所以应当越少越好，并且不得超过 3%。

（二）石膏

除了矿渣之外，矿渣硫酸盐水泥的另一种重要成分是石膏。

石膏大体分成三种：生石膏、熟石膏、无水石膏。这三种石膏都可以用来制造矿渣硫酸盐水泥。但是比较起来，生石膏不用加工，成本比较低。后两者都要加工，成本来的高一些。实验发现，用半水石膏为原料时，做成的水泥一般凝固太快，使用不方便，不如用生石膏。

生石膏的缺点是在球磨过程中，机器料仓内部易发热，石膏中的结晶水易于分解出来，引起石膏粉末粘附在机器内壁或磨球上面，降低磨机的粉磨效率。但如果采用矿渣与石膏分别磨细后再混合时，影响将小一些，用鼓风机吹料的球磨机，由于通风而温度不致过高，多少可以弥补一下这个缺点。

四、矿渣硫酸盐水泥的物理性能

矿渣硫酸盐水泥的物理性能的检验,基本上和普通水泥相同。应试验的项目与方法如下:

(一)安定性

目的是查明这种水泥制成成品以后会不会引起体积的变形,例如遇水膨胀龟裂等情况(通常这是由过多的石灰、石膏等引起的)。矿渣硫酸盐水泥的安定性通常总是良好的。因安定性不良而不合格时,可以调整石膏或硅酸盐水泥熟料的用量,使它适当减少。安定性应合格。

(二)凝结时间

对于矿渣硫酸盐水泥,初凝时间不得早于30min,终凝时间不得迟于12h。

(三)细度

矿渣硫酸盐水泥的细度要求和普通水泥一样,对于$80\mu m$的标准筛上的筛余量不得大于15%。如果超过15%,这样的水泥就是被认为是太粗而应当重磨,直到水泥细度合格为止。

(四)比重和容量

矿渣硫酸盐水泥的比重约为2.75~2.90之间,容重为900~1100kg/m²,都比普通硅酸盐水泥略轻。这些指标只是供给使用中的参考的,技术规范不加限制。

(五)强度

按规定方法成型的水泥28d抗压强度叫做强度等级,矿渣硫酸盐水泥的强度标准我国尚无统一规定。测定水泥强度等级时有两种办法,即用硬练法和软练法来进行。但是其能否充分反映矿渣硫酸盐水泥的强度特征是值得进一步加以研究的问题,因为采用软练法对照表来查得的硬练强度,比实际测得的硬练强度高很多。

第五节　其他水泥

土木工程中应用的水泥品种很多,在讨论它们的性质和应用时,以硅酸盐系水泥的应用最为广泛。而在实际施工中,常常会遇到一些有特殊要求的工程,例如紧急抢修工程、耐热耐酸油井工程、水工工程、新旧混凝土搭接工程、装饰工程等。对于这些工程,前面几节介绍的几种水泥难于满足相关要求,需要采用其他品种的水泥,如快硬水泥、水工水泥、磷渣水泥等。本节将重点介绍这些水泥的性能、应用特点等内容。

一、快硬系列水泥

(一)快硬硅酸盐水泥

凡以硅酸盐水泥熟料和适量石膏磨细制成的,以3d抗压强度表示强度等级的水硬性胶凝材料,称为快硬硅酸盐水泥(简称快硬水泥)。

这种水泥指早期强度增进较快的水泥,也称早强水泥。快硬水泥的制造过程和硅酸盐水泥基本相同,主要依靠调节矿物组成及控制生产措施,使得水泥的性质符合要求。快硬水泥的凝结速度略快于一般水泥的凝结速度,熟料中硬化最快的矿物成分是$3CaO \cdot Al_2O_3$(8%~

14%)和 3CaO·SiO$_2$(50%~60%),两者的总量应不少于 60%~65%,为加快硬化,可适当增加石膏的掺量(可达 8%)和提高水泥的细度,通常比表面积达 450m^2/kg。

快硬水泥的其他性质特点是:凝结硬化快;早期强度及后期强度均高,抗冻性好;与钢筋粘结力好,对钢筋无侵蚀作用;抗硫酸侵蚀性优于普通水泥,抗渗性、耐磨性也较好,但水化放热大,抗蚀力较差,易受潮变质。它适用于紧急抢修工程、低温施工工程和高标号混凝土预制件等,但不能用于大体积混凝土工程及经常与腐蚀介质接触的混凝土工程。由于快硬水泥细度大,易受潮变质,在运输和贮存时,必须特别注意防止受潮,并应与其他品种水泥分开储、运,不得混杂。一般储存期不应超过 1 个月。

(二)快凝快硬硅酸盐水泥

凡以适当成分的生料烧至部分熔融,所得以硅酸三钙、氟铝酸钙为主的熟料,加入适量的硬石膏、粒化高炉矿渣、无水硫酸钠,经过磨细制成的一种凝结快、早期强度增长快的水硬性胶凝材料称为快凝快硬硅酸盐水泥(简称为双快水泥)。

快凝快硬水泥的主要特点是凝结硬化快,早期强度增长很快。适用于机场道面、桥梁、隧道和涵洞等紧急抢修工程,以及冬期施工,堵漏等工程。施工时不准与其他水泥混合使用。

由于快凝快硬水泥在运输和贮存时,易风化,应特别防止受潮,并且须与其他品种水泥分别贮运,不得混杂。水泥应贮放于干燥处,不宜高叠。一般贮存期不应超过 3 个月,使用时须重新检验强度。

二、水工系列水泥

在我国大型水利水电混凝土工程中,由于耐久性不良而出现的病害主要有以下六类:①混凝土的裂缝;②渗漏和溶蚀;③冲刷磨损和气蚀破坏;④冻融破坏;⑤混凝土的碳化和钢筋锈蚀;⑥水质侵蚀。每一种病害又是由多方面原因造成的。例如大结构混凝土内水泥水化放热大,散热不均,内部孔结构造成的混凝土不密实;水中 SO$_4^{-2}$、Cl$^-$ 等离子对混凝土的侵蚀,碱－骨料反应,由电化学反应引起的钢筋混凝土中钢筋锈蚀等。所以针对上述问题,在水工建筑物中使用特殊性能的水泥可以有效解决混凝土出现的病害,如大坝水泥、抗硫酸盐水泥、膨胀水泥等。

(一)大坝水泥

中热硅酸盐水泥、低热硅酸盐水泥与低热矿渣水泥是水化放热较低的品种,适用于浇制水工大坝、大型构筑物和大型房屋的基础等要求水泥水化热低的大体积混凝土工程,常称为大坝水泥。由于混凝土的导热率低,水泥水化时放出的热量不易散失,容易使混凝土内部最高温度达 60℃以上。由于混凝土外表面冷却较快,就使混凝土内外温差达几十度。混凝土外部冷却产生收缩,而内部尚未冷却,就产生内应力,容易产生微裂缝,致使混凝土耐水性降低。采用低放热量和低放热速率的水泥就可降低大体积混凝土的内部温升。

1. 中热硅酸盐水泥:以适当成分的硅酸盐水泥熟料(硅酸三钙含量应不超过 55%,铝酸三钙含量应不超过 6%,游离氧化钙的含量应不超过 1.0%),加入适量石膏,磨细制成的具有中等水化热的水硬性胶凝材料,称为中热硅酸盐水泥(简称中热水泥),代号 P·MH。中热硅酸盐水泥主要适用于大坝溢流面的面层和水位变动区等要求较高的耐磨性和抗冻性工程。低热水泥和低热矿渣水泥主要适用于大坝或大体积建筑物内部及水下工程。

2. 低热硅酸盐水泥：以适当成分的硅酸盐水泥熟料（硅酸二钙含量应不小于 40%，铝酸三钙含量应不超过 6%，游离氧化钙的含量应不超过 1.0%），加入适量石膏，磨细制成的具有低水化热的水硬性胶凝材料，称为低热硅酸盐水泥（简称低热水泥），代号 P·LH。该水泥具有低水化热、早期强度相比中热水泥略低、后期强度增进率高的特点。低热水泥的高 C_2S 含量，使得水泥具有低热特性，CaO 含量低，韧性好，水化产物更为致密，耐化学侵蚀性好，干燥收缩小等，其长期耐久性也会优于高 C_3S 含量水泥。因此，低热水泥是一种性能优良的，新型筑坝材料，在大体积混凝土中采用低热水泥，为防止大体积混凝土由于温度应力而导致的开裂问题提供了新的技术途径。

3. 低热矿渣硅酸盐水泥：以适当成分的硅酸盐水泥熟料（铝酸三钙含量应不超过 8%，游离氧化钙含量应不超过 1.2%，氧化镁含量不宜超过 5.0%；如果水泥经压蒸安定性试验合格，则熟料中氧化镁含量允许放宽到 6.0%），加入矿渣、适量石膏，磨细制成的具有低水化热的水硬性胶凝材料，称为低热矿渣硅酸盐水泥（简称低热矿渣水泥），代号 P·SLH。低热矿渣硅酸盐水泥中矿渣掺加量按重量百分比计为 20%~60%，允许用不超过混合材总量 50% 的粒化电炉磷渣或粉煤灰代替部分粒化高炉矿渣。具有水化热低、干缩小、抗腐蚀能力强、抗冻、强度增进率稳定等特点。

4. 低热微膨胀水泥是我国研制成的用于大坝工程的另一种低热水泥，它是由粒化高炉矿渣，硅酸盐水泥熟料和石膏共同粉磨组成。净浆线膨胀为 0.2%~0.3% 左右，7d 水化热小于 167kJ/kg，其主要水化物为钙矾石和水化硅酸钙凝胶。该水泥主要适用于要求较低水化热和要求补偿后期降温阶段的收缩的大体积混凝土，也可用于一般工业和民用建筑，对要求抗渗和抗硫酸盐侵蚀的工程也较适合。

（二）抗硫酸盐硅酸盐水泥

含硫酸盐的水中，SO_4^{2-} 能与水泥石中水化铝酸钙作用，形成水化硫铝酸钙等，使体积产生膨胀，从而导致混凝土破坏。而且这一反应随着 C_3A 和 C_3S 含量高时更为明显。因此抗硫酸盐硅酸盐水泥的熟料组成，必须要求 C_3A 和 C_3S 含量低。抗硫酸盐硅酸盐水泥主要用于受硫酸盐侵蚀的海港、水利、地下、隧道、涵洞、引水、道路和桥梁基础等工程。

抗硫酸盐硅酸盐水泥按其抗硫酸盐性能分为中抗硫酸盐硅酸盐水泥（简称中抗硫酸盐水泥，代号 P·MSR）和高抗硫酸盐硅酸盐水泥（简称高抗硫酸盐水泥，代号 P·HSR）两类。

由于抗硫酸盐硅酸盐水泥易受潮变质，在运输和储存时，必须特别注意防止受潮，并应与其他品种水泥分开储运，不得混杂。

三、其他专用水泥

（一）砌筑水泥：凡由活性混合材料或具有水硬性的工业废料为主要原料，加入少量硅酸盐水泥熟料和石膏，经磨细制成的水硬性胶凝材料均称为砌筑水泥。

（二）道路水泥：以适当成分的生料烧至部分熔融，所得以硅酸钙为主要成分和较多量的铁铝酸盐的硅酸盐水泥熟料称为道路硅酸盐水泥熟料。道路硅酸盐水泥强度等级分 32.5 级、42.5 级和 52.5 级三个等级。道路工程对水泥的要求是：耐磨性好、收缩小、抗冻性好、弹性模量低、应变性较高、抗冲击性能好，以及抗折强度高等。

（三）装饰水泥：一般是指白色水泥和彩色水泥。与其他天然或人造的装饰材料相比，装饰水泥具有许多技术、经济方面的优越性。

（四）其他新型胶凝材料

化学激发胶凝材料是指各类硅酸盐和铝硅酸盐等矿物和工业废渣粉末，添加固体或液状化学激发剂（主要为碱性激发剂），加适量水后成为塑性浆体，可以在空气中或水中硬化，并能将砂、石或纤维材料牢固结合在一起的一类胶凝材料，或称为碱激发胶凝材料。

与传统硅酸盐水泥相比，碱激发胶凝材料生产的主要原料、生产工艺、水泥的水化机理和水化产物完全不同，所以具有特殊优良的性能，如强度高，耐腐蚀，其抗渗性、抗冻性和耐火性都优于普通硅酸盐水泥；生产这种胶凝材料无须开采自然资源，生产过程不仅不污染环境而且减轻环境的负荷，无需高温煅烧，大大降低能耗。生产时只需将原料（必要时做预处理）粉磨至一定的细度，用适量和适度的碱性化合物和其他化学产品调制，即可以形成性能良好的胶凝材料制品。

碱胶凝材料的水化过程完全不同于硅酸盐水泥，它不存在水泥熟料矿物的水解和水化反应，不生成氢氧化钙和钙矾石等晶体水化物。其水化过程及形成胶凝性的硬化体是原料中铝硅酸盐玻璃体中高聚合度的 Al-O-Si、Si-O-Si、Al-O-Al 等共价键受 OH⁻ 离子作用而断裂。产生了聚合度较小的离子团或者是单离子团，在一定的 pH 值条件下它们又将聚合成与原料的铝硅酸盐结构不同的新结构产物，后者具有胶凝性和固化性，并有特殊性能。

普通水泥品种划分是以熟料中的主要成分的不同而分类的，而碱激发胶凝材料不存在熟料，如以水化产物为分类依据则多数是 C-S-H 凝胶，不能反映出它的特点，所以碱激发胶凝材料完全基于原料来划分其品种与分类。碱胶凝材料主要分为：碱 - 铝硅酸盐玻璃体胶凝材料、碱 - 铝硅酸盐矿物胶凝材料和其他类胶凝材料。

思考题与习题

1. 熟料在烧成过程中会发生哪些物理化学反应？
2. 熟料急冷的作用？
3. 硅酸二钙有几种晶型？熟料中主要是哪种晶型的硅酸二钙？
4. 水泥中的四种主要矿物在水化时都起到了哪些作用？
5. 铝酸盐水泥在水化和硬化过程中主要发生哪些化学反应？
6. 快硬硫铝酸盐水泥的主要特性是什么？
7. 简述自应力硫铝酸盐水泥的自应力原理。
8. 矿渣硫酸盐水泥的特点。

第六章　混　凝　土

　　内容提要:本章着重介绍普通混凝土的原材料性能及对混凝土性能的影响;普通混凝土的和易性、强度、耐久性、变形性能及影响因素和检测评价方法;普通混凝土配合比设计原理;混凝土质量波动规律以及相关的检验评定标准等。对目前工程上常用的高强及高性能混凝土、预拌混凝土的原材料、配合比、性能及应用也作了较详细的介绍。同时还介绍了特种混凝土的特性和应用。

　　混凝土是指由胶凝材料将粗、细骨料胶结成整体的复合固体材料,是目前土木工程中应用范围最广、用量最大的建筑材料。

　　混凝土的种类很多,分类方法也很多。

　　(一)按表观密度分类

　　1. 重混凝土。表观密度大于 2600kg/m³ 的混凝土。常采用重晶石、铁矿石、钢屑等做骨料配制而成,主要用于防辐射和具有耐磨要求的工程。

　　2. 普通混凝土。表观密度为 1950～2500kg/m³ 的水泥混凝土。主要以砂、石子和水泥配制而成,是土木工程中最常用的混凝土品种,广泛用于房屋、桥梁、水工、交通等各种承重结构中。

　　3. 轻混凝土。表观密度小于 1950kg/m³ 的混凝土。包括轻骨料混凝土、多孔混凝土和大孔混凝土等,主要用作承重和非承重的保温隔热材料。

　　(二)按胶凝材料的品种分类

　　通常根据主要胶凝材料的品种,将混凝土分为水泥混凝土、石膏混凝土、水玻璃混凝土、硅酸盐混凝土、沥青混凝土、聚合物混凝土等。有时也以加入的特种改性材料命名,如水泥混凝土中掺入钢纤维时,称为钢纤维混凝土;水泥混凝土中掺大量粉煤灰时则称为粉煤灰混凝土等。

　　(三)按使用功能和特性分类

　　按使用部位、功能和特性通常可分为:结构混凝土、道路混凝土、水工混凝土、耐热混凝土、耐酸混凝土、防辐射混凝土、补偿收缩混凝土、防水混凝土、泵送混凝土、自密实混凝土、纤维混凝土、聚合物混凝土、高强混凝土、高性能混凝土等。

　　混凝土是最重要的土木工程材料,也是本课程的重点内容。

第一节　普通混凝土

　　普通混凝土是指以水泥为胶凝材料,砂子和石子为骨料,经加水搅拌、浇筑成型、凝结固化成具有一定强度的"人工石材",即水泥混凝土。普通混凝土是目前工程上使用量最大的混凝土品种,其结构如图 6-1 所示,其中,砂、石起骨架作用,水泥与水形成的水泥浆填充在砂、石堆积空隙中,并将砂石胶结成整体。

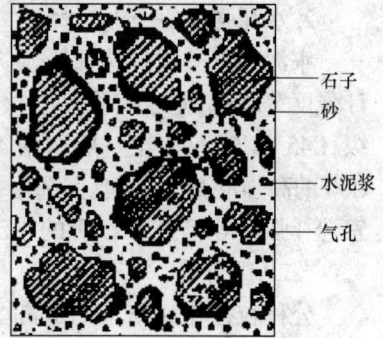

图 6-1　普通混凝土结构

石子
砂
水泥浆
气孔

一、普通混凝土的特点与要求

（一）普通混凝土的主要优点

1. 原材料来源丰富。混凝土中约 70% 以上的材料是砂石料,属地方性材料,可就地取材,避免远距离运输,因而价格低廉。

2. 施工方便。混凝土拌合物具有良好的流动性和可塑性,可根据工程需要浇筑成各种形状尺寸的构件及构筑物。既可现场浇筑成型,也可预制。

3. 性能可根据需要设计调整。通过调整各组成材料的品种和数量,特别是掺入不同外加剂和掺合料,可获得不同施工和易性、强度、耐久性或具有特殊性能的混凝土,满足工程上的不同要求。

4. 抗压强度高。混凝土的抗压强度一般在 7.5～60MPa 之间。当掺入高效减水剂和掺合料时,抗压强度可达 100MPa 以上。

5. 耐久性好。原材料选择正确、配比合理、施工养护良好的混凝土具有优异的抗渗性、抗冻性和耐腐蚀性能,且对钢筋有保护作用,可保持混凝土结构长期使用性能稳定。

（二）普通混凝土存在的主要缺点

1. 自重大。$1m^3$ 混凝土重约 2400kg,故结构物自重较大,导致地基处理费用增加。

2. 抗拉强度低,抗裂性差。混凝土的抗拉强度一般只有抗压强度的 1/10～1/20,易开裂。

3. 收缩变形大。水泥水化凝结硬化引起的自身收缩和干燥收缩可达 500×10^{-6}m/m 以上,因而易产生收缩裂缝。

（三）普通混凝土的基本要求

1. 满足便于搅拌、运输和浇捣密实的施工和易性。

2. 满足设计要求的强度等级。

3. 满足工程所处环境条件所必需的耐久性。

4. 满足上述三项要求的前提下,最大限度地降低水泥用量,节约成本,即经济合理性。

二、普通混凝土的组成材料

混凝土的性能在很大程度上取决于组成材料的性能。因此必须根据工程性质、设计要求和施工现场条件合理选择原料的品种、质量和用量。要做到合理选择原材料,则首先必须了解组成材料的性质、作用原理和质量要求。

普通混凝土传统上仅由水泥、水、砂子和石子四种材料组成,然而,随着混凝土科学技术的发展,广泛使用各种化学外加剂来改善混凝土某些性能。目前,外加剂已成为混凝土第五组成材料,应用越来越广泛。

（一）水泥

1. 水泥品种的选择

水泥品种的选择主要根据工程结构特点、工程所处环境及施工条件确定。如海港工程结构混凝土有耐海水腐蚀的要求,一般宜选用矿渣水泥或抗硫酸盐水泥等。

2. 水泥强度等级的选择

水泥强度等级的选择原则为:混凝土设计强度等级越高,则水泥强度等级也宜越高;设计强度等级低,则水泥强度等级也相应低。例如:C40 以下混凝土,一般选用强度等级 32.5 级;C45～C60 混凝土一般选用 42.5 级,在采用高效减水剂等条件下也可选用 32.5 级;大于 C60 的高强混凝土,一般宜选用 42.5 级或更高强度等级的水泥;对于 C15 以下的混凝土,则宜选择强度等级为 32.5 级的水泥,并外掺粉煤灰等混合材料。

(二)细骨料

公称粒径在 0.15～4.75mm 之间的骨料称为细骨料,亦即砂。常用的细骨料有河砂、海砂、山砂和机制砂等。通常根据技术要求分为Ⅰ类、Ⅱ类和Ⅲ类。Ⅰ类用于强度等级大于 C60 的混凝土;Ⅱ类用于 C30～C60 的混凝土;Ⅲ类用于小于 C30 的混凝土。

海砂可用于配制素混凝土,但不能直接用于配制钢筋混凝土,主要是氯离子含量高,容易导致钢筋锈蚀,如要使用,必须经过淡水冲洗,使有害成份含量减少到要求以下。山砂可以直接用于一般工程混凝土结构,当用于重要结构物时,必须通过坚固性试验和碱活性试验。机制砂是指将卵石或岩石用机械破碎的方法,通过冲洗、过筛制成。

细骨料的主要质量指标有:

1. 有害杂质含量。细骨料中的有害杂质主要包括两方面:① 黏土和云母。它们粘附于砂表面或夹杂其中,严重降低水泥与砂的粘结强度,从而降低混凝土的强度、抗渗性和抗冻性,增大混凝土的收缩。② 有机质、硫化物及硫酸盐。它们对水泥有腐蚀作用,从而影响混凝土的性能。因此对有害杂质含量必须加以限制。《建筑用砂》(GB/T 14684—2001)对有害物质含量的限值见表 6-1。

砂中有害物质含量限值   表 6-1

项 目		Ⅰ类	Ⅱ类	Ⅲ类
云母含量(按质量计,%)	<	1.0	2.0	2.0
硫化物及硫酸盐含量(按 SO_3 质量计,%)	<	0.5	0.5	0.5
有机物含量(用比色法试验)		合格	合格	合格
轻物质(按质量计,%)	<	1.0	1.0	1.0
氯化物含量(以氯离子质量计,%)	<	0.01	0.02	0.06
含泥量(按质量计,%)	<	1.0	3.0	5.0
泥块含量(按质量计,%)	<	0	1.0	2.0

此外,由于氯离子对钢筋有严重的腐蚀作用,当采用海砂配制钢筋混凝土时,海砂中氯离子含量要求小于 0.06%(以干砂重计);对预应力混凝土不宜采用海砂,若必须使用海砂时,需经淡水冲洗至氯离子含量小于 0.02%。用海砂配制素混凝土,氯离子含量不予限制。

2. 颗粒形状及表面特征。河砂和海砂经水流冲刷,颗粒多为近似球状,且表面少棱角、较光滑,配制的混凝土流动性往往比山砂或机制砂好,但与水泥的粘结性能相对较差;山砂和机制砂表面较粗糙,多棱角,故混凝土拌合物流动性相对较差,但与水泥的粘结性能较好。水灰比相同时,山砂或机制砂配制的混凝土强度略高;而流动性相同时,因山砂和机制砂用水量较大,故混凝土强度相近。

3. 坚固性。砂是由天然岩石经自然风化作用而成,机制砂也会含大量风化岩体,在冻融或干湿循环作用下有可能继续风化,因此对某些重要工程或特殊环境下工作的混凝土用砂,应做坚固性检验。坚固性根据 GB/T 14684 规定,天然砂采用硫酸钠溶液浸泡→烘干→浸泡循环试验法检验。测定 5 个循环后的重量损失率。指标应符合表 6-2 的要求。

天然砂的坚固性指标

表 6-2

项　　目	Ⅰ类	Ⅱ类	Ⅲ类
循环后质量损失(%) <	8	8	10

4. 粗细程度与颗粒级配。砂的粗细程度是指不同粒径的砂粒混合体平均粒径大小。通常用细度模数(M_x)表示,其值并不等于平均粒径,但能较准确反映砂的粗细程度。M_x 越大,表示砂越粗,单位重量总表面积(或比表面积)越小;M_x 越小,则砂比表面积越大。

砂的颗粒级配是指不同粒径的砂粒搭配比例。良好的级配指粗颗粒的空隙恰好由中颗粒填充,中颗粒的空隙恰好由细颗粒填充,如此逐级填充(图 6-2)使砂形成最密实的堆积状态,空隙率达到最小值,堆积密度达最大值。这样可达到节约水泥,提高混凝土综合性能的目标。因此,砂颗粒级配反映空隙率大小。

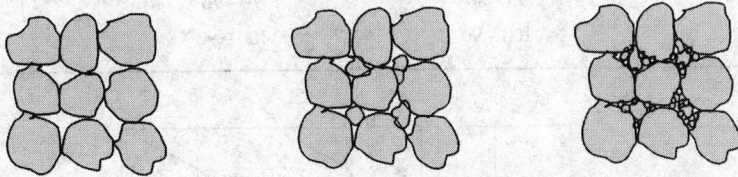

图 6-2　砂颗粒级配示意图

(1) 细度模数和颗粒级配的测定。砂的粗细程度和颗粒级配用筛分析方法测定,用细度模数表示粗细,用级配区表示砂的级配。根据《建筑用砂》(GB/T 14684—2001),筛分析是用一套孔径为 4.75、2.36、1.18、0.600、0.300、0.150mm 的标准筛,将 500 克干砂由粗到细依次过筛,称量各筛上的筛余量 m_i(g),计算各筛上的分计筛余率 a_i(%),再计算累计筛余率 A_i(%)。a_i 和 A_i 的计算关系见表 6-3。

累计筛余与分计筛余计算关系

表 6-3

筛孔尺寸(mm)	筛余量(g)	分计筛余(%)	累计筛余(%)
4.75	m_1	$a_1 = m_1/m$	$A_1 = a_1$
2.36	m_2	$a_2 = m_2/m$	$A_2 = A_1 + a_2$
1.18	m_3	$a_3 = m_3/m$	$A_3 = A_2 + a_3$
0.600	m_4	$a_4 = m_4/m$	$A_4 = A_3 + a_4$
0.300	m_5	$a_5 = m_5/m$	$A_5 = A_4 + a_5$
0.150	m_6	$a_6 = m_6/m$	$A_6 = A_5 + a_6$
底　盘	$m_{底}$	$m = m_1 + m_2 + m_3 + m_4 + m_5 + m_6 + m_{底}$	

细度模数根据下式计算(精确至 0.01):

$$M_x = \frac{(A_2 + A_3 + A_4 + A_5 + A_6) - 5A_1}{100 - A_1} \tag{6-1}$$

根据细度模数 M_x 大小将砂分为:$M_x > 3.7$ 特粗砂;$M_x = 3.1 \sim 3.7$ 粗砂;$M_x = 3.0 \sim 2.3$ 中砂;

M_x=2.2～1.6 细砂；M_x=1.5～0.7 特细砂。

砂的颗粒级配根据 0.600mm 筛孔对应的累计筛余百分率 A_4，分成Ⅰ区、Ⅱ区和Ⅲ区三个级配区，见表 6-4。级配良好的粗砂应落在Ⅰ区；级配良好的中砂应落在Ⅱ区；细砂则在Ⅲ区。实际使用的砂颗粒级配可能不完全符合要求，除 4.75mm 和 0.600mm 对应的累计筛余率外，其余各档允许有 5%的超界，当某一筛档累计筛余率超界 5%以上时，视作不合格。

以累计筛余百分率为纵坐标，筛孔尺寸为横坐标，根据表 6-4 的级配区可绘制Ⅰ、Ⅱ、Ⅲ级配区的筛分曲线，如图 6-3 所示。在筛分曲线上可以直观地分析砂的颗粒级配优劣。

砂的颗粒级配区范围   表 6-4

筛孔尺寸（mm）	累计筛余（%）		
	Ⅰ 区	Ⅱ 区	Ⅲ 区
9.50	0	0	0
4.75	10～0	10～0	10～0
2.36	35～5	25～0	15～0
1.18	65～35	50～10	25～0
0.600	85～71	70～41	40～16
0.300	95～80	92～70	85～55
0.150	100～90	100～90	100～90

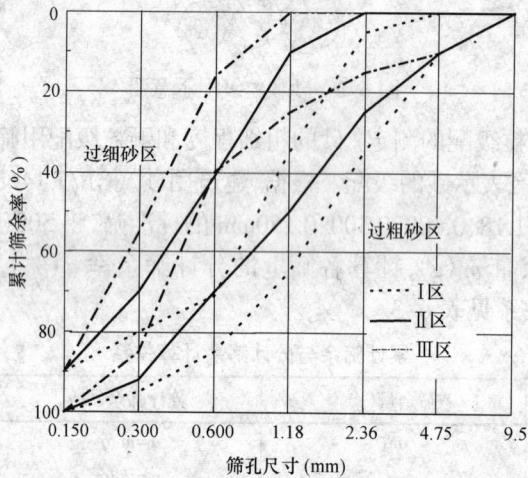

图 6-3　砂级配曲线图

[例 6-1]某工程用砂，经烘干、称量、筛分析，测得各号筛上的筛余量列于表 6-5。试评定该砂的粗细程度（M_x）和级配情况。

筛分析试验结果   表 6-5

筛孔尺寸（mm）	4.75	2.36	1.18	1.600	0.300	0.150	底 盘	合 计
筛余量（g）	28.5	57.6	73.1	156.6	118.5	55.5	9.7	499.5

[解] ①分计筛余率和累计筛余率计算结果列于表 6-6。

分计筛余率(%)	a_1	a_2	a_3	a_4	a_5	a_6
	5.71	11.53	14.63	31.35	23.72	11.11
累计筛余率(%)	A_1	A_2	A_3	A_4	A_5	A_6
	5.71	17.24	31.87	63.22	86.94	98.05

② 计算细度模数：

$$M_x = \frac{(A_2 + A_3 + A_4 + A_5 + A_6) - 5A_1}{100 - A_1}$$

$$= \frac{(17.24 + 31.87 + 63.22 + 86.94 + 98.05) - 5 \times 5.71}{100 - 5.71} = 2.85$$

③ 确定级配区、绘制级配曲线：该砂样在 0.600mm 筛上的累计筛余率 A_4=63.22 落在 Ⅱ 级配区，其他各筛上的累计筛余率也均落在 Ⅱ 级配区规定的范围内，因此可以判定该砂为 Ⅱ 级区砂。级配曲线图见 6-4。

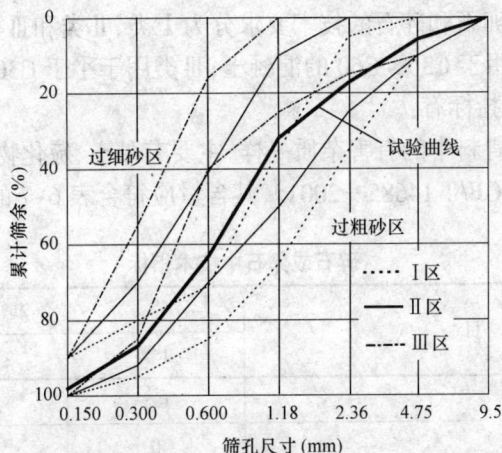

图 6-4　级配曲线

④ 结果评定：该砂的细度模数 M_x=2.85，属中砂；Ⅱ 级配区砂，级配良好。可用于配制混凝土。

（2）砂的掺配使用。配制普通混凝土的砂宜为中砂（M_x = 2.3 ~ 3.0），Ⅱ 级配区。但实际工程中往往出现砂偏细或偏粗的情况。通常有两种处理方法：

1）当只有一种砂源时，对偏细砂适当减少砂用量，即降低砂率；对偏粗砂则适当增加砂用量，即增加砂率。

2）当粗砂和细砂可同时提供时，宜将细砂和粗砂按一定比例掺配使用，这样既可调整 M_x，也可改善砂的级配，有利于节约水泥，提高混凝土性能。掺配比例可根据砂资源状况，粗细砂各自的细度模数及级配情况，通过试验和计算确定。

5. 砂的含水状态。砂的含水状态有如下 4 种，如图 6-5 所示。

（1）绝干状态：砂粒内外不含任何水，通常在 105 ± 5℃ 条件下烘干至恒重而得。

（2）气干状态：砂粒表面干燥，内部孔隙中部分含水。指室内或室外（天晴）空气平衡的含水状态，其含水量的大小与空气相对湿度和温度密切相关。

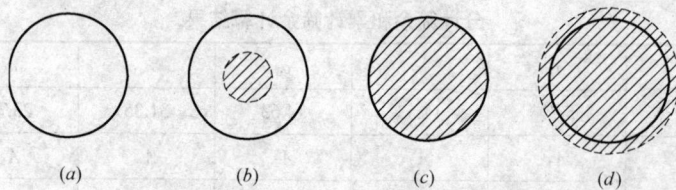

图 6-5　骨料含水状态示意图

(a)绝干状态；(b)气干状态；(c)饱和面干状态；(d)湿润状态

（3）饱和面干状态：砂粒表面干燥，内部孔隙全部吸水饱和。水利工程上通常采用饱和面干状态计量砂用量。

（4）湿润状态：砂粒内部吸水饱和，表面还含有部分表面水。搅拌混凝土中计量砂用量时，要扣除砂中的含水量；同样，计量水用量时，要扣除砂中带入的水量。

（三）粗骨料

颗粒粒径大于 4.75mm 的骨料为粗骨料。混凝土工程中常用的有碎石和卵石两大类。碎石为岩石(有时采用大块卵石，称为碎卵石)经破碎、筛分而得；卵石多为自然形成的河卵石经筛分而得。通常根据卵石和碎石的技术要求分为Ⅰ类、Ⅱ类和Ⅲ类。Ⅰ类用于强度等级大于 C60 的混凝土；Ⅱ类用于 C30～C60 的混凝土；Ⅲ类用于小于 C30 的混凝土。

粗骨料的主要技术指标有：

1. 有害杂质。与细骨料中的有害杂质一样，主要有黏土、硫化物及硫酸盐、有机物等。根据《建筑用卵石、碎石》(GB/T 14685—2001)，其含量应符合表 6-7 的要求。

碎石或卵石中技术指标

表 6-7

项　　目		指　　标		
		Ⅰ类	Ⅱ类	Ⅲ类
含泥量(按质量计)，%	<	0.5	1.0	1.5
泥块含量(按质重量计)，%	<	0	0.5	0.7
硫化物及硫酸盐含量(以 SO_3 重量计)，%	<	0.5	1.0	1.0
有机物含量(用比色法试验)		合格	合格	合格
针片状颗粒(按质量计)，%	<	5	15	25
坚固性质量损失，%	<	5	8	12
碎石压碎指标，		10	20	30
卵石压碎指标，	<	12	16	16

2. 颗粒形态及表面特征。粗骨料的颗粒形状以近立方体或近球状体为最佳，但在岩石破碎生产碎石的过程中往往产生一定量的针、片状，使骨料的空隙率增大，并降低混凝土的强度，特别是抗折强度。针状是指长度大于该颗粒所属粒级平均粒径的 2.4 倍的颗粒；片状是指厚度小于平均粒径 0.4 倍的颗粒。各别类粗骨料针片状含量要符合表 6-7 的要求。

粗骨料的表面特征指表面粗糙程度。碎石表面比卵石粗糙，且多棱角，因此，拌制的混凝土拌合物流动性较差，但与水泥粘结强度较高，配合比相同时，混凝土强度相对较高。卵石表面较光滑，少棱角，因此拌合物的流动性较好，但粘结性能较差，强度相对较低。但若保持流动性相同,由于卵石可比碎石少用适量水,因此卵石混凝土强度并不一定低。

3. 粗骨料最大粒径。混凝土所用粗骨料的公称粒级上限称为最大粒径。骨料粒径越大,其表面积越小,通常空隙率也相应减小,因此所需的水泥浆或砂浆数量也可相应减少,有利于节约水泥、降低成本,并改善混凝土性能。所以在条件许可的情况下,应尽量选择较大粒径的骨料。但在实际工程上,骨料最大粒径受到多种条件的限制,国家标准《混凝土结构工程施工质量验收规范》(GB 50204—2002)规定:① 最大粒径不得大于构件最小截面尺寸的1/4,同时不得大于钢筋净距的3/4。② 对于混凝土实心板,最大粒径不宜超过板厚的1/3,且不得大于40mm。③ 对于泵送混凝土,当泵送高度在50m以下时,最大粒径与输送管内径之比,碎石不宜大于1:3;卵石不宜大于1:2.5。此外,对大体积混凝土(如混凝土坝或围堤)或疏筋混凝土,往往受到搅拌设备和运输、成型设备条件的限制。有时为节省水泥,降低收缩,可在大体积混凝土中抛入大块石,常称作抛石混凝土。

4. 粗骨料的颗粒级配。石子的粒级分为连续粒级和单粒级两种。连续粒级指5mm以上至最大粒径 D_{max},各粒级均占一定比例,且在一定范围内。单粒级指从1/2最大粒径开始至 D_{max}。单粒级用于组成具有要求级配的连续粒级,也可与连续粒级混合使用,以改善级配或配成较大密实度的连续粒级。单粒级一般不宜单独用来配制混凝土,如必须单独使用,则应作技术经济分析,并通过试验证明不发生离析或影响混凝土的质量。

石子的级配与砂的级配一样,通过一套标准筛筛分试验,计算累计筛余率确定。根据《建筑用卵石、碎石》(GB/T 14685—2001)规定,碎石和卵石级配均应符合表6-8的要求。

碎石或卵石的颗粒级配范围　　　　　　　　　　　　　　　　　　表 6-8

级配情况	公称粒级(mm)	累计筛余(%)											
		筛孔尺寸(方孔筛)(mm)											
		2.36	4.75	9.50	16.0	19.0	26.5	31.5	37.5	53.0	63.0	75.0	90
连续粒级	5~10	95~100	80~100	0~15	0	—	—	—	—	—	—	—	—
	5~16	95~100	85~100	30~60	0~10	0	—	—	—	—	—	—	—
	5~20	95~100	90~100	40~80	—	0~10	0	—	—	—	—	—	—
	5~25	95~100	90~100	—	30~70	—	0~5	0	—	—	—	—	—
	5~31.5	95~100	90~100	70~90	—	15~45	—	0~5	0	—	—	—	—
	5~40	—	95~100	70~90	—	30~65	—	—	0~5	0	—	—	—
单粒级	10~20	—	95~100	85~100	—	0~15	—	—	—	—	—	—	—
	16~31.5	—	95~100	—	85~100	—	—	0~10	0	—	—	—	—
	20~40	—	—	95~100	—	80~100	—	—	0~10	0	—	—	—
	31.5~63	—	—	—	95~100	—	—	75~100	45~75	—	0~10	0	—
	40~80	—	—	—	—	95~100	—	—	70~100	—	30~60	0~10	0

5. 粗骨料的强度。根据《建筑用卵石、碎石》(GB/T 14685—2001)和《普通混凝土用砂、石质量及检验方法标准》(JGJ 52—2006)规定,碎石和卵石的强度可用岩石的抗压强度或压碎值指标两种方法表示。

岩石的抗压强度采用 φ50mm×50mm 的圆柱体或边长为50mm的立方体试样测定。一般要求其抗压强度大于配制混凝土强度的 1.5 倍,且不小于 45MPa(饱水)。

根据《建筑用卵石、碎石》(GB/T 14685—2001)规定,压碎值指标是将 9.5~19mm 的石子 m 克,装入专用试样筒中,施加 200kN 的荷载,卸载后用孔径 2.36mm 的筛子筛去被压碎的细粒,称量筛余,计作 m_1,则压碎值指标 $Q(\%)$ 按下式计算:

$$Q = \frac{m - m_1}{m} \times 100 \tag{6-2}$$

压碎值越小,石子强度越高,反之亦然。各类别骨料的压碎值指标应符合表 6-7 的要求。

6. 粗骨料的坚固性。粗骨料的坚固性指标与砂相似,各类别骨料的质量损失应符合表 6-7 的要求。

(四)拌合用水

根据《混凝土用水标准》(JGJ 63—2006)的规定,凡符合国家标准的生活饮用水,均可拌制各种混凝土。海水可拌制素混凝土,但不宜拌制有饰面要求的素混凝土,更不得拌制钢筋混凝土和预应力混凝土。在野外或山区施工采用天然水拌制混凝土时,均应对水的有机质、Cl^- 和 SO_4^{2-} 含量等进行检测,合格后方能使用。

(五)外加剂

外加剂是指能有效改善混凝土某项或多项性能的一类材料。其掺量一般只占水泥量的 5% 以下,却能显著改善混凝土的和易性、强度、耐久性或调节凝结时间及节约水泥。外加剂的应用促进了混凝土技术的飞速进步,技术经济效益十分显著,使得高强及高性能混凝土的生产和应用成为现实,并解决了许多工程技术难题。如远距离运输和高耸建筑物的泵送问题;紧急抢修工程的早强速凝问题;大体积混凝土工程的水化热问题;纵长结构的收缩补偿问题;地下建筑物的防渗漏问题等。目前,外加剂已成为除水泥、水、砂子、石子以外的第五组成材料,应用越来越广泛。

1. 外加剂的分类

混凝土外加剂一般根据其主要功能分类:

(1)改善混凝土流变性能的外加剂。主要有减水剂、引气剂、泵送剂等。

(2)调节混凝土凝结硬化性能的外加剂。主要有缓凝剂、速凝剂、早强剂等。

(3)调节混凝土含气量的外加剂。主要有引气剂、加气剂、泡沫剂等。

(4)改善混凝土耐久性的外加剂。主要有引气剂、防水剂、阻锈剂等。

(5)提供混凝土特殊性能的外加剂。主要有防冻剂、膨胀剂、着色剂、引气剂和泵送剂等。

2. 建筑工程中常用的混凝土外加剂品种

(1)减水剂

减水剂是指在混凝土坍落度相同的条件下,能减少拌和用水量;或者在混凝土配合比和用水量均不变的情况下,能增加混凝土坍落度的外加剂。根据减水率大小或坍落度增加幅度分为普通减水剂和高效减水剂两大类。此外,尚有复合型减水剂,如引气减水剂,既具有减水作用,同时具有引气作用;早强减水剂,既具有减水作用,又具有提高早期强度作用;缓凝减水剂,同时具有延缓凝结时间的功能等。

1)减水剂的主要功能。

①配合比不变时显著提高流动性；

②流动性和水泥用量不变时，减少用水量，降低水灰比，提高强度；

③保持流动性和强度不变时，节约水泥用量，降低成本；

④配置高强高性能混凝土。

2）减水剂的作用机理。减水剂提高混凝土拌合物流动性的作用机理主要包括分散作用和润滑作用两方面。减水剂实际上为一种表面活性剂，长分子链的一端易溶于水——亲水基，另一端难溶于水——憎水基，如图6-6所示。

①分散作用：水泥加水拌和后，由于水泥颗粒分子引力的作用，使水泥浆形成絮凝结构，使10%~30%的拌和水被包裹在水泥颗粒之中，不能参与自由流动和润滑作用，从而影响了混凝土拌合物的流动性[图6-7(a)]。当加入减水剂后，由于减水剂分子能定向吸附于水泥颗粒表面，使水泥颗粒表面带有同一种电荷（通常为负电荷），形成静电排斥作用，促使水泥颗粒相互分散，絮凝结构破坏，释放出被包裹部分水，参与流动，从而有效地增加混凝土拌合物的流动性[图6-7(b)]。

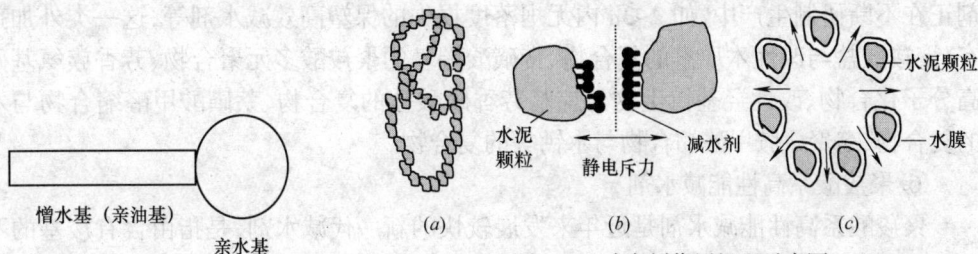

图6-6　表面活性剂（减水剂）分子链示意图

图6-7　减水剂作用机理示意图
(a)絮凝结构；(b)静电斥力；(c)水膜润滑

②润滑作用：减水剂中的亲水基极性很强，因此水泥颗粒表面的减水剂吸附膜能与水分子形成一层稳定的溶剂化水膜[图6-7(c)]，这层水膜具有很好的润滑作用，能有效降低水泥颗粒间的滑动阻力，从而使混凝土流动性进一步提高。

3）常用减水剂品种。

①木质素系减水剂：木素质系减水剂主要有木质素磺酸钙（简称木钙，代号MG）、木质素磺酸钠（木钠）和木质素磺酸镁（木镁）三大类。工程上最常使用的为木钙。

MG属缓凝引气型减水剂，掺量宜控制在0.2%~0.3%之间，减水率约为10%，相应地可提高混凝土28d强度8%~10%，或节约水泥5%~10%。主要适用于夏季混凝土施工、滑模施工、大体积混凝土和泵送混凝土施工，也可用于一般混凝土工程，不宜用于蒸汽养护混凝土制品和工程。

②萘磺酸盐系减水剂：萘磺酸盐系减水剂简称萘系减水剂，它是以工业萘或由煤焦油中分馏出含萘的同系物经分馏为原料，经磺化、缩合等一系列复杂的工艺而制成的棕黄色粉末或液体。其主要成分为β—萘磺酸盐甲醛缩合物。

萘系减水剂多数为非引气型高效减水剂，适宜掺量为0.5%~1.2%，减水率可达15%~30%，相应地可提高28d强度10%以上，或节约水泥10%~20%。萘系减水剂对钢筋无锈蚀作用，具有早强功能。萘系减水剂主要适用于配制高强、早强、流态和蒸养混凝土制品和工程，也可用于一般工程。

③树脂系减水剂：树脂系减水剂为磺化三聚氰胺甲醛树脂减水剂，通常称为蜜胺树脂

系减水剂。主要以三聚氰胺、甲醛和亚硫酸钠为原料,经磺化、缩聚等工艺生产而成的棕色液体。最常用的有 SM 树脂减水剂。

SM 为非引气型早强高效减水剂,适宜掺量 0.5% ~ 2.0%,减水率可达 20% 以上,1d 强度提高一倍以上,7d 强度可达基准 28d 强度,长期强度也能提高,且可显著提高混凝土的抗渗、抗冻性和弹性模量。主要用于配制高强混凝土、早强混凝土、流态混凝土、蒸汽养护混凝土和铝酸盐水泥耐火混凝土等。

④ 糖蜜类减水剂:糖蜜类减水剂是以制糖业的糖渣和废蜜为原料,经石灰中和处理而成的棕色粉末或液体。其性能与 MG 减水剂基本相同,但缓凝作用比 MG 强,故通常作为缓凝剂使用。适宜掺量 0.2% ~ 0.3%,减水率 10% 左右。主要用于大体积混凝土、大坝混凝土和有缓凝要求的混凝土工程。

⑤ 复合减水剂:单一减水剂往往很难满足不同工程性质和不同施工条件的要求,因此,减水剂研究和生产中往往复合各种其他外加剂,组成早强减水剂、缓凝减水剂、引气减水剂、缓凝引气减水剂等。随着工程建设和混凝土技术进步的需要,各种新型多功能复合减水剂正在不断研制生产中,如 2~3h 内无坍落度损失的保塑高效减水剂等,这一类外加剂主要有:聚羧酸盐与改性木质素的复合物、带磺酸端基的聚羧酸多元聚合物、芳香族氨基磺酸系高分子化合物、改性羟基衍生物与烷基芳香磺酸盐的复合物、萘磺酸甲醛缩合物与木钙等的复合物、三聚氰胺甲醛缩合物与木钙等的复合物。

⑥ 聚羧酸系高性能减水剂

聚羧酸系高性能减水剂是近年来发展较快的新一代减水剂,是指由含有羧基的不饱和单体与其他单体共聚而成,使混凝土在减水、保塌、增强、收缩及环保等方面具有优良性能的系列减水剂。减水率可达 25% 以上,坍落度损失小,1d 强度增加 50% 以上,收缩率比可小于 100%,甲醛含量小于 0.05%,氯离子含量小于 0.6%。

掺聚羧酸系减水剂的混凝土具有相对较高的含气量,因此可泵性好,特别适用于配制高强泵送混凝土、具有早强要求的混凝土和流态混凝土。聚羧酸系减水剂的价格相对较高,但掺量相对较低,对配制高强度混凝土仍有较好的性价比,也可与其他减水剂复合使用。

其他减水剂新品种还有以甲基萘为原料的聚次甲基萘磺酸钠减水剂;以古马隆为原料的氧茚树脂磺酸钠减水剂;胺基磺酸盐系高效减水剂;丙烯酸酯或醋酸乙烯的接枝共聚物系高效减水剂;聚羧酸醚系与交联聚合物的复合物系高效减水剂;顺丁烯二酸衍生共聚物系高效减水剂等。

(2)引气剂

引气剂是指混凝土在搅拌过程中能引入大量均匀、稳定且封闭的微小气泡的外加剂。气泡直径一般为 0.02 ~ 1.0mm,绝大部分 <0.2mm。其作用机理为引气剂作用于气 – 液界面,使表面张力下降,从而形成稳定的微细封闭气孔。常用引气剂有松香树脂、烷基苯磺碱盐、脂肪醇磺酸盐等。引气剂掺量一般为 0.005% ~ 0.01%,严防超量掺用,否则将严重降低混凝土强度。当采用高频振捣时,引气剂掺量可适当提高。

1)引气剂的主要功能。

① 改善混凝土拌合物的和易性。在拌合物中,相互封闭的微小气泡能起到滚珠作用,减小骨料间的摩阻力,从而提高混凝土的流动性。若保持流动性不变,则可减少用水量,一般每增加 1% 的含气量可减少用水量 6% ~ 10%。由于大量微细气泡能吸附一层稳定的水膜,

从而减弱了混凝土的泌水性,故能改善混凝土的保水性和粘聚性。

②提高混凝土耐久性。由于大量的微细气泡堵塞和隔断了混凝土中的毛细孔通道,同时由于泌水少,泌水造成的孔隙也减少。因而能大大提高混凝土的抗渗性能。提高抗腐蚀性能和抗风化性能。另一方面,由于连通毛细孔减少,吸水率相应减小,且能缓冲水结冰时引起的内部水压力,从而使抗冻性大大提高。

2)引气剂的应用和注意事项。引气剂主要应用于具有较高抗渗和抗冻要求的混凝土工程或贫混凝土,提高混凝土耐久性,也可用来改善泵送性。工程上常与减水剂复合使用,或采用复合引气减水剂。

由于引气剂导致混凝土含气量提高,混凝土有效受力面积减小,故混凝土强度将下降,一般每增加 1% 含气量,抗压强度下降 5% 左右,抗折强度下降 2%~3%。故引气剂的掺量必须通过含气量试验严格加以控制,普通混凝土中含气量的限值可按表 6-9 控制。

混凝土含气量限值   表 6-9

粗骨料最大粒径(mm)	10	15	20	25	40
含气量(%)≤	7.0	6.0	5.5	5.0	4.5

(3)早强剂

早强剂是指能加速混凝土早期强度发展的外加剂。主要作用机理是加速水泥水化速度,加速水化产物的早期结晶和沉淀。主要功能是缩短混凝土施工养护期,加快施工进度,提高模板的周转率。主要适用于有早强要求的混凝土工程及低温、负温施工混凝土、有防冻要求的混凝土、预制构件、蒸汽养护等。

早强剂的主要类型有氯盐类($CaCl_2$、$NaCl$、KCl、$AlCl_3$ 和 $FeCl_3$ 等)、硫酸盐类(硫酸钠、硫代硫酸钠、硫酸铝及硫酸铝钾等)和有机胺类(三乙醇胺、三异醇胺等)三大类,工程上使用较多的是氯化钙、硫酸钠、三乙醇胺等,但更多使用的是它们的复合早强剂。

(4)缓凝剂

缓凝剂是指能延长混凝土的初凝和终凝时间的外加剂。最常用的缓凝剂为木钙和糖蜜。糖蜜的缓凝效果优于木钙,一般能缓凝 3h 以上。

缓凝剂的主要功能有:

1)降低大体积混凝土的水化热和推迟温峰出现时间,有利于减小混凝土内外温差引起的应力开裂。

2)便于夏季施工和连续浇捣的混凝土,防止出现混凝土施工缝。

3)便于泵送施工、滑模施工和远距离运输。

4)通常具有减水作用,故亦能提高混凝土后期强度或增加流动性或节约水泥用量。

(5)膨胀剂

膨胀剂是指能使混凝土产生一定体积膨胀的外加剂。掺入膨胀剂的目的是补偿混凝土自身收缩、干缩和温度变形,防止混凝土开裂,并提高混凝土的密实性和防水性能。常用膨胀剂品种有硫铝酸钙、氧化钙、氧化镁、铁屑膨胀剂和复合膨胀剂。也有采用加气类膨胀剂,如铝粉膨胀剂。

目前建筑工程中膨胀剂的应用越来越多,如地下室底板和侧墙混凝土、钢管混凝土、超长结构混凝土、有防水要求的混凝土工程等。膨胀剂应用过程中应严格按照规定掺量掺加,且应加强养护,尤其是早期养护,以保证充分发挥膨胀剂的补偿收缩作用。

（6）防冻剂

防冻剂指能使混凝土中水的冰点下降,保证混凝土在负温下凝结硬化并产生足够强度的外加剂。绝大部分防冻剂由防冻组分、早强组分、减水组分或引气组分复合而成,主要适用于冬季负温条件下的施工。值得说明的一点是,防冻组分本身并不一定能提高硬化混凝土抗冻性。常用防冻剂种类有:氯盐类防冻剂、氯盐类阻锈防冻剂、无氯盐类防冻剂、无氯低碱/无碱类防冻剂等。

（7）减缩剂

减缩剂由日本日产水泥公司和 Sanyo 化学工业公司于 1982 年首先研制而成,对减小混凝土的自收缩具有很强的针对性。其主要作用机理是降低混凝土孔隙水的表面张力,从而减小毛细孔失水时产生的收缩应力。同时,减缩剂增强了水分子在凝胶体中的吸附作用,进一步减小混凝土的最终收缩值。减缩剂是通过水的物理过程起作用的,因此在原材料和配合比一定时,减缩率是一个相对稳定值,且几乎没有水泥适应性问题,与其他混凝土外加剂有良好的相容性。

（8）养护剂

养护剂又称混凝土养生液,其主要作用是涂敷于混凝土表面,形成一层致密的薄膜,使混凝土表面与空气隔绝,防止水分蒸发,使混凝土利用自身水分最大限度地完成水化的外加剂。按主要成膜物质分为无机物类、有机物类、有机与无机复合类三大类。

外加剂种类还有很多,如速凝剂、絮凝剂、加气剂、阻锈剂、泵送剂、脱模剂等。且许多外加剂除主要功能外,还有一些其他作用,在此不一一介绍,需要时可参见相关文献。

三、普通混凝土的技术性质

（一）新拌混凝土的性能

1. 混凝土的和易性

（1）和易性的概念。新拌混凝土的和易性,也称工作性,是指拌合物易于搅拌、运输、浇捣成型,并获得质量均匀密实的混凝土的一项综合技术性能。通常用流动性、黏聚性和保水性三项内容表示。流动性是指拌合物在自重或外力作用下产生流动的难易程度;黏聚性是指拌合物各组成材料之间不产生分层离析现象;保水性是指拌合物不产生严重的泌水现象。

通常情况下,混凝土拌合物的流动性越大,则保水性和黏聚性越差,反之亦然。和易性良好的混凝土是指既具有满足施工要求的流动性,又具有良好的黏聚性和保水性。良好的和易性既是施工的要求也是获得质量均匀密实混凝土的基本保证。

（2）和易性的测试和评定。混凝土拌合物和易性是一项极其复杂的综合指标,到目前为止全世界尚无能够全面反映混凝土和易性的测定方法,通常通过测定流动性,再辅以其他直观观察或经验综合评定混凝土和易性。流动性的测定方法有坍落度法、维勃稠度法、探针法、斜槽法、流出时间法和凯利球法等十多种,对普通混凝土而言,最常用的是坍落度法和维勃稠度法。

1）坍落度法:将搅拌好的混凝土分三层装入坍落度筒中[图 6-8(a)],每层插捣 25 次,抹平后垂直提起坍落度筒,混凝土则在自重作用下塌落,以塌落高度(单位 mm)代表混凝土的流动性。坍落度越大,则流动性越好。黏聚性通过观察坍落度测试后混凝土所保持的形状,或侧面用捣棒敲击后的形状判定,如图 6-8 所示。当塌落度筒一提起即出现图中(c)或(d)形状,表示黏聚性不良;敲击后出现(b)状,则黏聚性好;敲击后出现(c)状,则黏聚性欠佳;敲击后出现(d)状,则黏聚性不良。保水性是以水或稀浆从底部析出的量大小评定[图 6-8(b)]。析出量大,保水性差,严重时粗骨料表面稀浆流失而裸露。析出量小则保水性好。

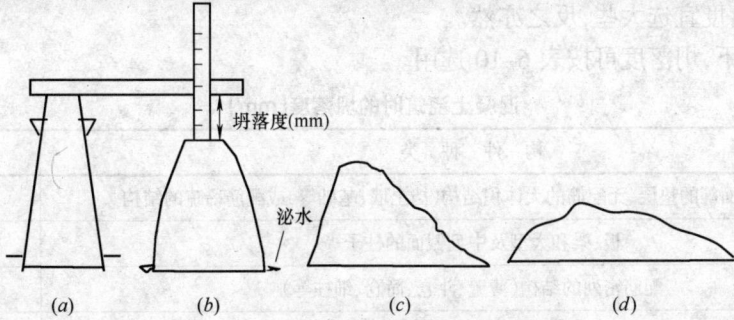

图 6-8 混凝土拌合物和易性测定
(a)坍落度筒;(b)坍落度测试;(c)黏聚性欠佳;(d)黏聚性不良

根据坍落度值大小将混凝土分为四类:① 大流动性混凝土:坍落度≥160mm;② 流动性混凝土:坍落度 100～150mm;③ 塑性混凝土:坍落度 10～90mm;④ 干硬性混凝土:坍落度<10mm。

坍落度法测定混凝土和易性的适用条件为:①粗骨料最大粒径≤40mm;②坍落度≥10mm。

对坍落度小于 10mm 的干硬性混凝土,坍落度值已不能准确反映其流动性大小。如当两种混凝土坍落度均为零时,但在振捣器作用下的流动性可能完全不同。故一般采用维勃稠度法测定。

2) 维勃稠度法:坍落度法的测试原理是混凝土在自重作用下塌落,而维勃稠度法则是在坍落度筒提起后,施加一个振动外力,测试混凝土在外力作用下完全填满面板所需时间(单位:秒)代表混凝土流动性。时间越短,流动性越好,见示意图 6-9。

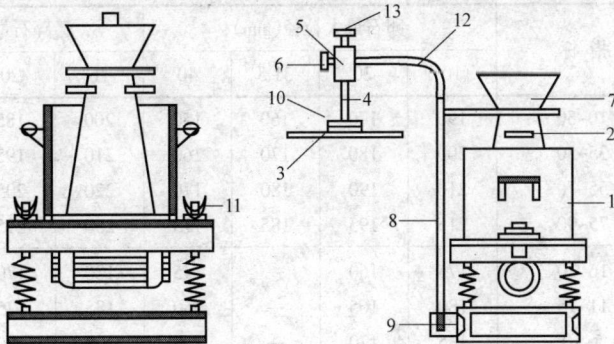

图 6-9 维勃稠度试验仪
1- 容器;2- 坍落度筒;3- 圆盘;4- 滑棒;5- 套筒;6、13- 螺栓;7- 漏斗;8- 支柱;9- 定位螺栓;
10- 荷重;11- 元宝螺栓;12- 旋转架

(3)坍落度的选择原则:实际施工时采用的坍落度大小根据下列条件选择:

1)构件截面尺寸大小:截面尺寸大,易于振捣成型,坍落度适当选小些,反之亦然。

2）钢筋疏密：钢筋较密，则坍落度选大些。反之亦然。

3）捣实方式：人工捣实，则坍落度选大些。机械振捣则选小些。

4）运输距离：从搅拌机出口至浇捣现场运输距离较远时，应考虑途中坍落度损失，坍落度宜适当选大些，特别是商品混凝土。

5）气候条件：气温高、空气相对湿度小时，因水泥水化速度加快及水份挥发加速，坍落度损失大，坍落度宜选大些，反之亦然。

一般情况下，坍落度可按表 6-10 选用。

混凝土浇筑时的坍落度(mm) 表6-10

构 件 种 类	坍落度
基础或地面等的垫层、无配筋的大体积结构(挡土墙、基础等)或配筋稀疏的结构	10 ~ 30
板、梁和大型及中型截面的柱子等	30 ~ 50
配筋密列的结构(薄壁、斗仓、筒仓、细柱等)	50 ~ 70
配筋特密的结构	70 ~ 90

（4）影响和易性的主要因素

1）单位用水量

单位用水量是混凝土流动性的决定因素。用水量增大，流动性随之增大。但用水量大带来的不利影响是保水性和黏聚性变差，易产生泌水分层离析，从而影响混凝土的匀质性、强度和耐久性。试验研究表明在原材料品质一定的条件下，单位用水量一旦选定，单位水泥用量增减 50 ~ 100kg/m³，混凝土的流动性基本保持不变，这一规律称为固定用水量定则。这一定则对普通混凝土的配合比设计带来极大便利，即可通过固定用水量保证混凝土坍落度的同时，调整水泥用量，即调整水灰比来满足强度和耐久性要求。在进行混凝土配合比设计时，单位用水量可根据施工要求的坍落度和粗骨料的种类、规格，根据《普通混凝土配合比设计规程》(JGJ 55—2000)的规定按表 6-11 选用，再通过试配调整，最终确定单位用水量。

混凝土单位用水量选用表 表6-11

项目	指标	卵石最大粒径(mm)				碎石最大粒径(mm)			
		10	20	31.5	40	16	20	31.5	40
坍落度(mm)	10~30	190	170	160	150	200	185	175	165
	35~50	200	180	170	160	210	195	185	175
	55~70	210	190	180	170	220	205	195	185
	75~90	215	195	185	175	230	215	205	195
维勃稠度(s)	16~20	175	160	—	145	180	170	—	155
	11~15	180	165	—	150	185	175	—	160
	5~10	185	170	—	155	190	180	—	165

注：1. 本表用水量系采用中砂时的平均取值，如采用细砂，每立方米混凝土用水量可增加 5 ~ 10kg，采用粗砂时则可减少 5 ~ 10kg。

2. 掺用各种外加剂或掺合料时，可相应增减用水量。

3. 本表不适用于水灰比小于 0.4 时的混凝土以及采用特殊成型工艺的混凝土。

2）浆骨比

浆骨比指水泥浆用量与砂石用量之比值。在混凝土凝结硬化之前,水泥浆主要赋予流动性;在混凝土凝结硬化以后,主要赋予粘结强度。在水灰比一定的前提下,浆骨比越大,即水泥浆量越大,混凝土流动性越大。通过调整浆骨比大小,既可以满足流动性要求,又能保证良好的黏聚性和保水性。浆骨比不宜太大,否则易产生流浆现象,使黏聚性下降。浆骨比也不宜太小,否则因骨料间缺少粘结体,拌合物易发生崩塌现象。因此,合理的浆骨比是混凝土拌合物和易性的良好保证。

3)水灰比

水灰比即水用量与水泥用量之比。在水泥用量和骨料用量不变的情况下,水灰比增大,相当于单位用水量增大,水泥浆很稀,拌合物流动性也随之增大,反之亦然。用水量增大带来的负面影响是严重降低混凝土的保水性,增大泌水,同时使黏聚性也下降。但水灰比也不宜太小,否则因流动性过低影响混凝土振捣密实,易产生麻面和空洞。合理的水灰比是混凝土拌合物流动性、保水性和黏聚性的良好保证。

4)砂率

砂率是指砂子占砂石总重量的百分率,表达式为:

$$S_P = \frac{S}{S+G} \times 100\% \tag{6-3}$$

式中　S_P——砂率;

　　　S——砂子用量(kg);

　　　G——石子用量(kg)。

砂率对和易性的影响非常显著。

① 对流动性的影响。在水泥用量和水灰比一定的条件下,由于砂子与水泥浆组成的砂浆在粗骨料间起到润滑和滚珠作用,可以减小粗骨料间的摩擦力,所以在一定范围内,随砂率增大,混凝土流动性增大。另一方面,由于砂子的比表面积比粗骨料大,随着砂率增加,粗细骨料的总表积增大,在水泥浆用量一定的条件下,骨料表面包裹的浆量减薄,润滑作用下降,使混凝土流动性降低。所以砂率超过一定范围,流动性随砂率增加而下降,见图 6-10(a)。

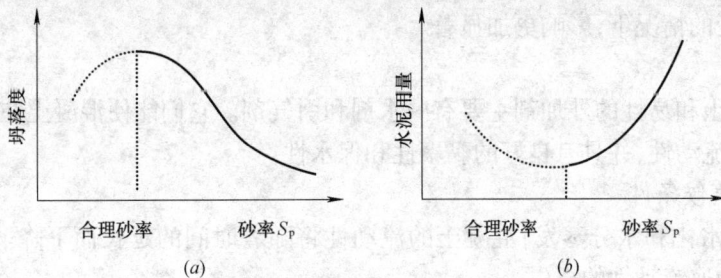

图 6-10　砂率与混凝土流动性和水泥用量的关系
(a)砂率与坍落度的关系;(b)砂率与水泥用量的关系

② 对黏聚性和保水性的影响。砂率减小,混凝土的黏聚性和保水性均下降,易产生泌水、离析和流浆现象。砂率增大,黏聚性和保水性增加。但砂率过大,当水泥浆不足以包裹骨料表面时,则黏聚性反而下降。

③ 合理砂率的确定。合理砂率是指砂子填满石子空隙并有一定的富余量,能在石子间形成一定厚度的砂浆层,以减少粗骨料间的摩擦阻力,使混凝土流动性达最大值。或者在保

持流动性不变的情况下,使水泥浆用量达最小值时的砂率。如图 6-10(b)。

合理砂率的确定可根据上述两原则通过试验确定,在大型混凝土工程中经常采用。对普通混凝土工程可根据经验或根据《普通混凝土配合比设计规程》(JGJ 55)参照表 6-12 选用。

混凝土砂率选用表

表 6-12

水灰比(W/C)	卵石最大粒径(mm)			碎石最大粒径(mm)		
	10	20	40	16	20	40
0.40	26~32	25~31	24~30	30~35	29~34	27~32
0.50	30~35	29~34	28~33	33~38	32~37	30~35
0.60	33~38	32~37	31~36	36~41	35~40	33~38
0.70	36~41	35~40	34~39	39~44	38~43	36~41

注:1. 表中数值系中砂的选用砂率。对细砂或粗砂,可相应地减少或增大砂率;

2. 本砂率适用于坍落度为 10~60mm 的混凝土。坍落度如大于 60mm 或小于 10mm 时,应相应增大或减小砂率;按每增大 20mm,砂率增大 1%的幅度予以调整;

3. 只用一个单粒级粗骨料配制混凝土时,砂率值应适当增大;

4. 掺有各种外加剂或掺合料时,其合理砂率值应经试验或参照其他有关规定选用;

5. 对薄壁构件砂率取偏大值。

5)水泥品种及细度

水泥品种不同时,达到相同流动性的需水量往往不同,从而影响混凝土流动性。另一方面,不同水泥品种对水的吸附作用往往不等,从而影响混凝土的保水性和黏聚性。如火山灰水泥、矿渣水泥配制的混凝土流动性比普通水泥小。在流动性相同的情况下,矿渣水泥的保水性能较差,黏聚性也较差。同品种水泥越细,流动性越差,但黏聚性和保水性越好。

6)骨料的品种和粗细程度

卵石表面光滑,碎石粗糙且多棱角,因此卵石配制的混凝土流动性较好,但黏聚性和保水性则相对较差。河砂与山砂的差异与上述相似。对级配符合要求的砂石料来说,粗骨料粒径越大,砂子的细度模数越大,则流动性越大,但黏聚性和保水性有所下降,特别是砂的粗细,在砂率不变的情况下,影响更加显著。

7)外加剂

改善混凝土和易性的外加剂主要有减水剂和引气剂。它们能使混凝土在不增加用水量的条件下增加流动性,并具有良好的黏聚性和保水性。

8)时间、气候条件

随着水泥水化和水分蒸发,混凝土的流动性将随着时间的延长而下降。气温高、湿度小、风速大将加速流动性的损失。

(5)混凝土和易性的调整和改善措施

1)当混凝土流动性小于设计要求时,为了保证混凝土的强度和耐久性,不能单独加水,必须保持水灰比不变,增加水泥浆用量。

2)当坍落度大于设计要求时,可在保持砂率不变的前提下,增加砂石用量。实际上相当于减少水泥浆数量。

3)改善骨料级配,既可增加混凝土流动性,也能改善黏聚性和保水性。但骨料占混凝土用量的 75%左右,实际操作难度往往较大。

4）掺减水剂或引气剂，是改善混凝土和易性的最有效措施。

5）尽可能选用最优砂率。当黏聚性不足时可适当增大砂率。

2. 混凝土的凝结时间

混凝土的凝结时间与水泥的凝结时间有相似之处，但由于骨料的掺入，水灰比的变动及外加剂的应用，又存在一定的差异。水灰比增大，凝结时间延长；早强剂、速凝剂使凝结时间缩短；缓凝剂则使凝结时间大大延长。

混凝土的凝结时间分初凝和终凝。初凝指混凝土加水至失去塑性所经历的时间，亦即表示施工操作的时间极限；终凝指混凝土加水到产生强度所经历时间。初凝时间希望适当长，以便于施工操作；终凝与初凝的时间差则越短越好。

混凝土凝结时间的测定通常采用贯入阻力法。影响混凝土实际凝结时间的因素主要有水灰比、水泥品种、水泥细度、外加剂、掺合料和气候条件等。

（二）硬化混凝土的性能

1. 混凝土的强度

强度是硬化混凝土最重要的性质，混凝土的其他性能与强度均有密切关系，混凝土的强度也是配合比设计、施工控制和质量检验评定的主要技术指标。混凝土的强度主要有抗压强度、抗折强度、抗拉强度和抗剪强度等。其中抗压强度值最大，也是最主要的强度指标。

（1）混凝土的立方体抗压强度和强度等级。根据我国《普通混凝土力学性能试验方法标准》（GB/T 50081—2002）规定，立方体试件的标准尺寸为 150mm × 150mm × 150mm；标准养护条件为温度 20 ± 2℃，相对湿度 95%以上；标准龄期为 28d。在上述条件下测得的抗压强度值称为混凝土立方体抗压强度，以 f_{cu} 表示。

根据《混凝土结构设计规范》（GB 50010—2002），混凝土的强度等级应按立方体抗压强度标准值确定，混凝土立方体抗压强度标准值系指标准方法制作养护的边长为 150mm 的立方体试件，在 28d 龄期用标准方法测得的具有 95%保证率的抗压强度。钢筋混凝土结构用混凝土分为 C15、C20、C25、C30、C35、C40、C45、C50、C55、C60、C65、C70、C75、C80 共 14 个等级。根据《混凝土质量控制标准》（GB 50164—1992）的规定，普通混凝土划分为 C7.5、C10、C15、C20、C25、C30、C35、C40、C45、C50、C55、C60 共 12 个强度等级。如 C30 表示立方体抗压强度标准值为 30MPa，亦即混凝土立方体抗压强度≥30MPa 的概率要求 95%以上。混凝土强度等级的划分主要是为了方便设计、施工验收等。强度等级的选择主要根据建筑物的重要性、结构部位和荷载情况确定。

（2）轴心抗压强度。轴心抗压强度也称为棱柱体抗压强度。由于实际结构物（如梁、柱）多为棱柱体构件，因此采用棱柱体试件强度更有实际意义。它是采用 150mm × 150mm ×（300 ~ 450）mm 的棱柱体试件，经标准养护到 28 天测试而得。同一材料的轴心抗压强度 f_{cp} 小于立方体强度 f_{cu}，其比值大约为 $f_{cp} = (0.7 ~ 0.8)f_{cu}$。这是因为抗压强度试验时，试件在上下两块钢压板的摩擦力约束下，侧向变形受到限制，即"环箍效应"其影响高度大约为试件边长的 0.866 倍，如图 6-11。因此立方体试件整体受到环箍效应的限制，测得的强度相对较高。而棱柱体试件的中间区域未受到"环箍效应"的影响，属纯压区，测得的强

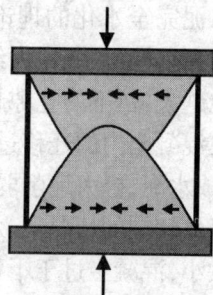

图 6-11 钢压板对试件的约束作用

度相对较低。当钢压板与试件之间涂上润滑剂后，摩擦阻力减小，环箍效应减弱，立方体抗压强度与棱柱体抗压强度趋于相等。

（3）抗拉强度。混凝土的抗拉强度很小，只有抗压强度的 1/10～1/20，混凝土强度等级越高，其比值越小。为此，在钢筋混凝土结构设计中，一般不考虑承受拉力，而是通过配置钢筋，由钢筋来承担结构的拉力。但抗拉强度对混凝土的抗裂性具有重要作用，它是结构设计中裂缝宽度和裂缝间距计算控制的主要指标，也是抵抗由于收缩和温度变形而导致开裂的主要指标。

用轴向拉伸试验测定混凝土的抗拉强度，由于荷载不易对准轴线而产生偏拉，且夹具处由于应力集中常发生局部破坏，因此试验测试非常困难，测试值的准确度也较低，故国内外普遍采用劈裂法间接测定混凝土的抗拉强度，即劈裂抗拉强度。

劈拉试验的标准试件尺寸为边长 150mm 的立方体，在上下两相对面的中心线上施加均布线荷载，使试件内竖向平面上产生均布拉应力，如图 6-12。

图 6-12　劈裂抗拉试验装置示意图

此拉应力可通过弹性理论计算得出，计算式如下：

$$f_{st} = \frac{2P}{\pi A} = 0.637 \frac{P}{A} \tag{6-4}$$

式中　　f_{st}——混凝土劈裂抗拉强度（MPa）；

P——破坏荷载（N）；

A——试件劈裂面积（mm^2）。

劈拉法不但大大简化了试验过程，而且能较准确地反应混凝土的抗拉强度。试验研究表明，轴拉强度低于劈拉强度，两者的比值约为 0.8～0.9。在无试验资料时，劈拉强度也可通过立方体抗压强度由下式估算：

$$f_{st} = 0.35 f_{cu}^{3/4} \tag{6-5}$$

（4）影响混凝土强度的主要因素。影响混凝土强度的因素很多，从内因来说主要有水泥强度、水灰比和骨料质量；从外因来说，则主要有施工条件、养护温度、湿度、龄期、试验条件和外加剂等。

1）水泥强度和水灰比：混凝土的强度主要来自水泥石以及与骨料之间的粘结强度。水泥强度越高，则水泥石自身强度及与骨料的粘结强度就越高，混凝土强度也越高，试验证明，在配合比相同的条件下，混凝土强度与水泥强度成正比关系。

水泥完全水化的理论需水量约为水泥重量的 23% 左右，但实际拌制混凝土时，为获得良好的和易性，水灰比大约在 0.40～0.65 之间，多余水分蒸发后，在混凝土内部留下孔隙，且水灰比越大，留下的孔隙越大，使有效承压面积减少，混凝土强度也就越小。另一方而，多余水分在混凝土内的迁移过程中遇到粗骨料时，由于受到粗骨料的阻碍，水分往往在其底部积聚，形成水泡，极大地削弱砂浆与骨料的粘结强度，使混凝土强度下降。因此，在水泥强度和其他条件相同的情况下，水灰比越小，混凝土强度越高，水灰比越大，混凝土强度越低。但水灰比太小，混凝土过于干稠，使得不能保证振捣均匀密实，强度反而降低。试验证明，在水泥强度和其他条件相同的情况下，混凝土的强度（f_{cu}）与水灰比呈有规律的曲线关系，而与灰水

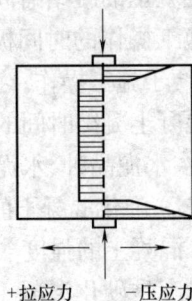

比则成线性关系。如图 6-13 所示,通过大量试验资料的数理统计分析,建立了混凝土强度经验公式(又称鲍罗米公式):

$$f_{cu} = \alpha_a f_{ce}\left(\frac{C}{W} - \alpha_b\right) \tag{6-6}$$

式中　f_{cu}——混凝土的立方体抗压强度(MPa);

　　　$\dfrac{C}{W}$——混凝土的灰水比;即 1m³ 混凝土中水泥与水用量之比,其倒数即是水灰比;

　　　f_{ce}——水泥的实际强度(MPa);

　　α_a、α_b——与骨料种类有关的经验系数。

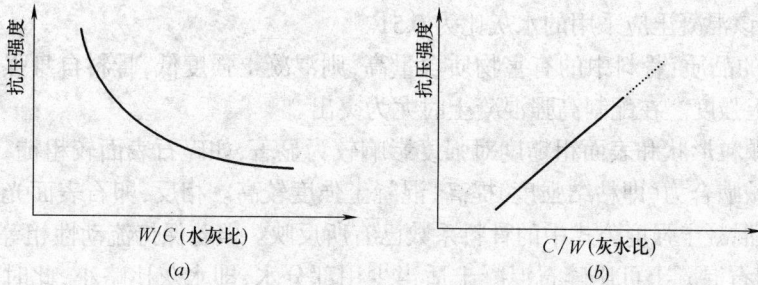

图 6-13　混凝土强度与水灰比及灰水比的关系

(a)强度与水灰比的关系;(b)强度与灰水比的关系

　　水泥的实际强度根据水泥胶砂强度试验方法测定。在进行混凝土配合比设计和实际施工中,需要事先确定水泥强度。当无条件时,可根据我国水泥生产标准及各地区实际情况,水泥实际强度以水泥强度等级乘以富余系数确定:

$$f_{ce} = K_c \cdot f_{ce,k} \tag{6-7}$$

式中　K_c——水泥强度等级富余系数,一般取 1.05~1.15。如水泥已存放一定时间,则取 1.0;如存放时间超过 3 个月,或水泥已有结块现象,K_c 可能小于 1.0,必须通过试验实测。

　　　$f_{ce,k}$——水泥强度等级。如 42.5 级,$f_{ce,k}$ 取 42.5MPa。

　　经验系数 α_a、α_b 可通过试验或本地区经验确定。根据所用骨料品种,《普通混凝土配合比设计规程》(JGJ 55—2000)提供的参数为:

　　碎石:$\alpha_a = 0.46$,$\alpha_b = 0.07$

　　卵石:$\alpha_a = 0.48$,$\alpha_b = 0.33$

　　混凝土强度经验公式为配合比设计和质量控制带来极大便利。例如,当选定水泥强度等级(或强度)、水灰比和骨料种类时,可以推算混凝土 28d 强度值。又例如,根据设计要求的混凝土强度值,在原材料选定后,可以估算应采用的水灰比值。

　　[例 6-2] 已知某混凝土用水泥强度为 45.6MPa,水灰比 0.50,碎石。试估算该混凝土 28d 强度值。

　　[解] 因为:$W/C = 0.50$　所以 $C/W = 1/0.5 = 2$

　　　　　碎石:$\alpha_a = 0.46$,$\alpha_b = 0.07$

　　代入混凝土强度公式有:

$$f_{cu} = 0.46 \times 45.6(2 - 0.07) = 40.5(MPa)$$

答：估计该混凝土 28d 强度值为 40.5MPa。

[例 6-3] 已知某工程用混凝土采用强度等级为 42.5 的普通水泥（强度富余系数 K_C 为 1.10），卵石，要求配制强度为 36.8MPa 的混凝土。估算应采用的水灰比。

[解] $f_{ce} = K_c \cdot f_{ce,k} = 1.10 \times 42.5 = 46.8(MPa)$

卵石：$\alpha_a = 0.48, \alpha_b = 0.33$

代入混凝土强度公式有：

$36.8 = 0.48 \times 46.8 \times (C/W - 0.33)$

解得：$C/W = 1.97$，所以：$W/C = 0.51$

答：配制该混凝土应采用的水灰比为 0.51。

2）骨料的品质：骨料中的有害物质含量高，则混凝土强度低，骨料自身强度不足，也可能降低混凝土强度。在配制高强混凝土时尤为突出。

骨料的颗粒形状和表面粗糙度对强度影响较为显著，如碎石表面较粗糙，多棱角，与水泥砂浆的机械啮合力（即粘结强度）提高，混凝土强度较高。相反，卵石表面光洁，强度也较低，这一点在混凝土强度公式中的骨料系数已有所反映。但若保持流动性相等，水泥用量相等时，由于卵石混凝土可比碎石混凝土适当少用部分水，即水灰比略小，此时，两者强度相差不大。砂的作用效果与粗骨料类似。

当粗骨料中针片状含量较高时，将降低混凝土强度，对抗折强度的影响更显著。所以在骨料选择时要尽量选用接近球状体的颗粒。

3）施工条件：施工条件主要指搅拌和振捣成型。一般来说机械搅拌比人工搅拌均匀，因此强度也相对较高（图 6-14）；搅拌时间越长，混凝土强度越高，如图 6-15。

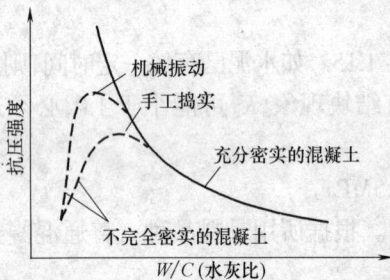

图 6-14 机械振动和手工捣实对混凝土强度的影响　　图 6-15 搅拌时间对混凝土强度的影响

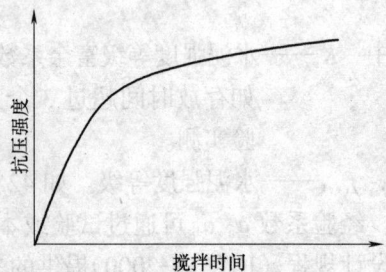

但考虑到能耗、施工进度等，一般要求控制在 2~3min 之间；投料方式对强度也有一定影响，如先投入粗骨料、水泥和适量水搅拌一定时间，再加入砂和其余水，能比一次全部投料搅拌提高强度 10% 左右。

4）养护条件：混凝土浇筑成型后的养护温度、湿度是决定强度发展的主要外部因素。

养护环境温度高，水泥水化速度加快，混凝土强度发展也快，早期强度高；反之亦然。但是，当养护温度超过 40℃ 以上时，虽然能提高混凝土的早期强度，但 28d 以后的强度通常比 20℃ 标准养护的低。若温度在冰点以下，不但水泥水化停止，而且有可能因冰冻导致混凝土结构疏松，强度严重降低，尤其是早期混凝土应特别加强防冻措施。

湿度通常指的是空气相对湿度。相对湿度低，空气干燥，混凝土中的水分挥发加快，致使混凝土缺水而停止水化,混凝土强度发展受阻。另一方面,混凝土在强度较低时失水过快,极易引起干缩,影响混凝土耐久性。因此,应特别加强混凝土早期的浇水养护,确保混凝土内部有足够的水分使水泥充分水化。根据有关规定和经验,在混凝土浇筑完毕后12h内应开始对混凝土加以覆盖或浇水,对硅酸盐水泥、普通水泥和矿渣水泥配制的混凝土浇水养护不得少于7d;对掺有缓凝剂、膨胀剂、大量掺合料或有防水抗渗要求的混凝土浇水养护不得少于14d。

5)龄期:龄期是指混凝土在正常养护下所经历的时间。随养护龄期增长,水泥水化程度提高,凝胶体增多,自由水和孔隙率减少,密实度提高,混凝土强度也随之提高。最初的7d内强度增长较快,而后增幅减少,28d以后,强度增长更趋缓慢,但如果养护条件得当,则在数十年内仍将有所增长。

普通硅酸盐水泥配制的混凝土,在标准养护下,混凝土强度的发展大致与龄期(天)的对数成正比关系,因此可根据某一龄期的强度推定另一龄期的强度。特别是以早期强度推算28d龄期强度。如下式:

$$f_{cu,28} = \frac{\lg 28}{\lg n} \cdot f_{cu,n} \qquad (6-8)$$

式中 $f_{cu,28}$、$f_{cu,n}$ 分别为28天和第 n 天时的混凝土抗压强度。n 必须 $\geqslant 3$。当采用早强型普通硅酸盐水泥时,由3~7d强度推算28d强度会偏大,龄期越短,偏差越大。

在实际工程中,可根据温度、龄期对混凝土强度的影响曲线,从已知龄期的强度估计另一龄期的强度,如图6-16所示。

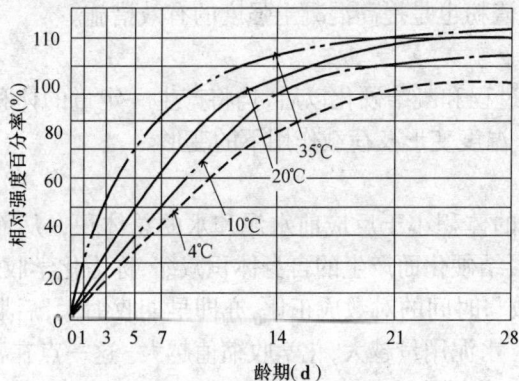

图6-16 温度、龄期对混凝土强度的影响曲线

6)外加剂:在混凝土中掺入减水剂,可在保证相同流动性前提下,减少用水量,降低水灰比,从而提高混凝土的强度。掺入早强剂,则可有效加速水泥水化速度,提高混凝土早期强度,但对28d强度不一定有利,后期强度还有可能下降。

7)试验条件对测试结果的影响:

① 试件尺寸:大量的试验研究证明,试件的尺寸越小,测得的强度相对越高,这是由于大试件内存在孔隙、裂缝或局部缺陷的机率增大,使强度降低。因此,当采用非标准尺寸试件时,要乘以尺寸换算系数。根据《普通混凝土配合比设计规程》(JGJ 55)规定,100mm×100mm×100mm立方体试件换算成150mm立方体标准试件时,应乘以系数0.95;200mm×200mm×200mm的立方体试件的尺寸换算系数为1.05。

② 试件形状:主要指棱柱体和立方体试件之间的强度差异。由于"环箍效应"的影响,棱柱体强度较低,这在前面已有分析。

③ 表面状态:表面平整,则受力均匀,强度较高;而表面粗糙或凹凸不平,则受力不均匀,强度偏低。若试件表面涂润滑剂及其他油脂物质时,"环箍效应"减弱,强度较低。

④ 含水状态:混凝土含水率较高时,由于软化作用,强度较低;而混凝土干燥时,则强度较高。且混凝土强度等级越低,差异越大。

⑤ 加载速度:根据混凝土受压破坏理论,混凝土破坏是在变形达到极限值时发生的。当加载速度较快时,材料变形的增长落后于荷载的增加速度,故破坏时的强度值偏高;相反,当加载速度很慢,混凝土将产生徐变,使强度偏低。

综上所述,混凝土的试验条件,将在一定程度上影响混凝土强度测试结果,因此,试验时必须严格执行有关标准规定,熟练掌握试验操作技能。

(5) 提高混凝土强度的措施。根据对上述影响混凝土强度的因素的分析,提高混凝土强度可从以下几方面采取措施:

1) 采用高强度等级水泥;

2) 尽可能降低水灰比,或采用干硬性混凝土;

3) 采用优质砂石骨料,选择合理砂率;

4) 采用机械搅拌和机械振捣,确保搅拌均匀性和振捣密实性,加强施工管理;

5) 改善养护条件,保证一定的温、湿度条件,必要时可采用湿热处理,提高早期强度;

6) 掺入减水剂或早强剂,提高混凝土的强度或早期强度;

7) 掺硅灰或超细矿渣粉也是提高混凝土强度的有效措施。

2. 混凝土的变形性能

混凝土在凝结硬化过程和凝结硬化以后,均将产生一定量的体积变形。主要包括化学收缩、干湿变形、自收缩、温度变形及荷载作用下的变形。

(1) 化学收缩

由于水泥水化产物的体积小于反应前水泥和水的总体积,从而使混凝土出现体积收缩。这种由水泥水化和凝结硬化而产生的自身体积减缩,称为化学收缩。其收缩值随混凝土龄期的增加而增大,大致与时间的对数成正比,亦即早期收缩大,后期收缩小。收缩量与水泥用量和水泥品种有关。水泥用量越大,化学收缩值越大。这一点在富水泥浆混凝土和高强混凝土中尤应引起重视。化学收缩是不可逆变形。

(2) 干缩湿胀

因混凝土内部水分蒸发引起的体积变形,称为干燥收缩。混凝土吸湿或吸水引起的膨胀,称为湿胀。对于已干燥的混凝土,即使长期泡在水中,仍有部分干缩变形不能完全恢复,残余收缩约为总收缩的 30%～50%。在混凝土凝结硬化初期,如空气过于干燥或风速大、蒸发快,可导致混凝土塑性收缩裂缝。在混凝土凝结硬化以后,当收缩值过大,收缩应力超过混凝土极限抗拉强度时,可导致混凝土干缩裂缝。因此,混凝土的干燥收缩在实际工程中必须十分重视。

(3) 自收缩

混凝土的自收缩问题早在 20 世纪 40 年代就由 Davis 提出,由于自收缩在普通混凝土中占总收缩的比例较小,在过去的 60 多年中几乎被忽略不计。但随着低水胶比高强高性能混凝土的应用,混凝土的自收缩问题重新得以关注。自收缩和干缩产生机理在实质上可以认为是一致的,常温条件下主要由毛细孔失水,形成水凹液面而产生收缩应力。所不同的只是自收缩是因水泥水化导致混凝土内部缺水,外部水分未能及时补充而产生,这在低水胶比高强高性能混凝土中是及其普遍的。干缩则是混凝土内部水分向外部挥发而产生。研究结果表明,当混凝土的水胶比低于 0.3 时,自收缩率高达 $200 \times 10^{-6} \sim 400 \times 10^{-6}$。此外,胶凝材料的用量增加和硅灰、磨细矿粉的使用都将增加混凝土的自收缩值。

影响混凝土收缩值的因素主要有:① 水泥用量,在水灰比一定时,水泥用量越大,混凝土干缩值也越大;② 水灰比,在水泥用量一定时,水灰比越大,意味着多余水分越多,蒸发收缩值也越大;③ 水泥品种和强度,一般情况下,矿渣水泥比普通水泥收缩大。高强度水泥比低强度水泥收缩大;④ 环境条件,气温越高、环境湿度越小或风速越大,混凝土的干燥速度越快,在混凝土凝结硬化初期特别容易引起干缩开裂。

(4) 温度变形

混凝土的温度膨胀系数大约为 $10 \times 10^{-6} \text{m/m} \cdot ℃$。即温度每升高或降低 1℃,长 1m 的混凝土将产生 0.01mm 的膨胀或收缩变形。混凝土的温度变形对大体积混凝土、纵长结构混凝土及大面积混凝土工程等极为不利,极易产生温度裂缝。如纵长 100m 的混凝土,温度升高或降低 30℃(冬夏季温差),则将产生 30mm 的膨胀或收缩,在完全约束条件下,混凝土内部将产生 7.5MPa 左右拉应力,足以导致混凝土开裂。故纵长结构或大面积混凝土均要设置伸缩缝、配制温度钢筋或掺入膨胀剂,防止混凝土开裂。

(5) 荷载作用下的变形

1) 短期荷载作用下的变形:混凝土在外力作用下的变形包括弹性变形和塑性变形两部分。塑性变形主要由水泥凝胶体的塑性流动和各组成间的滑移产生,所以混凝土是一种弹塑性材料,在短期荷载作用下,其应力—应变关系为一条曲线,如图 6-17。

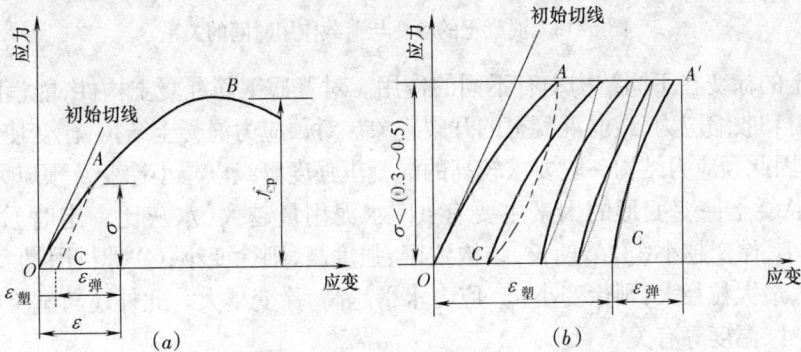

图 6-17 混凝土在荷载作用下的应力 – 应变关系

(a)混凝土在压应力作用下的应力 – 应变关系;(b)混凝土在低应力重复荷载下的应力 – 应变关系

2) 混凝土的静力弹性模量:弹性模量为应力与应变之比值。对纯弹性材料来说,弹性模量是一个定值,而对混凝土这一弹塑性材料来说,不同应力水平的应力与应变之比值为变数。应力水平越高,塑性变形比重越大,故测得的比值越小。因此,我国《普通混凝土力学性能试验方法标准》(GB/T 50081—2002)规定,混凝土的弹性模量是以棱柱体(150mm × 150mm × 300mm)试件抗压强度的 1/3 作为控制值,在此应力水平下重复加荷—卸荷至少 2 次以上,以基本消除塑性变形后测得的应力 – 应变之比值,是一个条件弹性模量,在数值上近似等于初始切线的斜率。表达式为：

$$E_S = \frac{\sigma}{\varepsilon} \qquad (6-9)$$

式中　E_S——混凝土静力抗压弹性模量 MPa；

　　　σ——混凝土的应力取 1/3 的棱柱体轴心抗压强度 MPa；

　　　ε——混凝土应力为 σ 时的弹性应变（m/m 无量纲）。

影响弹性模量的因素主要有：① 混凝土强度越高，弹性模量越大，C10～C60 混凝土的弹性模量约在 $1.75～3.60×10^4$MPa；② 骨料含量越高，骨料自身的弹性模量越大，则混凝土弹性模量越大；③ 混凝土水灰比越小，混凝土越密实，弹性模量越大；④ 混凝土养护龄期越长，弹性模量也越大；⑤ 早期养护温度较低时，弹性模量较大，亦即蒸汽养护混凝土的弹性模量较小；⑥ 掺入引气剂将使混凝土弹性模量下降。

3）长期荷载作用下的变形——徐变：混凝土在一定的应力水平（如 50%～70% 的极限强度）下，保持荷载不变，随着时间的延续而增加的变形称为徐变。徐变产生的原因主要是凝胶体的黏性流动和滑移。加荷早期的徐变增加较快，后期减缓，如图 6-18 所示。混凝土在卸荷后，一部分变形瞬间恢复，这一变形小于最初加荷时产生的弹塑性变形。在卸荷后一定时间内，变形还会缓慢恢复一部分，称为徐变恢复。最后残留部分的变形称为残余变形。混凝土的徐变一般可达 $300×10^{-6}～1500×10^{-6}$ m/m。

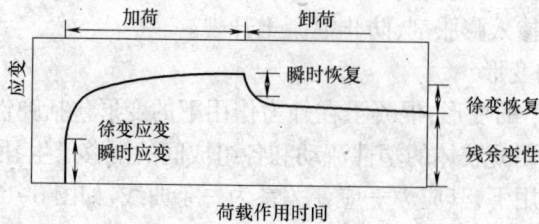

图 6-18　混凝土的应变与荷载作用时间的关系

混凝土的徐变在不同结构中有不同的作用。对普通钢筋混凝土构件，能消除混凝土内部温度应力和收缩应力，减弱混凝土的开裂现象。对预应力混凝土结构，徐变使预应力损失大大增加，因此预应力结构一般要求较高的混凝土强度等级以减小徐变及预应力损失。

影响混凝土徐变变形的因素主要有：① 水泥用量越大（水灰比一定时），徐变越大；② W/C 越小，徐变越小；③ 龄期长、结构致密、强度高，则徐变小；④ 骨料用量多、弹性模量高、级配好、最大粒径大，则徐变小；⑤ 应力水平越高，徐变越大。此外还与试验时的应力种类、试件尺寸、温度等有关。

3. 混凝土的耐久性

混凝土的耐久性是指在外部和内部不利因素的长期作用下，保持其原有设计性能和使用功能的性质，是混凝土结构经久耐用的重要指标。外部因素指的是酸、碱、盐的腐蚀作用，冰冻破坏作用，水压渗透作用，碳化作用，干湿循环引起的风化作用，荷载应力作用和振动冲击作用等。内部因素主要指的是碱骨料反应和自身体积变化。通常用混凝土的抗渗性、抗冻性、抗碳化性能、抗腐蚀性能和碱骨料反应综合评价混凝土的耐久性。《混凝土结构设计规范》（GB 50010—2002）对混凝土结构耐久性作了明确界定。

（1）混凝土的抗渗性

混凝土的抗渗性是指抵抗压力液体渗透作用的能力。抗渗性是决定混凝土耐久性最主要的技术指标。因为抗渗性好，即混凝土密实性高，外界腐蚀介质不易侵入混凝土内部，从而抗腐蚀性能就好。同样，水不易进入混凝土内部，冰冻破坏作用和风化作用就小。因此混凝土的抗渗性可以认为是混凝土耐久性指标的综合体现。

混凝土的抗渗性能用抗渗等级标号表示，其测定可根据《普通混凝土长期性能和耐久性能试验方法》(GBJ 82—85)的规定进行。根据《混凝土质量控制标准》(GB 50164—1992)的规定，混凝土抗渗性能分为 P4、P6、P8、P10 和 P12 共 5 个等级，分别表示混凝土能抵抗 0.4、0.6、0.8、1.0 和 1.2MPa 的水压力而不渗漏。

影响混凝土抗渗性的主要因素有：

1）水灰比和水泥用量：水灰比和水泥用量是影响混凝土抗渗透性能的最主要指标。水灰比越大，多余水分蒸发后留下的毛细孔道就多，亦即孔隙率大，又多为连通孔隙，故混凝土抗渗性能越差。特别是当水灰比大于 0.6 时，抗渗性能急剧下降。因此，为了保证混凝土的耐久性，对水灰比必须加以限制。我国《普通混凝土配合比设计规程》(JGJ 55—2000)对混凝土工程最大水灰比和最小水泥用量的限制条件见表 6-13。

混凝土的最大水灰比和最小水泥用量   表 6-13

环境条件		结构物类别	最大水灰比			最小水泥用量(kg/m³)		
			素混凝土	钢筋混凝土	预应力混凝土	素混凝土	钢筋混凝土	预应力混凝土
1. 干燥环境		正常的居住或办公用房屋内部件	不作规定	0.65	0.60	200	260	300
2. 潮湿环境	无冻害	高湿度的室内部件、室外部件、在非侵蚀性土和(或)水中的部位	0.70	0.60	0.60	225	280	300
	有冻害	经受冻害的室外部件、在非侵蚀性土和(或)水中且经受冻害的部件、高湿度且经受冻害的室内部件	0.55	0.55	0.55	250	280	300
3. 有冻害和除冰剂的潮湿环境		经受冻害和除冰剂作用的室内和室外部件	0.50	0.50	0.50	300	300	300

注：1. 当用活性掺合料取代部分水泥时，表中的最大水灰比及最水泥用量即为替代前的水灰比和水泥用量。
    2. 配制 C15 级及其以下等级的混凝土时，可不受本表的限制。

2）骨料含泥量和级配。骨料含泥量高，则总表面积增大，混凝土达到同样流动性所需用水量增加，毛细孔道增多；另一方面，含泥量大的骨料界面粘结强度低，也将降低混凝土的抗渗性能。若骨料级配差，则骨料空隙率大，填满空隙所需水泥浆增大，同样导致毛细孔增加，影响抗渗性能。如水泥浆不能完全填满骨料空隙，则抗渗性能更差。

3）施工质量和养护条件。搅拌均匀、振捣密实是混凝土抗渗性能的重要保证。适当的养护温度和浇水养护是保证混凝土抗渗性能的基本措施。如果振捣不密实留下蜂窝、空洞，抗渗性就严重下降，如果温度过低产生冻害或温度过高产生温度裂缝，抗渗性能严重降低。如果浇水养护不足，混凝土产生干缩裂缝，也严重降低混凝土抗渗性能。因此，要保证混凝土良好的抗渗性能，施工养护是一个极其重要的环节。

此外，水泥品种、混凝土拌合物的保水性和黏聚性等，对混凝土抗渗性也有显著影响。

提高混凝土抗渗性的措施，除了对上述相关因素加以严格控制和合理选择外，可通过掺入引气剂或引气减水剂提高抗渗性。

（2）混凝土的抗冻性

混凝土的抗冻性是指混凝土在吸水饱和状态下、能经受多次冻融循环而不破坏,同时也不严重降低强度的性能。

混凝土冻融破坏的机理,主要是内部毛细孔中的水结冰时产生9%左右的体积膨胀,在混凝土内部产生膨胀应力,当这种膨胀应力超过混凝土局部的抗拉强度时,就可能产生微细裂缝,在反复冻融作用下,混凝土内部的微细裂缝逐渐增多和扩大,最终导致混凝土强度下降,或混凝土表面(特别是棱角处)产生酥松剥落,直至完全破坏。

混凝土抗冻性以抗冻等级表示。抗冻等级的测定根据《普通混凝土长期性能和耐久性能试验方法》(GBJ 82—85)的规定进行。根据《混凝土质量控制标准》(GB 50164—1992)的规定,混凝土的抗冻强度等级分为F10、F15、F25、F50、F100、F150、F200、F250和F300共9个等级,其中的数字表示混凝土能经受的最大冻融循环次数。

影响混凝土抗冻性的主要因素有:① 水灰比或孔隙率。水灰比大,则孔隙率大,导致吸水率增大,冰冻破坏严重,抗冻性差。② 孔隙特征。连通毛细孔易吸水饱和,冻害严重。若为封闭孔,则不易吸水,冻害就小。③ 吸水饱和程度。若混凝土的孔隙非完全吸水饱和,冰冻过程产生的压力促使水分向孔隙处迁移,从而降低冰冻膨胀应力,对混凝土破坏作用就小。④ 混凝土的自身强度。在相同的冰冻破坏应力作用下,混凝土强度越高,冻害程度也就越低。此外还与降温速度和冰冻温度有关。

从上述分析可知,要提高混凝土抗冻性,关键是提高混凝土的密实性,即降低水灰比;加强施工养护,提高混凝土的强度和密实性,同时也可掺入引气剂等改善孔结构。

（3）混凝土的抗碳化性能

混凝土碳化是指混凝土内水化产物 Ca(OH)$_2$ 与空气中的 CO$_2$ 在一定湿度条件下发生化学反应,生成 CaCO$_3$ 和水的过程。反应式如下:

$$Ca(OH)_2 + CO_2 + H_2O = CaCO_3 + 2H_2O$$

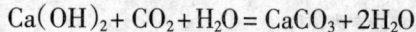

碳化使混凝土的碱度下降,故也称混凝土中性化。碳化过程是由表及里逐步向混凝土内部发展的,碳化深度大致与碳化时间的平方根成正比,可用下式表示:

$$L = K\sqrt{t} \tag{6-10}$$

式中　　L ——碳化深度(mm);

　　　　t ——碳化时间(d);

　　　　K ——碳化速度系数。

碳化速度系数与混凝土的原材料、孔隙率和孔隙构造、CO$_2$ 浓度、温度、湿度等条件有关,它反映混凝土的抗碳化能力强弱。K 值越大,混凝土碳化速度越快,抗碳化能力越差。

碳化作用将影响钢筋混凝土结构的力学性能和耐久性能,负面影响主要有两方面,一是使混凝土的收缩增大,严重时直接导致混凝土开裂;二是使混凝土的碱度降低,失去混凝土强碱环境对钢筋的保护作用,导致钢筋锈蚀膨胀,严重时,使混凝土保护层沿钢筋纵向开裂,直至剥落,进一步加速碳化和腐蚀,严重影响钢筋混凝土结构的力学性能和耐久性能。当然,碳化作用能适当提高混凝土的抗压强度,但对混凝土结构工程而言,碳化作用造成的危害远远大于抗压强度的提高。

提高混凝土抗碳化性能的关键是提高混凝土的密实性,降低孔隙率,阻止 CO$_2$ 向混凝土内部渗透。因此提高混凝土碳化性能的主要措施为:尽可能降低混凝土的水灰比,提高密实度;加强施工养护,保证混凝土均匀密实,水泥水化充分;根据环境条件合理选择水泥品种;用减水剂、引气剂等外加剂降低水灰比或引入封密气孔改善孔结构;必要时还可以采用表面涂刷石灰水等加以保护。

(4)混凝土的碱—骨料反应

碱—骨料反应是指混凝土内水泥中所含的碱(K_2O 和 Na_2O),与骨料中的活性 SiO_2 发生化学反应,在骨料表面形成碱——硅酸凝胶,吸水后将产生 3 倍以上的体积膨胀,从而导致混凝土膨胀开裂而破坏。碱骨料反应引起的破坏,一般要经过若干年后才会发现,而一旦发生则很难修复,因此,对水泥中碱含量大于 0.6%;骨料中含有活性 SiO_2 且在潮湿环境或水中使用的混凝土工程,必须加以重视。大型水工结构、桥梁结构、高等级公路、飞机场跑道一般均要求对骨料进行碱活性试验或对水泥的碱含量加以限制。

(5)提高混凝土耐久性的措施

虽然混凝土工程因所处环境和使用条件不同,要求有不同的耐久性,但就影响混凝土耐久性的因素来说,良好的混凝土密实度是关键,因此提高混凝土的耐久性可以从以下几方而进行:

1)控制混凝土最大水灰比和最小水泥用量;

2)合理选择水泥品种;

3)选用良好的骨料质量和级配;

4)加强施工质量控制;

5)采用适宜的外加剂;

6)掺入粉煤灰、矿粉、硅灰或沸石粉等活性混合材料。

四、混凝土的质量控制

(一)混凝土质量波动的原因

在混凝土施工过程中,原材料、施工养护、试验条件、气候因素的变化,均可能造成混凝土质量的波动,影响到混凝土的和易性、强度及耐久性。由于强度是混凝土的主要技术指标,其他性能可从强度得到间接反映,故以强度为例分析波动的因素。

1.原材料的质量波动

原材料的质量波动主要有:砂细度模数和级配的波动;粗骨料最大粒径和级配的波动;超逊径含量的波动;骨料含泥量的波动;骨料含水量的波动;水泥强度(不同批或不同厂家的实际强度可能不同)的波动;外加剂质量的波动(如液体材料的含固量、减水剂的减水率等)等。所有这些质量波动,均将影响混凝土的强度。在现场施工或预拌工厂生产混凝土时,必须对原材料的质量加以严格控制,及时检测并加以调整,尽可能减少原材料质量波动对混凝土质量的影响。

2.施工养护引起的混凝土质量波动

混凝土的质量波动与施工养护有着十分紧密的关系。如混凝土搅拌时间长短;计量时未根据砂石含水量变动及时调整配合比;运输时间过长引起分层、析水;振捣时间过长或不足;浇水养护时间,或者未能根据气温和湿度变化及时调整保温保湿措施等。

3.试验条件变化引起的混凝土质量波动

试验条件的变化主要指取样代表性,成型质量(特别是不同人员操作时),试件的养护条件变化,试验机自身误差以及试验人员操作的熟练程度等。

(二)混凝土质量(强度)波动的规律

在正常的原材料供应和施工条件下,混凝土的强度有时偏高,有时偏低,但总是在配制强度的附近波动,质量控制越严,施工管理水平越高,则波动的幅度越小;反之,则波动的幅度越大。通过大量的数理统计分析和工程实践证明,混凝土的质量波动符合正态分布规律,正态分布曲线见图6-19。

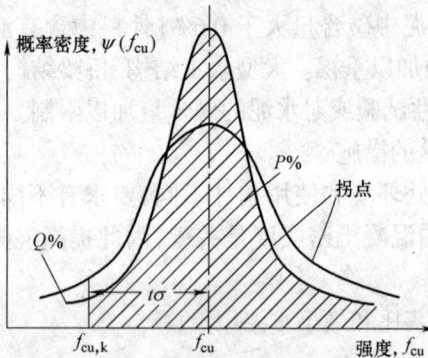

图6-19 正态分布曲线

正态分布的特点:

1. 曲线形态呈钟形,在对称轴的两侧曲线上各有一个拐点。拐点至对称轴的距离等于1个标准差σ。

2. 曲线以平均强度为对称轴两边对称。即小于平均强度和大于平均强度出现的概率相等。平均强度值附近的概率(峰值)最高。离对称轴越远,出现的概率越小。

3. 曲线与横坐标之间围成的面积为总概率,即100%。

4. 曲线越窄、越高,相应的标准差值(拐点离对称距离)也越小,表明强度越集中于平均强度附近,混凝土匀质性好,质量波动小,施工管理水平高。若曲线宽且矮,相应的标准差越大,说明强度离散大、匀质性差、施工管理水平差。因此从概率分布曲线可以比较直观地分析混凝土质量波动的情况。

(三)混凝土强度的匀质性评定

混凝土强度的均匀性,通常采用数理统计方法加以评定,主要评定参数有:

1. 强度平均值$f_{cu,m}$

混凝土强度平均值按下式计算:

$$f_{cu,m}=\frac{1}{N}(f_{cu,1}+f_{cu,2}+\cdots+f_{cu,N})=\frac{1}{N}\sum_{i=1}^{N}f_{cu,i} \tag{6-11}$$

式中,N为该批混凝土试件立方体抗压强度的总组数;$f_{cu,i}$为第i组试件的强度值。理论上,平均强度$f_{cu,m}$与该批混凝土的配制强度相等,它只反映该批混凝土强度的总平均值,而不能反映混凝土强度的波动情况。例如平均强度20MPa,可以由15 MPa、20 MPa、25 MPa求得,也可以由18 MPa、20 MPa、22MPa求得,虽然平均值相等,但它们的均匀性显然后者优于前者。

2. 标准差σ

混凝土强度标准差按下式计算:

$$\sigma = \sqrt{\frac{\sum_{i=1}^{N} (f_{cu,i} - f_{cu,m})^2}{N-1}}$$ (6-12)

由正态分布曲线可知,标准差在数值上等于拐点至对称轴的距离。其值越小,反映混凝土质量波动越小,均匀性越好。对平均强度相同的混凝土而言,标准差 σ 能确切反映混凝土质量的均匀性,但当平均强度不等时,并不确切。例如平均强度分别为 20MPa 和 50MPa 的混凝土,当 σ 均等于 5MPa 时,对前者来说波动已很大,而对后者来说波动并不算大。因此,对不同强度等级的混凝土单用标准差值尚难以评判其匀质性,宜采用变异系数加以评定。

3. 变异系数 C_v

变异系数 C_v 根据下式计算:

$$C_v = \frac{\sigma}{f_{cu,m}}$$ (6-13)

变异系数亦即为标准差 σ 与平均强度 $f_{cu,m}$ 的比值,实际上反映相对于平均强度而言的变异程度。其值越小,说明混凝土质量越均匀,波动越小。根据《混凝土强度检验评定标准》(GBJ 107—87)中规定,混凝土的生产质量水平,可根据不同强度等级,在统计同期内混凝土强度的标准差和试件强度不低于设计等级的百分率来评定。并将混凝土生产单位质量管理水平划分为"优良"、"一般"及"差"三个等级。见表 6-14。

混凝土生产质量水平 表 6-14

生产质量水平		优良		一般		差	
评定指标	强度等级生产单位	< C20	≥C20	< C20	≥C20	< C20	≥C20
混凝土强度标准差 σ(MPa)	预拌混凝土和预制混凝土构件厂	≤3.0	≤3.5	≤4.0	≤5.0	> 4.0	> 5.0
	集中搅拌混凝土的施工现场	≤3.5	≤4.0	≤4.5	≤5.5	> 4.5	> 5.5
强度等于或高于要求强度等级的百分率 P(%)	预拌混凝土厂和预制构件厂及集中搅拌的施工现场	≥95		> 85		≤85	

4. 强度保证率($P\%$)

根据数理统计的概念,强度保证率指混凝土强度总体中大于设计强度等级的概率,亦即混凝土强度大于设计等级的组数占总组数的百分率。可根据正态分布的概率函数计算求得:

$$P = \frac{1}{\sqrt{2\pi}} \int_{-t}^{\infty} e^{-\frac{t^2}{2}} dt$$ (6-14)

式中 P——强度保证率;

t——概率度,或称为保证率系数,根据下式计算:

$$t = \frac{|f_{cu,k} - f_{cu,m}|}{\sigma} = \frac{|f_{cu,k} - f_{cu,m}|}{C_v \cdot f_{cu,m}}$$ (6-15)

式中 $f_{cu,k}$——混凝土设计强度等级。

根据 t 值,可计算强度保证率 P。由于计算比较复杂,一般可根据表 6-15 直接查取 P 值。

t	0.00	0.50	0.80	0.84	1.00	1.04	1.20	1.28	1.40	1.50	1.60
$P(\%)$	50.0	69.2	78.8	80.0	84.1	85.1	88.5	90.0	91.9	93.5	94.5
t	1.645	1.70	1.75	1.81	1.88	1.96	2.00	2.05	2.33	2.50	3.00
$P(\%)$	95.0	95.5	96.0	96.5	97.0	97.5	97.7	98.0	99.0	99.4	99.87

5. 混凝土的配制强度

从上述分析可知,如果混凝土的平均强度与设计强度等级相等,强度保证率系数 $t=0$,此时保证率为 50%,亦即只有 50% 的混凝土强度大于等于设计强度等级,工程质量难以保证。因此,必须适当提高混凝土的配制强度,以提高保证率。这里指的配制强度实际上等于混凝土的平均强度。根据我国《普通混凝土配合比设计规程》(JGJ 55—2000)的规定,混凝土强度保证率必须达到 95% 以上,此时对应的保证率系数 $t=1.645$,由下式得:

$$f_{cu,h}=f_{cu,m}=f_{cu,k}+1.645\sigma \tag{6-16}$$

式中　$f_{cu,k}$——混凝土的配制强度(MPa);

　　　　σ——当生产单位或施工单位具有统计资料时,可根据实际情况自行控制取值,但强度等级小于等于 C25 时,不应小于 2.5MPa;当强度等级 $\geqslant$ C30 时,不应小于 3.0 MPa;

当无统计资料和经验时,可参考表 6-16 取值。

混凝土设计强度等级 $f_{cu,k}$	< C20	C20 ~ C50	> C50
σ(MPa)	4.0	5.0	6.0

(四)混凝土强度检验评定标准

1. 当混凝土的生产条件在较长时间内能保持一致,且同一品种混凝土的强度变异性能保持稳定时,应由连续的三组试件代表一个验收批,其强度应同时符合下列要求:

$$f_{cu,m}\geqslant f_{cu,k}+0.7\sigma \tag{6-17}$$

$$f_{cu,min}\geqslant f_{cu,k}-0.7\sigma \tag{6-18}$$

当混凝土强度等级不高于 C20 时,尚应符合下式要求:

$$f_{cu,min}\geqslant 0.85 f_{cu,k} \tag{6-19}$$

当混凝土强度等级高于 C20 时,尚应符合下式要求:

$$f_{cu,min}\geqslant 0.90 f_{cu,k} \tag{6-20}$$

式中　$f_{cu,m}$——同一验收批混凝土强度的平均值(N/mm²);

　　　　$f_{cu,k}$——设计的混凝土强度的标准值(N/mm²);

　　　　σ_0——验收批混凝土强度的标准差(N/mm²);

　　　　$f_{cu,min}$——同一验收批混凝土强度的最小值(N/mm²)。

验收批混凝土强度的标准差,应根据前一检验期内同一品种混凝土试件的强度数据,按下式确定:

$$\sigma_0=\frac{0.59}{m}\sum_{i=1}^{m}\Delta f_{cu,i} \tag{6-21}$$

式中　$\Delta f_{cu,i}$——前一检验期内第 i 验收批混凝土试件中强度的最大值与最小值之差;

m——前一检验期内验收批总批数。

2. 当混凝土的生产条件不能满足上述条件的规定时，或在前一检验期内的同一品种混凝土没有足够的强度数据用以确定验收批混凝土强度标准差时，应由不少于10组的试件代表一个验收批，其强度应同时符合下列要求：

$$f_{cu,m} - \lambda_1 \sigma \geq 0.9 f_{cu,k} \qquad (6-22)$$

$$f_{cu,min} \geq \lambda_2 f_{cu,k} \qquad (6-23)$$

式中　σ——验收批混凝土强度标准差(N/mm^2)，当小于$0.06 f_{cu,k}$时，取$\sigma=0.06 f_{cu,k}$；

λ_1、λ_2——合格判定系数。按表6-17取值。

合格判定系数　　　　　　　　　　　　　表6-17

试件组数	10～14	15～24	≥25
λ_1	1.7	1.65	1.60
λ_2	0.9	0.85	

3. 对零星生产的预制构件或现场搅拌批量不大的混凝土，可采用非统计方法评定，验收批强度必须同时符合下列要求：

$$f_{cu,m} \geq 1.15 f_{cu,k} \qquad (6-24)$$

$$f_{cu,min} \geq 0.95 f_{cu,k} \qquad (6-25)$$

4. 当对混凝土的试件强度代表性有怀疑时，可采用从结构、构件中钻取芯样或其他非破损检验方法，对结构、构件中的混凝土强度进行推定，作为是否应进行处理的依据。

五、普通混凝土的配合比设计

(一)混凝土配合比设计基本要求

混凝土配合比是指$1m^3$混凝土中各组成材料的用量，或各组成材料之重量比。配合比设计的目的是为满足以下四项基本要求：

1. 满足施工要求的和易性。

2. 满足设计的强度等级，并具有95%的保证率。

3. 满足工程所处环境对混凝土的耐久性要求。

4. 经济合理，最大限度节约水泥，降低混凝土成本。

(二)混凝土配合比设计中的三个基本参数

为了达到混凝土配合设计的四项基本要求，关键是要控制好水灰比(W/C)、单位用量(W_0)和砂率(S_p)三个基本参数。这三个基本参数的确定原则如下：

1. 水灰比。水灰比根据设计要求的混凝土强度和耐久性确定。确定原则为：在满足混凝土设计强度和耐久性的基础上，选用较大水灰比，以节约水泥，降低混凝土成本。

2. 单位用水量。单位用水量主要根据坍落度要求和粗骨料品种、最大粒径确定。确定原则为：在满足施工和易性的基础上，尽量选用较小的单位用水量，以节约水泥。因为当W/C一定时，用水量越大，所需水泥用量也越大。

3. 砂率。合理砂率的确定原则为：砂子的用量填满石子的空隙略有富余。砂率对混凝土和易性、强度和耐久性影响很大，也直接影响水泥用量，故应尽可能选用最优砂率，并根据砂子细度模数、坍落度要求等加以调整，有条件时宜通过试验确定。

（三）混凝土配合比设计方法和原理

混凝土配合比设计的基本方法有两种：一是体积法（又称绝对体积法）；二是重量法（又称假定表观密度法），基本原理如下：

1. 体积法基本原理。体积法的基本原理为混凝土的总体积等于砂子、石子、水、水泥体积及混凝土中所含的少量空气体积之总和。若以 V_h、V_c、V_w、V_s、V_g、V_k 分别表示混凝土、水泥、水、砂、石子、空气的体积，则有：

$$V_h = V_w + V_c + V_S + V_g + V_k \qquad (6-26)$$

若以 C_0、W_0、S_0、G_0 分别表示 1m³ 混凝土中水泥、水、砂、石子的用量（kg），以 ρ_w、ρ_c、ρ_s、ρ_g 分别表示水、水泥的密度和砂、石子的表观密度（g/cm³），10α 表示混凝土中空气体积，则上式可改为：

$$\frac{C_0}{\rho_c} + \frac{W_0}{\rho_w} + \frac{S_0}{\rho_s} + \frac{G_0}{\rho_g} + 10\alpha = 1000 \qquad (6-27)$$

式中，α 为混凝土含气量百分率（%），在不使用引气型外加剂时，可取 $\alpha=1$。

2. 重量法基本原理。重量法基本原理为混凝土的总重量等于各组成材料重量之和。当混凝土所用原材料和三项基本参数确定后，混凝土的表观密度（即 1m³ 混凝土的重量）接近某一定值。若预先能假定出混凝土表观密度，则有：

$$C_0 + W_0 + S_0 + G_0 = \rho_{0h} \qquad (6-28)$$

式中 ρ_{0h} 为 1m³ 为混凝土的重量（kg），即混凝土的表观密度。可根据原材料、和易性、强度等级等信息在 2350～2450kg/m³ 之间选用。

混凝土配合比设计中砂、石用量指的是干燥状态下的重量。水工、港工、交通系统常采用饱和面干状态下的重量。

（四）混凝土配合比设计步骤

混凝土配合比设计步骤为：首先根据原始技术资料计算"初步计算配合比"；然后经试配调整获得满足和易性要求的"基准配合比"；再经强度和耐久性检验定出满足设计要求、施工要求和经济合理的"试验室配合比"；最后根据施工现场砂、石的含水率换算成"施工配合比"。

1. 初步计算配合比计算步骤

（1）计算混凝土配制强度（$f_{cu,h}$）。

$$f_{cu,h} = f_{cu,m} = f_{cu,k} + 1.645\sigma \qquad (6-29)$$

（2）根据配制强度和耐久性要求计算水灰比（W/C）。

1）根据强度要求计算水灰比。

由式：$f_{cu,h} = A f_{ce} \left(\dfrac{C}{W} - B \right)$　　　则有：$\dfrac{W}{C} = \dfrac{A f_{ce}}{f_{cu,h} + A B f_{ce}}$

2）根据耐久性要求查表 6-13，得最大水灰比限值。

3）比较强度要求水灰比和耐久性要求水灰比，取两者中的最小值。

（3）根据施工要求的坍落度和骨料品种、粒径，由表 6-11 选取每立方米混凝土的用水量（W_0）。

（4）计算每立方米混凝土中的水泥用量（C_0）。

1）计算水泥用量：$C_0 = W_0 \div \dfrac{W}{C}$

2）查表 6-13，复核是否满足耐久性要求的最小水泥用量，取两者中的较大值。

（5）确定合理砂率（S_p）。

1）可根据骨料品种、粒径及 W/C 查表 6-12 选取。实际选用时可采用内插法，并根据附加说明进行修正。

2）在有条件时，可通过试验确定最优砂率。

（6）计算砂、石用量（S_0、G_0），并确定初步计算配合比。

1）重量法：

$$\begin{cases} C_0 + W_0 + S_0 + G_0 = \rho_{0h} \\ S_p = \dfrac{S_0}{S_0 + G_0} \end{cases} \tag{6-30}$$

2）体积法：

$$\begin{cases} \dfrac{C_0}{\rho_0} + \dfrac{W_0}{\rho_w} + \dfrac{S_0}{\rho_s} + \dfrac{G_0}{\rho_g} + 10\alpha = 1000 \\ S_p = \dfrac{S_0}{S_0 + G_0} \end{cases} \tag{6-31}$$

3）配合比的表达方式：

① 按上述方法求得的 C_0、W_0、S_0、G_0，直接以每立方米混凝土材料的用量（kg）表示。

② 根据各材料用量间的比例关系表示：$C_0 : S_0 : G_0 = 1 : S_0/C_0 : G_0/C_0$，再加上 W/C 值。

2. 基准配合比和试验室配合比的确定

初步计算配合比是根据经验公式和经验图表估算而得，因此不一定符合实际情况，必经通过试拌验证。当不符合设计要求时，需通过调整使和易性满足施工要求，使 W/C 满足强度和耐久性要求。

（1）和易性调整——确定基准配合比。根据初步计算配合比配成混凝土拌合物，先测定混凝土坍落度，同时观察黏聚性和保水性。如不符合要求，按下列原则进行调整：

1）当坍落度小于设计要求时，可在保持水灰比不变的情况下，增加用水量和相应的水泥用量（水泥浆）。

2）当坍落度大于设计要求时，可在保持砂率不变的情况下，增加砂、石用量（相当于减少水泥浆用量）。

3）当黏聚性和保水性不良时（通常是砂率不足），可适当增加砂用量，即增大砂率。

4）当拌合物显得砂浆量过多时，可单独加入适量石子，即降低砂率。

在混凝土和易性满足要求后，测定拌合物的实际表观密度（ρ_h），并按下式计算每 1m³ 混凝土的各材料用量——即基准配合比：

令：$A = C_{拌} + W_{拌} + S_{拌} + G_{拌}$

则有：

$$\begin{cases} C_j = \dfrac{C_{拌}}{A} \times \rho_h \\ W_j = \dfrac{W_{拌}}{A} \times \rho_h \\ S_j = \dfrac{S_{拌}}{A} \times \rho_h \\ G_j = \dfrac{G_{拌}}{A} \times \rho_h \end{cases} \tag{6-32}$$

式中　　　　　　　　A——试拌调整后,各材料的实际总用量(kg);

ρ_h——混凝土的实测表观密度(kg/m³);

$C_拌$、$W_拌$、$S_拌$、$G_拌$——试拌调整后,水泥、水、砂子、石子实际拌和用量(kg);

C_j、W_j、S_j、G_j——基准配合比中 1m³ 混凝土的各材料用量(kg)。

如果初步计算配合比和易性完全满足要求而无需调整,也必须测定实际混凝土拌合物的表观密度,并利用上式计算 C_j、W_j、S_j、G_j。否则将出现"负方"或"超方"现象。亦即初步计算 1m³ 混凝土,在实际拌制时,少于或多于 1m³。当混凝土表观密度实测值与计算值之差的绝对值不超过计算值的 2% 时,则初步计算配合比即为基准配合比,无需调整。

(2)强度和耐久性复核——确定试验室配合比。根据和易性满足要求的基准配合比和水灰比,配制一组混凝土试件;并保持用水量不变,水灰比分别增加和减少 0.05 再配制二组混凝土试件,用水量应与基准配合比相同,砂率可分别增加和减少 1%。制作混凝土强度试件时,应同时检验混凝土拌合物的流动性、黏聚性、保水性和表观密度,并以此结果代表相应配合比的混凝土拌合物的性能。

三组试件经标准养护 28d,测定抗压强度,以三组试件的强度和相应灰水比作图,确定与配制强度相对应的灰水比,并重新计算水泥和砂石用量。当对混凝土的抗渗、抗冻等耐久性指标有要求时,则制作相应试件进行检验。强度和耐久性均合格的水灰比对应的配合比,称为混凝土试验室配合比。计作 C、W、S、G。

3. 施工配合比

试验室配合比是以干燥(或饱和面干)材料为基准计算而得,但现场施工所用的砂、石料常含有一定水分,因此,在现场配料前,必须先测定砂石的实际含水率,在用水量中将砂石带入的水扣除,并相应增加砂石料的称量值。设砂的含水率为 a%;石子的含水率为 b%,则施工配合比按下列各式计算:

$$水泥: C' = C$$
$$砂子: S' = S(1 + a\%)$$
$$石子: G' = G(1 + b\%)$$
$$水: W' = W - S \cdot a\% - G \cdot b\%$$

[例 6-4] 某框架结构钢筋混凝土,混凝土设计强度等级为 C30,现场机械搅拌,机械振捣成型,混凝土坍落度要求为 50~70mm,并根据施工单位的管理水平和历史统计资料,混凝土强度标准差 ρ 取 4.0MPa。所用原材料如下:

水泥:普通硅酸盐水泥 32.5 级,密度 ρ_c=3.1,水泥强度富余系数 K_c=1.12;

砂:河砂 M_x=2.4,Ⅱ级配区,ρ_s=2.65g/cm³;

石子:碎石,D_{max}=40mm,连续级配,级配良好,ρ_g=2.70g/cm³;

水:自来水。

求:混凝土初步计算配合比。

[解] 1. 确定混凝土配制强度($f_{cu,h}$)。

$$f_{cu,h} = f_{cu,k} + 1.645\sigma = 30 + 1.645 \times 4.0 = 36.58(MPa)$$

2. 确定水灰比(W/C)。

(1)根据强度要求计算水灰比(W/C):

$$\frac{W}{C}=\frac{Af_{ce}}{f_{cu,h}+ABf_{ce}}=\frac{0.46\times32.5\times1.12}{36.58+0.46\times0.03\times32.5\times1.12}=0.46$$

（2）根据耐久性要求确定水灰比（W/C）：

由于框架结构混凝土梁处于干燥环境，对水灰比无限制，故取满足强度要求的水灰比即可。

3. 确定用水量（W_o）。

查表 6-10 可知，坍落度 55～70mm 时，用水量 185kg；

4. 计算水泥用量（C_o）。

$$C_o=W_o\times\frac{C}{W}=185\times\frac{1}{0.45}=411(\text{kg})$$

根据表 6-12，满足耐久性对水泥用量的最小要求。

5. 确定砂率（S_p）。

参照表 6-11，通过插值（内插法）计算，取砂率 $S_p=32\%$。

6. 计算砂、石用量（S_o、G_o）。

采用体积法计算，因无引气剂，取 $a=1$。

$$\left|\begin{array}{l}\dfrac{411}{3.1}+\dfrac{185}{1}+\dfrac{S_o}{2.65}+\dfrac{G_o}{2.70}+10\times1=1000\\[2mm]\dfrac{S_o}{S_o+G_o}=32\%\end{array}\right.$$

解上述联立方程得：S_o=577kg；G_o=1227kg。

因此，该混凝土初步计算配合为：C_o=411kg，W_o=185kg，S_o=577kg，G_o=1227kg。

[例 6-5] 承上题，根据初步计算配合比，称取 12L 各材料用量进行混凝土和易性试拌调整。测得混凝土坍落度 T=20mm，小于设计要求，增加 5%的水泥和水，重新搅拌测得坍落度为 65mm，且黏聚性和保水性均满足设计要求，并测得混凝土表观密度 ρ_h=2390kg/m³，求基准配合比。又经混凝土强度试验，恰好满足设计要求，已知现场施工所用砂含水率 4.5%，石子含水率1.0%，求施工配合比。

[解] 1. 基准配合比：

（1）根据初步计算配合比计算 12L 各材料用量为：

C=4.932kg，W=2.220kg，S=6.92kg，G=14.72kg

（2）增加 5%的水泥和水用量为：

$\Delta C=0.247$kg，$\Delta W=0.111$kg

（3）各材料总用量为：

$A=(4.932+0.247)+(2.220+0.111)+6.92+14.92=29.35(\text{kg})$

（4）根据式（4-33）计算得基准配合比为：C_j=422，W_j=190，S_j=564，G_j=1215。

2. 施工配合比：

根据题意，试验室配合比等于基准配合比，则施工配合比为：

$C=C_j=422$kg

$S=564\times(1+4.5\%)=589$kg

$G=1215\times(1+1\%)=1227$kg

$W=190-564\times4.5\%-1215\times1\%=152$kg

[例 6-6] 承上题求得的混凝土基准配合比,若掺入减水率为 18% 的高效减水剂,并保持混凝土落度和强度不变,实测混凝土表观密度 $\rho_h = 2400kg/m^3$。求掺减水剂后混凝土的配合比。1m³ 混凝土节约水泥多少千克?(提示:高效减水剂的重量忽略不计)

[解] (1)减水率 18%,则实际需水量为:

$$W = 190 - 190 \times 18\% = 156kg$$

(2)保持强度不变,即保持水灰比不变,则实际水泥用量为:

$$C = 156 / 0.45 = 347kg$$

(3)掺减水剂后混凝土配合比如下:

各材料总用量 = 347+156+564+1215=2282

$$C' = \frac{347}{2282} \times 2400 = 365(kg) \qquad W' = \frac{156}{2282} \times 2400 = 164(kg)$$

$$S' = \frac{564}{2282} \times 2400 = 593(kg) \qquad G' = \frac{1215}{2282} \times 2400 = 1278(kg)$$

实际每立方米混凝土节约水泥:422-365=57kg。

第二节 高强及高性能混凝土

混凝土的发展已有 100 多年历史,高强混凝土的出现也已半个多世纪,高性能混凝土则是 1990 年由美国首次提出。根据我国《高强混凝土结构技术规程》(CECS 104∶99),将强度等级大于等于 C50 的混凝土称为高强混凝土;将具有良好的施工和易性和优异耐久性,且均匀密实的混凝土称为高性能混凝土;同时具有上述各性能的混凝土称为高强高性能混凝土;而《普通混凝土配合比设计规范》(JGJ 55—2000)中则将强度等级大于等于 C60 的混凝土称为高强混凝土;《混凝土结构设计规范》(GB 50010—2002)则未明确区分普通混凝土或高强混凝土。综合国内外对高强混凝土的研究和应用实践,以及现代混凝土技术的发展,将大于等于 C60 的混凝土称为高强度混凝土是比较合理的。

高性能混凝土是由高强混凝土发展而来的,迄今各国对其要求和定义不完全相同,但对其应具有的技术特征,较为一致的观点是:高耐久性;高体积稳定性;适当的高抗压强度;良好的工作性。因此,高性能混凝土配合比设计的侧重点并不仅限于强度,一般来讲更侧重于其工作性和耐久性。

一、高强及高性能混凝土的原材料

(一)水泥

水泥的品种通常选用硅酸盐水泥和普通水泥,也可采用矿渣水泥等。强度等级选择一般为:C50 ~ C80 混凝土宜用强度等级 42.5 的水泥;C80 以上选用更高强度等级的水泥。所选用的水泥要求质量稳定、需水量低、流动性好、活性高。当混凝土强度等级为 C50 ~ C80 时,水泥用量宜控制在 400 ~ 500kg/m³;当混凝土强度等级大于 C80 时,水泥用量宜控制在 500 ~ 550 kg/m³,且尽可能降低水泥用量。可通过掺硅粉、粉煤灰等矿物掺和料来提高混凝土的强度,水泥和矿物掺合料的总量不宜大于 600kg/m³。

(二)骨料

1. 细骨科

应选用洁净的砂,最好是天然河砂作细骨科,一般宜选用级配良好的中砂,细度模数宜大于 2.6。含泥量不应大于 1.5%,当配制 C70 以上混凝土,含泥量不应大于 1.0%。有害杂质控制在国家标准以内。

2. 粗骨料

石子宜选用坚硬的石灰岩或深成火山岩,且宜选用碎石,强度宜大于混凝土强度的 1.20 倍,最大粒径一般不宜大于 25mm,对强度等级大于 C80 的混凝土,最大粒径不宜大于 20mm。针片状含量一般不超过 10%,但对高强高性能混凝土,则不宜大于 5%;含泥量一般不超过 1.0%,对强度等级大于 C100 的混凝土,含泥量不应大于 0.5%。

配制高性能混凝土宜采用连续级配的骨料,颗粒级配对高性能混凝土拌合物的工作性能和混凝土强度有着重要影响。良好的颗粒级配可以用较少的用水量制得流动性好,离析、泌水少的混凝土拌合物,并能得到均匀致密、强度较高的混凝土,达到提高混凝土强度和节约水泥的效果。

(三) 外加剂

配制高强及高性能混凝土时掺入一定量的高效减水剂、引气剂等化学外加剂,是改善混凝土性能不可缺少的重要措施。

1. 高效减水剂

高效减水剂是高强及高性能混凝土最常用的外加剂品种,应用高效减水剂可以配制出流动性满足施工需要、水灰比低,而强度很高的高强混凝土;可以配制出自行流动、密实成型的自密实混凝土;以及配制出充分满足不同工程特定性能需要和匀质性良好的高性能混凝土等。高效减水剂的应用成为混凝土技术发展的一个重要里程碑,我国混凝土高效减水剂按化学成分可分为萘系、多羧酸系、三聚氰胺系和氨基磺酸盐 4 大类,目前最常用的是萘系和三聚氰胺系高效减水剂,如常用的 NF、UNF、FDN 等。

高效减水剂减水率必须大于 12%,用于高强及高性能混凝土一般要求大于 20%,以最大限度降低水灰比,提高强度。高效减水剂不仅能增加混凝土拌合物的流动性,大幅度地提高温凝土的强度和弹性模量,还对减少徐变,提高混凝土的耐久性有重要作用。

高效减水剂掺量一般为水泥用量的 1% ~ 2.5%,如何正确选用高效减水利、确定最佳掺量、有效控制坍落度的损失,则需要通过试验确定。

2. 引气剂及其他外加剂

在高强及高性能混凝土配制时常掺用引气剂改善混凝土的施工和易性及耐久性。引气剂的润滑作用有利于可改善拌合物的流动性和黏聚性,提高拌合物的泵送性能;同时,引气作用能够改善混凝土的抗渗性能、抗腐蚀性能、抗风化性能以及抗冻性能,从而提高混凝土的耐久性。

常用引气剂有松香树脂、烷基苯磺碱盐、脂肪醇磺酸盐等。许多高效减水剂都不同程度的引气,称为引气型高效减水剂。

此外,为改善混凝土的和易性及提供其他特殊性能,在高强及高性能混凝土配制时也可同时掺入缓凝剂、防水剂、膨胀剂、防冻剂等。掺量按不同品种和要求根据需要选用。

(四) 矿物掺合料

矿物掺合料是指在混凝土拌合物中,为了节约水泥,改善混凝土性能加入的具有一定细度的天然或者人造的矿物粉体材料,以硅、铝、钙等一种或多种氧化物为主要成分,也称为矿物外加剂,近年来,作为混凝土的第六组分,在现代混凝土中得到广泛应用。

混凝土中掺入矿物掺合料,可替代水泥,改善新拌混凝土的工作性、降低大体积 混凝土的内部温升以及提高硬化混凝土的耐久性等。同时,由于矿物掺合料通常是工业副产品或天然材料经过简单加工就可以应用,因此使用矿物掺合料具有节约能源、保护资源和减小环境污染等社会和生态多重意义。

在高强及高性能混凝土中,常采用的矿物掺合料有:

1. 硅粉:它是生产硅铁时产生的烟灰,故也称硅灰,是高强混凝土配制中应用最早、技术最成熟、应用较多的一种掺合料。硅粉中活性 SiO_2 含量达 90% 以上,比表面积达 15000m²/kg 以上,火山灰活性高,且能填充水泥的空隙,从而极大地提高混凝土密实度和强度,提高混凝土耐久性能。硅灰的适宜掺量为水泥用量的 5% ~ 10%。

2. 磨细矿渣:通常将矿渣磨细到比表面积 350m²/kg 以上,从而具有优异的早期强度和耐久性。掺量一般控制在 20% ~ 50% 之间。矿粉的细度越大,其活性越高,增强作用越显著,但粉磨成本也大大增加。与硅粉相比,增强作用略逊,但其他性能优于硅粉。

3. 优质粉煤灰:一般选用 I 级灰,利用其内含的玻璃微珠润滑作用,降低水灰比,以及细粉末填充效应和火山灰活性效应,提高混凝土强度和改善综合性能。掺量一般控制在20% ~ 30%之间。I 级粉煤灰的作用效果与矿粉相似,且抗裂性优于矿粉。

4. 沸石粉:天然沸石含大量活性 SiO_2 和微孔,磨细后作为混凝土掺合料能起到微粉和火山灰活性功能,比表面积 500m²/kg 以上,能有效改善混凝土黏聚性和保水性,并增强了内养护,从而提高混凝土后期强度和耐久性,掺量一般为 5% ~ 15%。

5. 偏高岭土:偏高岭土是由高岭土($Al_2O_3 \cdot 2SiO_2 \cdot 2H_2O$)在 700 ~ 800℃条件下脱水制得的白色粉末,平均粒径 1 ~ 2 μm,SiO_2 和 Al_2O_3 含量90%以上,特别是 Al_2O_3 较高。掺入偏高岭土能显著提高混凝土的早期强度和长期抗压强度、抗弯强度及劈裂抗拉强度,同时能有效抑制混凝土的碱 – 骨料反应和提高抗硫酸盐腐蚀能力。

我国《高强高性能混凝土用矿物外加剂》(GB/T 18736—2002)规定了用于高强高性能混凝土所有矿物外加剂的技术性能要求。

二、高强及高性能混凝土的配合比设计

高强及高性能混凝土配合比设计理论尚不完善,目前其配合比都是经试配来确定,已有的工程实践和试验研究结果可作为试配依据,一般可尊循下列原则进行。

(一)水灰比 W/C

普通混凝土配合比设计中的鲍罗米公式对 C60 以上的混凝土已不尽适用,但水灰比仍是决定混凝土强度的主要因素,目前尚无完善的公式可供选用,故配合比设计时通常根据设计强度等级、原材料和经验选定水灰比。

(二)用水量和水泥用量

普通水泥中用水量根据坍落度要求、骨料品种、粒径选择。高强及高性能混凝土可参考执行,当由此确定的用水量导致水泥或胶凝材料总用量过大时,可通过调整减水剂品种或掺量来降低用水量或胶凝材料用量。也可以根据强度和耐久性要求,首先确定水泥或胶凝材料用量,再由水灰比计算用水量,当流动性不能满足设计要求时,再通过调整减水剂品种

或掺量加以调整。

（三）砂率

对泵送高强混凝土,砂率的选用要考虑可泵性要求,一般为 34% ~ 44%,在满足施工工艺和施工和易性要求时,砂率宜尽量选小些,以降低水泥用量。从原则上来说,砂率宜通过试验确定最优砂率。

（四）高效减水剂

高效减水剂的品种选择原则,除了考虑减水率大小外,尚要考虑对混凝土坍落度损失、保水性和黏聚性的影响,更要考虑对强度、耐久性和收缩的影响。

减水剂的掺量可根据减水率的要求,在允许掺量范围内,通过试验确定。但一般不宜因减水的需要而超量掺用。

（五）掺合料

其掺量通常根据混凝土性能要求和掺合料品种性能,结合原有试验资料和经验选择并通过试验确定。

其他设计计算步骤与普通混凝土基本相同。

三、高强及高性能混凝土的主要技术性质

1. 高强及高性能混凝土的早期强度高,但后期强度增长率一般不及普通混凝土。故不能用普通混凝土的龄期—强度关系式(或图表),由早期强度推算后期强度。如 C60 ~ C80 混凝土,3d 强度约为 28d 的 60% ~ 70%;7d 强度约为 28d 的 80% ~ 90%。

2. 高强及高性能混凝土由于非常致密,故抗渗、抗冻、抗碳化、抗腐蚀等耐久性指标均十分优异,可极大地提高混凝土结构物的使用年限。

3. 高强及高性能混凝土通常水化热大,自收缩大,干缩也较大,较易产生裂逢,尤其易产生早期裂缝,应加强早期养护。

4. 高强混凝土可使构件截面尺寸大大减小,从而改变“肥梁胖柱”的现状,减轻建筑物自重,简化地基处理,并使高强钢筋的应用和效能得以充分利用。

5. 高强混凝土的弹性模量高,徐变小,可大大提高构筑物的结构刚度。特别是对预应力混凝土结构,可大大减小预应力损失。

6. 高强混凝土的抗拉强度增长幅度往往小于抗压强度,即拉压比相对较低,且随着强度等级提高,脆性增大,韧性下降。

四、高强及高性能混凝土的应用

高强及高性能混凝土作为建设部推广应用的十大新技术之一,是建设工程发展的必然趋势。发达国家早在 20 世纪 50 年代即已开始研究应用高强混凝土,并在 20 世纪 90 年代提出高性能混凝土的概念。高强混凝土在我国 20 世纪 80 年代初首先在轨枕和预应力桥梁中得到应用,在高层建筑中应用则始于 80 年代末,进入 90 年代以来,研究和应用增加。当前国内一些大型结构工程、铁路工程和市政工程中有很多已采用了 C60、C80 及 C100 的高性能混凝土,如北京国家大剧院工程中部分混凝土柱采用了 C100 的高性能混凝土。

随着国民经济的发展,高强高性能混凝土在建筑、道路、桥梁、港口、海洋、大跨度及预应力结构、高耸建筑物等工程中的应用将越来越广泛,强度等级也将不断提高,C50 ~ C80 的

混凝土将普遍得到使用,C80 以上的混凝土将在一定范围内得到应用。

第三节　预拌混凝土

预拌混凝土通常也称为商品混凝土,其特点是集中拌制、商品化供应,将混凝土这一主要的建筑材料,从备料、拌制到运输的一系列环节,从传统的施工现场分离出来,成为一种商品,直接进入建筑物作业层,是建筑施工技术进步的一个标志,也是混凝土施工技术发展的必然趋势。

一、预拌混凝土的定义及分类

根据《预拌混凝土》(GB/T 14902—2003)的定义,预拌混凝土是指将水泥、骨料、水以及根据需要掺入的外加剂、矿物掺合料等组分按一定比例,在搅拌站经计量、拌制后出售的并采用运输车,在规定的时间内运至使用地点的混凝土拌合物。工程上又将坍落度不小于100mm,且采用泵送施工的预拌混凝土称为泵送混凝土。

预拌混凝土根据特性要求分为通用品与特制品。通用品强度等级不大于C50,坍落度范围在 25~180mm 之间,粗骨料最大公称粒径在 20~40mm 之间。特制品可规定其他特殊要求,对强度等级、坍落度、粗集料最大公称粒径的规定尚可在通用品规定的范围之外。对预拌混凝土的质量要求可详见《预拌混凝土》(GB/T 14902—2003)。

二、预拌混凝土的发展概述

国外预拌混凝土产业最早是在欧洲兴起的,1903 年德国就建造了世界上第一座预拌混凝土工厂,到 20 世纪 30 年代末几乎所有的欧洲国家都有了预拌混凝土工厂雏型,二战之后,随着欧美大陆新的一轮经济增长,预拌混凝土产业得以迅速壮大。近年来,预拌混凝土正在全世界范围内得到较大规模的发展,预拌混凝土应用量比重的大小标志着一个国家的混凝土生产工业化程度的高低。

我国预拌混凝土始于 20 世纪 70 年代末、80 年代初,起步较晚,但发展迅速。至 2006年,全国预拌混凝土供应量 4.76 亿 m³,比 2005 年增加 1.07 万 m³,增幅为 29.17%;预拌混凝土年搅拌能力为 10.81 亿 m³,比 2005 年增加 1.95 亿 m³,混凝土搅拌站 2891 个,比 2005 年增加 466 个;混凝土搅拌车 37427 辆,比 2005 年增加 7112 辆,混凝土泵车 6527 辆,比 2005年增加 1341 辆。

目前全国各大中城市房屋建筑工程及交通、水利、铁道、码头、大坝、核电站等工程,普遍采用预拌混凝土。经济发达国家预拌混凝土已成为独立的行业,有许多混凝土工程公司专门生产和供应预拌混凝土,并承包建设项目的混凝土工程。

三、预拌混凝土的基本特征及性能优点

(一)预拌混凝土的基本特征

预拌混凝土具备的基本特征包括:

1. 生产设施设备高度自动化并不断向智能化发展;

2. 生产、供应管理的专业化、规范化;

3. 产品质量的高度稳定性和可靠性;

4. 输送设备的现代化、高效化；

5. 生产、使用的集约化、节约化；

6. 预拌混凝土的商品性。

（二）预拌混凝土的性能优点

基于以上特征，与现场搅拌的混凝土相比，预拌混凝土具备了以下性能优点：

1. 质量好、强度稳定。由于机械化程度高，计量准确，搅拌均匀，使混凝土离散性大大减少。

2. 施工速度快。由于预拌混凝土生产量大、效率高，有利于加快施工进度。

3. 节约场地。采用预拌混凝土，只须考虑进车通道和输送泵位置就行，可节省 70%~80% 的场地。

4. 提高劳动效率。采用预拌混凝土可省去从事混凝土作业 70%~80% 劳动力。

5. 改善施工环境。由于采用预拌混凝土，现场不设搅拌站，减少粉尘、噪声等环境污染，有利于文明施工和提高工程质量。

6. 利于推广新技术。预拌混凝土可采用散装水泥、掺活性掺料、配制流态混凝土与高性能混凝土，并采用自动上料、微机控制、电视监控、计量准确等先进预拌混凝土技术。

四、泵送混凝土

泵送混凝土系指坍落度不小于 100mm，并采用泵送施工的预拌混凝土。它能一次连续完成水平运输和垂直运输，效率高、节约劳动力，因而近年来国内外应用也十分广泛。

从材料成分上讲，泵送混凝土与一般混凝土没有什么区别，但在质量上泵送混凝土有它的特殊要求，这就是混凝土的可泵性。

所谓可泵性，即混凝土拌合物能顺利通过管道、摩阻力小、不离析、不堵塞和黏塑性良好的性能。可泵性良好的混凝土拌合物能顺利通过管道输送到达浇筑地点，否则，容易造成堵塞，影响混凝土的正常施工。因此，在混凝土原材料的选择和配合比方面要慎重考虑，以求配制出可泵性良好的混凝土拌合物。

（一）泵送混凝土原材料的选择

1. 骨料

（1）粗骨料。粗骨料的级配、粒径和形状对混凝土拌合物的可泵性影响很大。具有连续级配的、级配良好的粗骨料，空隙率小，对节约砂浆和增加混凝土的密实度起很大作用。为了防止混凝土拌合物泵送时管道堵塞，保证泵送顺利进行，还需控制粗骨料最大粒径与混凝土输送管径之比，一般要求：当泵送高度在 50m 以下时，对碎石应小于输送管最小内径的 1/3，对卵石应小于输送管内径的 2/5；当泵送高度在 50~100m 时，这个比例宜为 1:3~1:4；泵送高度在 100m 以上时，宜为 1:4~1:5。此外粗骨料的形状对混凝土拌和物的泵送性能亦产生影响，一般表面光滑的圆形或近似圆形的粗骨料比尖锐扁平的要好，因为后者单位体积的表面积比前者大，也就需要更多的砂浆去包裹其表面。为此，针片状颗粒含量多和石子级配不好时，输送管道转弯处的管壁往往易磨损，且针片状颗粒一旦横在输送管中，易造成输送管堵塞。因此粗骨料中针片状颗粒含量不宜大于 10%。

（2）细骨料。细骨料对混凝土拌合物可泵性的影响比粗骨料大得多。混凝土拌合物所以能在输送管内顺利流动，是由于砂浆润滑管壁和粗骨料悬浮在砂浆中的缘故。因而要求细骨料有良好的级配。一般认为细骨料最佳级配曲线应尽可能接近砂的级配范围的中部区域,采用中砂,细度模数在 2.4～3 之间。

2. 水泥

水泥品种对混凝土的可泵性有一定的影响。一般以采用硅酸盐水泥、普通硅酸盐水泥以及矿渣硅酸盐水泥、粉煤灰硅酸盐水泥为宜。对大体积混凝土,用矿渣硅酸盐水泥,采取适当措施提高砂率,降低坍落度以及掺加粉煤灰,提高保水性等技术措施,可顺利地用于泵送混凝土,对于有效降低水泥水化热,防止过大温差引起混凝土温度裂缝是有利的。

3. 混合材料

所谓混凝土的混合材料是指除去水泥、粗细骨料、水等主要材料外,在搅拌时加入的其他材料。混合材料一般分为外加剂和掺合料两大类。

用于泵送混凝土的外加剂主要有减水剂和引气剂两类。这两类外加剂掺入混凝土拌合物后都可以降低混凝土拌合物的泌水性及水泥浆的离析现象,增加坍落度,延缓水泥水化热的释放速度,显著改善混凝土拌合物的流动性。泵送混凝土的掺合料最常用者是粉煤灰。掺入后能使流动性明显增加,且能减少混凝土拌合物的泌水和干缩程度。在泵送混凝土中同时掺加外加剂和粉煤灰(简称"双掺"),对提高混凝土拌合物的可泵性十分有利。

(二)泵送混凝土的配合比设计

泵送混凝土配合比设计的目的,是根据工程对混凝土性能的要求(抗压强度、耐久性等)和混凝土泵送的要求,选择原材料并设计出经济指标好、质量优且可泵性好的混凝土。

由混凝土的可泵性来确定混凝土的配合比,就是根据原材料的质量、泵送距离、泵的种类、输送管的管径、浇筑方法和气候条件等进行试配,必要时,应通过试泵送来最后确定泵送混凝土的配合比。

1. 混凝土可泵性的评价

混凝土的可泵性,可用压力泌水试验仪结合施工经验进行控制。压力泌水试验仪是一直径 125mm 的圆筒,上下装有可装拆的顶盖和底座。上部装有活塞,由手动千斤顶驱动。底部的侧面有一泌水孔,外部接有水龙头。试验时,把体积约 1700cm³ 的混凝土分两层装进圆筒,关闭水龙头,开动手动千斤顶驱动活塞,使圆筒中的混凝土拌合物受到约 3.5MPa 的压力。打开水龙头并保持压力不变,按规定的时间间隔测出流出的水量。开始 10s 内流出的水量的体积以 V_{10} 表示,开始 140s 内出水量的总体积以 V_{140} 表示,则相对泌水率为:

$$S_{10} = \frac{V_{10}}{V_{140}}$$ (6-33)

式中　　S_{10}——混凝土拌合物加压至 10s 时的相对泌水率(%),取三次试验结果的平均值,精确到 1%;

　　　V_{10}、V_{140}——混凝土拌合物加压至 10s 和 140s 时的泌水量(ml),取三次试验结果的平均值,精确到 1%。

容易脱水的混凝土,在开始 10s 内的出水速度很快,V_{10} 值很大,而 140s 后的泌出水的体积却很小。因而,S_{10} 的值可代表混凝土拌合物的保水性能。该值小,表明混凝土拌合物的可泵性好;反之,则表明可泵性不好。

2. 坍落度的选择

普通方法施工的混凝土的坍落度,是根据捣实方式确定的。而泵送混凝土除考虑捣实方式外,还要考虑其可泵性。坍落度过小的混凝土拌合物,要求用较高的泵送压力,会使得混凝土泵的磨损增加。因此,配置泵送混凝土时要求的坍落度值应按下式计算:

$$T_t = T_p + \Delta T \qquad (6-34)$$

式中　T_t——试配时要求的坍落度值;

　　　T_p——入泵时要求的坍落度值;

　　　ΔT——试验测得在预计时间内的坍落度经时损失值。

当采用预拌混凝土时,混凝土拌合物经过运输坍落度会有所损失,因此,在确定预拌混凝土生产出料时的坍落度时,必须考虑上述运输过程中的坍落度损失。

泵送混凝土入泵时的坍落度一般应符合表 6-18 的要求。

混凝土入泵坍落度选用表　表 6-18

泵送高度(m)	30 以下	30 ~ 60	60 ~ 100	100 以上
坍落度(mm)	100 ~ 140	140 ~ 160	160 ~ 180	180 ~ 200

3. 水灰比选择

一般来说水灰比大有利于混凝土拌合物泵送,但水灰比大会使混凝土强度降低。水灰比还与泵送混凝土在输送管中的流动阻力有关,水灰比减小,混凝土拌合物的流动阻力就大。因此《混凝土泵送施工技术规程》(JGJ/T 10—95)规定,泵送混凝土的水灰比宜为 0.40~0.60。不过对一些高强度混凝土,水灰比为 0.30~0.35。

4. 最小水泥用量的限制

在用普通方法施工的混凝土中,水泥用量是根据混凝土的强度和水灰比确定的。而在泵送混凝土中,为满足管道输送的要求,克服管道内的摩阻力,必须有足够的水泥浆包裹骨料表面和润滑管壁。所以对泵送混凝土有最小水泥用量的要求。最小水泥用量与输送管直径、泵送距离、骨料等有关。规程规定最小水泥和矿物掺合料用量宜为 300kg/m³。

5. 砂率的确定

由于泵送混凝土的输送管道有直管、弯管、锥形管和软管,混凝土拌合物通过这些管道时要发生形状变化,砂率低的混凝土和易性差、变形困难、不宜通过、易产生堵塞。因此泵送混凝土的砂率比非泵送混凝土的砂率要高约 2%~5%,宜为 38%~45%。对于 C60 及其以上的高强高性能混凝土要控制砂率在 38%以下。

[例 6-7] 混凝土基准配合比为 $C:W:S:G$=410:182:636:1181,W/C=0.44,砂率 35%,利用泵送剂将其配制成坍落度为 180mm 的泵送混凝土,求其配合比。

[解] 假设混凝土的表观密度为 2400kg/m³;

设计原则为:(1)水泥用量、水用量不变,W/C 不变;(2)砂率增大 5%至 40% ~ 45%。

掺入泵送剂后,水泥用量不变,C=410 kg/m³;水用量不变,W=182 kg/m³;砂率增大 5%,则 S_p=35%+5%=40%。

由

$$\begin{cases} C + W + S + G = 2400 \\ \dfrac{S}{S+G} = 40\% \end{cases}$$

计算得到:S=723 kg/m³,G=1085 kg/m³。

所以,泵送混凝土的配合比为:$C:W:S:G$=410:182:723:1085。

（三）泵送后混凝土性质的变化

1. 坍落度

泵送会改变拌合物坍落度，一般是泵送前混凝土坍落度越小，其变化越大；空气含量越多、温度越高、输送管越长，则变化越大。水泥用量和砂率对变化也有影响。

2. 重力密度

在泵送过程中，混凝土拌合物受压，密实度和重力密度应该有所增加。但由于在泵送过程中混凝土拌合物受到的压力不大，且压力是脉冲式的，因而对重力密度的影响不大。

3. 混凝土温度

在泵送过程中，混凝土拌合物与管道摩擦，从而温度可能升高。一般温度升高1℃，拌合物坍落度下降0.40cm。因此必须充分考虑由于温度的升高而引起的坍落度降低。

4. 空气含量

经过泵送，混凝土拌合物内的空气含量有下降的趋势，这是空气受压的结果。

5. 抗压强度

经过泵送混凝土的抗压强度变化很小，可以忽略不计。

此外，混凝土的抗拉强度、弹性模量、混凝土的凝结时间等没有什么变化。然而，由于泵送混凝土的用水量和用灰量较大，使混凝土易产生离析和收缩裂纹等问题。

第四节　其他混凝土

一、粉煤灰混凝土

粉煤灰混凝土是指以一定量粉煤灰取代部分水泥配制而成的混凝土。

（一）粉煤灰的技术要求

粉煤灰在混凝土中的主要功能是利用其火山灰活性、玻璃微珠改善和易性及粉末效应。根据《粉煤灰混凝土应用技术规程》（GBJ 146—90），粉煤灰分为三级，见表6-19。

粉煤灰质量指标的分级　　　　　　　　　　　　　　　　表6-19

质量指标 粉煤灰等级	细度(45μm) 方孔筛筛余(%)	烧失量(%)	需水量比(%)	SO₃含量(%)
Ⅰ级	≤12	≤5	≤95	≤3
Ⅱ级	≤20	≤8	≤105	≤3
Ⅲ级	≤45	≤15	≤115	≤3

Ⅰ级灰的品位较高，具有一定减水作用，强度活性也较高，可用于普通钢筋混凝土，高强混凝土和后张法预应力混凝土。Ⅱ级灰一般不具有减水作用，主要用于普通钢筋混凝土。Ⅲ级灰品位较低，也较粗，活性较差，一般只用于素混凝土和砂浆。

（二）粉煤灰取代水泥的最大限量

混凝土中掺入粉煤灰后，虽然可以降低水化热，改善混凝土的抗渗性等，但由于其水化消耗 $Ca(OH)_2$，将降低混凝土的抗碳化性能，减弱混凝土对钢筋锈蚀的保护作用。为了保证混凝土结构的耐久性，《粉煤灰混凝土应用技术规范》（GBJ 146—90）中规定了粉煤灰的最大限量，见表6-20。

混 凝 土 种 类	粉煤灰取代水泥的最大限量(%)			
	硅酸盐水泥	普通水泥	矿渣水泥	火山灰水泥
预应力钢筋混凝土	25	15	10	—
钢筋混凝土,高强度混凝土,高抗冻融性混凝土,蒸养混凝土	30	25	20	15
中、低强度混凝土,泵送混凝土,大体积混凝土,水下混凝土,地下混凝土,压浆混凝土	50	40	30	20
碾压混凝土	65	55	45	35

(三)粉煤灰混凝土配合比设计

粉煤灰混凝土配合比的设计是以普通混凝土初步计算配合比为标准,按等和易性、等强度原则,用超量取代法、等量取代法或外掺法设计计算,再经试配调整确定。最常用的方法是超量取代法,其配合比设计的基本原理如下。

1. 按表 6-20 选择粉煤灰取代率(f)。

2. 计算粉煤灰混凝土中水泥用量(C)。

$$C = C_0(1-f) \tag{6-35}$$

式中　C_0——每立方米混凝土初步计算水泥用量(kg)。

3. 按表 6-21 选择超量系数(K)。

粉煤灰超量系数　　　　　　　　　　　　表 6-21

粉煤灰级别	Ⅰ	Ⅱ	Ⅲ
超量系数 K	1.1 ~ 1.4	1.3 ~ 1.7	1.5 ~ 2.0

4. 计算 $1m^3$ 混凝土中的粉煤灰用量 F(kg)。

$$F = K(C_0 - C) \tag{6-36}$$

5. 计算超量部分粉煤灰的体积(V_R)。

$$V_R = \frac{F}{\rho_F} - \frac{C_0 - C}{\rho_c} \tag{6-37}$$

式中　ρ_F、ρ_c——分别为粉煤灰和水泥的密度。

6. 计算细骨料(砂)用量。根据粉煤灰混凝土的设计原理,要扣除与粉煤灰超量部分等体积的砂。按下式计算:

$$S = S_0 - V_R \times \rho_s \tag{6-38}$$

7. 水和粗骨料用量保持不变。

(四)粉煤灰混凝土的主要技术性质

1. 粉煤灰混凝土的施工和易性优于普通混凝土,可泵性明显改善,特别是较易振捣密实,均质性良好,因而抗渗性能较好。

2. 粉煤灰混凝土的水化热较低,较适合于大体积混凝土工程。

3. 粉煤灰混凝土的抗侵蚀性能较好。

4. 粉煤灰混凝土的碱度降低,故抗碳化性能下降,对钢筋的保护作用有所下降。

5. 粉煤灰混凝土的早期强度较低,后期强度增长较大,因此,可根据具体结构采用56d、

60d 或 90d 作为设计强度等级的龄期。

二、轻混凝土

轻混凝土是指表观密度小于 1950kg/m³ 的混凝土。可分为轻骨料混凝土、多孔混凝土和无砂大孔混凝土三类。轻混凝土的主要特点为：

1. 表观密度小。轻混凝土与普通混凝土相比，其表观密度一般可减小 1/4 ~ 3/4，使上部结构的自重明显减轻。

2. 保温性能良好。材料的表观密度是决定其导热系数的最主要因素，轻混凝土通常具有良好的保温性能，降低建筑物使用能耗。

3. 耐火性能良好。轻混凝土具有保温性能好、热膨胀系数小等特点，遇火强度损失小，故特别适用于耐火等级要求高的高层建筑和工业建筑。

4. 力学性能良好。轻混凝土的弹性模量较小、受力变形较大，抗裂性较好，能有效吸收地震能，提高建筑物的抗震能力，故适用于有抗震要求的建筑。

5. 易于加工。轻混凝土中，尤其是多孔混凝土，易于打入钉子和进行锯切加工。这对于施工中固定门窗框、安装管道和电线等带来很大方便。

6. 变形较大。轻骨料混凝土的弹性模量约为同级别普通混凝土的 50% ~ 70%，收缩和徐变比普通混凝土相应增大。此外，热膨胀系数则比普通混凝土低 20% 左右。

（一）轻骨料混凝土

用轻粗骨料、轻细骨料（或普通砂）和水泥配制而成的混凝土，其干表观密度不大于 1950kg/m³，称为轻骨料混凝土。当粗细骨料均为轻骨料时，称为全轻混凝土；当细骨料为普通砂时，称砂轻混凝土。

1. 轻骨料的种类及技术性质

（1）轻骨料的种类。凡是骨料粒径为 5mm 以上，堆积密度小于 1000kg/m³ 的轻质骨料，称为轻粗骨料。粒径小于 5mm，堆积密度小于 1200kg/m³ 的轻质骨料，称为轻细骨料。

轻骨料按来源不同分为三类：① 天然轻骨料；② 工业废料轻骨料；③ 人造轻骨料。

（2）轻骨料的技术性质。轻骨料的技术性质主要有堆积密度、强度、颗粒级配和吸水率等，此外，还有耐久性、体积安定性、有害成分含量等。

1）堆积密度：轻骨料的堆积密度直接影响所配制的轻骨料混凝土的表观密度和性能，轻粗骨料按堆积密度划分为 200 ~ 1100kg/m³ 共 10 个等级。

2）强度：轻粗骨料的强度，通常采用"筒压法"测定其筒压强度。筒压强度是间接反应轻骨料颗粒强度的一项指标，不能反映轻骨料在混凝土中的真实强度，因此，技术规程中还规定采用强度标号来评定轻粗骨料的强度。

3）吸水率：轻骨料混凝土的用水量由附加用水量与净用水量两部分组成。拌合物总用水量中被骨料吸收的部分，数量相当于 1h 的吸水量，称为附加用水量，其余部分使拌合物获得要求的流动性和保证水泥水化的进行，称为净用水量。在设计轻骨料混凝土配合比时，必须根据轻骨料的 1h 吸水率计算附加用水量。

4）最大粒径与颗粒级配：保温及结构保温轻骨料混凝土用的轻骨料，其最大粒径不宜大于 40mm。结构轻骨料混凝土的轻骨料不宜大于 20mm。

对轻粗骨料的级配要求，其自然级配的空隙率不应大于 50%。轻砂的细度模数不宜大于 4.0;大于 5mm 的筛余量不宜大于 10%。

2. 轻骨料混凝土的分类

（1）按干表观密度分。轻骨料混凝土干表观密度范围为 560～1950kg/m³,按干表观密度可分为 600～1900 共计 14 个等级。

（2）按强度等级分。按立方体抗压强度标准值可分为 CL5.0、CL7.5、CL10、CL15、CL20、CL25、CL30、CL35、CL40、CL45、CL50、CL55、CL60 共计 13 个等级。

值得说明的是,轻骨料混凝土强度的决定因素除了水泥强度与水灰比外,还取决于轻骨料的强度;且受轻骨料自身强度的限制,每一品种轻骨料只能配制一定强度的混凝土。

（3）按用途不同分。轻骨料混凝土根据用途可按表 6-22 分为三大类。

轻骨料混凝土按用途分类　　　　　　　　　　　表 6-22

类 别 名 称	混凝土强度等级的合理范围	混凝土表观密度等级的合理范围	用 途
保温轻骨料混凝土	CL5.0	≤800	主要用于保温的围护结构或热工构筑物
结构保温轻骨料混凝土	CL5.0、CL7.5、CL10、CL15	800～1400	主要用于既承重又保温的围护结构
结构轻骨料混凝土	CL15、CL20、CL25、CL30、CL35、CL40、CL45、CL50、CL55、CL60	1400～1900	主要用于承重构件或构筑物

3. 轻骨料混凝土的热工性能

轻骨料混凝土通常具有较好的保温性能,各密度等级的轻骨料混凝土在干燥状态下和在平衡含水率状态下的各种热物理系数应符合表 6-23 的要求。

轻骨料混凝土的各种热物理系数　　　　　　　　表 6-23

密度等级	导热系数		比热容		导温系数		蓄热系数	
	λ_d	λ_c	C_d	C_d	α_d	α_d	S_{d24}	S_{c24}
	[W/(m·K)]		(kJ/kg·K)		(m²/h)		[W/(m²·K)]	
600	0.18	0.25	0.84	0.92	1.28	1.63	2.56	3.01
700	0.20	0.27	0.84	0.92	1.25	1.50	2.91	3.38
800	0.23	0.30	0.84	0.92	1.23	1.38	3.37	4.17
900	0.26	0.33	0.84	0.92	1.22	1.33	3.73	4.55
1000	0.28	0.36	0.84	0.92	1.20	1.37	4.10	5.13
1100	0.31	0.41	0.84	0.92	1.23	1.36	4.57	5.62
1200	0.36	0.47	0.84	0.92	1.29	1.43	5.12	6.28
1300	0.41	0.52	0.84	0.92	1.38	1.48	5.73	6.93
1400	0.47	0.59	0.84	0.92	1.50	1.56	6.43	7.65
1500	0.52	0.67	0.84	0.92	1.63	1.66	7.19	8.44
1600	0.59	0.77	0.84	0.92	1.78	1.77	8.01	9.30
1700	0.76	0.87	0.84	0.92	1.91	1.89	8.81	10.20
1800	0.87	1.01	0.84	0.92	2.08	2.07	9.74	11.30

密度等级	导热系数		比热容		导温系数		蓄热系数	
	λ_d	λ_c	C_d	C_d	α_d	α_d	S_{d24}	S_{c24}
	[W/(m·K)]		(kJ/kg·K)		(m²/h)		[W/(m²·K)]	
1900	1.01	1.15	0.84	0.92	2.26	2.23	10.70	12.40

注:1. 轻骨料混凝土的体积平衡含水率取 6%;

2. 用膨胀矿渣珠作粗骨料的混凝土导热系数可按表列数值降低 25% 取用或经试验确定;

3. 各物理系数符号角标"d"表示干燥状态下,"c"表示平衡含水率状态下,"24"表示周期为 24h。

4. 轻骨料混凝土的制作与使用特点

(1)轻骨料本身吸水率较天然砂、石大,若不进行预湿,则拌合物在运输或浇筑过程中的坍落度损失较大,在设计混凝土配合比时须考虑轻骨料附加水量。

(2)拌合物中粗骨料容易上浮,也不易搅拌均匀,应选用强制式搅拌机作较长时间的搅拌。轻骨料混凝土成型时振捣时间不宜过长,以免造成分层,最好采用加压振捣。

(3)轻骨料吸水能力较强,要加强浇水养护,防止早期干缩开裂。

5. 轻骨料混凝土配合比设计要点

轻骨料混凝土配合比设计的基本要求与普通混凝土相同,同时尚应满足对混凝土表观密度的要求。设计方法与普通混凝土基本相似,分为绝对体积法和松散体积法。砂轻混凝土宜采用绝对体积法,松散体积法宜用于全轻混凝土,然后按设计要求的混凝土表观密度为依据进行校核,最后通过试拌调整得出。

轻骨料混凝土与普通混凝土配合比设计中的不同之处主要有两点,一是用水量为净用水量与附加用水量两者之和;二是砂率为砂的体积占砂石总体积之比值。

(二)多孔混凝土

多孔混凝土中无粗、细骨料,内部充满大量细小封闭的孔,孔隙率高达 60% 以上。多孔混凝土可分为加气混凝土和泡沫混凝土两种。近年来,也有用压缩空气经过充气介质弥散成大量微气泡,均匀地分散在料浆中而形成多孔结构。这种多孔混凝土称为充气混凝土。同时,根据养护方法的不同,多孔混凝土又可分为蒸压多孔混凝土和非蒸压(蒸养或自然养护)多孔混凝土两种。

多孔混凝土质轻,其表观密度不超过 1000kg/m³,通常在 300~800kg/m³ 之间;保温性能优良,导热系数一般为 0.09~0.17W/(m·K);可加工性好。

1. 蒸压加气混凝土

蒸压加气混凝土是用钙质材料、硅质材料和适量加气剂为原料,经过磨细、配料、搅拌、浇筑、切割和蒸压养护等工序生产而成。通常是在工厂预制成砌块或条板等制品。

蒸压加气混凝土砌块强度级别有:A1.0、A2.0、A2.5、A3.5、A5.0、A7.5、A10.0 七个级别;干密度级别有:B03、B04、B05、B06、B07、B08 六个级别。同时砌块按尺寸偏差、干密度、抗压强度和抗冻性分为优等品(A)、合格品(B)两个等级。各密度级别对应的强度级及包括导热系数在内的相关技术性能指标要求见表 6-24。

蒸压加气混凝土砌块适用于承重和非承重的内墙和外墙。加气混凝土条板可用于工业和民用建筑中,作承重和保温合一的屋面板和隔墙板。蒸压加气混凝土还可做成各种保温制品,如管道保温壳等。

干密度级别		B03	B04	B05	B06	B07	B08
干密度	优等品（A）≤	300	400	500	600	700	800
	合格品（B）≤	325	425	525	625	725	825
强度级别	优等品（A）≤	A1.0	A2.0	A3.5	A5.0	A7.5	A10.0
	合格品（B）≤			A2.5	A3.5	A5.0	A7.5
干燥收缩值	标准法（mm/m）≤	0.50					
	快速法（mm/m）≤	0.80					
抗冻性	质量损失（%）≤	5.0					
	冻后强度（MPa）≥ 优等品（A）	0.8	1.6	2.8	4.0	6.0	8.0
	合格品（B）			2.0	2.8	4.0	6.0
导热系数（干态）[W/(m·K)]		0.10	0.12	0.14	0.16	0.18	0.20

注：规定采用标准法、快速法测定砌块干燥收缩值时，若测定结果发生矛盾不能判定时，以标准法测定的结果为准。

蒸压加气混凝土的吸水率大，且强度较低，其所用砌筑砂浆及抹面砂浆需专门配制。墙体外表面必须作饰面处理，与门窗固定方法也与砖墙不同。

2. 泡沫混凝土

泡沫混凝土是将由水泥等拌制的料浆与由泡沫剂搅拌造成的泡沫混合搅拌，再经浇筑、养护硬化而成的多孔混凝土。

配制自然养护的泡沫混凝土时，水泥强度等级不宜低于32.5。当采用蒸汽养护或蒸压养护时，不仅可缩短养护时间，且能提高强度，还能掺用粉煤灰、煤渣或矿渣，以节省水泥。若以粉煤灰、石灰、石膏等为胶凝材料，再经蒸压养护，可制成蒸压泡沫混凝土。

泡沫混凝土的技术性质和应用，与相同表观密度的加气混凝土大体相同。也可在现场直接浇筑，用作屋面保温层。

（三）大孔混凝土

大孔混凝土指无细骨料的混凝土，按其粗骨料的种类，可分为普通无砂大孔混凝土和轻骨料大孔混凝土两类。普通人孔混凝土是用碎石、卵石、重矿渣等配制而成，表观密度在1500～1900kg/m³之间，抗压强度为3.5～10MPa。轻骨料大孔混凝土则是用陶粒、浮石、碎砖、煤渣等配制而成，表现密度在500～1500kg/m³之间，抗压强度为1.5～7.5MPa。

大孔混凝土的导热系数小，保温性能好，吸湿性较小，收缩一般较普通混凝土小30%～50%，抗冻性优良。宜采用单一粒级的粗骨料，不允许采用小于5mm和大于40mm的骨料。

大孔混凝土适用于制做墙体小型空心砌块、砖和各种板材，也可用于现浇墙体。普通大孔混凝土还可制成滤水管、滤水板等，广泛用于市政工程。

三、特种混凝土

（一）抗渗混凝土

抗渗混凝土系指抗渗等级不低于P6级的混凝土。即它能抵抗0.6MPa静水压力作用而不发生透水现象。为了提高混凝土的抗渗性，通常采用合理选择原材料、提高混凝土的密实程度以及改善混凝土内部孔隙结构等方法来实现。常用的抗渗混凝土的配制方法有：

1. 富水泥浆法。依靠采用较小的水灰比,较高的水泥用量和砂率,提高水泥浆的质量和数量,使混凝土更密实。

2. 骨料级配法。通过改善骨料级配,使骨料本身达到最大密实程度的堆积状态。同时,加入约占骨料量 5%～8% 的粒径小于 0.16mm 的细粉料,使混凝土结构致密,提高抗渗性。

3. 外加剂法。在混凝土中掺适当品种的外加剂,改善混凝土内孔结构,隔断或堵塞混凝土中各种孔隙、裂缝、渗水通道等,达到改善混凝土抗渗的目的。这种方法与前面两种方法比,施工简单,造价低廉,质量可靠,被广泛采用。

4. 特种水泥法。采用无收缩不透水水泥、膨胀水泥等来拌制混凝土,能够改善混凝土内的孔结构,有效提高混凝土的致密度和抗渗能力。

(二) 耐热混凝土

耐热混凝土是指能长期在高温(200～900℃)作用下保持所要求的物理和力学性能的一种特种混凝土。

普通混凝土不耐高温,原因是:水泥石中的氢氧化钙及石灰岩质的粗骨料在高温下均要产生分解,石英砂在高温下要发生晶型转变而体积膨胀,加之水泥石与骨料的热膨胀系数不同,导致普通混凝土在高温下产生裂缝,强度严重下降,甚至破坏。

耐热混凝土是由合适的胶凝材料、耐热粗、细骨料及水,按一定比例配制而成。根据所用胶凝材料不同,通常可分为矿渣水泥耐热混凝土、铝酸盐水泥耐热混凝土、水玻璃耐热混凝土、磷酸盐耐热混凝土。这些耐热混凝土其极限使用温度可达到 900～1700℃ 不等。

耐热混凝土多用于高炉基础、焦炉基础、热工设备基础及围护结构、炉衬、烟囱等。

(三) 耐酸混凝土

能抵抗多种酸及大部分腐蚀性气体侵蚀作用的混凝土称为耐酸混凝土。

1. 水玻璃耐酸混凝土。由水玻璃作胶结料,氟硅酸钠作促硬剂,与耐酸粉料及耐酸粗、细骨料按一定比例配制而成。能抵抗除氢氟酸以外的各种酸类的侵蚀,特别是对硫酸、硝酸有良好的抗腐性。多用于化工车间的地坪、酸洗槽、贮酸池等。

2. 硫磺耐酸混凝土。以硫磺为胶凝材料,聚硫橡胶为增韧剂,掺入耐酸粉料和细骨料,经加热(160～170℃)熬制成硫磺砂浆,灌入耐酸粗骨料中冷却后即为硫磺耐酸混凝土。常用于地面、设备基础、贮酸池槽等。

(四) 聚合物混凝土

聚合物混凝土是由有机聚合物、无机胶凝材料和骨料结合而成的新型混凝土,常用的有以下两类。

1. 聚合物浸渍混凝土(PIC)。将已硬化的混凝土干燥后浸入有机单体中,用加热或辐射等方法使混凝土孔隙内的单体聚合,使混凝土与聚合物形成整体,制成聚合物浸渍混凝土。聚合物浸渍混凝土具有高强、耐蚀、抗冲击等优良的物理力学性能。与基材(混凝土)相比,抗压强度可提高 2～4 倍,一般可达 150MPa。适用于要求高强度、高耐久性的特殊构件,特别适用于输送液体的有筋管道、无筋管和坑道。

2. 聚合物水泥混凝土(PCC)。用聚合物乳液拌和水泥,并掺入砂或其他骨料而制成。生产工艺与普通混凝土相似,便于现场施工。聚合物水泥混凝土粘结性能好,耐久性和耐磨性高,抗折强度明显提高,但不及聚合物浸渍混凝土显著,抗压强度有可能下降。多用于无缝地面,也常用于混凝土路面和机场跑道面层和构筑物的防水层。

（五）纤维混凝土

纤维混凝土是以混凝土为基体，外掺各种纤维材料而成。掺入纤维的目的是提高混凝土的抗拉、抗弯、冲击韧性，也可以有效改善混凝土的脆性性质。所用的纤维必须具有耐碱、耐海水、耐气候变化的特性。

在纤维混凝土中，纤维的含量，纤维的几何形状以及纤维的分布情况，对其性质有重要影响。常用的钢纤维混凝土一般可提高抗拉强度 2 倍左右，抗冲击强度提高 5 倍以上。

纤维混凝土目前主要用于复杂应力结构构件、对抗冲击性要求高的工程，如飞机跑道、高速公路、桥面面层、管道等。

（六）防辐射混凝土

能遮蔽 x、γ 射线等对人体有危害的混凝土，称为防辐射混凝土。它由水泥、水及重骨料配制而成，其表观密度一般在 3000kg/m³ 以上。混凝土愈重，其防护 x、γ 射线的性能越好，且防护结构的厚度可减小。但对中子流的防护，除需要混凝土很重外，还需要含有足够多的最轻元素——氢。

配制防辐射混凝土时，宜采用胶结力强、水化结合水量高的水泥，如硅酸盐水泥，最好使用硅酸锶等重水泥。常用重骨料主要有重晶石、褐铁矿、磁铁矿、赤铁矿等。另外，掺入硼和硼化物及锂盐等，也能有效改善混凝土的防护性能。

防辐射混凝土主要用于原子能工业以及应用放射性同位素的装置中，如反应堆、加速器、放射化学装置、海关、医院等的防护结构。

（七）喷射混凝土

喷射混凝土是用压缩空气喷射施工的混凝土。施工时将预先配好的水泥、砂、石子和一定数量的速凝剂装入喷射机，利用压缩空气将其送至喷头与水混合后，高速喷向岩石或混凝土的表面。掺加速凝剂可保证喷射混凝土能在几分钟内凝结，并能提高混凝土的早期强度，减少回弹量。

喷射混凝土宜采用凝结硬化较快的硅酸盐水泥或普通水泥，水泥用量 300 ~ 450kg/m³，水灰比 0.4 ~ 0.5；并应仔细选择所用骨料的级配，以免发生堵管现象，10mm 以上粗骨料要控制在 30%以下。

喷射混凝土密实性高，抗压强度为 25 ~ 40MPa，抗拉强度为 2.0 ~ 2.5MPa，与岩石的粘结力为 1.0 ~ 1.5MPa。广泛应用于岩石地下工程、开挖边坡和基坑的加固与支护工程等。

（八）彩色混凝土

彩色混凝土，也称为面层着色混凝土。通常采用彩色水泥或白水泥加颜料按一定比例配制成彩色饰面料，先铺于模底，再在其上浇筑普通混凝土，这称为反打一步成型。除此之外，还可采取在新浇混凝土表面上干撒着色硬化剂显色，或者采用化学着色剂渗入已硬化混凝土的毛细孔中，生成难溶且抗磨的有色沉淀物显示色彩。

彩色混凝土目前多用于制作路面砖，有人行道砖和车行道砖两类，按其形状又分为普通形砖和异形砖两种。采用彩色路面砖铺路面，具有美化城市的作用。

（九）碾压式水泥混凝土

碾压式水泥混凝土是以较低的水泥用量和很小的水灰比配制而成的超干硬性混凝土，经机械振动碾压密实而成，通常简称为碾压混凝土。碾压混凝土的原材料与普通混凝土基本相同，通常掺大量的粉煤灰。配合比设计主要通过击实试验，以最大表观密度或强度为技术指标,来选择合理的骨料级配、砂率、水泥用量和最佳含水量,采用体积法计算砂石用量,并通过试拌调整和强度验证,最终确定配合比。

这种混凝土主要用来铺筑路面和坝体,具有强度高、密实度大、耐久性好和成本低、工效高等优点。当应用于大体积混凝土工程时,由于水化热小,可简化降温措施,节约降温费用。对混凝土路面工程,其养护费用远低于沥青混凝土路面,且使用年限较长。

(十)智能混凝土

智能化是现代社会的发展方向,如交通系统、办公场所、居住社区等都向智能化发展。作为各项建筑的基础,混凝土材料的智能化是现代混凝土技术的发展方向。智能化混凝土尚处于研制、开发阶段,目前尚没有成熟的技术。

实现混凝土智能化的基本思路,是在混凝土中加入智能组分,使之具有屏蔽电磁场、调温、调湿、自动变色、损伤报警等功能。目前国内外研制开发的智能混凝土主要有:电磁场屏蔽混凝土、交通导航混凝土、损伤自诊断混凝土、调湿混凝土、自愈合混凝土等。

思考题与习题

1. 普通混凝土的主要组成材料有哪些? 各组成材料在硬化前后的作用如何?

2. 配制混凝土应考虑哪些基本要求?

3. 砂颗粒级配、细度模数的概念及测试和计算方法。

4. 石子最大粒径、针片状、压碎指标的概念及测试和计算方法。

5. 粗骨料最大粒径的限制条件。

6. 混凝土拌合物和易性的概念、测试方法、主要影响因素、调整方法及改善措施。

7. 减水剂的作用机理和主要功能。

8. 混凝土立方体抗压强度、棱柱体抗压强度、抗拉强度和劈裂抗拉强度的概念及相互关系。

9. 影响混凝土强度的主要因素及提高强度的主要措施有哪些?

10. 在什么条件下能使混凝土的配制强度与其所用水泥的强度等级相等?

11. 影响混凝土收缩值的因素主要有哪些?

12. 温度变形对混凝土结构的危害。

13. 影响混凝土耐久性的主要因素及提高耐久性的措施有哪些?

14. 混凝土的合理砂率及确定的原则是什么?

15. 混凝土质量(强度)波动的主要原因有哪些?

16. 预拌混凝土如何定义,其性能优点有哪些?

17. 甲、乙两种砂,取样筛分结果如下:

筛孔尺寸(mm)		4.75	2.36	1.18	0.600	0.300	0.150	<0.150
筛余量(g)	甲 砂	0	0	30	80	140	210	40
	乙 砂	30	170	120	90	50	30	10

（1）分别计算细度模数并评定其级配。

（2）欲将甲、乙两种砂混合配制出细度模数为 2.7 的砂,问两种砂的比例应各占多少?混合砂的级配如何?

18. 钢筋混凝土梁的截面最小尺寸为 320mm,配置钢筋的直径为 20mm,钢筋中心距离为 80mm,问可选用最大粒径为多少的石子?

19. 某工程用碎石和普通水泥 32.5 级配制 C40 混凝土,水泥强度富余系数 1.10,混凝土强度标准差 4.0MPa。求水灰比。若改用普通水泥 42.5 级,水泥强度富余系数同样为 1.10,水灰比为多少?

20. 三个建筑工地生产的混凝土,实际平均强度均为 23.0MPa,设计要求的强度等级均为 C20,三个工地的强度变异系数 C_v 值分别为 0.102、0.155 和 0.250。问三个工地生产的混凝土强度保证率(P)分别是多少? 并比较三个工地施工质量控制水平。

21. 某工程设计要求的混凝土强度等级为 C25,要求强度保证率 $P = 95\%$。试求:

（1）当混凝土强度标准差 $\sigma = 5.5$MPa 时,混凝土的配制强度应为多少?

（2）若提高施工管理水平,σ 降为 3.0MPa 时,混凝土的配制强度为多少?

（3）若采用普通硅酸盐水泥 32.5 和卵石配制混凝土,用水量为 180kg / m^3,水泥富余系数 $K_c = 1.10$。问 σ 从 5.5MPa 降到 3.0MPa,每立方米混凝土可节约水泥多少千克?

22. 某工程在一个施工期内浇筑的某部位混凝土,各班测得的混凝土 28d 的抗压强度值(MPa)如下:

22.6;23.6;30.0;33.0;23.2;23.2;22.8;27.2;21.2;26.0;24.0;30.8;22.4;21.2;24.4;24.4;
23.2;24.4;22.0;26.20;21.8;29.0;19.9;21.0;29.4;21.2;24.4;26.8;24.2;19.0;20.6;21.8;
28.6;26.8;28.6;28.8;37.8;36.8;29.2;35.6;28.0。(试件尺寸:150mm × 150mm × 150mm)

该部位混凝土设计强度等级为 C20,试计算此批混凝土的平均强度 $f_{cu,m}$、标准差 σ、变异系数 C_v 及强度保证率 P。

23. 已知混凝土的水灰比为 0.60,每 m^3 混凝土拌和用水量为 180kg,采用砂率 33%,水泥的密度 $\rho_c = 3.10$g/cm^3,砂子和石子的表观密度分别为 $\rho_s = 2.62$g/cm^3 及 $\rho_g = 2.70$g/cm^3。试用体积法求 1m^3 混凝土中各材料的用量。

24. 某实验室试拌混凝土,经调整后各材料用量为:普通水泥 4.5kg、水 2.7kg、砂 9.9kg、碎石 18.9g,又测得拌合物表观密度为 2.38kg/L,试求:

（1）每立方米混凝土的各材料用量;

（2）当施工现场砂子含水率为 3.5%,石子含水率为 1%时,求施工配合比;

（3）如果把实验室配合比直接用于现场施工,则现场混凝土的实际配合比将如何变化?对混凝土强度将产生多大影响?

25. 某混凝土预制构件厂,生产预应力钢筋混凝土大梁,需用设计强度为 C40 的混凝土,拟用原材料为:

水泥:普通硅酸盐水泥 42.5,水泥强度富余系数为 1.10,$\rho_c = 3.15$g/cm^3;

中砂:$\rho_s = 2.66$g/cm^3,级配合格;

碎石:$\rho_g = 2.70$g/cm^3,级配合格,$D_{max} = 20$mm。

已知单位用水量 $W = 170$kg,标准差 $\sigma = 5$MPa。试用体积法计算混凝土配合比。并求出每拌三包水泥(每包水泥重 50kg)的混凝土时各材料用量。

26. 今用普通硅酸盐水泥 42.5,配制 C20 碎石混凝土,水泥强度富余系数为 1.10,耐久性要求混凝土的最大水灰比为 0.60,问混凝土强度富余多少? 若要使混凝土强度不产生富余,可采取什么方法?

27. 某建筑公司拟建一栋面积 5000m² 的 6 层住宅楼,估计施工中要用 125m³ 现浇混凝土,已知混凝土的配合比为 1∶1.74∶3.56,W/C=0.56,现场供应的原材料情况为:

水泥:普通水泥 32.5, $\rho_c = 3.1g/cm^3$;

砂:中砂、级配合格,$\rho_s = 2.60g/cm^3$;

石:5~40mm 碎石,级配合格,$\rho_g = 2.70g/cm^3$。

试求:(1)每立方米混凝土中各材料的用量;

(2)如果在上述混凝土中掺入 1.5%的减水剂,并减水 18%,减水泥 15%,计算每立方米混凝土的各种材料用量;

(3)本工程混凝土可节省水泥约多少吨?

第七章 砂 浆

```
内容提要:本章着重介绍砂浆的原材料及其性能要求;砂浆的物理力学性能、
耐久性等的技术要求以及检测评价方法;砌筑砂浆和普通抹面砂浆的基本要求、
原材料要求以及技术要求;砌筑砂浆和普通抹面砂浆的配合比设计;装饰砂浆的
原材料要求和选用、技术要求以及施工工艺要求等。同时还介绍了几种特种砂浆
的特性和应用。
```

砂浆是由无(有)机胶凝材料、细骨料、矿物掺合料、化学外加剂以及水等材料按适当的
比例配制而成的建筑材料。砂浆与混凝土的最大差别在于其组成材料中不含粗骨料。因此,
在性能上与混凝土有相近的地方。但由于用途不同,砂浆又有与混凝土不尽相同的要求。合
理选择和使用砂浆,对保证工程质量,降低成本有着重要意义。

砂浆的种类很多,分类方法也很多。

(一)按胶凝材料的品种分类

按所用的胶凝材料,砂浆可分为水泥砂浆、石灰砂浆、石膏砂浆、混合砂浆和聚合物水
泥砂浆等。混合砂浆又包括水泥石灰砂浆、水泥黏土砂浆和水泥粉煤灰砂浆等。

(二)按生产方式分类

按生产方式,砂浆可以分为商品砂浆和现场配制砂浆。商品砂浆是指砂浆在工厂进行
配料和混合而成,并作为一种商品进行出售的砂浆。现场配制砂浆则是指在施工工程现场
进行配制的砂浆。

(三)按砂浆的存在形式分类

按其存在形式,砂浆可以分为干混砂浆和预拌砂浆。干混砂浆是指由胶凝材料、矿物掺
合料、细骨料、外加剂等固体材料组成,经工厂配料和混合而制成的砂浆半成品,不含拌合
水。拌合水是使用前在施工现场搅拌时加入。属于商品砂浆,具有品质均一、使用方便、针对
性强等特点。预拌砂浆则是指包含水在内,所有组成材料均在工厂配制混合搅拌而成的砂
浆。干混砂浆和预拌砂浆均属于商品砂浆。

(四)按砂浆的用途分类

按用途不同,砂浆可分为普通砂浆和特种砂浆等。其中,普通砂浆包括砌筑砂浆和抹面
砂浆。特种砂浆是指某些性能具有特殊的要求的砂浆,包括黏结砂浆、灌浆砂浆和修补砂浆
等三大类。砌筑砂浆和抹面砂浆是使用量最大、使用范围最广的两种砂浆,性能要求较为简
单,并常以预拌砂浆的形式使用。特种砂浆则常以干混砂浆的形式出现。

砂浆在建筑工程中是一种用量大、用途广泛的建筑材料,广泛用于建筑工程的各个方
面。砌筑砂浆可以将单块的砖、石、砌块胶结成为砌体,用来修建各种建筑物,如房屋、堤坝、
护坡、桥涵等砖石结构物。抹面砂浆则用来粉刷和装修墙面、地面及钢筋混凝土梁、柱等结

构表面,并使之具有防水、保温及吸声等功能。砂浆的性能直接决定着其应用场所和工程使用效果,而其性能又与其组成密切相关。

第一节　砂浆的组成及性质

一、砂浆的组成

砂浆的组成材料主要有:胶凝材料、细骨料(砂)、矿物掺合料、化学外加剂和水等。

(一)胶凝材料

砂浆中所用的胶凝材料主要包括:水泥、石灰、石膏和有机胶凝材料等。在选用时应根据使用环境、用途等合理选择。在干燥条件下使用的砂浆既可选用气硬性胶凝材料(石灰、石膏),也可选用水硬性胶凝材料(水泥)和有机胶凝材料;若在潮湿环境或水中使用的砂浆则必须选用水泥或有机胶凝材料作为胶凝材料。

1. 水泥

硅酸盐水泥、普通硅酸盐水泥、高铝水泥、矿渣水泥、粉煤灰水泥、火山灰水泥以及复合水泥等水泥品种都可以用来配制砂浆。水泥的品种应根据砂浆的品种和用途选择;对于一些专门用途的砂浆,还可以采用某些专用水泥和特种水泥。某些特种砂浆的水泥选用还应考虑水泥对化学添加剂的适应性。例如,修补砂浆应采用快硬性的水泥或高铝水泥;装饰砂浆应采用白水泥、彩色水泥等,且还应考虑水泥化学成分的影响。

为合理利用资源、节约材料,应尽可能选择强度等级较低的水泥。严禁使用废品水泥。

2. 石灰

为节约水泥,改善砂浆的和易性,砂浆中常掺入一定量的石灰配制成混合砂浆。当对砂浆要求不高时,也可单独使用配制成石灰砂浆。石灰主要是指熟化后的熟石灰,其可由生石灰、磨细生石灰以及电石渣等熟化得到。石灰应符合第四章所述的技术要求。

3. 石膏

石膏胶凝材料由于具有质轻、强度较高、防火等优良性能,且原材料来源广泛、生产能耗低,而被广泛用于配制砂浆,如配制粉刷石膏、抹面砂浆、内墙腻子、石膏自流平砂浆等等。

目前,除了建筑石膏外,电厂湿法脱硫产生的脱硫石膏也被研究用在砂浆中,并取得了一定的进展。作为砂浆中的胶凝材料,无论其来源,石膏的质量要求主要有细度、凝结时间和强度,均应符合国家标准《建筑石膏》GB 9776 的要求,具体的技术要求参见第四章。

4. 有机胶凝材料

用于砂浆的有机胶凝材料主要包括可再分散聚合物粉末(乳胶粉)、水溶性聚乙烯醇、环氧树脂、聚合物乳液等。乳胶粉和聚合物乳液主要有聚乙烯醋酸乙烯酯(EVA)、聚醋酸乙烯 – 叔碳酸乙烯酯(VaVeoVa)、聚苯乙烯 – 丙烯酸酯(SAE)、聚丙烯酸酯(PAE)、丁苯乳胶粉(乳液)等。有机胶凝材料可单独作为胶凝材料,用于配制砂浆;但更多情况下是和水泥等无机胶凝材料复掺,来配制砂浆。

有机胶凝材料能显著影响砂浆的各种性能。改善砂浆与不同基体的粘结强度,提高砂浆憎水性、抗折强度、抗弯强度、耐磨损性、机械稳定性和抗冲击性能,以及耐水、耐温、耐冻融、干燥收缩性和抗渗透性等耐久性。

正是由于有机胶凝材料这些良好的作用，而被广泛用于配制特种砂浆。但其价格较为昂贵，不宜用于砌筑砂浆和抹面砂浆等普通砂浆。

（二）砂

砂浆用砂主要是天然砂。使用前一般须经过筛分，以去除一些较粗的颗粒以及树根、草皮等杂质。尤其在配制高强度砂浆时，为保证砂浆的质量，应选用洁净的砂。且因砂浆层较薄，应对砂子最大粒径有所限制。一般而言，配制砌筑砂浆和抹面砂浆时，采用普通中粗砂即可。光滑的抹面及勾缝砂浆则应采用细砂。配制特种砂浆时，则应根据其具体的性能要求，选择合适的砂。例如，装饰砂浆应选择使用白色的或彩色的石英砂；要达到立体装饰效果，石英砂中还应具有一些颗粒较大的砂。而灌浆砂浆则宜采用细或较细的石英砂。

当采用人工砂、山砂、炉渣等作为细骨料时，应根据经验或试配而确定其技术指标，以防发生质量事故。

（三）矿物掺合料

矿物掺合料常用于水泥砂浆中，起到改善砂浆和易性，降低砂浆成本的作用。常用于水泥砂浆的矿物掺合料包括粉煤灰、矿渣微粉、凹凸棒石、沸石粉以及膨润土等。粉煤灰、矿渣微粉以及沸石粉的品质指标应符合现行国家相关标准的要求。凹凸棒石和膨润土等主要用来起到保水增稠的作用，既可以用于普通砌筑砂浆和抹面砂浆，也可用于特种砂浆；但应用前应通过试验研究，确定其合适的掺量。

（四）化学外加剂

化学外加剂常是为了改善砂浆的某些性能而使用的化学物质，虽然化学外加剂的掺量较小，但常会对砂浆的性能起到显著的影响。

普通砌筑砂浆和抹面砂浆中，常用化学外加剂有起增塑作用的引气剂和减水剂等，以及保水增稠作用的纤维素醚等。特种砂浆中则会用到多种化学外加剂，包括纤维素醚、淀粉醚等保水增稠剂、防水剂、早强剂、缓凝剂、减水剂、引气剂、消泡剂等等。

化学外加剂应符合有关国家标准，并经砂浆性能试验合格后，方可使用。

（五）水

用于拌制砂浆的水应采用符合国家标准《混凝土拌合用水标准》（JGJ 163）规定的饮用水。当采用其他拌合水时，必须按该国家标准进行检验，合格后方可使用。

二、砂浆的性质

砂浆的性质主要包括物理性能、力学性能、耐久性能以及其他一些特殊性能等。物理性能主要包括流动性、保水性、体积密度以及凝结时间等；力学性能主要包括抗压强度、抗折强度、静弹性模量、柔韧性、粘结抗拉强度等；耐久性能主要包括耐高温性能、耐冻融性能、抗干燥收缩性、耐候性、耐水性、耐碱侵蚀性能等。

（一）物理性能

1. 和易性

新拌砂浆的和易性是指新拌砂浆是否便于施工并保证质量的性质。和易性好的新拌砂浆便于施工操作，并与基层粘结牢固。砂浆和易性的好坏取决于其流动性和保水性。

（1）流动性

砂浆的流动性是指在自重或外力作用下流动的性能。流动性可以用流动度或稠度来表示。流动度是指一定量的加水搅拌好的水泥砂浆经过振捣振动后的扩展范围。砂浆稠度则是反应砂浆的稀稠程度,是通过砂浆稠度仪来测定的,以沉入度或稠度表示。流动度与稠度均是反映水泥砂浆流动性的参数,二者之间既具有联系,但又并不呈现出同步变化的规律。砂浆的稠度大并不一定代表砂浆的流动度大,反之亦然。

砂浆的流动度通常可参照《水泥胶砂流动度测定方法》GB 2419进行测定,但针对如自流平材料、灌浆砂浆等特种砂浆,也具有特定的测试方法。例如自流平材料,其流动度测试则是通过测定搅拌好的材料经一定时间扩展后的直径来衡量,具体测试方法可见行业标准《地面用水泥基自流平砂浆》(JC/T 985—2005)。

不同的砂浆,对流动性要求不同,砌筑砂浆和抹面砂浆常对其稠度有明确的要求。而特种砂浆常对其流动度有明确的限制。例如水泥基地面自流平材料,其初始流动度和搅拌好20min后的流动度均要求不小于130mm;而灌浆材料的初始流动度和搅拌好30min后的流动度则分别要求不小于260mm和230mm。

影响砂浆流动性的因素很多,如胶凝材料种类和用量、用水量、细骨料的粗细程度、粒形及颗粒级配、搅拌时间、掺合料种类及用量以及化学外加剂种类和用量等。

(2) 保水性

砂浆保水性是指砂浆能保持水分的能力,也是衡量新拌水泥砂浆在运输以及停放时内部组分稳定性的性能指标。保水性不好的砂浆,在运输和存放过程中容易泌水离析,即水分浮在上面,砂和水泥沉在下面,使用前必须重新搅拌。在涂抹过程中,保水性不好的水泥砂浆中的水分容易被墙体材料吸去,使砂浆过于干稠,涂抹不平,同时由于砂浆过多失水会影响砂浆的正常凝结硬化,降低了砂浆与基层的粘结力以及砂浆本身的强度。

砂浆的保水性可用分层度或保水率两个指标来衡量。分层度用砂浆分层度测量仪来测定,常作为衡量普通砌筑砂浆和抹面砂浆保水性好坏的参数,分层度是指根据需要加水搅拌好的砂浆,一部分利用稠度测定仪测得其初始稠度,另一部分根据相关标准放入分层度筒静置30min,然后去掉分层度筒上部20cm厚的砂浆,剩余部分砂浆重新拌和后,再利用稠度测定仪测定其稠度,前后两次稠度之差值。分层度越小,说明水泥砂浆的保水性越好,稳定性越好;分层度越大,则水泥砂浆泌水离析现象严重,保水性越差,稳定性越差。一般而言,普通水泥砌筑砂浆的分层度要求在10~30mm之间,而抹面砂浆则对保水性要求相对较高,分层度应不大于20mm。原因在于,分层度大于30mm的砂浆由于产生离析,保水性差;而分层度只有几个毫米的砂浆,虽然上下层无分层现象,保水性好,但这种情况往往是胶凝材料用量过多,或者砂子过细,砂浆硬化后会干缩很大,尤其不适宜用作抹面砂浆。

同稠度一样,普通商品砂浆的分层度也主要是受到水泥、矿物掺合料、骨料、保水增稠材料以及用水量等组成的影响。

保水率是另外一个衡量砂浆保水性好坏的参数,多用于衡量除上述两种普通砂浆外的特种砂浆保水性好坏,是特种砂浆保水性的量化指标。砂浆保水率大,则砂浆保水性好;砂浆保水率小,则砂浆保水性差。相比较而言,分层度对于测量保水性相对较好的水泥砂浆时,灵敏度不够,常难以测得出差别;而保水率测试时,使用了具有良好吸水性的滤纸,即使砂浆保水性很高,滤纸仍能吸附砂浆中的水分,而吸附水分的多少和砂浆保水性密切相关,因此保水率能够精确反映出砂浆的保水性。

除上述影响分层度的砂浆组分影响到了砂浆的保水率,另外聚合物乳液和乳胶粉等有机胶凝材料、纤维素醚和淀粉醚等化学外加剂则对砂浆保水率起到决定性的作用。

2. 体积密度

砂浆体积密度是指单位体积的水泥砂浆质量,其单位为 kg/m³ 或 g/cm³,包括新拌砂浆体积密度和硬化砂浆体积密度两个方面。新拌砂浆体积密度是指加水拌和好的水泥砂浆浆体单位体积内的质量;硬化砂浆体积密度是指经过一定龄期养护水泥砂浆硬化干燥后,其单位体积内的质量。水泥砂浆体积密度与其力学性能密切相关,具有非线性正相关性。就保温砂浆而言,其体积密度的大小不但与其力学性能密切相关,而且还直接影响着保温砂浆导热系数的大小,决定着其保温效果的好坏。在一定范围内,体积密度与导热系数呈现出正相关性,体积密度越小,保温砂浆导热系数越小,反之亦然。

为了保证工程质量和使用安全,部分砂浆对体积密度性能指标也具有明确的要求。例如,混凝土空心小砌块用砌筑砂浆新拌体积密度要求不小于 1900kg/m³,而聚苯颗粒保温砂浆的湿表观密度则要求不大于 420kg/m³,干表观密度则控制在 180~250 kg/m³ 之间。

砂浆体积密度主要受到水泥、矿物掺合料、骨料、保水增稠材料、用水量、聚合物乳液、乳胶粉、化学外加剂种类及用量等组成材料的影响。

3. 凝结时间(可操作时间)

砂浆凝结时间是指砂浆从加水拌和,到具有一定强度的时间间隔。可操作时间则是指商品砂浆加水搅拌好后到仍能施工而不影响其性能的最长时间间隔。砌筑砂浆和抹面砂浆凝结时间的测定常采用贯入阻力法,主要参照国家标准《建筑砂浆基本性能试验方法》JGJ 70—2009 进行测试。

不同种类的砂浆对凝结时间(或可操作时间)的要求并不相同,其具体时间要求一般根据工程需要和使用特点而定。例如,砌筑砂浆和抹面砂浆的凝结时间均要求在 4 ~ 8h 内;水泥基灌浆材料的凝结时间(初凝时间)则要求不小于 120min;膨胀聚苯板薄抹面外墙外保温系统用的胶粘剂和抹面胶浆的可操作时间则要求在 1.5 ~ 4h 之间。

砂浆的凝结时间(或可操作时间)也主要受到其组成成分的影响,尤其是水泥等胶凝材料以及各种化学外加剂的影响。

(二)力学性能

1. 抗压强度

抗压强度是砂浆主要的力学性能。砌筑砂浆和抹面砂浆的抗压强度主要是采用边长为 70.7mm 的立方体试块,在标准养护温度(20 ± 3)℃和一定相对湿度(混合砂浆在相对湿度 60% ~ 80%条件、水泥砂浆在相对湿度为 90%以上条件)下养护至 28d 的抗压强度值确定,以六个试块的平均值(MPa)为其抗压强度。其他特种砂浆的抗压强度则是参照国家标准《水泥胶砂强度检验方法》(GB/T 17671—1999)进行测试。

影响砌筑砂浆和抹面砂浆抗压强度的主要因素有:(1)基层不吸水时,影响其强度的因素主要是水泥的强度和水灰比;(2)基层吸水时,影响其强度的因素主要是水泥强度和用量,与水灰比无关。

影响其他特种砂浆抗压强度的因素有很多,除了水泥质量和用量以及水灰比外,有机胶凝材料以及各种化学外加剂的种类和用量的影响程度更大。

2. 抗折强度

水泥砂浆抗折强度也是参照国家标准《水泥胶砂强度检验方法》(GB/T 17671—1999)进行的,采用 40mm×40mm×160mm 的棱柱体进行三点弯曲试验。砌筑砂浆和抹面砂浆等普通商品砂浆对抗折强度没有具体的要求。一些特种砂浆则对抗折强度性能具有明确的指标要求。例如,装饰砂浆的 28d 抗折强度要求不小于 2.5MPa;地面用水泥基自流平材料的 24h 抗折强度应不小于 2.0MPa,并且根据其 28d 抗折强度值分为 F4、F6、F7、F10 四个强度等级(其 28d 抗折强度分别不小于 4MPa、6MPa、7MPa、10MPa);瓷砖填缝剂 28d 抗折强度要求不小于 2.5MPa。

与抗压强度一样,砂浆抗折强度也主要是受到其组成和用量的影响,尤其是水泥、有机胶凝材料和化学外加剂等。

3. 柔韧性

砂浆柔韧性通常是用砂浆 28d 抗压强度与抗折强度的比值(简称为压折比)来表示。柔韧性是砂浆,尤其是抹面胶浆、粘结砂浆、修补砂浆、防水砂浆、填缝砂浆等特种砂浆等的一个重要性能指标。一般要求砂浆的压折比应不大于 3.0。

砂浆柔韧性的好坏程度也可通过横向变形来反映。横向变形是指通过力施加在砂浆薄板上,薄板断裂时的最大横向位移。横向变形越大,水泥砂浆柔韧性越好。

与抗压强度一样,砂浆柔韧性也主要是受到其组成和用量的影响。

4. 静弹性模量

砂浆静弹性模量是指应力为轴心抗压强度 40%时的加荷割线模量。

砂浆静弹性模量的标准试件为棱柱体,标准尺寸为 70.7mm×70.7mm×(210~230)mm。每次试验应制备六块试件,其中三块用于测定轴心抗压强度。

5. 粘结强度

砂浆的粘结强度主要是指砂浆与基层粘结力的大小。粘结强度是影响砌体抗剪强度、耐久性和稳定性,乃至建筑物抗震能力和抗裂性的基本因素之一。因此粘结强度是商品砂浆至关重要的性能之一,决定着其长期使用效果。

不同种类的砂浆粘结强度测试要求不同,其粘结强度的性能技术指标也不相同。就砌筑砂浆和抹面砂浆而言,一般情况下,其抗压强度越高,它与基层的粘结强度越大。此外,砖石表面状态、清洁程度、湿润状况,以及施工养护条件等都直接影响砂浆的粘结强度。粗糙的、洁净的、湿润的表面以及得到良好养护的砂浆,其粘结强度较高。

特种砂浆对其粘结强度具有更高的要求。但不同的砂浆标准对测试条件等的要求不同,针对具体的砂浆种类可参照相关标准。例如,瓷砖胶粘剂和装饰砂浆的粘结抗拉强度应不小于 0.5MPa;水泥基灌浆材料与钢筋的 28d 握裹粘结强度要求不小于 4.0MPa;外墙腻子和薄抹面 EPS 板外保温系统用胶粘剂的粘结强度则要求不小于 0.6MPa;地面用水泥基自流平材料的 28d 拉伸粘结强度应不小于 1.0MPa 等。

粘结强度性能要求主要是针对于特种砂浆,而特种砂浆的特殊性能要求主要是通过有机胶凝材料和化学外加剂等来实现的,因此其粘结强度也主要是受到有机胶凝材料和化学外加剂等的影响。

(三)耐久性能

砂浆耐久性能是指砂浆抵抗外部环境因素和介质,而不发生破坏的能力。外部环境因素包括环境温度变化和湿度变化等。外部介质则包括各种酸液、碱液、盐和侵蚀性气体等。

在砂浆耐久性指标中,干燥收缩率、耐水、耐冻融循环、耐酸(碱)侵蚀后的强度则是最常用的性能指标。

砂浆的耐久性能好坏也主要是受到其各种组成材料种类和用量的影响。

第二节　砌筑砂浆

砌体结构中,将砖、石、砌块等粘结成为砌体的砂浆称为砌筑砂浆。它起着粘结砌块、传递荷载的作用,是砌体的重要组成部分。建筑常用的砌筑砂浆包括水泥砂浆、水泥混合砂浆和石灰砂浆等。工程中应根据砌体种类、性质以及所处环境条件等选用合适的砌筑砂浆。砌筑潮湿环境及强度要求较高的砌体宜选用水泥砂浆或水泥混合砂浆;石灰砂浆宜用于砌筑干燥环境以及强度要求不高的砌体。

一、砌筑砂浆的基本要求

砌筑砂浆是用来砌筑砖、石等砌体材料的砂浆,起着传递荷载的作用,有时还起到保温等其他作用。对砌筑砂浆的基本要求有和易性和强度,此外还应具有较高的粘结强度和较小的变形。对保温砌筑砂浆还应有保温性能等要求。砌筑砂浆稠度、分层度、试配抗压强度必须同时符合要求。

二、砌筑砂浆的材料要求

砌筑砂浆中常有水泥、砂以及石灰、电石膏、黏土膏、粉煤灰、沸石粉、外加剂和水等材料。目前,随着砌筑砂浆性能要求的提高,以及商品砂浆的发展,砌筑砂浆还常用到保水增稠材料。

1. 水泥

砌筑砂浆用水泥的强度等级应根据设计要求进行选择。在配制砂浆时要尽量选用低强度等级水泥或砌筑水泥。水泥砂浆采用的水泥,其强度等级不宜大于 32.5 级;水泥混合砂浆采用的水泥,其强度等级不宜大于 42.5 级。根据经验来说,水泥的强度等级应为砂浆强度等级的 4~5 倍。

2. 砂

应符合混凝土用砂的技术要求。应优先选用中砂,即可满足和易性要求,又可节约水泥。毛石砌体宜选用粗砂。砂的含泥量不应超过 5%;强度等级 M2.5 的水泥混合砂浆,砂的含泥量不应超过 10%。

3. 石灰

石灰主要是指熟化后的熟石灰,其可由生石灰、磨细生石灰以及电石渣等熟化得到。

砂浆中使用的石灰应符合第四章中的技术要求。其中,生石灰熟化成石灰时,应利用孔径不大于 3mm 的网过滤,熟化时间不得少于 7d。磨细生石灰粉的熟化时间不得少于 2d。沉淀池中贮存的石灰,应采取措施防止干燥、冻结和污染。

严禁使用脱水硬化的石灰;消石灰粉不得直接用于砌筑砂浆中。

4. 电石膏

制作电石膏的电石渣,应利用孔径不大于 3mm 的网过滤,检验时应加热至 70℃并保持

20min，在没有乙炔气味后，方可使用。

5. 黏土膏

采用黏土或亚黏土制备黏土膏时，宜用搅拌机加水搅拌，用筛孔边长不大于 3mm 的网过滤。用比色法鉴定黏土中的有机物含量时，应浅于标准色。

6. 粉煤灰

粉煤灰的品质指标应符合国家标准《用于水泥和混凝土中的粉煤灰》（GB 1596—2005）的规定。

7. 沸石粉

沸石粉的品质指标应符合国家标准《混凝土和砂浆用天然沸石粉》（JG/T 3048—1998）的规定。

8. 保水增稠材料

保水增稠材料主要是指改善砂浆可操作性及保水性能的非石灰类材料。采用保水增稠材料时，必须有充足的技术依据，并应在使用前进行试验验证。用于砌筑砂浆的应符合 JG/T 164 的规定。

目前，常用于砌筑砂浆的保水增稠材料有稠化粉、纤维素醚等。稠化粉为非引气的无机材料为主的材料，不含石灰和引气类高分子材料。稠化粉通过材料对水分子的物理吸附作用，从而达到使砂浆增稠、保水之目的。用量为水泥重量的 5%~20%。纤维素醚为引气类的高分子材料，少量掺入即能起到保水增稠的效果，但由于引气作用大，会对强度产生不利的影响。

9. 外加剂

用于砌筑砂浆的外加剂，应具有法定检测机构出具的该产品砌体强度检验报告，并经砂浆性能试验合格后，方可使用。

10. 水

砌筑砂浆拌和用水应符合现行国家标准《混凝土拌合用水标准》（JGJ 63）的规定。

三、砌筑砂浆的技术要求

虽然建筑工地仍大量使用现场配制砌筑砂浆，但砌筑砂浆已逐渐广泛商品化，这主要分为预拌砌筑砂浆和干混砌筑砂浆两大类。这两类砌筑砂浆的技术要求与现场配制砌筑砂浆的技术要求大致相同，但也有具体的特殊要求。

1. 强度

砌筑砂浆的砌体力学性能应符合现行国家标准《砌体结构设计规范》（GB 50003）的规定。砌筑砂浆的强度等级包括 M5、M7.5、M10、M15、M20、M25 和 M30 等七个等级。

2. 表观密度

砌筑砂浆拌合物的表观密度应不小于 1800 kg/m³。

3. 稠度

砌筑砂浆的稠度宜在 50~90mm 范围内。预拌砌筑砂浆的稠度限定了 50mm、70mm 和 90mm 三个范围，稠度实测值与规定稠度值之差应在 ±10mm 内；也可根据要求，限定稠度和稠度偏差的范围。不同砌体材料应选用不同稠度范围的砌筑砂浆，如表 7-1 所示。

4. 分层度

表 7-1

砌 体 种 类	砌筑砂浆稠度(mm)
烧结普通砖砌体	70 ~ 90
轻骨料混凝土小型空心砌块砌体	60 ~ 90
烧结多孔砖、空心砖砌体	60 ~ 80
烧结普通砖平拱式过梁 空斗墙、筒拱 普通混凝土小型空心砌块砌体 加气混凝土砌块砌体	50 ~ 70
石砌体	30 ~ 50

砌筑砂浆的分层度应不大于 30mm，一般以 10 ~ 30mm 为宜。

5. 保水率

预拌砌筑砂浆和干混砌筑砂浆的保水率应不小于 88%。

6. 凝结时间

现场配制的砌筑砂浆对凝结时间没有明确要求，预拌砌筑砂浆的凝结时间要求分为大于 8h、12h、24h 三个范围，干混砌筑砂浆拌合物的凝结时间要求为 4~8h。

7. 抗冻性

设计有抗冻性要求的砌筑砂浆，经冻融试验，质量损失应不大于 5%，抗压强度损失应不大于 25%。

预拌砂浆性能应符合表 7-1 的要求。预拌砂浆稠度实测值与合同规定稠度值之差应符合表 7-2 的规定。

8. 水泥及掺合料用量要求

水泥砂浆中水泥用量应不小于 200kg/m³；水泥混合砂浆中水泥和掺合料总量宜为 300~350kg/m³。

9. 搅拌时间

现场配制砌筑砂浆时，应采用机械搅拌。水泥砂浆和水泥混合砂浆的搅拌时间应不小于 120s；掺加掺合料的砌筑砂浆，其搅拌时间应不小于 180s。

预拌砌筑砂浆生产搅拌时，搅拌时间应不小于 90s。干混砌筑砂浆搅拌时，搅拌时间应不小于 180s。

10. 砌筑砂浆应用时，其性能应同时满足要求。

四、砌筑砂浆的配合比设计

砌筑砂浆要根据工程类别及砌体部位的设计要求，选择其强度等级，再按砂浆强度等级来确定其配合比。

确定砂浆配合比，一般情况可查阅有关手册或资料来选择。重要工程用砂浆或无参考资料时，可根据《砌筑砂浆配合比设计规程》(JGJ 98—2000)，按下列步骤计算。

（一）水泥混合砂浆配合比计算

1. 砌筑砂浆配合比设计步骤

砌筑砂浆配合比设计包括以下步骤：

① 计算砂浆试配强度 $f_{m,0}$ (MPa)；

② 计算出每立方米砂浆中的水泥用量 Q_c (kg)；

③ 按水泥用量 Q_c 计算每立方米砂浆掺加料用量 Q_D (kg)；

④ 确定每立方米砂浆砂用量 Q_s (kg)；

⑤ 按砂浆稠度选用每立方米砂浆用水量 Q_W (kg)；

⑥ 进行砂浆试配；

⑦ 配合比确定。

2. 砂浆试配强度 ($f_{m,0}$) 的确定

砂浆的试配强度应按下式计算：

$$f_{m,0} = f_z + 0.645\sigma \qquad (7-1)$$

式中　$f_{m,0}$——砂浆的试配强度，精确至 0.1MPa；

　　　f_z——砂浆抗压强度平均值，精确至 0.1MPa；

　　　σ——砂浆现场强度标准差，精确至 0.1MPa。

3. 砂浆现场强度标准差的确定

砌筑砂浆现场强度标准差的确定应符合下列规定：

（1）当有统计资料时，应按下式计算：

$$\sigma = \sqrt{\dfrac{\sum\limits_{i=1}^{n} f^2_{m,i} - n\mu^2_{fm}}{n-1}} \qquad (7-2)$$

式中　$f_{m,i}$——统计周期内同一品种砂浆第 i 组试件的强度 (MPa)；

　　　μ_{fm}——统计周期内同一品种砂浆 n 组试件强度的平均值 (MPa)；

　　　n——统计周期内同一品种砂浆试件的总组数，$n \geqslant 25$。

（2）当不具有近其统计资料时，砂浆现场强度标准差 σ 可按表 7-2 取用。

砂浆强度标准差 σ 选用值 (MPa)　　　　表 7-2

施工水平　　砂浆强度等级	M2.5	M5.0	M7.5	M10	M15	M20
优　　良	0.50	1.00	1.50	2.00	3.00	4.00
一　　般	0.62	1.25	1.88	2.50	3.75	5.00
较　　差	0.75	1.50	2.55	3.00	4.50	6.00

4. 水泥用量计算

水泥用量的计算应符合下列规定：

（1）每立方米砂浆中的水泥用量，应按下式计算：

$$Q_c = \dfrac{1000(f_{m,0} - \beta)}{\alpha \cdot f_{ce}} \qquad (7-3)$$

式中　Q_c——每立方米砂浆的水泥用量，精确至 1kg/m³；

　　　$f_{m,0}$——砂浆的试配强度，精确至 0.1MPa；

　　　f_{ce}——水泥的实测强度，精确至 0.1MPa；

　　　α、β——砂浆的特征系数，其中 $\alpha = 3.03$，$\beta = -15.09$。各地区也可用本地区试验资料确

定 α 和 β 值,统计用的试验组数不得少于 30 组。

(2)在无法取得水泥的实测强度值时,可按下式计算 f_{ce}:

$$f_{ce} = \gamma_c \cdot f_{ce,k} \qquad (7-4)$$

式中 $f_{ce,k}$——水泥强度等级对应的强度值;

       γ_c——水泥强度等级值的富余系数,该值应按实际统计资料确定。无统计资料时 γ_c 可取 1.0。

5. 掺合料用量的计算

水泥混合砂浆的掺合料用量,应按下式计算:

$$Q_D = Q_A - Q_C \qquad (7-5)$$

式中 Q_D——每立方米砂浆的掺加料用量,精确至 1kg/m³(石灰膏、黏土膏使用时的稠度为 120±5mm);

       Q_C——每立方米砂浆的水泥用量,精确至 1kg/m³;

       Q_A——每立方米砂浆中水泥和掺加料的总量,精确至 1kg(宜在 300~350kg/m³ 之间)。

6. 砂用量的计算

每立方米砂浆中的砂子用量,应按干燥状态(含水率小于 0.5%)的堆积密度值作为计算值(kg/m³)。

7. 用水量的计算

每立方米砂浆中的用水量,根据砂浆稠度等要求可选用 240~310kg/m³。

应注意以下几点:混合砂浆中的用水量,不包括石灰膏或黏土膏中的水;当采用细砂或粗砂时,用水量分别取上限或下限;稠度小于 70mm 时,用水量可小于下限;施工现场气候炎热或干燥季节,可酌量增加用水量。

(二)水泥砂浆配合比的选用

水泥砂浆材料用量可按表 7-3 选用。

表 7-3 中水泥强度等级为 32.5 级,大于 32.5 级水泥用量宜取下限;根据施工水平合理选择水泥用量;当采用细砂或粗砂时,用水时分别取上限或下限;稠度小于 70mm 时,用水量可小于下限;施工现场气候炎热或干燥季节,可酌量增加用水量;试配强度应按式(7-1)计算。

水泥砂浆材料用量选用表   表 7-3

强度等级	水泥用量(kg/m³)	砂用量(kg/m³)	用水量(kg/m³)
M2.5~M5	200~230	砂子堆积密度值	270~330
M7.5~M10	220~280		
M15	280~340		
M20	340~400		

(三)配合比试配、调整与确定

1. 试配时应采用工程中实际使用的材料;砂浆试配时应采用机械搅拌。搅拌时间,应自投料结束算起,对水泥砂浆和水泥混合砂浆,不得少于 120s;对掺用粉煤灰和外加剂的砂浆,不得少于 180s。

2. 按计算或查表所得配合比进行试拌时,应测定其拌合物的稠度和分层度,当不能满足要求时,应调整材料用量,直到符合要求为止。然后确定为试配时的砂浆基准配合比。

3. 试配时至少应采用三个不同的配合比,其中一个为按上述(b)条规定得出的基准配合比,其他配合比的水泥用量应按基准配合比分别增加及减少10%。在保证稠度、分层度合格的条件下,可将用水量或掺加料用量作相应调整。

4. 对三个不同的配合比进行调整后,应按现行行业标准《建筑砂浆基本性能试验方法》(JGJ 70)的规定成型试件,测定砂浆强度;并选用符合试配强度要求的且水泥用量最低的配合比作为砂浆配合比。

第三节　抹面砂浆

抹面砂浆也称为抹面砂浆。凡涂抹在建筑物或土木工程构件表面的砂浆,可统称为抹面砂浆。抹面砂浆的作用包括保护基层、满足使用要求和增加美观等方面。

抹面砂浆一般对强度要求不高,主要要求是其应有良好的和易性,施工时容易涂抹成均匀的薄层,并与基层具有良好的粘结力,在长期使用过程中不会出现开裂、脱落等现象。处于潮湿环境或易受外力作用时(如地面、墙裙等),还应具有较高的强度等。

根据抹面砂浆功能的不同,一般可将抹面砂浆分为普通抹面砂浆、装饰砂浆、防水砂浆和具有某些特殊功能的抹面砂浆(如绝热、耐酸、防射线砂浆)等。

抹面砂浆的组成材料与砌筑砂浆基本相同。但为了防止砂浆层开裂,有时需要加入一些纤维材料(如纸筋、麻刀等)。抹面砂浆需要具有某些特殊功能时,还需加入特殊骨料、掺合料或者化学外加剂等。

一、普通抹面砂浆

普通抹面砂浆的功能是保护结构主体免遭各种侵害,提高结构的耐久性,改善结构的外观。常用的普通抹面砂浆有石灰砂浆、水泥砂浆、水泥混合砂浆、麻刀石灰浆或纸筋石灰浆。

为改善抹面砂浆的保水性和粘结力,胶凝材料应比砌筑砂浆多。为提高抗拉强度、防止抹面砂浆的开裂,常加入部分麻刀等纤维材料。

预拌抹面砂浆和干混抹面砂浆也得到了较多的应用,主要为水泥砂浆。

(一)普通抹面砂浆的材料要求

1. 水泥

宜采用硅酸盐水泥、普通硅酸盐水泥,也可采用矿渣硅酸盐水泥、粉煤灰硅酸盐水泥、火山灰质硅酸盐水泥和复合硅酸盐水泥。彩色抹面砂浆宜采用白水泥。水泥应符合国家标准《通用硅酸盐水泥》(GB 175—2007)的规定,强度等级不宜超过42.5级。

不得使用过期水泥或受潮水泥,严禁使用安定性不合格的水泥。

2. 砂

普通抹面砂浆的砂宜为中砂或中粗砂,也可使用细砂;不能单独使用特细砂,可以将它适量掺入粗、中砂内,改善砂的级配。砂的含泥量应小于3%。颗粒应坚硬、洁净,使用前应过筛,不得含有杂物、碱质或其他有机物。

3. 石灰膏

石灰膏应用块状生石灰淋制。淋制时应用筛孔尺寸不大于 3mm 的筛过滤,并储存在沉淀池中加以保护,防止其干燥、冻结和污染。

常温下,石灰膏的熟化期应不少于 15d;罩面用磨细石灰粉的熟化期应不少于 30d。使用时,石灰膏内不得含有未熟化的颗粒和其他杂质。

石灰膏可用细度小于 $80\mu m$(即 200 目)的磨细生石灰粉替代,用于罩面时应熟化 3d 后方可使用。

4. 纸筋、麻刀

纸筋应浸透、捣烂、洁净,罩面纸筋宜机碾磨细。麻刀应坚韧、干燥,不含杂质,长度应不大于 30mm。

5. 水

拌合水应为清洁的自来水或饮用水。

6. 其他材料

其他材料应符合相应国家标准的要求,并经试验合格后,方可使用。

(二)普通抹面砂浆的技术要求

1. 一般技术要求

普通抹面砂浆的主要技术要求是应具有良好的和易性,应与基层具有足够的粘结强度,能与基层粘结牢固,收缩变形小。处于潮湿环境或易受到外力作用时,如地面、墙裙等部位,还应具有一定的强度。

为提高普通抹面砂浆的粘结强度,其胶凝材料用量一般比砌筑砂浆要多,并会加入一定量的有机聚合物,如聚乙烯醇缩甲醛胶、聚醋酸乙烯乳液等。随着干混抹面砂浆的应用,也常会加入一些乳胶粉、纤维素醚等粉体材料。

为减少收缩开裂,提高抗拉强度和弹性,常会加入一些纤维材料,如纸筋、麻刀、稻草、玻璃纤维、聚丙烯纤维等。

2. 强度

抹面砂浆的砌体力学性能应符合现行国家标准《砌体结构设计规范》(GB 50003)的规定。抹面砂浆的强度等级包括 M5、M10、M15、M20 等四个等级。

3. 稠度

抹面砂浆的稠度宜在 70~110mm 范围内。预拌砌筑砂浆的稠度限定了 70mm、90mm 和110mm 三个范围,稠度实测值与规定稠度值之差应在 ±10mm 内;也可根据要求,限定稠度和稠度偏差的范围。

4. 分层度

抹面砂浆的分层度一般以 10~30mm 为宜。分层度过小,砂浆涂抹后易于开裂,过大则砂浆易离析,施工操作不便。

5. 保水率

预拌抹面砂浆和干混抹面砂浆的保水率应不小于 88%。

6. 凝结时间

现场配制的抹面砂浆对凝结时间没有明确要求,预拌抹面砂浆的凝结时间要求分为大于 8h、12h、24h 三个范围,干混抹面砂浆拌合物的凝结时间要求为 4~8h 之间。

7. 拉伸粘结强度

强度等级 M5 的预拌抹面砂浆和干混抹面砂浆,拉伸粘结强度均应不小于 0.15MPa;强度等级 M10、M15 和 M20 的预拌抹面砂浆和干混抹面砂浆,拉伸粘结强度均应不小于 0.20MPa。

8. 搅拌时间

现场配制抹面砂浆时,宜采用机械搅拌,搅拌时间应不小于 120s。

预拌抹面砂浆生产搅拌时,搅拌时间应不小于 90s。干混抹面砂浆搅拌时,搅拌时间应不小于 180s。

9. 施工方法

施工方法对抹面层的质量影响很大,为保证抹面层表面平整,避免裂缝和脱落,常采用分层薄涂的施工方法。一般分二层或三层进行施工,每层砂浆的组成也不相同。底层抹面砂浆起到粘结作用,因此要求砂浆具有良好的和易性和粘结力,基层面也要求粗糙,以提高与砂浆的粘结力。中层抹面砂浆起到找平作用,有时可省去。面层抹面砂浆起到装饰作用,要求平整光洁,达到规定的饰面要求。

底层及中层多用水泥混合砂浆。面层多用水泥混合砂浆或掺麻刀、纸筋的石灰砂浆。在潮湿的房间或地下建筑及容易碰撞的部位,应采用水泥砂浆。

不同抹面层应选用不同稠度范围的抹面砂浆,如表 7-4 所示。

不同抹面层对抹面砂浆的稠度和砂最大粒径选用要求 表 7-4

抹 面 层	抹面砂浆稠度(人工抹面)(mm)	砂的最大粒径(mm)
底 层	100 ~ 120	2.5
中 层	70 ~ 90	2.5
面 层	70 ~ 80	1.2

（三）普通抹面砂浆的品种应用及配合比

普通抹面砂浆包括水泥砂浆、石灰砂浆、水泥混合砂浆、麻刀石灰砂浆以及纸筋石灰砂浆等。抹面时选择抹面砂浆的品种,应按照设计要求选用。如无设计要求时,可按其用途选用,常用的普通抹面砂浆配合比及其应用范围如表 7-5 所示。但应注意的是,水泥砂浆不得涂抹在石灰砂浆层上面。

常用的普通抹面砂浆配合比及应用范围 表 7-5

抹面砂浆品种	材 料	配合比(体积比)	应 用 范 围
石灰砂浆	石灰∶砂	(1∶2) ~ (1∶4)	砖石墙面(檐口、勒脚、女儿墙及潮湿房间的墙除外)
石灰黏土砂浆	石灰∶黏土∶砂	(1∶1∶4) ~ (1∶1∶8)	干燥环境墙表面
石灰石膏砂浆	石灰∶石膏∶砂	(1∶0.4∶2) ~ (1∶1∶3)	不潮湿房间的墙及顶棚
石灰石膏砂浆	石灰∶石膏∶砂	(1∶2∶2) ~ (1∶2∶4)	不潮湿房间的线脚及其他装饰工程
水泥混合砂浆	石灰∶水泥∶砂	(1∶0.5∶4.5) ~ (1∶1∶5)	檐口、勒脚、女儿墙,以及比较潮湿的部位
水泥砂浆	水泥∶砂	(1∶3) ~ (1∶2.5)	浴室、潮湿车间等墙裙、勒脚或地面基层

抹面砂浆品种	材　料	配合比(体积比)	应　用　范　围
水泥砂浆	水泥：砂	(1:2)~(1:1.5)	地面、天棚或墙面面层
水泥砂浆	水泥：砂	(1:0.5)~(1:1)	混凝土地面随时压光
水泥混合砂浆	水泥：石膏：砂：锯末	1:1:3:5	吸音粉刷
水泥砂浆	水泥：白石子	(1:2)~(1:1)	水磨石(打底用1:2.5水泥砂浆)
水泥砂浆	水泥：白石子	1:1.5	斩假石(打底用(1:2)~(1:2.5)水泥砂浆)
麻刀石灰浆	石灰膏灰：麻刀	100:2.5(质量比)	板条天棚底层
麻刀石灰浆	石灰膏：麻刀	100:1.3(质量比)	板条天棚面层
纸筋石灰浆	纸筋：白灰浆	灰膏1m³,纸筋3.6kg	较高级墙板、天棚

普通抹面砂浆的配合比除指明质量比以外,均以体积比表示。在工程施工现场配料时,需要进行换算,一般可采用体积法进行计算。计算公式如下:

砂用量 V_s = 配合比中砂的比例数 /(配合比中比例总和 – 砂的比例数 × 砂的空隙率）

$$(7-6)$$

水泥用量 V_c = 配合比中水泥的比例数 × 砂用量 / 砂的比例数 　　　　(7-7)

石灰膏用量 V_D = 配合比中石灰膏的比例数 × 砂用量 / 砂的比例数 　　(7-8)

上述三种材料计算得到的用量单位为 1m³。如果砂用量计算结果大于 1m³,取 1m³;如计算结果小于 1m³,则取计算结果。上述三种材料用量的体积数分别乘以各自的堆积密度,即得到配制 1m³ 抹面砂浆时所需各组成材料的质量。

例如,采用 1：1：3.5 的水泥石灰砂浆进行抹面。已知水泥的堆积密度为 1200kg/m³,石灰膏的堆积密度为 1300kg/ m³,砂的堆积密度为 1500kg/ m³,砂的表观密度为 2600kg/m³。将该砂浆的体积配合比换算为质量比。

解答过程如下:砂的用量 V_s = 配合比中砂的比例数 /(配合比中比例总和 – 砂的比例数 × 砂的空隙率) = 3.5/ [5.5–3.5 ×(1–1500/2600)] = 0.871 m³

砂的质量 m_s = 0.871 × 1500 = 1306.5 kg

水泥用量 V_c = 配合比中水泥的比例数 × 砂用量 / 砂的比例数

= 1 × 0.871/3.5 = 0.2489 m³

水泥质量 m_c = 0.2489 × 1200 = 298.7 kg

石灰膏用量 V_D = 配合比中石灰膏的比例数 × 砂用量 / 砂的比例数

= 1 × 0.871/3.5 = 0.2489 m³

石灰膏质量 m_d = 0.2489 × 1300 = 323.6 kg

该砂浆的质量比为: $m_c:m_d:m_s$ = 298.7：323.6：1306.5 = 1：1.08：4.4

二、装饰砂浆

直接施工于建筑物内外表面,以提高建筑物装饰艺术性、增加建筑物外观美感为主要目的的抹面砂浆,称为装饰砂浆。装饰砂浆应具有良好的装饰效果,因此其属于特种砂浆的一种。是建筑物常用的装饰手段之一。

装饰砂浆可通过水泥砂浆的着色或水泥砂浆表面形态的艺术加工,获得一定的色彩、线条、纹理质感而达到装饰的目的;也可以通过采取不同施工手法(如喷涂、滚涂、拉毛以及水刷、干粘、水磨、剁斧、拉条等)使抹面砂浆表面层获得设计的线条、图案、花纹等和不同的质感。

装饰砂浆按其制作的方法不同可分为两类:(1)灰浆类装饰砂浆。它的主要组成材料包括白水泥、彩色水泥,或浅色的其他硅酸盐水泥,以及石膏、石灰等胶凝材料,彩色砂、石(如大理石、花岗石等色石渣及玻璃、陶瓷等碎粒等等)为细骨料。具有材料来源广泛、施工操作方便、造价较低廉等特点,且可以通过不同的工艺方法,形成不同的装饰效果,如搓毛、拉毛、喷毛以及仿面砖、仿毛石等饰面。(2)石碴类装饰砂浆。它是在水泥中掺入各种彩色石碴,制得水泥石碴浆抹于墙体基层表面,然后用水洗、斧剁、水磨等手段除去表面水泥浆皮,露出石碴的颜色、质感。其特点是色泽比较明亮,质感相对地丰富,并且不易褪色,但其工效较低,造价较高。

(一)装饰砂浆的材料要求

1. 胶凝材料

装饰砂浆所采用的胶凝材料有普通水泥、矿渣水泥、火山灰水泥和白水泥、彩色水泥,或是在水泥中掺加耐碱矿物颜料配制而成的彩色水泥以及石灰、石膏等。其中,更多的是采用白水泥和彩色水泥。

2. 骨料

装饰砂浆所用的骨料除普通砂外,还常使用石英砂、彩釉砂和着色砂,以及石碴、石屑、砾石及彩色瓷粒和玻璃珠等。

(1)石英砂

分为天然石英砂和人工石英砂两种。人工石英砂是将石英岩或较纯净砂岩加以焙烧,经人工或机械破碎筛分而成。它比天然石英砂纯净,质量好。

(2)彩釉砂和着色砂

彩釉砂是由各种不同粒径的石英砂或白云石粒加颜料焙烧后,再经化学处理而制得的。特点是在 –20 ~ 80℃温度范围内不变色,且具有防酸、耐碱性能。彩釉砂产品有深黄、浅黄、象牙黄、珍珠黄、桔黄、浅绿、草绿、玉绿、雅绿、碧绿、浅草表、赤红、西赤、咖啡、钴蓝等 30 多种颜色。

着色砂是在石英砂或白云石细粒表面进行人工着色而制得的砂。着色多采用矿物颜料。人工着色的砂粒色彩鲜艳,耐久性好。

(3)石碴

也称为石粒、石米等,是由天然大理石、白云石、方解石、花岗石破碎而成。具有多种色泽,是石碴类装饰砂浆的主要原料,也是预制人造大理石、水磨石的原料。其规格、品种及质量要求见表 7-6。

(4)石屑

是比石粒更小的细骨料,主要用于配制外墙喷涂饰面用聚合物砂浆。常用的有松香石屑、白云石屑等。

(5)其他

其他具有色彩的陶瓷、玻璃碎粒也可以用于檐口、腰线、外墙面、门头线、窗套等的砂浆饰面。

规格与粒径的关系		常用品种	质量要求
规格	粒径		
大二分	约20	东北红、东北绿、丹东绿、盖平红、粉黄绿、玉泉绿、旺青、晚霞、白云石、云彩绿、红玉花、奶油白、苏州黑、黄花玉、南京红、雪浪、松香石、墨玉、汉白玉、曲阳红等	1. 颗粒坚韧有棱角、洁净,不得含有风化石粒 2. 使用时应冲洗干净
一分半	15		
大八厘	8		
中八厘	6		
小八厘	4		
米粒石	0.3~1.2		

3. 颜料

装饰砂浆用于室外抹面工程中,如假大理石、假面砖、喷涂、弹涂、辊涂和彩色砂浆抹面,易受到周围环境介质的侵蚀和污染,因此选择合适的颜料是保证饰面质量、避免褪色和变色、延长使用年限的关键。

选择颜料品种要考虑其价格、砂浆种类、建筑物所处环境和设计要求等因素。建筑物处于受酸侵蚀的环境中时,要选用耐酸性好的颜料;受日光暴晒的部位,要选用耐光性好的颜料;碱度高的砂浆,要选用耐碱性的颜料;设计要求鲜艳颜色,可选用色彩鲜艳的有机颜料。

装饰砂浆中常用颜料的品种及性质见表7-7。

装饰砂浆常用颜料品种及性质　　　　　　　　　　　　　　表7-7

颜色	颜料名称	性　质
红色	氧化铁红	有天然和人造两种。遮盖力较强,有优越的耐光、耐高温、耐污浊气体及耐碱性,是较好、较经济的红色颜料之一
	甲苯胺红	为鲜艳红色粉末,遮盖力、着色力较高,耐光、耐热、耐酸碱,在大气中无敏感性,一般用于高级装饰工程
黄色	氧化铁黄	遮盖力比其他黄色颜料都高,着色力几乎与铅铬黄相等,耐光性、耐大气影响、耐污浊气体以及耐碱性都比较强,是装饰工程中既好又经济的黄色颜料之一
	铬黄	铬黄系含有铬酸铅的黄色颜料,着色力高、遮盖力强,较氧化铁黄鲜艳,但不耐强碱
绿色	铬绿	是铅铬黄和普鲁士蓝的混合物,配色变动较大,决定于两种成分含量的比例。遮盖力强,耐气候、耐光、耐风、耐热性均好,但不耐酸碱
蓝色	群青	为半透明鲜艳的蓝色颜料,耐光、耐风雨,但不耐酸,是既经济又好的蓝色颜料之一
	钴蓝与酞青蓝	为带绿光的蓝色颜料,耐光、耐热、耐酸碱性较好
棕色	氧化铁棕	是氧化铁红和氧化铁黑的机械混合物,有的产品还掺有少量氧化铁黄
紫色	氧化铁紫	可用氧化铁红和群青配制
黑色	氧化铁黑	遮盖力、着色力强,耐光,耐一切碱类,对大气作用也稳定,是一种既好又经济的黑色颜料之一
	炭黑	根据制造方法不同分为槽黑和炉黑两种。装饰工程常用炉黑,性能与氧化铁黑基本相同,密度仅比氧化铁黑较小,不易操作
	锰黑	遮盖力颇强
	松烟	休用松材、松根、松枝等在室内进行不完全燃烧而熏得的黑色烟碳,遮盖力及着色力均好

(二) 装饰砂浆的技术要求

1. 一般技术要求

装饰砂浆的技术要求一般与普通抹面砂浆的基本相同。由于装饰砂浆多用于室外,不仅要求其色彩鲜艳不褪色,抗侵蚀性好、防污染能力高,还要与基层的粘结强度高,粘结牢固,具有足够的强度,不开裂、不脱落。

2. 性能要求

随着建筑装饰工程上的应用逐渐增多,装饰砂浆作为一种产品,尤其是作为一种特种干混砂浆,进行生产和应用逐渐增多,迫切需要定性和定量地规定其性能指标。我国于2007年颁布实施了装饰砂浆的行业标准《墙体饰面砂浆》(JC/T 1024—2007),在该标准中详细明确了装饰砂浆的性能要求,如表7-8所示。

装饰砂浆性能要求   表7-8

项　　目		性 能 指 标	
		E 型	I 型
可操作时间	30min	刮涂无障碍	
初期干燥抗裂性		无裂缝	
吸水量(g)	30min,≤	2.0	
	240min,≤	5.0	
强度(MPa)	抗折强度,≥	2.50	
	抗压强度,≥	4.50	
	拉伸粘结原强度,≥	0.50	
老化循环拉伸粘结强度,≥		0.50	—
抗泛碱性		无可见泛碱,不掉粉	—
耐沾污性(白色或浅色)	立体状/级,≤	2	—
耐候性(750h)	≤	1	—

注:抗泛碱性、耐沾污性、耐候性仅适用于外墙饰面砂浆。

(三)装饰砂浆的施工工艺

1. 灰浆类装饰砂浆

(1)拉毛

在水泥砂浆或水泥混合砂浆抹面中层上,抹上水泥混合砂浆、纸筋石灰或水泥石灰等,并利用拉毛工具(如铁抹子、木楔等)将砂浆轻压后顺势轻轻拉起,形成具有凹凸感较强(如波纹和斑点的毛头)的装饰面层。要求表面拉毛花纹、斑点分布均匀,颜色一致,同一平面上不显接碴。一般适用于有声学要求的礼堂、剧场等室内墙面,也常用于外墙面、阳台栏板或围墙等外饰面。

(2)拉条

拉条抹面是采用专用模具把面层做出竖向线条的装饰做法。拉条抹面有细条形、粗条形、半圆形、波形、梯形、方形等多种形式,是一种较新的抹面做法。一般细条形抹面可以采用同一种砂浆配比,多次加浆抹面拉模而成;粗条形抹面则采用底、面层两种不同配合比的砂浆,多次加浆抹面拉模而成。砂浆不得过干,也不得过稀以能拉动可塑为宜。它具有美观大方、不易积灰、成本低等优点,并有良好音响效果。

（3）洒毛灰

洒毛灰是用竹丝刷等工具将面层抹面砂浆洒成云朵状的毛头。洒毛灰做法一般要经过墙面清理、抹底层灰、弹线贴分格条、涂刷色浆、洒毛等工序。其中墙面清理、弹线贴分格条同前述。在抹面砂浆底层上,刷彩色水泥浆一遍,颜色由设计而定。涂刷水泥色浆后,随即用竹丝刷浸在面层砂浆内,使砂浆粘附在刷子上,然后提起刷子向墙面上洒浆,洒成云朵状毛头,再用铁抹轻轻压乎,洒时云朵毛头必须大小相称,纵横相间,既不能杂乱无章,也不能排列得很整齐。云朵毛头不宜洒满,部分间隙露出底色,使云朵颜色与底色相互衬托。洒灰所用水泥砂浆要掌握好稠度,以能粘附在刷子上,洒在墙面上不流淌为宜,砂宜用细砂。

（4）搓毛灰

搓毛灰是在面层砂浆初凝时,用硬木抹子由上至下搓出一条细而直到纹路,也可水平方向搓出一条 L 形细纹路,当纹路明显搓出后即停。这种装饰方法工艺简单,造价低,效果朴实大方。

（5）喷涂

喷涂多用于外墙面,它是用挤压式砂浆泵或喷斗,将聚合物水泥砂浆喷涂在墙面基层或底灰上,形成饰面层,最后在表面再喷一层甲基硅醇钠或甲基硅树脂疏水剂,以提高饰面层的耐久性和减少墙面污染。

（6）弹涂

弹涂是在墙体表面刷一道聚合物水泥浆后,用弹涂器分几遍将不同色彩的聚合物水泥砂浆弹在以涂刷的基层上,形成 3~5mm 的扁圆形花点,再喷一层甲基硅树脂。适用于建筑物内外墙面,也可用于顶棚饰面。

（7）假面砖

假面砖是采用掺氧化铁系颜料的水泥砂浆,通过手工操作达到模拟面砖装饰效果的饰面做法。适合于房屋建筑外墙抹面饰面。

（8）假大理石

假大理石是用掺适当颜料的石膏色浆和素石膏浆按比 1：10 比例配合,用手工操作,做成具有大理石表面特征的装饰抹面。这种装饰工艺,对操作技术要求较高,但如果做得好,无论在颜色、花纹和光洁度等方面,都接近天然大理石。

2. 石碴类装饰砂浆

（1）水刷石

水刷石是用水泥和细小的石碴(约 5mm)按比例配合并拌制成水泥石碴浆,在墙面上抹面,在其水泥浆初凝时,用硬毛刷蘸水刷洗,或用喷水冲刷表面,使石碴半露而不脱落,达到装饰目的。多用于建筑物的外墙。

水刷石具有石料饰面的质感,自然朴实。结合不同的分格、分色、凹凸线条等艺术处理,可使饰面获得明快庄重、淡雅秀丽的艺术效果。水刷石的不足之处是操作技术要求较高,费工费料,湿作业量大,劳动强度大,逐渐被干粘石取代。

（2）拉假石

拉假石是用刻锯条或 5~6mm 厚的铁皮加工成锯齿形,钉在木板上构成抓耙,用抓耙挠刮去除表层水泥浆皮露出石碴,并形成条纹效果。这种工艺实质上是斩假石工艺的演变,与斩假石相比,其施工速度快,劳动强度低,装饰效果类似斩假石,可大面积使用。

（3）水磨石

水磨石是用普通水泥、白色水泥或彩色水泥拌和各种色彩的大理石碴做面层,硬化后用机械磨平抛光表面。水磨石多用于地面装饰,可事先设计图案和色彩,抛光后更具艺术效果。除可用做地面之外,还可预制做成楼梯踏步、窗台板、柱面、踢脚板和地面板等多种建筑构件。水磨石一般用于室内。

（4）干粘石

是将彩色石粒直接粘在砂浆层上。这种做法与水刷石相比,既节约水泥、石粒等原材料,又能减少湿作业和提高工效。

（5）斩假石

又称剁斧石,是在水泥砂浆基层上涂抹水泥石粒浆,待硬化后,用剁斧、齿斧及各种凿子等工具剁出有规律的石纹,使其形成天然花岗石粗犷的效果,主要用于室外柱面、勒脚、栏杆、踏步等处的装饰。

三、其他特种抹面砂浆

（一）防水砂浆

防水砂浆是一种制作防水层用的抗渗性高的砂浆。砂浆防水层又称刚性防水层,适用于不受振动和具有一定刚度的混凝土或砖石砌体工程中,如水塔、水池、地下工程等的防水。

防水砂浆可用普通水泥砂浆制作,也可以在水泥砂浆中掺入防水剂、减水剂等制得。在水泥砂浆中掺入防水剂,可促使砂浆结构密实,堵塞毛细孔,提高砂浆抗渗能力,这是目前最常用的方法。常用的防水剂有氯化物金属盐类防水剂、金属皂类防水剂和水玻璃防水剂等。

水泥砂浆宜选用强度等级为 32.5 级以上的普通硅酸盐水泥和级配良好的中砂。砂浆配合比中,水泥与砂的质量比不宜大于 1 : 2.5,水灰比宜控制在 0.5 ~ 0.6,稠度不应大于 80mm。防水砂浆还可以用膨胀水泥或无收缩水泥来配制。

防水砂浆应分 4 ~ 5 层分层涂抹在基面上,每层涂抹厚度约 5mm,总厚度 20 ~ 30mm。每层在初凝前压实一遍,最后一遍要压光,并精心养护,以减少砂浆层内部连通的毛细孔通道,提高密实度和抗渗性。

（二）绝热砂浆

采用水泥、石灰、石膏等胶凝材料与膨胀珍珠岩、膨胀蛭石或陶粒砂等轻质多孔骨料,按一定比例配制的砂浆,称为绝热砂浆。绝热砂浆具有轻质和良好的绝热性能,其导热系数为 0.07 ~ 0.1W/(m·K)。绝热砂浆可用于屋面、墙壁或供热管道的绝热保护。

（三）吸声砂浆

一般绝热砂浆因由轻质多孔骨料制成,所以都具有吸声性能。同时,还可以用水泥、石膏、砂、锯末(体积比为 1 : 1 : 3 : 5)配制吸声砂浆,或在石灰、石膏砂浆中掺入玻璃纤维、矿物棉等松软纤维材料。吸声砂浆用于室内墙壁和吊顶的吸声处理。

（四）耐酸砂浆

耐酸砂浆是用水玻璃(硅酸钠)与氟硅酸钠拌制而成,水玻璃硬化后具有很好的耐酸性能。耐酸砂浆多用作衬砌材料、耐酸地面和耐酸容器的内壁防护层。

（五）防射线砂浆

在水泥浆中掺入重晶石粉和砂,可配制成有防 x 射线能力的砂浆;如在水泥浆中掺加硼砂、硼酸等可配制有抗中子辐射能力的砂浆。此类防射线砂浆应用于射线防护工程。

思考题与习题

1. 新拌砂浆的和易性如何测定? 和易性不良的砂浆对工程质量会有哪些影响?

2. 砌筑砂浆的主要技术性质包括哪几方面? 其对水泥和砂的要求有哪些?

3. 普通抹面砂浆的品种有哪些? 并分别简述其作用?

4. 装饰砂浆常用的骨料及其特点? 装饰砂浆的做法有哪些?

5. 某建筑工地抹面用水泥石灰混合砂浆, 从有关资料查出, 可使用其配合比值为水泥∶石灰膏∶砂子 =1∶1∶5(体积比),问拌制 $1m^3$ 砂浆需要各项材料用量为多少千克?(已知水泥为 $\rho_{0c}=1300kg/m^3$,石灰膏为 $\rho_{0石灰膏}=1400kg/m^3$,砂子为 $\rho_{0干}=1450kg/m^3$,砂的表观密度为 $2600kg/m^3$。)

第八章　沥青及沥青混合料

　　内容提要:沥青是有机胶凝材料之一,因其具有良好的防水性能及其他优越的物理力学性能,而广泛应用于具有防水、防潮要求的工程及公路桥梁、水利等工程。沥青混合料是由矿料与沥青拌和而成的的混合料,因其具有良好的弹－塑－黏性、力学性能、温度稳定性、施工方便及经济耐久性等,是高等公路最主要的路面材料。

　　本章重点介绍石油沥青的组成、结构,技术性质及技术标准,同时介绍了沥青改性及常用的沥青基制品,简要介绍了其他沥青,沥青混合料当中重点介绍了热拌沥青混合料的技术性质及技术标准,配合比设计,简要介绍其他沥青混合料。

第一节　沥青基本知识

　　沥青是一种有机胶凝材料,在常温下呈固体、半固体或粘稠液体,由天然或人工制造而得,主要为高分子烃类所组成,颜色为黑色或黑褐色,具有良好的粘结性、塑性、憎水性、耐腐蚀性和电绝缘性。在土木工程中广泛应用于防潮、防水、防渗材料,以及铺筑路面、木材防腐、金属防锈等表面防腐工程。

　　沥青的种类很多,按其在自然界中的获得方式可分为地沥青和焦油沥青两大类:

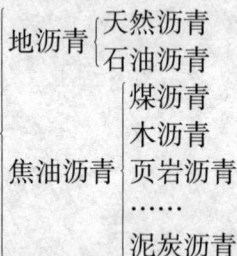

$$
\begin{cases}
\text{地沥青} & \begin{cases} \text{天然沥青} \\ \text{石油沥青} \end{cases} \\
\text{焦油沥青} & \begin{cases} \text{煤沥青} \\ \text{木沥青} \\ \text{页岩沥青} \\ \cdots\cdots \\ \text{泥炭沥青} \end{cases}
\end{cases}
$$

　　地沥青是天然存在的或由石油精制加工得到的沥青材料,按其产源可分为天然沥青和石油沥青。天然沥青是石油在自然因素的作用下,经过轻质油分蒸发、氧化和缩聚作用最后形成的天然产物,多存在于山石的缝隙或以沥青湖的形式存在。石油沥青是石油原油经蒸馏提炼出各种轻质油(如汽油、煤油、柴油)及润滑油以后的残留物,或将残留物经吹氧、调和等工艺进一步加工得到的产品。

　　焦油沥青是利用各种有机物(煤、泥炭、木材等)干馏加工得到的焦油,经再加工得到的沥青类物质。焦油沥青按其加工的有机物名称来命名,如煤干馏所得的煤焦油,经再加工得到的沥青称为煤沥青(俗称柏油)。其他还有木沥青、泥炭沥青、页岩沥青等。

　　工程上使用的沥青材料主要为石油沥青和煤沥青,石油沥青的技术性质优于煤沥青,故应用最广。

一、石油沥青的组成及结构

（一）石油沥青的组成

石油沥青是由多种高分子碳氢化合物及其非金属（氧、氮、硫）衍生物组成的混合物，它是石油中分子量最大，组成和结构最为复杂的部分。沥青的元素组成主要是碳（80%～87%）和氢（10%~15%），其次是非烃元素，如氧、硫、氮等非金属元素（<3%）。此外，还有一些微量的金属元素，如镍、钒、铁、锰、钙、镁、钠等，约为几个至几十个 ppm（百万分之一）。由于沥青化学成分极为复杂，对其进行化学成分分析十分困难，同时化学成分并不能突出反映沥青的性质。因此，一般不作沥青的化学成分分析，而是从工程使用角度出发，将沥青分离为化学成分和物理性质相近，并与沥青技术性质又有一定联系的几个组，这些组即称为"组分"。根据我国交通行业标准《公路工程沥青及沥青混合料试验规程》JTJ 052—2000 的规定，石油沥青的化学组分有三组分和四组分两种分析法。

1. 三组分分析法

石油沥青的三组分分析法是将石油沥青划分为油分、树脂和沥青质三个组分。三个组分可利用沥青在不同有机溶剂中的选择性溶解分离出来，各组分的含量与性质见表 8-1。

石油沥青三组分分析法的各组分性质　　　　　　　　　　　　　　表 8-1

组分	外观特征	密度(g/cm³)	平均分子量	碳氢比	含量(%)	物化特征
油分	淡黄至红褐色油状液体	0.7～1.0	300～500	0.5～0.7	45～60	几乎溶于大部分有机溶剂，具有光学活性，常发现荧光，相对密度约 0.7～1.0
树脂	黄色至黑褐色粘稠状半固体	1.0～1.1	600～1000	0.7～0.8	15～30	温度敏感性高，熔点低于100℃，相对密度大于1.0～1.1
沥青质	深褐色至黑色无定形固体粉末	1.1～1.5	1000～6000	0.8～1.0	5～30	加热不融化而碳化，相对密度1.1～1.5

（1）油分

油分为淡黄色至黑褐色油状液体，是沥青中分子量最小和密度最小的组分，密度介于 0.7～1.0g/cm³ 之间。在 170℃下较长时间加热，油分可以挥发。油分能溶于石油醚、二硫化碳、三氯甲烷和丙酮等有机溶剂，但不溶于酒精。油分赋予沥青以流动性。

（2）树脂（沥青脂胶）

树脂为黄色至黑褐色粘稠状物质（半固体），分子量比油分大（600~1000），密度为 1.0～1.1g/cm³。沥青脂胶中绝大部分属于中性树脂。中性树脂能溶于三氯甲烷、汽油和苯等有机溶剂，但在酒精和丙酮中难溶解或溶解度很低，它赋予沥青以良好的粘结性、塑性和可流动性。中性树脂含量增加，石油沥青的延度和粘结力等品质愈好。另外，沥青树脂中还含有少量的酸性树脂，即地沥青酸和地沥青酸酐，是沥青中的表面活性物质。它改善了石油沥青对矿物材料的浸润性，特别是提高了对碳酸盐类岩石的粘附性，并有利于石油沥青的可乳化性。沥青脂胶使石油沥青具有良好的塑性和粘结性。

（3）沥青质（地沥青质）

沥青质为深褐色至黑色固态无定形物质（固体粉末），分子量比树脂大，密度为 1.1~1.5 g/cm³，不溶于酒精、正戊烷,但溶于三氯甲烷和二硫化碳,染色力强,对光敏感性强,感光后就不溶解。沥青质是决定石油沥青温度敏感性、黏性的重要组成部分,其含量越多,则软化点愈高,黏性愈大,即愈硬脆。

2. 四组分分析法

L.W.科尔贝特首先提出将沥青分离为:饱和分、环烷–芳香分、极性–芳香分和沥青质等的色层分析方法。后来也有将上述 4 个组分称为:饱和分、芳香分、胶质和沥青质,这一方法亦称 SARA 法。我国现行四组分分析法《公路工程沥青及沥青混合料试验规程》(JTJ 052—2000)是将沥青试样先用正庚烷沉淀"沥青质(A_t)",再将可溶分(即软沥青质)吸附于氧化铝谱柱上,先用正庚烷冲洗,所得的组分称为"饱和分(S)";继续用甲苯冲洗,所得的组分称为"芳香分(A)";最后用甲苯–乙醇、甲苯、乙醇冲洗,所得组分称为"胶质(R)"。对于含蜡沥青,可将所分离得的饱和分与芳香分,以丁醇–苯为脱蜡溶剂,在 –20℃ 下冷冻分离固态烃烷,确定含蜡量。

石油沥青按照四组分分析法所得各组分的性质见表 8–2。

石油沥青四组分分析法的各组分性状 表 8–2

组分	外观特征	相对密度 ρ_{20}^4(平均)	平均分子量 M_w	芳烃指数 fa	环数/分子(平均)		化学结构	在沥青中的主要作用
					环烷烃	芳香烃		
饱和分	无色液体	0.89	625	0.00	3.0	0.0	(纯链烷烃)+(纯烷烃)+(混合链烷–环烷烃)	降低稠度
芳香分	黄色至红色液体	0.99	730	0.25	3.5	2.0	(混合链烷–环烷–芳香烃)+(芳香烃)+(含 S 化合物)	降低稠度、增大塑性
胶质	棕色粘稠液体	1.09	970	0.42	3.6	7.4	(链烷–环烷–芳香烃)多环结构+(含 S、O、N 化合物)	增加粘附力、黏度、塑性
沥青质	深棕色至黑色固体	1.15	3400	0.50	—	—	(链烷–环烷–芳香烃)缩合环结构+(含 S、O、N 化合物)	提高黏度、降低感温性

石油沥青除含有上述组分外,还有沥青碳和似碳物、蜡。

沥青碳和似碳物是由于沥青受高温的影响脱氢而生成的,一般只是在高温裂化或加热及深度氧化过程中产生。多为深黑色固态粉末状微粒,是石油沥青中相对分子质量最高的组分。在沥青中的含量不多,一般在 2%~3% 以下,能够降低沥青的粘结力。

蜡属于晶体物质,在常温下呈白色结晶状态存在于沥青中。当温度达到 45℃ 左右时,会由固态转变为液态。当蜡含量增加时,会增大沥青的温度敏感性,使沥青在高温下容易发软、流淌,使沥青的胶体结构遭到破坏,降低沥青的延度和高温稳定性。同样,蜡在低温时会使沥青变得脆硬,导致沥青低温抗裂性降低。此外,蜡会使沥青与混凝土材料、石料的粘附性降低。所以,蜡是石油沥青的有害成分。

由于测定方法不同,各国对蜡的限定值也不一致。我国《公路沥青路面施工技术规范》(JTG F 40—2004)规定,蒸馏法测得的含蜡量应不大于 3%。

(二)石油沥青的胶体结构

1. 胶体结构的形成

大多数沥青属于胶体体系,它是由相对分子量很大,芳香性很高的沥青质分散在分子质量较低的可溶性介质中形成的。沥青中不含沥青质,只有单纯的可溶质时,沥青则只具有粘性液体的特征而不成为胶体体系。沥青质分子由于对极性强大的胶质具有很强的吸附力,因而形成了以沥青质为中心的胶团核心,而极性相当的胶质吸附在沥青质周围形成中间相。由于胶团的胶溶作用,而使胶团弥散和溶解于分子量较低、极性较弱的芳香分和饱和分组成分散介质中,形成了稳固的胶体。

2.胶体结构分类

根据沥青中各组分的化学组成和相对含量的不同,可以形成不同的胶体结构。沥青的胶体结构,可分为3个类型。

(1)溶胶型结构

当沥青中沥青质分子量较低,并且含量很少(例如在10%)以下,同时有一定数量的芳香度较高的胶质时,胶团能够完全胶溶而分散在芳香分和饱和分的介质中。在此情况下,胶团相距较远,它们之间吸引力很小(甚至没有吸引力),胶团可以在分散介质黏度许可范围之内自由运动,这种胶体结构的沥青,称为溶胶型沥青[图8-1(a)]。溶胶型沥青的特点是流动性和塑性较好,开裂后自行愈合能力较强,而对温度敏感性强,即对温度的稳定性较差,温度过高会流淌。通常,大部分直馏沥青都属于溶胶型沥青。

(2)溶-凝胶型结构

沥青中沥青质含量适当(例如在15%~25%之间),并有较多数量芳香度较高的胶质。这样形成的胶团数量增多,胶体中胶团的浓度增加,胶团距离相对靠近[图8-1(b)],它们之间有一定的吸引力。这是一种介乎溶胶与凝胶之间的结构,称为溶-凝胶结构。这种结构的沥青,称为溶-凝胶型沥青。修筑现代高等级沥青路用的沥青,都属于这类胶体结构类型。通常,环烷基稠油的直馏沥青或半氧化沥青,以及按要求组分重(新)组(配)的溶剂沥青等,往往能符合这类胶体结构。这类沥青的工程性能,在高温时具有较低的感温性,低温时又具有较好的形变能力。

(3)凝胶型结构

沥青中沥青质含量很高(例如大于30%),并有相当数量芳香度很高的胶质来形成胶团。这样,沥青中胶团浓度又很大程度的增加,它们之间的相互吸引力增强,使胶团靠得很近,形成空间网络结构。此时,液态的芳香分和饱和分在胶团的网络中成为分散相,连续的胶团成为分散介质[图8-1(c)]。这种胶体结构的沥青,称为凝胶型沥青,这类沥青的特点是,弹性和黏性较高,温度敏感性较小,开裂后自行愈合能力较差,流动性和塑性较低。在工程性能上,虽具有较小的温度敏感性,但低温变形能力较差。

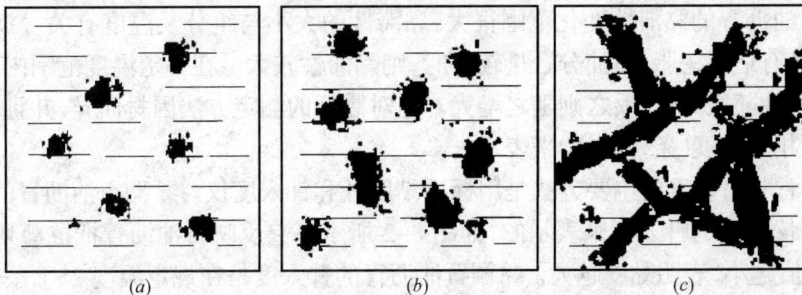

图8-1　沥青胶体结构
(a)溶胶型结构;(b)溶-凝胶结构;(c)凝胶型结构

3. 胶体结构类型的判定

随着对石油沥青研究的深入发展,有些学者已开始摒弃石油沥青胶体结构观点,而认为它是一种高分子溶液。高分子溶液学说理论认为,沥青是以高分子量的沥青质为溶质,以低分子量的软沥青质(树脂和油分)为溶剂的高分子溶液。当沥青质含量很小,沥青质与软沥青质溶解度参数很小时能够形成稳定的真溶液。这种高分子溶液的特点是对电解质稳定性较大,而且是可逆的,也就是说,在沥青高分子溶液中,加入电解质并不能破坏沥青的结构。当软沥青质减少,沥青质增加时,为浓溶液,即凝胶型沥青;如果沥青质减少,软沥青质增加时则为稀溶液,溶胶型沥青即可视为稀溶液。介乎二者之间的即溶凝胶型沥青。

二、石油沥青的技术性质

(一) 物理特征常数

1. 密度

沥青密度是指在规定温度条件下,单位体积的质量,单位为 kg/m^3 或 g/cm^3。我国现行试验规程(JTJ 052—2000)规定温度为 15℃,也可用相对密度表示,相对密度是指在规定温度下,沥青质量与同体积水质量之比。

沥青的密度与其化学组成有密切的关系,通过沥青的密度测定,可以概括地了解沥青的化学组成。通常黏稠沥青的相对密度波动在 0.96~1.04 范围。我国富产石蜡基沥青,其特征为含硫量低、含蜡量高、沥青质含量少,所以相对密度常在 1.00 以下。

2. 热胀系数

沥青在温度上升 1℃时的长度或体积的变化,分别称为线胀系数和体胀系数,统称热胀系数。

沥青路面的开裂,与沥青混合料的温缩系数有关。沥青混合料的温缩系数,主要取决于沥青的热学性质,特别是含蜡沥青,当温度降低时,蜡由液态转变为固态,比容突然增大,沥青的温缩系数发生突变,因而易导致路面开裂。

3. 介电常数

沥青的介电常数与沥青使用的耐久性有关。现代交通的发展,要求沥青路面具有高的抗滑性,英国道路研究所研究认为,沥青的介电常数与沥青路面抗滑性也有很好的相关性。

(二) 黏滞性(黏性)

石油沥青的黏滞性是反映沥青材料内部阻碍其相对流动的一种特性,也可以说它反映了沥青软硬、稀稠的程度,一般以绝对黏度表示,是沥青性质的重要指标之一。

各种石油沥青的黏滞性变化范围很大,黏滞性的大小与组分及温度有关。沥青质含量较高,同时又有适量树脂,而油分含量较少时,则黏滞性较大。在一定温度范围内,当温度升高时,则黏滞性随之降低,反之则随之增大。绝对黏度的测定方法因材而异,并且较为复杂,工程上常用相对黏度(条件黏度)来表示。

测定沥青相对黏度的主要方法是用标准黏度计和针入度仪。黏稠石油沥青的相对黏度是用针入度仪测定的针入度来表示的,如图 8-2 所示。它反映石油沥青抵抗剪切变形的能力。针入度值越小,表明黏度越大。黏稠石油沥青的针入度是在规定温度 25℃ 条件下,以规定重量 100g 的标准针,经历规定时间 5s 贯入试样中的深度,以 1/10mm 为单位表示,符号为 $P_{25℃,100g,5s}$。

液体石油沥青或较稀的石油沥青的相对黏度，可用标准黏度计测定的标准粘度表示，如图 8-3 所示。标准黏度是在规定温度(20、25、30 或 60℃)、规定直径(3、5 或 10mm)的孔口流出 50ml 沥青所需的时间秒数，常用符号"$C_d^t T$"表示，d 为流孔直径，t 为试样温度，T 为流出时间。显然，试验温度越高，流孔直径越大，流出时间越长，则沥青黏度越大。

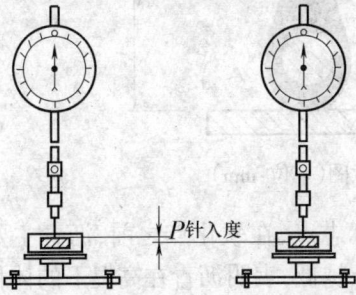

图 8-2　黏稠沥青针入度测试示意图

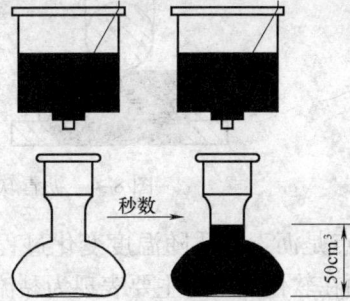

图 8-3　液体沥青标准黏度测定示意图

（三）温度敏感性

温度敏感性是指石油沥青的黏滞性和塑形随温度升降而变化的性能。

沥青是一种高分子非晶态热塑性物质，没有一定的熔点。当温度升高时，沥青由固态或半固态逐渐软化，使沥青分子之间发生相对滑动，此时沥青就像液体一样发生了黏性流动，称为黏流态。与此相反，当温度降低时，沥青又逐渐由黏流态凝固为固态(或称高弹态)，甚至变硬变脆(像玻璃一样脆硬称作玻璃态)。此过程反映了沥青随温度升降其黏滞性和塑性的变化。

在相同的温度变化间隔里，各种沥青黏滞性及塑性变化幅度不会相同，工程要求沥青随温度变化而产生的黏滞性及塑性变化幅度应较小，即温度敏感性应较小。所以温度敏感性是沥青性质的重要指标之一。

通常石油沥青中沥青质含量多，在一定程度上能够减小其温度敏感性。在工程使用时往往加入滑石粉、石灰石粉或其他矿物填料来减小其温度敏感性。沥青中含蜡量较多时，则会增大温度敏感性。多蜡沥青不能用于直接暴露于阳光和空气中的土木工程，就是因为该沥青温度敏感性大，当温度不太高(60℃左右)时就发生流淌，在温度较低时又易变硬开裂。评价温度敏感性的指标很多，常用的是软化点和针入度指数。

1. 软化点

沥青软化点是反映沥青温度敏感性的重要指标。由于沥青材料从固态至液态有一定得变态间隔，故规定其中某一状态作为从固态转到黏流态(或某一规定状态)的起点，相应的温度称为沥青软化点。

软化点的数值随采用的仪器不同而异，我国现行的实验规程《公路工程沥青及沥青混合料试验规程》(JTJ 052—2000)是采用环球软化点。该法(如图 8-4 沥青软化点测定示意图)是将黏稠沥青试样注入内径为 18.9mm 的铜环中，环上置一重 3.5g 的钢球，在规定的加热速度(5℃/min)下进行加热，沥青试样逐渐软化，直至在钢球荷重作用下，使沥青下坠 25.4mm 时的温度称为软化点，符号为 $T_{R\&B}$。根据已有研究认为：沥青在软化点时的黏度约为 1200Pa·s，或相当于针入度值 800(1/10mm)。据此，可以认为软化点是一种人为的"等粘温度"

2. 针入度指数

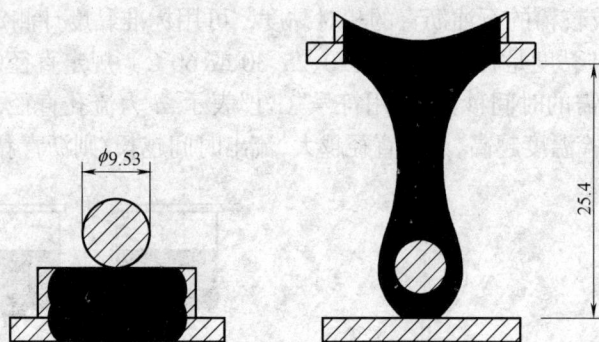

图 8-4　沥青软化点测定示意图(单位:mm)

软化点是沥青性质随温度变化过程中重要的标志点,在软化点之前,沥青主要表现为黏弹态,而在软化点之后主要表现为黏流态。软化点越低,表明沥青在高温下的体积稳定性和承受荷载的能力越差。但仅凭软化点这一指标来反映沥青性质随温度变化的规律,并不全面。目前,还采用针入度指数(PI)作为沥青温度敏感性的指标。

根据大量实验结果,沥青针入度值的对数(lgP)与温度(T)具有线性关系(如图 8-5 沥青针入度与温度关系):

$$\lg P = AT + k \tag{8-1}$$

式中　A——直线斜率;

　　　K——截距(常数)

A 表征沥青针入度(lgP)随温度(T)的变化率。A 越大,表明温度变化时,沥青的针入度变化越大,也即沥青的温度敏感性大。因此,可用斜率 $A = \dfrac{d(\lg P)}{dT}$ 来表征沥青的温度敏感性,故称 A 为针入度 – 温度感应系数。

为了计算 A 值,可由已知的 25℃的针入度值 $P_{(25℃,100g,5s)}$(单位 1/10mm)和软化点 $T_{R\&B}$(单位℃),并假设软化点时的针入度为 800(1/10mm),建立针入度 – 温度感应系数 A 的基本计算公式:

$$A = \frac{\lg 800 - \lg P(25℃, 100g, 5s)}{T_{R\&B} - 25} \tag{8-2}$$

按式(8-2)计算的 A 值均为小数,为使用方便起见,进行一些处理,改用针入度指数(PI)表示:

$$PI = \frac{30}{1 + 50A} - 10 = \frac{30}{1 + 50\left[\dfrac{\lg 800 - \lg P(25℃, 100g, 5s)}{T_{R\&B} - 25}\right]} - 10 \tag{8-3}$$

由式(8-3)可知,沥青的针入度指数范围是 – 10~ – 20;针入度指数是根据一定温度变化范围内,沥青性能的变化来计算出的,因此利用针入度指数来反映沥青性能随温度的变化规律更为准确;针入度指数(PI)值愈大,表示沥青的感温性愈低。现行标准《公路工程沥青及沥青混合料试验规程》(JTJ 052—2000)中规定,针入度指数是利用 15℃、25℃和 30℃的针入度回归得到的。

针入度指数不仅可以用来评价沥青的温度敏感性,同时也可以用来判断沥青的胶体结构;当 PI<-2 时,沥青属于溶胶结构,感温性大;当 PI>2 时,沥青属于凝结结构,感温性低;介

于期间的属于溶 – 凝胶结构。

不同针入度指数的沥青,其胶体结构和工程性能完全不同。相应的,不同的工程条件也对沥青有不同的 PI 要求:一般路用沥青要求 $PI>-2$;沥青用作灌封材料时,要求 $-3<PI<1$;如用作胶粘剂,要求 $-2<PI<2$;用作涂料时,要求 $-2<PI<5$。

（四）塑性

塑性是指石油沥青在外力作用下产生变形而不破坏（裂缝或断开）,除去外力后仍保持变形后的形状不变的性质,它反映的是沥青受力时所能承受的塑性变形的能力。

石油沥青的塑性与其组分有关,石油沥青中树脂含量较多,且其他组分含量又适当时,则塑性较大。影响沥青塑性的因素有温度和沥青膜层厚度,温度升高,则塑性增大,膜层愈厚,则塑性愈高。反之,膜层越薄,则塑性越差,当膜层薄至 $1\mu m$ 时,塑性近于消失,即接近于弹性。

在常温下,塑性较好的沥青在产生裂缝时,也可能由于其特有的黏塑性而自行愈合。故塑性还反映了沥青开裂后的自愈能力。沥青之所以能用来制造出性能良好的柔性防水材料,很大程度上决定于沥青的塑性。沥青的塑性对冲击荷载有一定的吸收能力,并能减少摩擦时的噪声,故沥青是一种优良的路面材料。

石油沥青的塑性用延度表示。延度试验方法是,将沥青试样制成"∞"字形标准试件（最小断面积 1cm³）,在规定拉伸速度和规定温度下拉断时的长度（以 cm 计）称为延度,如图8-5（沥青延度测试）所示。常用的实验温度有 25℃ 和 15℃。

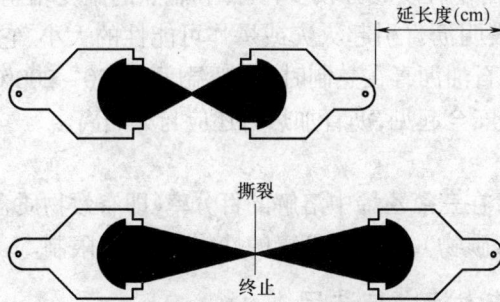

图 8-5　沥青延度测试示意图

以上所论及的黏滞性、温度敏感性和塑性是评价黏稠石油沥青工程性能最常用的经验指标,所以统称"三大指标"。

（五）大气稳定性

大气稳定性即为沥青的耐久性,是指石油沥青热施工时受高温的作用,以及在使用时在热、阳光、氧气和潮湿等因素的长期综合作用下抵抗老化的性能。

在阳光、空气和热的综合作用下,沥青各组分会不断递变。低分子化合物将逐步转变成高分子物质,即油分和树脂逐渐减少,而沥青质逐渐增多。实验发现,树脂转变为沥青质比油分转变为树脂的速度快得多（约 50%）。因此,石油沥青随着时间的进展,流动性和塑性逐渐减小,硬脆性逐渐增大,直至脆裂,这个过程称为石油沥青的老化。所以沥青的大气稳定性可以用抗老化性能来说明。

我国现行标准《公路工程沥青及沥青混合料试验规程》(JTJ 052—2000)规定,石油沥青的老化性能是以沥青试样在加热蒸发前后的质量损失百分率、针入度比和老化后的延度来评定。其测定方法是:先测定沥青试样的质量及其针入度,然后将试样至于烘箱中,在 163℃

下加热蒸发 5h,待冷却后在测定其质量和针入度。计算出蒸发损失质量占原质量的百分数,称为蒸发损失百分率;测得老化后针入度与原针入度的比值,称为针入度比,同时测定老化后的延度。沥青经老化后,质量损失百分率愈小、针入度比和延度愈大,则表示沥青的大气稳定性愈好,即老化愈慢。

$$蒸发损失百分率 = \frac{蒸发前沥青质量 - 蒸发后残留物质量}{蒸发前沥青质量} \times 100\%$$

$$针入度比 = \frac{蒸发后残留物针入度}{蒸发前沥青针入度} \times 100\%$$

（六）施工安全性

黏稠沥青在使用时必须加热,当加热至一定温度时,沥青材料中挥发的油分蒸汽与周围空气组成混合气体,此混合气体遇火焰则易发生闪火。若继续加热,油分蒸汽和饱和度增加。由于此种蒸汽与空气组成的混合气体遇火焰极易燃烧,引发火灾,为此,必须测定沥青加热闪火和燃烧的温度,即闪点和燃点。

闪点是指加热沥青至挥发出的可燃气体和空气的混合物,在规定条件下与火焰接触,初次闪火(有蓝色闪光)时的沥青温度(℃)。

燃点是指加热沥青产生的气体和空气的混合物,与火焰接触能持续燃烧 5s 以上时,此时沥青的温度即为燃点(℃)。燃点温度通常比闪点温度约高 10℃。沥青质含量越多,闪点和燃点相差愈大,液体沥青由于轻质成分较多,闪点和燃点的温度相差很小。

闪点和燃点的高低表明沥青引起火灾或爆炸可能性的大小,它关系到运输、贮存和加热使用等方面的安全性。石油沥青在熬制时,一般温度为 150～200℃,因此通常控制沥青的闪点应大于 230℃。但为安全起见,沥青加热时还应与火隔离。

（七）溶解度

沥青溶解度是指沥青在三氯乙烯中溶解的百分率(即有效物质含量)。那些不溶解的物质为有害物质(沥青碳、似碳物),会降低沥青的性能,应加以限制。

三、石油沥青的技术标准与选用

我国现行石油沥青标准,将黏稠石油沥青分为道路石油沥青、建筑石油沥青和普通石油沥青三大类,在土木工程中常用的主要是道路石油沥青和建筑石油沥青。道路石油沥青和建筑石油沥青依据针入度大小将其划分为若干牌号,每个牌号还应保证相应的延度和软化点,以及其他指标。现将其质量指标列于表 8-3 及表 8-4 中。

道路石油沥青和建筑石油沥青技术标准　　　　　　　　　　表 8-3

质量指标	道路石油沥青(SH 0522—2000)							建筑石油沥青(GB494—1998)		
	A-200	A-180	A-140	A-100 甲	A-100 乙	A-60 甲	A-60 乙	40 号	30 号	10 号
针入度(25℃,100g)/(1/10mm)	201~300	161~200	121~160	91~120	81~120	51~80	41~80	26~50	26~35	10~25
延度(25℃)(≥)/cm	—	100	100	90	60	70	40	3.5	2.5	1.5
软化点(环球法)/℃	30~45	35~45	38~48	42~52	42~52	45~55	45~55	>60	>75	>95
溶解度(三氯乙烯,四氯化碳或苯)(≥)/%	99	99	99	99	99	99	99	99.5	99.5	99.5

质量指标	道路石油沥青(SH 0522—2000)							建筑石油沥青(GB494—1998)		
	A-200	A-180	A-140	A-100甲	A-100乙	A-60甲	A-60乙	40号	30号	10号
蒸发损失(160℃,5h)(≤)/%	1	1	1	1	1	1	1	1	1	1
蒸发后针入度比(≥)/%	50	60	60	65	65	70	70	65	65	65
闪点(开口)(≥)/℃	180	200	230	230	230	230	230	230	230	230

（一）道路石油沥青

按道路的交通量,道路石油沥青分为中、轻交通石油沥青和重交通石油沥青。

中、轻交通道路石油沥青共有 5 个牌号,按石油化工行业标准《道路石油沥青》(SH 0522—2000)将道路石油沥青分为 5 个牌号,其中 A-100 和 A-60 又按延度的不同分为甲、乙两个副牌号。由表 8-3 可知,牌号越大,沥青的黏滞性越小(针入度越大),塑性越好(延度越大),温度稳定性越差(软化点越低)。

中、轻交通道路石油沥青主要用做一般道路路面、车间地面等工程。常配制沥青混凝土、沥青混合料和沥青砂浆使用。选用道路石油沥青时,要按照工程要求、施工方法以及气候条件等选用不同牌号的沥青。此外,还可用作密封材料、胶粘剂和沥青涂料等。

重交通道路石油沥青主要用于高速公路、一级公路路面、机场道面以及重要的城市道路路面等工程。按国家标准《重交通道路石油沥青》(GB/T 15180—2000),重交通道路石油沥青分为 AH-50、AH-70、AH-110 和 AH-130 等 5 个牌号,各牌号的技术要求见表 8-4。除石油沥青规定的有关指标外,延度的温度为 15℃,大气稳定性采用薄膜烘箱试验,并规定了含蜡量的要求。

重交通量道路石油沥青的技术标准 表 8-4

质量指标	重交通量道路石油沥青				
	AH-130	AH-110	AH-90	AH-70	AH-50
针入度(25℃,100g,5s)/(1/10mm)	121~140	101~120	80~100	60~80	40~60
延度(15℃,15cm/min)(≥)/cm	100	100	100	100	100
软化点(环球法)/℃	40~50	41~51	42~52	44~54	45~55
溶解度(三氯乙烯)(≥)/%	99.0				
含蜡量(蒸馏法)(≤)/%	3				
薄膜烘箱加热实验(160℃,5h) 质量损失(≤)/%	1.3	1.2	1.0	0.8	0.6
针入度比(≥)/%	45	48	50	55	58
延度(25℃)(≥)/cm	75	75	75	50	40
延度(15℃)(≥)/cm	实测记录				
闪点(开口)(≥)/℃	230				

（二）建筑石油沥青

建筑石油沥青的特点是粘性较大(针入度较小),温度稳定性较好(软化点较高),但塑性较差(延度较小)。建筑石油沥青应符合《建筑石油沥青》(GB 494—1998)的规定。常用其制作油纸、油毡、防水涂料及沥青胶等,并用于屋面及地下防水、沟槽防水、防蚀以及管道防腐等工程。

需要注意的是,使用建筑石油沥青制成的沥青膜层较厚,黑色沥青表面又是好的吸热体,故在同一地区的沥青屋面(或其他工程表面)的表面温度比其他材料高。据测定高温季节沥青层面的表面温度比当地最高气温高25~30℃。为避免夏季屋面沥青流淌,一般屋面用沥青材料的软化点应比当地气温高20℃。但软化点也不宜选得太高,以免冬季低温时变得硬脆,甚至开裂。

(三)普通石油沥青

普通石油沥青因含有较多的蜡(一般含量大于5%,多者达20%以上),故又称多蜡沥青。由于蜡的熔点较低,所以多蜡沥青达到液态时的温度与其软化点相差无几;与软化点相同的建筑石油沥青相比,其黏滞性较低,塑性较差,故在土木工程中不宜直接使用。

(四)沥青的掺配

施工中,若采用某一牌号的沥青不能满足工程要求的软化点或针入度时,可用不同牌号的沥青按一定比例互相掺配,掺配后制得的沥青称为混合沥青。为保证不使掺配后的沥青胶体结构遭到破坏,一般掺配时要注意遵循同产源原则,即同属石油沥青或同属煤沥青(或煤焦油)的才可掺配。

两种沥青掺配的比例可用下式估算:

$$Q_1 = \frac{T_2 - T}{T_2 - T_1} \times 100\% \tag{8-4}$$

$$Q_2 = 1 - Q_1 \tag{8-5}$$

式中　Q_1——牌号较软沥青的用量,%;

　　　Q_2——牌号较硬沥青的用量,%;

　　　T——掺配后沥青的软化点,%;

　　　T_1——牌号较软沥青的软化点,℃;

　　　T_2——牌号较硬沥青的软化点,℃。

以估算的掺配比例和其邻近的比例(5%~10%)进行试配(混合熬制均匀),测定掺配后沥青的软化点,然后绘制"掺配比一软化点"关系曲线,即可从曲线上确定出所要求的掺配比例。

例题:某工程需要用软化点为85℃的石油沥青,现有10号及60号两种,10号石油沥青软化点为95℃,60号石油沥青软化点为45℃,应如何掺配以满足工程需要?

$$Q_1 = \frac{T_2 - T}{T_2 - T_1} \times 100\% = \frac{95 - 85}{95 - 45} \times 100\% = 20\%$$

$$Q_2 = 1 - 20\% = 80\%$$

四、改性沥青

建筑上使用的沥青必需具有一定的物理性质和黏附性。低温条件下应有弹性和塑性;高温条件下应有足够的强度和稳定性;加工和使用条件下具有抗"老化"能力;使用时应与各种矿料和结构表面有较强的黏附力;以及对构件变形的适应性和耐疲劳性。通常石油加工厂制备的沥青不一定能满足这些要求,尤其我国大多数用大庆油田的原油加工出来的沥青,如单一控制其温度稳定性,其他方面就很难达到要求,致使目前沥青防水屋面渗漏现象严重,使用寿命短。为此,常用橡胶、树脂和矿物填料等改性。橡胶、树脂和矿物填料等通称为石油沥青的改性材料。

(一)氧化改性

氧化也称吹制,是在250~300℃高温下向残留沥青或渣油吹入空气,通过氧化作用和聚合作用,使沥青分子量变大,提高沥青的黏性和温度稳定性,从而达到改善沥青的性能。工程上使用的道路石油沥青、建筑石油沥青和普通石油沥青均为氧化沥青。

(二)矿物填充材料改性

1. 矿物填充料的种类。矿物填充料是由矿物质材料经过粉碎加工而成的细微颗粒,因所用矿物岩石的品种不同而不同。按其形状不同可分为粉状和纤维状;按其化学组成不同可分为含硅化合物类及碳酸盐类等。常用的有以下几种:

(1)滑石粉。由滑石粉经粉碎、筛选而制得的,主要化学成分为含水硅酸镁($3MgO \cdot 4SiO_2 \cdot H_2O$)。亲油性好,易被沥青浸润,可提高沥青的机械强度和抗老化性能。

(2)石灰石粉。由天然石灰石粉碎、筛选而制成,主要成分为碳酸钙,属亲水性的碱性岩石,但亲水性较弱,与沥青有较强的物理吸附和化学吸附性,是较好的矿物填充料。

(3)云母粉。由天然云母矿经粉碎、筛选而成,具有优良的耐热性、耐酸、耐碱性和电绝缘性,多覆于沥青材料表面,用于屋面防护层时有反射作用,可降低表面温度,反射紫外线防老化,延长沥青使用寿命。

(4)石棉粉。一般由低级石棉经加工而成,主要成分是钠、钙、镁、铁的硅酸盐,呈纤维状,富有弹性,具有耐酸、耐碱和耐热性,是热和电的不良导体,内部有很多微孔,吸油(沥青)量大,掺入沥青后可提高其抗拉强度和温度稳定性,但应注意环保要求。

此外,可用作沥青矿物填充料的还有白云石粉、磨细砂、粉煤灰、水泥、砖粉、硅藻土等。

2. 矿物填充料的作用机理

矿物填充料之所以能对沥青进行改性,是由于沥青对矿物填充料的润湿和吸附作用。一般由共价键或分子键结合的矿物属憎水性即亲油性,如滑石粉等,此种矿物颗粒表面能被沥青所润湿而不会被水所剥离。由离子键结合的矿物(如碳酸盐、硅酸盐、云母等)属亲水物,对水亲和力大于对油的亲和力,即有憎油性。但是,因沥青中含有酸性树脂,它是一种表面活性物质,能够与矿物颗粒表面产生较强的物理吸附作用,如石灰石颗粒表面的钙离子和碳酸根离子,对树脂的活性基团有较大的吸附力,还能与沥青酸或环烷酸发生化学反应,形成不溶于水的沥青酸钙或环烷酸钙,产生了化学吸附力,故石灰石粉与沥青也可形成稳定的混合物。在矿物填充料被沥青润湿和吸附后,沥青呈单分子状态排列在矿物颗粒(或纤维)表面,形成结合力牢固的沥青薄膜(如图8-6沥青与矿粉相互作用的结构示意图)。这部分沥青成为"结构沥青"。具有较高的粘性和耐热性等。为形成恰当的结构沥青膜层,掺入的矿物填充料数量要适当。

矿物填充料的种类、细度和掺入量对沥青的改性作用具有重要影响。如石油沥青中掺入35%的滑石粉或云母粉,用于屋面防水,大气稳定性可提高1~1.5倍,但掺量小于15%时,则不会提高。一般矿物填充料掺量为20%~40%。矿物填充料的颗粒愈细,颗粒表面积愈大,物理吸附和化学吸附作用愈强,形成的结构沥青愈多,并可避免从沥青中沉积。但颗粒过细,填充料容易粘结成团,不易与沥青搅匀,而不能发挥结构沥青的作用。

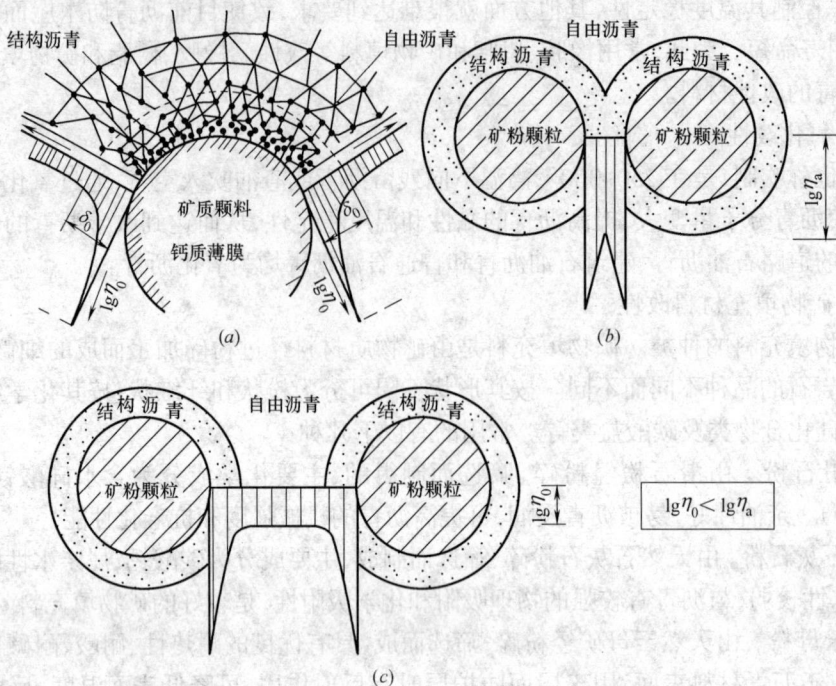

图 8-6 沥青与矿粉相互作用的结构示意图

(三)聚合物改性沥青

聚合物(包括橡胶和树脂)同石油沥青具有较好的相溶性,可赋予石油沥青某些橡胶的特性,从而改善石油沥青的性能。聚合物改性的机理复杂,一般认为聚合物改变了体系的胶体结构,当聚合物的掺量达到一定的限度,便形成聚合物的网络结构,将沥青胶团包裹。目前,用于改善沥青性能的聚合物主要有树脂类、橡胶类和树脂-橡胶共聚物三类,各类常用聚合物的名称如表 8-5。

改性沥青常用聚合物   表 8-5

树 脂 类	橡 胶 类	树脂-橡胶共聚物
聚乙烯(PE)、聚丙烯(PP)、聚氯乙烯(PVC)、聚苯乙烯(PS)、乙烯-醋酸乙烯酯共聚物(EVA)	丁苯橡胶(SBR)、氯丁橡胶(CR)、丁腈橡胶(NBR)、苯乙烯-异戊二烯橡胶(SIR)、乙苯橡胶(EPDR)	苯乙烯-丁二烯-苯乙烯嵌段共聚物(SBS)、苯乙烯-异戊二烯-苯乙烯嵌段共聚物(SIS)、苯乙烯-聚乙烯/丁基-聚乙烯嵌段共聚物(SE/BS)

1. 热塑性树脂类改性沥青

用作沥青改性的树脂,主要是热塑性树脂,最常用的是聚乙烯(PE)和聚丙烯(PP),其作用主要是提高沥青的黏度,改善高温抗流动性,同时可增大沥青的韧性,所以它们对改善沥青高温性能是肯定的,但对低温性能的改善有时并不明显。

聚乙烯的特点是强度较高,延伸率较大,耐寒性好(玻璃化温度可达 $-150 \sim -120℃$),并与沥青的相溶性很好,故聚乙烯是较好的沥青改性剂。低密度聚乙烯(LDPE)比高密度聚乙烯(HDPE)的强度低,但低密度聚乙烯具有较大的伸长率和较好的耐寒性,故改性沥青中多选用低密度聚乙烯。近年来的研究认为:价格低廉和耐寒性好的低密度聚乙烯(LDPE)与其他高聚物组成合金,可以得到优良的改性沥青。

172

聚丙烯根据—CH₃的不同排列,分为无规聚丙烯、等规聚丙烯和间规聚丙烯三种。用作沥青改性的主要为无规聚丙烯(APP),其—CH₃无规则地分布在主链两侧。

无规聚丙烯是生产等规聚丙烯的副产品,在常温下呈乳白色至浅棕色橡胶状物质,抗拉强度较低,但延伸率高,耐寒性尚好(玻璃化温度在 -18℃ ~ -20℃)。无明显熔点,加热到150℃后才开始变软,在250℃左右熔化,并可以与石油沥青均匀混合。研究表明,在改性沥青中,APP形成了网络结构。APP改性沥青与石油沥青相比,其软化点高,延度大,冷脆点降低,黏度增大,具有优异的耐热性和抗老化性,尤其适合气温较高的地区使用。APP常用来作为沥青防水卷材和道路石油沥青的改性剂。

2. 橡胶类改性沥青

橡胶类改性沥青的性能,主要取决于沥青的性能、橡胶的种类和制备工艺等因素。当前,合成橡胶类改性沥青中,通常认为改善效果较好的是丁苯橡胶(SBR)。

丁苯橡胶是丁二烯与苯乙烯共聚所得的共聚物。按苯乙烯占总量的比例,分为丁苯 -10、丁苯 -30、丁苯 -50 等牌号。随着苯乙烯含量增加,硬度增大,弹性降低。丁苯橡胶综合性能较好,强度较高,延伸率大,抗磨性和耐寒性亦较好。丁苯橡胶改性沥青的性能主要表现为:

(1)在常规指标上,针入度值减小,软化点升高,常温(25℃)延度稍有增加,特别是低温(5℃)延度有较明显的增加;

(2)不同温度下的黏度均有所增加,随着温度降低,黏度差逐渐增大;

(3)热流动性降低,热稳定性明显提高;

(4)韧度明显提高;

(5)黏附性亦有所提高。

SBR 改性沥青的最大特点是低温性能得到改善,但其在老化试验后,延度严重降低,所以主要适宜在寒冷气候条件下使用。

3. 热塑性弹性体改性沥青

热塑性弹性体亦即热塑性橡胶,主要是苯乙烯类嵌段共聚物,如苯乙烯 – 丁二烯 – 苯乙烯(SBS)、苯乙烯 – 异戊二烯 – 苯乙烯(SIS)、苯乙烯 – 聚乙烯 / 丁基 – 聚乙烯(SE/BS)等嵌段共聚物。热塑性弹性体由于它兼具橡胶和树脂的结构与性质,常温下具有橡胶的弹性,高温下又能像橡胶那样流动,称为可塑性材料,所以它对沥青性能的改善优于树脂和橡胶改性沥青,故也称为橡胶树脂类改性沥青。SBS 由于具有良好的弹性(变形的自恢复性及裂缝的自愈性),故已成为目前世界上最为普遍使用的沥青改性剂,主要用途是 SBS 改性道路沥青和 SBS 改性沥青防水卷材。

SBS 对沥青的改性十分明显。它在沥青内部形成一个高分子量的凝胶网络,大大提高了沥青的性能。SBS 改性沥青的最大特点是高温稳定性和低温变形能力都好,且具有良好的弹性恢复性能和抗老化性能。SBS 使软化点提高至最大,使 5℃延度大幅度增大,冷脆点降低,且薄膜加热后的针入度比保留 90%以上。

五、其他沥青

(一)煤沥青

煤沥青是焦油沥青的一种,在烟煤炼焦或制煤气时,从干馏所挥发的物质中冷凝出煤焦油,再将煤焦油继续蒸馏得轻油、中油、重油和蒽油后所剩的残渣即为煤沥青。大部分用于制作建筑防水材料。根据煤干馏时的温度不同,煤焦油分为高温煤焦油和低温煤焦油。高温煤焦油是炼焦或制造煤气时得到的副产品,所含大分子量的组分较多,故具有较大的密度,技术性质优于低温煤焦油。生产煤沥青和配制各种防水材料多采用高温煤焦油。

根据煤焦油蒸馏深度的不同,又分为软煤沥青和硬煤沥青两类。软煤沥青是从煤焦油中蒸馏出轻油和中油后的产品。若将重油和蒽油也基本上蒸馏出,则得到硬脆的硬煤沥青。硬煤沥青不能直接用于工程,需用重油、蒽油掺配使用。经掺配而成的煤沥青称为回配煤沥青。掺配比例应根据工程需要通过实验确定。

煤沥青与石油沥青相比,温度稳定性较差、塑性较差、大气稳定性差,但具有很好的防腐能力、良好的粘结能力,因此可用于配置防腐涂料、胶粘剂、防水涂料、油膏以及制作油毡等。

将煤沥青和石油沥青按适当比例混合可形成一种稳定胶体结构的混合沥青。混合沥青综合了两种沥青的优点,使得粘性、温度稳定性、塑性均有显著改善,特别适用于铺筑路面、停车场等。

国家标准《沥青路面施工及验收规范》(GB 50092—96)规定,道路用煤沥青按黏度等技术指标分为 9 个标号,其技术标准见表 8-6,建筑工程中以 T-7、T-8、T-9 三个标号应用较广。

软煤沥青技术指标 表 8-6

项目		标　号								
		T-1	T-2	T-3	T-4	T-5	T-6	T-7	T-8	T-9
黏度(s)	$C_{30,5}$	5~25	26~70							
	$C_{30,10}$			5~20	21~50	51~120	121~200			
	$C_{50,10}$							10~75	76~200	
	$C_{60,10}$									35~65
蒸馏试验馏出量(%)	170℃前	<3	<3	<3	<3	<1.5	<1.5	<1.0	<1.0	<1.0
	270℃前	<20	<20	<20	<15	<15	<15	<10	<10	<10
	300℃前	15~35	15~35	<30	<30	<25	<25	<20	<20	<15
300℃蒸馏残渣软化点(环球法)(℃)		30~45	30~45	35~65	35~65	35~65	35~65	40~70	40~70	40~70
水分(%)		<1.0	<1.0	<1.0	<1.0	<1.0	<0.5	<0.5	<0.5	<0.5
甲苯不溶物(%)		<20	<20	<20	<20	<20	<20	<20	<20	<20
含萘量(%)		<5	<5	<5	<4	<4	<3.5	<3	<2	<2
焦油酸含量(%)		<4	<4	<3	<3	<2.5	<2.5	<1.5	<1.5	<1.5

(二)乳化沥青

乳化沥青是沥青以微粒(粒径 1μm 左右)分散在有乳化剂的水中而成的乳胶体。配制时,首先在水中加入少量乳化剂,再将沥青热熔后缓缓倒入,同时高速搅拌,使沥青分散成微小颗粒,均匀分布在溶有乳化剂的水中。由于乳化剂分子一端强烈吸附在沥青微小颗粒表面,另一端则与水分子很好地结合,产生有益的"桥梁"作用,使乳液获得稳定。

乳化剂是乳化沥青形成和保持稳定的关键组成,它能使互不相溶的两相物质(沥青和水)形成均匀稳定的分散体系,它的性能在很大程度上影响着乳化沥青的性能。乳化剂是一种表面活性剂。工程中所用的阴离子乳化剂有钠皂或肥皂、洗衣粉等。阳离子乳化剂有双甲基十八烷溴胺和三甲基十六烷溴胺等。非离子乳化剂有聚乙烯醇,平平加(烷基苯酚环氧乙烷缩合物)等。矿物胶体乳化剂有石灰膏及膨润土等。

乳化沥青涂刷于材料表面或与骨料拌和成型后,水分逐渐散失,沥青微粒靠拢将乳化剂薄膜挤裂,相互团聚而粘结。这个过程叫乳化沥青成膜。成膜需要时间,主要取决于所处环境的气温及通风情况。现场施工时,还可根据需要加入一定量破乳剂,调整沥青成膜时间。

乳化沥青可涂刷或喷涂在材料表面作为防潮或防水层,也可粘贴玻璃纤维毡片(或布)作屋面防水层,或用于拌制冷用沥青砂浆和沥青混凝土。乳化沥青一般由工厂配制,其储存期一般不宜超过 6 个月,储存时间过长容易引起凝聚分层。一般不宜在 0℃以下储存,不宜在 -5℃以下施工,以免水分结冰而破坏防水层。

六、沥青防水材料

(一)冷底子油

冷底子油是用有机溶剂(汽油、柴油、煤油、苯等)与沥青溶合制得的一种液体沥青。它黏度小,流动性好,将它涂刷在混凝土、砂浆或木材等基面上,能很快渗入材料的毛细孔隙中,待溶剂挥发后,便与基面牢固结合。这一方面使基材具有一定的憎水性,另一方面为粘结同类防水材料创造了有利条件。因它多在常温下用作防水工程的打底材料,故名冷底子油。

冷底子油形成的涂膜较厚,一般不单独作防水材料使用,只作为某些防水材料的配套材料,以增强底层与其他防水材料的粘结强度。施工时在基层上先涂一道冷底子油,再刷沥青防水材料或铺油毡。

冷底子油按其凝固速度的快慢分为:快凝、中凝和慢凝三种。一般可参考下列配合比(质量比):

1. 快凝液体沥青用沸点低的汽油作稀释剂,石油沥青:汽油 = 30:70;
2. 慢凝液体沥青用沸点高的煤油或轻柴油作稀释剂,石油沥青:轻柴油 = 40:60;
3. 中凝液体沥青用沸点介于汽油和柴油之间的煤油作稀释剂,石油沥青:煤油 = 40:60。

建筑工地使用的冷底子油,常随配随用。冷底子油配置方法有热配法和冷配法两种。热配法是先将沥青加热至 180~200℃熔化脱水后,待冷却至一定温度(70℃)时再缓慢加入溶剂,搅拌均匀即成。冷配法是将沥青打碎成小块后,按质量比加入溶剂中,不停搅拌至沥青全部溶解形成均匀体系为止。

(二)沥青胶(玛琋脂)

沥青胶又称沥青玛琋脂,它是在熔(溶)化的沥青中加入粉状或纤维状的填充料经均匀混合而成。填充料粉状的如滑石粉、石灰石粉、白云石粉等,纤维状的如石棉屑、木纤维等。沥青胶的常用配合比为沥青 70% ~ 90%,矿粉 10% ~ 30%。如采用的沥青黏性较低,矿粉可多掺一些。一般矿粉越多,沥青胶的耐热性越好,粘结力越大,但柔韧性降低,施工流动性也变差。

沥青胶有热用和冷用的两种,一般工地施工是热用。配制热用沥青胶时,先将矿粉加热到100~110℃,然后慢慢地加入已熔化的沥青中,继续加热并搅拌均匀即成。热用沥青胶用于粘结和涂抹石油沥青油毡。冷用时需加入稀释剂将其稀释后于常温下施工应用,它可以涂刷成均匀的薄层。

(三)沥青基防水卷材

防水卷材是建筑工程防水材料的重要品种之一。主要包括沥青防水卷材、高聚物改性沥青防水卷材和合成高分子卷材三大类。因沥青具有良好的防水性能,而且资源丰富、价格低廉,所以我国仍大量使用。但沥青材料的低温柔性差,温度敏感性大,在大气作用下易老化,防水耐用年限较短,因而属低档防水卷材。共聚物改性沥青防水卷材和合成高分子卷材由于其优异的性能,应用日益广泛,是防水卷材的发展方向。具体分类如下:

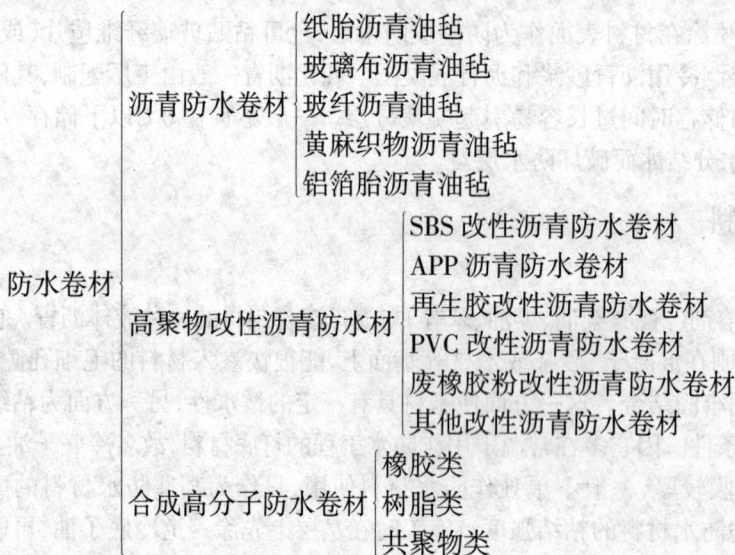

防水卷材
├─ 沥青防水卷材
│   ├─ 纸胎沥青油毡
│   ├─ 玻璃布沥青油毡
│   ├─ 玻纤沥青油毡
│   ├─ 黄麻织物沥青油毡
│   └─ 铝箔胎沥青油毡
├─ 高聚物改性沥青防水材
│   ├─ SBS 改性沥青防水卷材
│   ├─ APP 沥青防水卷材
│   ├─ 再生胶改性沥青防水卷材
│   ├─ PVC 改性沥青防水卷材
│   ├─ 废橡胶粉改性沥青防水卷材
│   └─ 其他改性沥青防水卷材
└─ 合成高分子防水卷材
    ├─ 橡胶类
    ├─ 树脂类
    └─ 共聚物类

防水卷材的品种较多、性能各异,但其均必须具备以下性能:

(1)耐水性

耐水性是指要满足建筑防水工程的要求,在水的作用和被水浸润后性能基本不变,在压力水作用下具有不透水性,常用不透水性、吸水性等指标表示。

(2)温度稳定性

指在高温下不流淌、不起泡、不滑动,低温下不脆裂的性能。即在一定温度变化下保持原有性能的能力,常用耐热度、耐热性等指标表示。

(3)机械强度、延伸性和抗断裂性

指承受一定荷载、应力或在一定变形条件下不断裂的性能,常用拉力、拉伸强度和断裂伸长率等指标表示。

(4)柔韧性

指在低温条件下保持柔韧性的性能。它对保证施工性能是很重要的,常用低温弯折性等指标表示。

(5)大气稳定性

指在阳光、热、臭氧及其他化学侵蚀介质等因素的长期综合作用下抵抗侵蚀的能力,用耐老化性、热老化保持率等指标表示。

各类防水卷材的选用应充分考虑建筑物的特点、地区环境条件、使用条件等多种因素，结合材料的特性和性能指标来选择。

1. 石油沥青防水卷材

石油沥青防水卷材系用低软化点石油沥青浸渍或涂盖胎体材料而成的一种防水卷材。广泛应用于地下、水工、工业及其他建筑物的防水工程，特别是屋面工程中。其特点及使用见表 8-7。

石油沥青防水卷材的特点及应用   表 8-7

卷材种类	特　　　点	使用范围	施工工艺
石油沥青纸胎油毡	是我国传统的防水材料，目前在屋面工程中仍占主导地位；其低温柔性差，防水层耐用年限较短，但价格较低	三毡四油、二毡三油叠层铺设的屋面工程	热玛琋脂、冷玛琋脂粘贴施工
玻璃布沥青油毡	抗拉强度高，胎体不易腐烂，材料柔韧性好，耐久性比纸胎油毡提高一倍以上	多用作纸胎油毡的增强附加层和突出部位的防水层	
黄麻胎沥青油毡	抗拉强度高，耐水性好，但胎体材料易腐烂	常用做屋面增强附加层	
铝箔胎沥青油毡	有很高的阻隔蒸汽渗透的能力，防水性能好，且具有一定的抗拉强度	与带孔玻纤毡配合或单独使用，宜用于隔汽层	热玛琋脂粘贴

不同规格、标号、品种、等级的产品不得混放；卷材应保管在规定温度下，粉毡和玻璃毡不高于 45℃，片毡不高于 50℃。纸胎油毡和玻纤毡需立放，高度不超过两层，所有搭接边的一端必须朝上面；玻璃布油毡可以同一方向平放堆置成三角形，最高码放 10 层，并应存放在远离火源、通风、干燥的室内，防止日晒、雨淋和受潮；用轮船和铁路运输时，卷材必须立放，高度不得超过两层，短途运输可平放，不宜超过 4 层，不得倾斜或横压，必要时加盖苫布；套工攞搏琴凳拿轻慭，免出现不必要的损伤；产品质量保证期为一年。

2. 聚合物改性沥青防水卷材

聚合物改性沥青防水卷材是以合成高分子聚合物改性沥青为涂盖层，纤维织物或纤维毡为胎体，粉状、粒状、片状或薄膜材料为覆面材料制成的防水卷材。其特点和使用见表 8-8。

常见共聚物改性沥青防水卷材的特点和使用   表 8-8

卷材种类	特　　　点	使　用　范　围	施工工艺
SBS 改性沥青防水卷材	耐高、低温性能有明显提高，卷材的弹性和耐疲劳性能明显改善	单层铺设的屋面防水工程或复合使用。适用于寒冷地区和结构变形较大的结构	冷施工铺贴或热熔铺贴
APP 改性沥青防水卷材	具有良好的强度、延伸性、耐热性、耐紫外线及耐老化性能	单层铺设，适用于紫外线辐射强烈及炎热地区	热熔法或冷粘铺设
PVC 改性沥青防水卷材	有良好的耐热及耐低温性能，最低开卷温度为 -18℃	有利于在冬季负温度下施工	可热作业，也可冷施工
再生胶改性沥青防水卷材	有一定的延伸性和防腐蚀能力，且低温柔性较好，价格低廉	变形较大或档次较低的防水工程	热沥青粘贴
废橡胶粉改性沥青防水卷材	比普通石油沥青纸胎油毡的抗拉强度、低温柔性均有明显改善	叠层使用于一般屋面防水工程，宜在寒冷地区使用	

3. 合成高分子防水卷材

合成高分子防水卷材是以合成橡胶、合成树脂或它们两者的共混体为基料，加入适量的化学助剂和填充料等，经提炼、压延或挤出等工序加工而制成的可卷曲的片状防水材料。

其中有分为加筋增强型与非加筋增强型两种。

合成高分子防水卷材具有拉伸强度和抗撕裂强度高、断裂伸长率大、耐热性和低温柔性好、耐腐蚀、耐老化等一系列优异的性能,但价格较高,是新型高档防水卷材。常见的有三元乙苯橡胶防水卷材、聚氯乙烯防水卷材、氯化聚乙烯防水卷材、氯化聚乙烯 – 橡胶共混防水卷材等。此类卷材厚度分别为 1、1.2、1.5、2.0mm 等规格,一般单层铺设,可采用冷粘法或自粘法施工。

第二节　沥青混合料的组成、性质与分类

根据我国现代沥青路面的铺筑工艺,沥青与不同组成的矿物集料可以修建成不同结构的沥青路面。最常用的沥青路面包括:沥青表面处理、沥青贯入式、沥青碎石和沥青混凝土四种。沥青路面具有优良的力学性能,良好的耐久性和抗滑性等特点,并便于分期修筑及再生利用,且修成的路面具有晴天少尘、雨天不泞、减振吸声、行车舒适等多方面的优点。

一、沥青混合料的定义

根据我国现行标准《沥青路面施工和验收规范》(GB 50092—1996),将沥青混合料的定义和分类如下:

沥青混合料是矿物(包括碎石、石屑、砂)和填料与沥青经混合拌制而成的混合料的总称。其中矿料起骨架作用,沥青与填料起胶结填充作用。沥青混合料经摊铺、压实成型后就成为沥青路面。包括沥青混凝土混合料和沥青碎石混合料。

1. 沥青混凝土混合料(以 AC 表示,采用圆孔筛时用 LH 表示)。由适当比例的粗骨料、细骨料及填料与沥青在严格控制条件下拌和的沥青混合料。其压实后的剩余空隙率小于10%。

2. 沥青碎石混合料(以 AM 表示,采用圆孔筛时用 LS 表示)。由适当比例的粗骨料、细骨料及少量填料(或不加填料)与沥青拌和而成的半开放式沥青混合料。其压实后的剩余空隙率大于10%。

二、沥青混合料的分类

根据不同的分类方法,沥青混合料可分成五个不同的大类。

(一)按沥青类型分类

1. 石油沥青混合料:以石油沥青为结合料的沥青混合料;

2. 焦油沥青混合料:以煤焦油为结合料的沥青混合料。

(二)按施工温度分类

1. 热拌热铺沥青混合料:沥青与矿料经加热后拌和,并在一定温度下完成摊铺和碾压施工过程的混合料;

2. 常温沥青混合料:以乳化沥青或液体沥青在常温下与矿料拌和,并在常温下完成摊铺碾压过程的混合料。

(三)按矿质骨料级配类型分类

1. 连续级配沥青混合料:沥青混合料中的矿料是按级配原则,从大到小各级粒径都有,

按比例互相搭配组成的连续级配混合料,典型代表是密级配沥青混凝土,以 AC 表示;

2. 间断级配沥青混合料:矿料级配中缺少若干粒级所形成的沥青混合料,典型代表是沥青玛琋脂碎石混合料,以 SMA 表示。

(四)按混合料密实度分类

1. 连续密级配沥青混凝土混合料:采用连续密级配原理设计组成的矿料与沥青拌和而成。其中包括:

(1)密实型沥青混凝土混合料:设计空隙率在 3%~6%(重载交通道路 4%~6%;行人道路 2%~5%),以 DAC 表示;

(2)密级配沥青稳定碎石:设计空隙率仍为 3%~6%,以 ATB 表示。

这两种密实型沥青混合料的区别为:特粗型以下的是 DAC 型(公称最大粒径 26.5mm),特粗型属 ATB,公称最大粒径达到 37.5mm。

2. 连续半开级配沥青混合料:又称为沥青稳定碎石,由适当比例的粗骨料、细骨料及少量填料(或不加填料)与沥青结合料拌和而成,压实后剩余空隙率在 6%~12%,用 AM 表示。

3. 开级配沥青混合料:矿料主要由粗骨料组成,细骨料和填料较少,采用高黏度沥青结合料粘结形成,压实后空隙率在 18% 以上。代表类型有排水式沥青磨耗层混合料,以 OGFC 表示;另有排水式沥青温度碎石基层,以 ATPB 表示。

4. 间断级配沥青混合料:矿料级配中缺少 1 个或几个粒级而形成的级配不连续的沥青混合料,空隙率控制在 3%~4%,典型代表是沥青玛琋脂碎石混合料,以 SMA 表示。

(五)按矿料的最大粒径分类:

1. 特粗式沥青混合料:矿料的最大粒径为 37.5mm;

2. 粗粒式沥青混合料:矿料的最大粒径分别为 26.5mm 或 37.5mm;

3. 中粒式沥青混合料:矿料的最大粒径分别为 16mm 或 19mm;

4. 细粒式沥青混合料:矿料的最大粒径分别为 9.5mm 或 13.2mm;

5. 砂粒式沥青混合料:矿料的最大粒径不大于 4.75mm。

这些沥青混合料类型汇总于表 8-9。

热拌沥青混合料类型　　　　　　　　　　　　　表 8-9

沥青混合料类型	公称最大粒径(mm)	最大粒径(mm)	密级配			半开级配	开级配		间断级配
			传统 AC-I 型沥青混凝土	沥青混凝土	沥青稳定碎石	沥青碎石混合料	排水式沥青磨耗层	排水式沥青稳定碎石	沥青碎石玛琋脂混合料
砂粒式	4.75	9.5	AC-5I	DAC-5	—	AM-5	—	—	—
细粒式	9.5	13.2	AC-10I	DAC-10	—	AM-10	OGFC-10	—	SMA-10
	13.2	16	AC-13I	DAC-13	—	AM-13	OGFC-13	—	SMA-13
中粒式	16	19	AC-16I	DAC-16	—	AM-16	OGFC-16	—	SMA-16
	19	26.5	AC-20I	DAC-20	—	AM-20	—	—	SMA-20
粗粒式	26.5	31.5	AC-25I	DAC-25	ATB-25	—	—	ATPB-25	—
	31.5	37.5	—	—	ATB-30	—	—	ATPB-30	—
特粗式	37.5	53.0	—	—	ATB-40	—	—	ATPB-40	—
设计空隙率(%)			3~6	3~6	3~6	6~12	>18	>18	3~4

目前,我国在沥青路面中采用最多的类型是以石油沥青作为结合料,采用连续级配的密实式热拌热铺型沥青混凝土。

三、沥青混合料的强度理论和组成结构

沥青混合料是一种复合材料。由于各组成材料质量和数量的差异,所组成的沥青混合料可形成不同的结构,因而也表现出不同的物理力学性能。

（一）沥青混合料的强度理论

通过对沥青混合料的结构和强度深入研究的结果,提出了各种不同的强度理论。目前比较好的是"表面理论"和"胶浆理论"。

1. 表面理论

沥青混合料是由粗骨料、细骨料和填料经人工组配成密实的级配矿质骨架,此矿质骨架由稠度较稀的沥青混合料分布其表面,而将他们胶结成为一个具有强度的整体,如下所示。

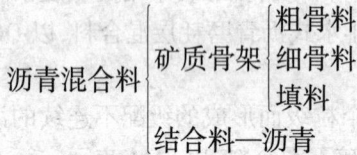

$$\text{沥青混合料} \begin{cases} \text{矿质骨架} \begin{cases} \text{粗骨料} \\ \text{细骨料} \\ \text{填料} \end{cases} \\ \text{结合料——沥青} \end{cases}$$

2. 胶浆理论

沥青混合料是一种多级分散空间网状结构的分散系。它是以粗骨料为分散相而分散在沥青砂浆介质中的一种粗分散系;砂浆是以细骨料为分散相而分散在沥青胶浆介质中的一种细分散系;而胶浆又是以填料为分散相而分散在高稠沥青介质中的一种微分散系,如下所示。

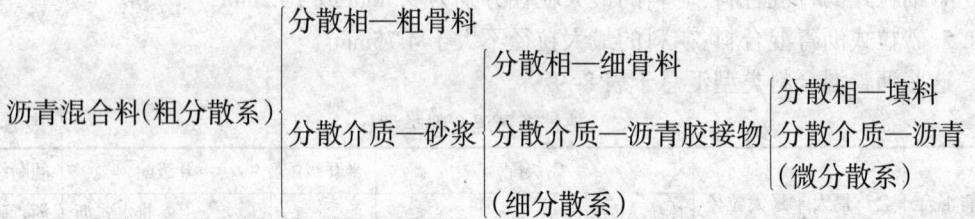

$$\text{沥青混合料(粗分散系)} \begin{cases} \text{分散相——粗骨料} \\ \text{分散介质——砂浆} \begin{cases} \text{分散相——细骨料} \\ \text{分散介质——沥青胶接物} \begin{cases} \text{分散相——填料} \\ \text{分散介质——沥青} \\ \text{(微分散系)} \end{cases} \\ \text{(细分散系)} \end{cases} \end{cases}$$

两种理论的主要差别在于:"表面理论"强调矿质骨料的骨架作用,认为强度的关键首先是矿质骨料的强度与密实度;"胶浆理论"则重视沥青胶浆在混合料中的作用,突出沥青与填料之间的交互作用和关系。两种理论的侧重面不同,实际上矿料和胶浆在混合料中起着不同的作用而又互为补充。

（二）沥青混合料的结构类型（图8-7）

1. 悬浮密实结构

在采用连续密级配矿料配置的沥青混合料中,一方面矿料的颗粒有大到小连续分布,并通过沥青胶结作用形成密实结构。另一方面较大一级的颗粒只有留出充足的空间才能容纳下一级较小的颗粒,这样粒径较大的颗粒就往往被较小一级的颗粒挤开,造成粗颗粒之间不能直接接触,也就不能相互支撑形成嵌挤骨架结构,而是彼此分离悬浮于较小颗粒和沥青胶浆中间,这样就形成了所谓悬浮密实结构的沥青混合料,工程中常用的 DAC 型沥青

混凝土就是这种结构的典型代表。

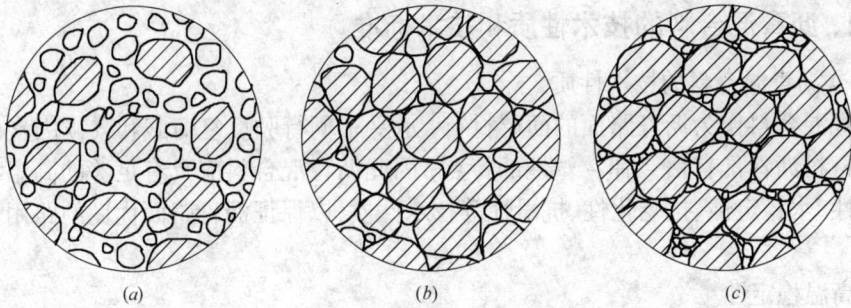

图 8-7　三种典型沥青混合料结构组成示意图
(a) 悬浮密实结构; (b) 骨架空隙结构; (c) 骨架密实结构

2. 骨架空隙结构

当采用连续开级配矿料与沥青组成沥青混合料时，由于矿料大多集中在较粗的粒径上，所以粗粒径的颗粒可以相互接触，彼此相互支撑，形成嵌挤的骨架。但因很少含有细颗粒，粗颗粒形成的骨架空隙无法填充，从而压实后在混合料中留下较多的空隙，形成所谓空架空隙结构。工程实践中使用的沥青碎石混合料(AM)和排水沥青混合料(OGFC)是典型的骨架空隙结构。

3. 骨架密实结构

当采用间断型密级配骨料与沥青组成沥青混合料时，由于矿料颗粒集中在级配范围的两端，缺少中间颗粒，所以一端的粗颗粒相互支撑嵌挤形成骨架，另一端较细的颗粒填充于骨架留下的空隙中间，使整个矿料结构呈现密实状态，形成所谓骨架密实结构。沥青碎石玛琋脂混合料(SMA)是一种典型的骨架密实型结构。

三种不同结构特点的沥青混合料，在路用性能上呈现不同的特点。悬浮密实结构的沥青混合料密实程度高，空隙率低，从而能够有效地阻止使用期间水的侵入，降低不利环境因素的直接影响。因此悬浮密实结构的沥青混合料具有水稳定性好、低温抗裂性和耐久性好的特点。但由于该结构是一种悬浮状态，整个混合料缺少粗集料颗粒的骨架支撑作用，所以在高温使用条件下，因沥青结合料黏度的降低而导致沥青混合料产生过多的变形，形成车辙，造成高温稳定性的下降。

而骨架空隙结构的特点与悬浮密实结构的特点正好相反。在骨架空隙结构中，粗骨料之间形成的骨架结构对沥青混合料的强度和稳定性(特别是高温稳定性)起着重要作用。依靠粗骨料的骨架结构，能够有效地防止高温季节沥青混合料的变形，以减缓沥青路面车辙的形成，因而具有较好的高温稳定性。但由于整个混合料缺少细颗粒部分，压实后留有较多的空隙，在使用过程中，水易于进入混合料中引起沥青和矿料粘结性变差，不利的环境因素也会直接作用于混合料，引起沥青老化或将沥青从骨料表面剥离，使沥青混合料的耐久性下降。

当采用间断密级配矿料形成骨架密实结构时，在沥青混合料中既有足够数量的粗骨料形成骨架，对夏季高温防止沥青混合料变形、减缓车辙的形成起到积极的作用；同时又因具有数量合适的细骨料以及沥青胶浆填充骨架空隙，形成高密实度的内部结构，不仅很好地提高了沥青混合料的抗老化性，而且在一定程度上还能减缓沥青混合料在冬季低温时的开裂现象。因而这种结构兼具了上述两种结构的优点,是一种优良的路用结构类型。

四、沥青混合料的技术性质和技术标准

（一）沥青混合料的技术性质

沥青混合料作为沥青路面的面层材料,承受车辆行驶反复荷载和气候因素的作用,而其胶结材料沥青具有粘-弹-塑性的特点,因此沥青混合料应具有足够的高温稳定性、低温抗裂性、水稳定性、抗老化性、抗滑性等技术性质,以保证沥青路面优良的路用性能,经久耐用。

1. 高温稳定性

沥青混合料是一种典型的粘-弹-塑性材料,它的承载能力随温度的变化而改变,温度升高,承载力下降。特别是在高温条件下或长时间承受荷载作用时会产生明显的变形,变形中的一些不可恢复的部分累积成为车辙,或以波浪和拥包的形式表现在路面上。所以沥青混合料的高温稳定性是指在高温条件下,沥青混合料能够抵抗车辆反复作用,不会产生显著永久变形,保证沥青路面平整的特性。

对于沥青混合料的高温稳定性,实际工作中通过了马歇尔稳定度试验方法和车辙试验法进行测定和评价。

（1）马歇尔稳定度试验:该试验用来测定沥青混合料试样在一定条件下承受破坏荷载能力的大小和承载时变形量的多少。稳定度是指试件受压至破坏时所能承受的最大荷载（kN）,而流值（0.1mm）则是达到最大荷载时试件的垂直变形。

（2）车辙试验:用来模拟车辆轮胎在路面上行驶时所形成的车辙深度的多少,是对沥青混合料高温稳定性进行评价的一种试验方法。试验采用标准方法成型沥青混合料板型试件,在规定的试验温度和轮碾条件下,沿试件表面同一轨迹反复碾压行走,测定试件表面在试验过程中形成的车辙深度。以每产生 1mm 车辙变形所需要的碾压次数（称之为动稳定度）作为评价沥青混合料抗车辙能力大小的指标。显然动稳定度值愈大,相应沥青混合料高温稳定性愈好。

影响沥青混合料高温稳定性的主要因素有沥青的用量、沥青的黏度、矿料的级配、矿料的尺寸、形状等。过量沥青,不仅降低了沥青混合料的内摩阻力,而且在夏季容易产生泛油现象,因此,适当减少沥青用量,可以使矿料颗粒更多地以结构沥青的形式相连接,增加混合料黏聚力和内摩阻力,提高沥青的黏度,增加沥青混合料抗剪变形的能力。由合理矿料级配组成的沥青混合料,可以形成骨架密实结构,这种混合料的黏聚力和内摩阻力都比较大。在矿料的选择上,应挑选粒径大的、有棱角的矿料颗粒,提高混合料的内摩擦角。另外,还可以加入一些外加剂,来改善沥青混合料的性能。所有这些措施,都是为了提高沥青混合料的抗剪强度和减少塑性变形,从而增强沥青混合料的高温稳定性。

2. 低温抗裂性

与高温变形相对应,冬季低温时沥青混合料将产生体积收缩,但在周围材料的约束下,沥青混合料不能自由收缩,从而在结构层内部产生温度应力。由于沥青材料具有一定的应力松弛能力,当降温速率较为缓慢时,所产生的温度应力会随时间逐渐松弛减小,不会对沥青路面产生明显的消极影响。但当气温骤降时,这时产生的温度应力就来不及松弛,当温度应力超过沥青混合料允许应力值时,沥青混合料被拉裂,导致沥青路面出现裂缝造成路面

的破坏。因此要求沥青混合料应具备一定的低温抗裂性能,即要求沥青混合料具有较高的低温强度或较大的低温变形能力。

目前用于研究和评价沥青混合料低温性能的方法可以分为三类:预估沥青混合料的开裂温度、评价沥青混合料的低温变形能力或应力松弛能力和评价沥青混合料断裂能力等几种方法。

3. 耐久性

耐久性是指沥青混合料在使用过程中抵抗不利因素的能力及承受行车荷载反复作用的能力,主要包括沥青混合料的抗老化性、水稳定性、抗疲劳性等几个方面。

沥青混合料的老化主要是受到空气中氧、水、紫外线等因素的作用,引发沥青材料多种复杂的物理化学变化,逐渐使沥青变硬、发脆,最终导致沥青老化,产生裂纹或裂缝等与老化有关的病害。水稳定性问题是因为水的影响,促使沥青从骨料表面剥离而降低沥青混合料的粘结强度,最终造成混合料松散被车轮带走,形成大小不等的坑槽等水损害现象。

影响沥青混合料耐久性的因素很多,一个很重要的因素是沥青混合料的空隙率。空隙率的大小取决于矿料的级配、沥青材料的用量以及压实程度等多个方面。沥青混合料中的空隙率小,环境中易造成老化的因素介入的机会就少,所以从耐久性考虑,希望沥青混合料空隙率尽可能地小一些。但沥青混合料中还必须留有一定的空隙,以备夏季沥青材料的膨胀变形之用。另一方面,沥青含量的多少也是影响沥青混合料耐久性的一个重要因素。当沥青用量较正常用量减少时,沥青膜变薄,则混合料的延伸能力降低,脆性增加;同时因沥青用量偏少,混合料空隙率增大,沥青暴露于不利环境因素的可能性加大,加速老化,同时还增加了水侵入的机会,造成水损害。综上所述,我国现行规范采用的空隙率、饱和度和残留稳定度等指标来表征沥青混合料的耐久性。

4. 抗滑性

抗滑性是保障公路交通安全的一个很重要因素,特别是行驶速度很高的高速公路,确保沥青路面的抗滑性要求显得尤为重要。

沥青路面的抗滑性主要取决于矿料自身或级配形成的表面构造深度、颗粒形状与尺寸、抗磨光性等方面。因此,用于沥青路面表层的粗骨料应选用表面粗糙、坚硬、耐冲击性好、磨光值大的碎石或破碎的碎砾石骨料。同时,沥青用量对抗滑性也有非常大的影响,沥青用量超过最佳用量的5%时,就会使沥青路面的抗滑性指标有明显的降低,所以对沥青路面表层的沥青用量要严格控制。

5. 施工和易性

沥青混合料应具备良好的施工和易性,要求在整个施工的各个工序中,尽可能使沥青混合料的骨料颗粒以设计级配要求的状态分布,骨料表面被沥青膜完整覆盖,并能被压实到规定的密度,这是保证沥青混合料实现上述路用性能的必要条件。

影响沥青混合料施工和易性的因素首先是材料组成。例如,当组成材料确定后,矿料级配和沥青用量都会对和易性产生一定的影响。如采用间断级配的矿料,当粗细骨料颗粒尺寸相差过大,缺乏中间尺寸颗粒时,沥青混合料容易离析。又比如当沥青用量过少时,则混合料疏松不易压实;但当沥青用量过多时,则容易使混合料粘结成团,不宜摊铺。另一个影响和易性的因素是施工条件,例如施工时的温度控制。如温度不够,沥青混合料就难以拌和充分,而且不易达到所需的压实度;但温度偏高,则会引起沥青老化,严重时将会明显影响沥青混合料的路用性能。

（二）沥青混合料的技术标准

随着公路建设的不断发展和对沥青混合料及沥青路面认识的不断加深，现行技术规范《公路沥青路面施工技术规范》(JTG F40—2004)对沥青混合料相关标准进行了修订。

1. 沥青路面使用性能气候分区（表 8-10）

2. 热拌沥青混合料马歇尔试验技术标准（表 8-11）

沥青路面使用性能气候分区 表 8-10

气候分区指标		气候分区			
按照高温指标	高温气候区	1	2	3	
	气候区名称	夏炎热区	夏热区	夏凉区	
	最热月平均最高气温(℃)	>30	20～30	<20	
按照低温指标	低温气候区	1	2	3	4
	气候区名称	冬严寒区	冬寒区	冬冷区	冬温区
	极端最低气温(℃)	<-37.0	-37.0～-21.5	-21.5～-9.0	>-9.0
按照雨量指标	雨量气候区	1	2	3	4
	气候区名称	潮湿区	湿润区	半干区	干旱区
	年降雨量(mm)	>1000	1000～500	500～250	<250

密级配沥青混凝土混合料马歇尔试验技术标准 表 8-11

试验指标		密级配热拌沥青混合料(DAC)				其他等级公路	行人道路
		高速公路、一级公路、城市快速路、主干路					
		中轻交通	重交通	中轻交通	重交通		
		夏炎热区		夏热区及夏凉区			
击实次数（双面）		75				50	50
试件尺寸(mm)		$\phi 101.6mm \times 63.5mm$					
空隙率(%)	深 90mm 以内	3~5	4~6	2~4	3~5	3~6	2~4
	深 90mm 以下	3~6		2~4	3~6	3~6	—
稳定度(kN)≥		8				5	3
流值(mm)		2~4	1.5~4	2~4.5	2~4	2~4.5	2~5
矿料间隙率 VMA (%)≥	设计空隙率(%)	相应于以下公称最大粒径(mm)的最小 VMA 及 VFA 技术要求					
		26.5	19	16	13.2	9.5	4.75
	2	10	11	11.5	12	13	15
	3	11	12	12.5	13	14	16
	4	12	13	13.5	14	15	17
	5	13	14	14.5	15	16	18
	6	14	15	15.5	16	17	19
沥青饱和度 VFA(%)		55～70		65～75		70～85	

3. 沥青混合料的高温稳定性指标

对用于高速公路、一级公路和城市快速路、主干路沥青路面上面层和中面层的沥青混合料进行配合比设计时,应进行车辙试验检验。

沥青混合料的动稳定度应符合表8-12的要求。对于交通量特别大,超载车辆特别多的运煤专线、厂矿道路,可以通过提高气候分区等级来提高对动稳定性的要求。对于轻型交通为主的旅游区道路,可以根据情况适当降低要求。

沥青混合料车辙试验动稳定度技术要求   表8-12

气候条件与技术指标	相应下列气候分区所要求的动稳定度 DS(次/mm)								
七月平均最高温度(℃)及气候分区	>30(夏炎热区)				20~30(夏热区)				<20(夏凉区)
	1-1	1-2	1-3	1-4	2-1	2-2	2-3	2-4	3-2
普通沥青混合料≥	800		1000		600		800		600
改性沥青混合料≥	2400		2800		2000		2400		1800

4. 沥青混合料的低温抗裂性指标

为了提高沥青路面的低温抗裂性,应对沥青混合料进行低温弯曲试验,试验温度为-10℃,加载速度为50mm/min。沥青混合料的破坏应变应满足表8-13的要求。

沥青混合料低温弯曲试验破坏应变技术要求   表8-13

气候条件与技术指标	相应下列气候分区所要求的破坏应变(um)							
年极端最低温度(℃)及气候分区	<-37.0(冬严寒区)		-37.0~-21.5(冬寒区)			-21.5~-9.0(冬冷区)		>-9.0(冬温区)
	1-1	2-1	1-2	2-2	3-2	1-3	2-3	1-4	2-4
普通沥青混合料≥	2600		2300			2000		
改性沥青混合料≥	3000		2800			2500		

5. 沥青混合料的水稳定性指标

沥青混合料应具有良好的水稳定性,在进行沥青混合料配合比设计及性能评价时,除了对沥青与石料的粘附性等级进行检验外,还应在规定条件下进行沥青混合料的浸水马歇尔试验和冻融劈裂试验。残留稳定性和冻融劈裂残留强度应满足表8-14的要求。

沥青混合料水稳定性技术要求   表8-14

年降雨量(mm)及气候分区		>1000(潮湿区)	1000~500(湿润区)	500~250(半干区)	<250(干旱区)
浸水马歇尔试验的残留稳定度(%)≥	普通沥青混合料	80		75	
	改性沥青混合料	85		80	
冻融劈裂试验的残留强度比(%)≥	普通沥青混合料	75		70	
	改性沥青混合料	80		75	

第三节　沥青混合料的配合比设计

沥青混合料配合比设计的任务就是通过确定粗骨料、细骨料、填料和沥青之间的比例关系,使沥青混合料的各项指标达到工程要求。

一、矿质混合料的配合比组成设计

矿质混合料配合比组成设计的目的是选配一个具有足够密实度并且有较高内摩阻力的矿质混合料,可以根据级配理论,计算出需要的矿质混合料的级配范围。但是为了应用已有的研究成果和实践经验,通常是采用规范推荐的矿质混合料级配范围来确定。宜采用表8-15规定,通过对条件大体相当的工程使用情况进行调查研究后调整确定,必要时允许超出规定级配范围。密级配沥青稳定碎石混合料可以直接以表8-15规定的级配范围作工程设计级配范围使用。

(一)确定沥青混合料类型

沥青混合料类型根据道路等级、路面类型、所处的结构层位,按表8-16选定。

沥青混合料类型　　　　　　　　　　　　表8-16

结构层次	高速公路、一级公路、城市快速路、主干路		其他等级公路		一般城市道路及其他道路工程	
	三层式沥青混凝土路面	两层式沥青混凝土路面	沥青混凝土路面	沥青碎石路面	沥青混凝土路面	沥青碎石路面
上面层	DAC-13	DAC-13	DAC-13		DAC-5	AM-5
	DAC-16	DAC-16	DAC-16		DAC-13	AM-10
	DAC-20			AM-13		
中面层	DAC-20	—	—	—	—	—
	DAC-25	—	—	—	—	—
下面层	DAC-25	DAC-20	DAC-20	AM-25	DAC-20	AM-25
	DAC-30	DAC-25	DAC-25	AM-30	AM-25	AM-30
		DAC-30	DAC-30		AM-30	AM-40
			AM-25			
			AM-30			

(二)沥青混合料与结构层厚度关系

各国对沥青混合料的最大粒径(D)同路面结构层最小厚度(h)的关系均有规定,我国研究表明:随着h/D增大,耐疲劳性提高,但车辙量增大。相反h/D减小,但耐久性下降,特别是在$h/D<2$时,耐疲劳性、耐久性急剧下降。《公路沥青路面施工技术规范》(JTG F40—2004)中提出,对热拌沥青混合料,沥青层每层的压实厚度不宜小于骨料公称最大粒径的2.5~3倍,对SMA和OGFC等嵌挤型混合料不宜小于公称最大粒径的2~2.5倍。

所以,实际设计中考虑矿料最大粒径和路面结构层厚度之间的匹配关系,针对道路等级、路面结构层位,根据设计要求的路面结构层厚度选择适宜的矿料类型,再根据表8-15确定相应的混合料的矿料级配范围,经技术经济论证后确定。

(三)调整配合比

1. 组成材料的原始数据测定。根据现场取样,对粗骨料、细骨料和矿粉进行筛析试验。同时测出各组成材料的相对密度,以供计算物理常数备用。

沥青混合料矿料级配范围

表 8-15

级配类型		通过下列筛孔(方孔筛,mm)的质量百分率(%)															
		53.0	37.5	31.5	26.5	19.0	16.0	13.2	9.5	4.75	2.36	1.18	0.6	0.3	0.15	0.075
密级配沥青混凝土混合料 DAC																
粗粒式	DAC－25	100	90~100	75~90	65~83	57~76	65~83	57~76	45~65	24~52	16~42	12~33	8~24	5~17	4~13	3~7
	DAC－20		100	90~100	90~100	78~92	62~80	50~72	26~56	16~44	12~33	8~24	5~17	4~13	3~7	
中粒式	DAC－16			100	90~100	76~92	60~80	34~62	20~48	13~36	9~26	7~18	5~14	4~8		
	DAC－13				100	90~100	68~85	38~68	24~50	15~38	10~28	7~20	5~15	4~8		
细粒式	DAC－10					100	90~100	45~75	30~58	20~44	13~32	9~23	6~16	4~8		
砂粒式	DAC－5						100	90~100	55~75	35~55	20~40	12~28	7~18	5~10		
密级配沥青稳定碎石 ATB																
特粗	ATB－40	100	90~100	75~92	65~85	49~71	43~63	37~57	30~50	20~40	15~32	10~25	8~18	5~14	3~10	2~6
粗粒式	ATB－30		100	90~100	70~90	53~72	44~66	39~60	31~51	20~40	15~32	10~25	8~18	5~14	3~10	2~6
	ATB－25			100	90~100	70~80	48~68	42~62	32~52	20~40	15~32	10~25	8~18	5~14	3~10	2~6

表 8-15A

(传统型)沥青混合料矿料级配及沥青用量范围(方孔筛)

通过下列筛孔(方孔筛,mm)的质量百分率(%)

级配类型			53.0	37.5	31.5	26.5	19.0	16.0	13.2	9.5	4.75	2.36	1.18	0.6	0.3	0.15	0.075	沥青用量
沥青混凝土	粗粒	AC-30 I	100	100	90~100	79~92	66~82	59~77	52~72	43~63	32~52	25~42	18~32	13~25	8~18	5~13	3~7	4.0~6.0
		II		100	90~100	65~85	52~70	45~65	35~58	30~50	18~38	12~28	8~20	4~14	3~11	2~7	1~5	3.0~5.0
		AC-25 I			100	95~100	75~90	62~80	53~73	43~63	32~52	25~42	18~32	13~25	8~18	5~13	3~7	4.0~6.0
		II			100	90~100	65~85	52~70	42~62	32~52	20~40	13~30	9~23	6~16	4~12	3~8	2~5	3.0~5.0
	中粒	AC-20 I				100	95~100	75~90	62~80	52~72	38~58	28~46	20~34	15~27	10~20	4~14	4~8	4.0~6.0
		II				100	90~100	65~85	52~70	40~76	26~45	16~33	11~25	7~18	4~13	3~9	2~5	3.5~5.5
		AC-16 I					100	95~100	75~90	58~78	42~63	32~50	22~37	16~28	11~21	7~15	4~8	4.0~6.0
		II					100	90~100	65~85	50~70	30~50	18~35	12~26	7~19	4~14	3~9	2~5	3.5~5.5
	细粒	AC-13 I						100	95~100	70~88	48~68	36~53	24~41	18~30	12~22	8~16	4~8	4.5~6.5
		II						100	90~100	60~80	34~52	22~38	14~28	8~20	5~14	3~10	2~6	4.0~6.0
		AC-10 I							100	95~100	55~75	38~58	26~43	17~33	10~24	6~16	4~9	5.0~7.0
		II							100	90~100	40~60	24~42	15~30	9~22	6~15	4~10	2~6	4.5~6.5
	砂粒	AC-5 I								100	95~100	55~75	35~55	20~40	12~28	7~18	5~10	6.0~8.0

2. 计算组成材料的配合比。根据各组成材料的筛析试验资料,采用图解法或电算法,计算符合要求级配范围的各组成材料用量比例。

3. 调整配合比。计算得的合成级配应根据下列要求作必要的配合比调整。

(1) 通常情况下,合成级配曲线宜尽量接近级配中限,尤其应使 0.075mm、2.36mm 和 4.75mm 筛孔的通过量尽量接近级配范围中限。

(2) 对高速公路、一级公路、城市快速路、主干路等交通量大、轴载重的道路,宜偏向级配范围的下(粗)限。对一般道路、中小交通量或人行道路等宜偏向级配范围的上(细)限。

(3) 合成的级配曲线应接近连续或有合理的间断级配,不得有过多的犬牙交错,且在 0.3~0.6mm 范围内不出现"驼峰"。当经过再三调整,仍有两个以上的筛孔超过级配范围时,必须对原材料进行调整或更换原材料重新设计。

二、通过马歇尔试验确定沥青混合料的最佳沥青用量

沥青混合料的最佳沥青用量(简称 OAC)可以通过各种理论计算的方法求得。但是由于实际材料的差异,按理论公式计算得到的最佳沥青用量仍然要通过试验方法修正,因此理论方法只能得到一个供试验参考的数据。采用试验方法确定沥青最佳用量目前最常用的是维姆法和马歇尔法。下面主要讲述马歇尔法。

(一) 制备试样

1. 按确定的矿质混合料配合比计算各种矿质材料的用量。

2. 根据经验确定沥青大致用量或依据表 8-15A 推荐的沥青用量范围,在改用量范围内制备一批沥青用量不同,且沥青用量等差变化的若干组(通常为 5 组)马歇尔试件,并要求每组试件数量不少于 4 个。

按已确定的矿质混合料类型,计算某个沥青用量条件下一个马歇尔试件或一组试件中各种规格骨料的用量(实践中一个标准马歇尔试件矿料总量大多为 1200g 左右)。

确定一个或一组马歇尔试件的沥青用量(通常采用油石比),按要求将沥青和矿料制成沥青混合料,并按规范的击实次数和操作方法成型马歇尔试件。

(二) 测定物理、力学指标

首先,测定沥青混合料试件的密度,并计算试件理论最大密度、空隙率、沥青饱和度、矿料间隙率等参数。在测试沥青混合料密度时,应根据沥青混合料类型及密实程度选择测试方法。在工程中,吸水率小于 0.5% 的密实型沥青混合料试件应采用水中重法测定;较密实的沥青混合料试件应采用表干法测定;吸水率大于 2% 的沥青混合料、沥青碎石等不能用表干法测定时应采用蜡封法测定;空隙率较大的沥青碎石混合料、开级配沥青混合料可采取体积法测定。

1. 沥青混合料试件的实测密度

对于密实的沥青混凝土试件,其骨料的吸水率不大时,采用水中重法测定:

$$\rho_s = \frac{m_a}{m_a - m_w} \times \rho_w \tag{8-6}$$

式中　ρ_s——试件实测密度(g/cm³);

　　　m_a——干燥试件在空气中的质量(g);

　　　m_w——试件在水中的质量(g);

ρ_w——常温水的密度($\approx 1 g/cm^3$)。

对于表面较粗但较密实的沥青混凝土试件,其吸水率小于2%时,采用表干法测定:

$$\rho_s = \frac{m_a}{m_f - m_w} \times \rho_w \qquad (8-7)$$

式中 m_f——试件的表干质量(g)。

对于吸水率大于2%的沥青混凝土试件,采用蜡封法测定:

$$\rho_s = \frac{m_a}{m_p - m_c - \dfrac{(m_p - m_a)}{\gamma_p}} \times \rho_w \qquad (8-8)$$

式中 m_p——蜡封试件在空气中的质量(g);

m_c——蜡封试件在水中的质量(g);

γ_p——常温下石蜡与水的相对密度。

2. 沥青混合料试件的理论密度

假定沥青混合料压至绝对密实,而不考虑其内部空隙时试件的密度为理论密度。

(1)采用油石比(沥青与矿料的质量比)计算时,试件理论密度为:

$$\rho_t = \frac{100 + p_a}{\dfrac{p_1}{\gamma_1} + \dfrac{p_2}{\gamma_2} + \cdots + \dfrac{p_n}{\gamma_n} + \dfrac{p_b}{\gamma_b}} \times \rho_w \qquad (8-9)$$

式中 ρ_t——理论密度(g/cm^3);

$p_1, \cdots, p_n$——各种矿料的配合比(%)(矿料总和为 $\sum_1^n p_i = 100$);

$\gamma_1, \cdots, \gamma_n$——各种矿料相对密度;

p_a——油石比(%);

γ_b——沥青的相对密度;

ρ_w——常温水的密度(g/cm^3)。

(2)采用沥青含量(沥青质量占沥青混合料总质量的百分率)计算时,试件理论密度为:

$$\rho_t = \frac{100}{\dfrac{p'_1}{\gamma_1} + \dfrac{p'_2}{\gamma_2} + \cdots + \dfrac{p'_n}{\gamma_n} + \dfrac{p_b}{\gamma_b}} \times \rho_w \qquad (8-10)$$

式中 $p'_1, \cdots, p'_n$——各种矿料的配合比(%)(矿料与沥青之和为 $\sum_1^n p'_i = 100 + p_b = 100$);

p_b——沥青含量(%)。

(3)沥青混合料试件空隙率

$$VV = \left(1 - \frac{\rho_s}{\rho_t}\right) \times 100 \qquad (8-11)$$

式中 VV——试件的空隙率(%);

ρ_t——试件的理论密度(g/cm^3);

ρ_s——试件实测密度(g/cm^3)。

(4)沥青混合料试件的饱和度

沥青混合料试件的饱和度也称沥青填隙率,即沥青体积占矿料以外体积的百分率。饱和度过小,沥青难以充分裹覆矿料,影响沥青混合料的黏聚性,降低沥青混凝土耐久性;饱和度过大,减少了沥青混凝土的空隙率,妨碍夏季沥青体积膨胀,引起路面泛油,降低沥青混凝土的高温稳定性,因此,沥青混合料要有适当的饱和度。

$$VFA = \frac{VA}{VMA} \times 100 \qquad (8-12)$$

$$VMA = VA + VV \qquad (8-13)$$

式中　VFA——试件的沥青饱和度(%);

　　VMA——矿料间隙率(%);

　　　VA——试件的沥青体积百分率(%);

　　　VV——试件空隙率(%)。

沥青体积百分率是指沥青体积占试件体积的百分率。

当试件采用沥青含量计算时,沥青体积百分率:

$$VA = \frac{100 \times p_a \times \rho_s}{(100 + p_a) \times \gamma_b \times \rho_w} \qquad (8-14)$$

当试件采用沥青含量计算时,沥青体积百分率:

$$VA = \frac{p_b \times \rho_s}{\gamma_b \times \rho_w} \qquad (8-15)$$

随后,在马歇尔试验仪上,按照标准方法测定沥青混合料试件的马歇尔稳定度和流值。

(三)马歇尔试验结果分析

1. 以油石比或沥青用量为横坐标,以马歇尔试验的各项指标为纵坐标,将试验结果绘制成沥青用量与各项指标的关系曲线,如图 8-8 所示。确定均符合本规定的沥青混合料技术标准的沥青用量范围 $OAC_{min} \sim OAC_{max}$。

2. 根据试验曲线的走势,按下列方法确定沥青混合料的最佳沥青用量 OAC_1。

(1)在曲线图上求取相应于密度最大值、稳定度最大值、目标空隙率(或中值)、沥青饱和度范围中的沥青用量 a_1、a_2、a_3、a_4。按式 8-19 取平均值作为 OAC_1。

$$OAC_1 = \frac{a_1 + a_2 + a_3 + a_4}{4} \qquad (8-16)$$

(2)如果在所选择的沥青用量范围未能涵盖沥青饱和度的要求范围,按式 8-17 求取三者的平均值作为 OAC_1。

$$OAC_1 = \frac{a_1 + a_2 + a_3}{3} \qquad (8-17)$$

以各项指标均符合技术标准(不含 VMA)的沥青用量范围 $OAC_{min} \sim OAC_{max}$ 的中值作为 OAC_2。

$$OAC_2 = \frac{OAC_{min} + OAC_{max}}{2} \qquad (8-18)$$

通常情况下取 OAC_1 及 OAC_2 的中值作为计算的最佳沥青用量 OAC。

$$OAC = \frac{OAC_1 + OAC_2}{2} \qquad (8-19)$$

按计算的最佳油石比 OAC,从图 8-8 中得出所对应的空隙率和 VMA 值,检验是否能满足表 8-13 关于最小 VMA 值的要求。

检查图 8-8 中相应于此 OAC 的各项指标是否均符合马歇尔试验技术标准。

(四)根据实践经验和公路等级、气候条件、交通情况,调整确定最佳沥青用量 OAC

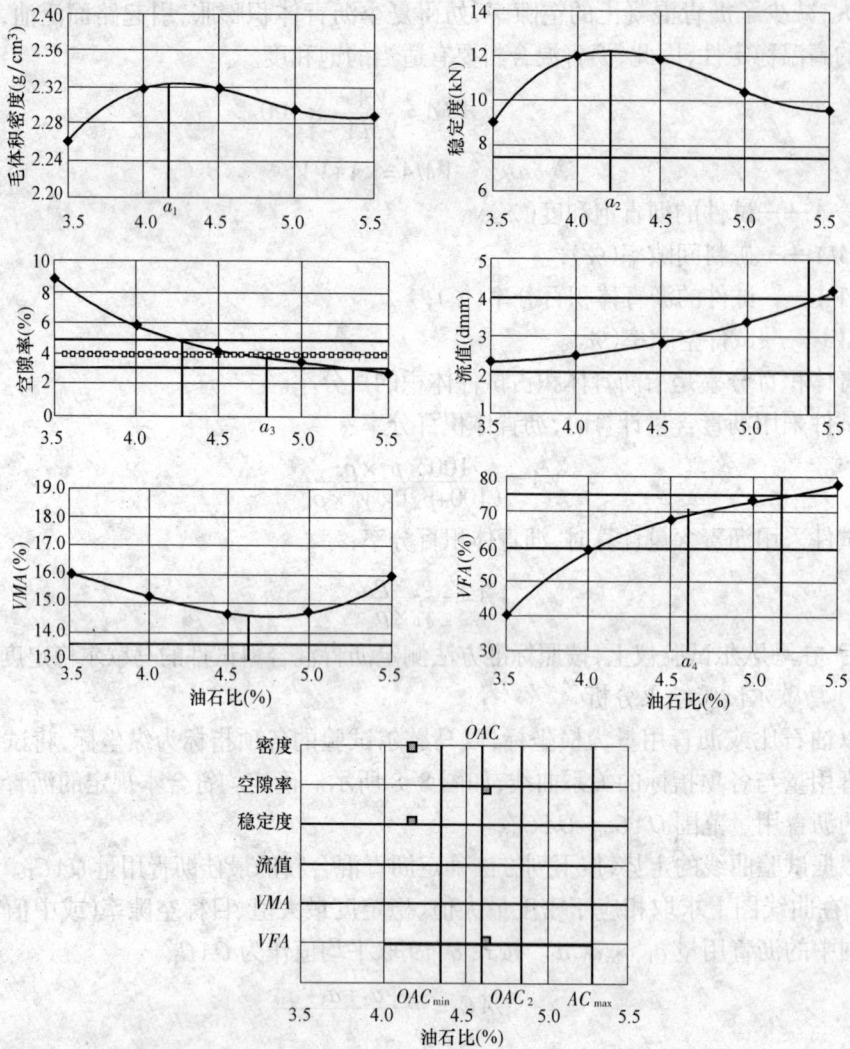

图 8-8　沥青用量与各项指标关系曲线图示例

1. 调查当地各项条件相接近的工程的沥青用量及使用效果，论证适宜的最佳沥青用量。检查计算得到的最佳沥青用量是否接近，如相差甚远，应查明原因，必要时重新调整级配，进行配合比设计。

2. 对炎热地区公路以及车辆渠化交通的高速公路、一级公路的重载交通路段，山区公路的长大坡度路段，预计有可能产生较大车辙时，可以在中限值 OAC_2 与下限值 OAC_{min} 的范围内决定最佳沥青用量，但一般不宜小于 $OAC_2-0.5\%$。

3. 对寒区公路、旅游公路、交通量很少的公路，最佳沥青用量可以在中限值 OAC_2 与上限值 OAC_{max} 范围内决定，但一般不宜大于 $OAC_2+0.3\%$。

三、沥青混合料的性能检验

通过马歇尔试验和结果分析，得到的最佳沥青用量 OAC（必要时应包括 OAC_1 和 OAC_2）还需进一步的试验检验，以验证沥青混合料的关键性能是否满足路用技术要求。

1. 沥青混合料的水稳定性检验

按最佳沥青用量 OAC 制作马歇尔试件进行浸水马歇尔试验或冻融劈裂试验,检验其残留稳定度或冻融劈裂强度是否满足表 8-16 要求。如不符合要求,应重新进行配合比设计,或者采用掺配抗剥剂的方法来提高水稳定性。

2. 沥青混合料的高温稳定性检验

按最佳沥青用量 OAC 制作车辙试验试件,采用规定的方法进行车辙试验,检验设计的沥青混合料的高温抗车辙能力是否达到规定的动稳定度指标(表 8-14)。当动稳定度不符合要求时,应对矿料级配或沥青用量进行调整,重新进行配合比设计。

如果试验中除了 OAC 以外,还要对 OAC_1 和 OAC_2 同时进行相应的试验检测,则要通过试验结果综合判断在何种沥青用量条件下,沥青混合料具有更好的性能表现,或能更好地满足特定路用要求,以此决定最终的最佳沥青用量。

第四节　沥青混合料的选用

沥青混合料的性质与质量,与其组成材料的性质和质量有密切关系。为保证沥青混合料具有良好的性质和质量,必须正确选择符合质量要求的组成材料。

一、沥青材料

沥青材料是沥青混合料中的结合料,其品种和标号的选择随交通性质、沥青混合料的类型、施工条件以及当地气候条件而不同。通常气温较高、交通量大时,采用细粒式或微粒式混合料;当矿料较粗时,宜选用稠度较高的沥青。寒冷地区、交通量较小应选用稠度较小、延度大的沥青。在其他条件相同时,稠度较高的沥青配制沥青混合料具有较高的力学强度和稳定性。但稠度过高,混合料的低温变形能力较差,沥青路面容易产生裂缝。使用稠度较低的沥青配置的沥青混合料,虽然有较好的低温变形能力,但在夏季高温时往往因稳定性不足而导致路面产生推挤现象。因此,在选用沥青时要考虑以上两个因素的影响,应满足规范《公路沥青路面施工技术规范》(JTG F40—2004)的要求。

二、粗骨料

粗骨料一般是由各种岩石经过轧制而成的碎石组成。在石料紧缺的情况下,也可利用卵石经轧制破碎而成;或利用某些冶金矿渣,如碱性高炉矿渣等,但应确认其对沥青混凝土无害,方可使用。

沥青混合料的粗骨料要求洁净、干燥、无风化、无杂质,并且具有足够的强度和耐磨性,其各项质量要求符合表 8-17。对路面抗滑表层的粗骨料应选用坚硬、耐磨、抗冲击性好的碎石或破碎砾石,不可使用筛选砾石、矿渣及软质骨料。高速公路、一级公路沥青路面的表面层(或磨耗层)的磨光值应符合表 8-18 的要求,当使用不符合要求的粗骨料时,可采用下列剥离措施,使其对沥青黏附性符合要求。

粗骨料的粒径规格应满足表 8-19 的要求,如粗骨料不符合表 8-19 规格,但确认与其他材料配合后的级配符合各类沥青混合料矿料级配表 8-15 的要求时,可以使用。

指　标	高速公路及一级公路		其他等级公路	
	表面层	其他层次	表面层	其他层次
石料压碎值,(%)不大于	26	28	30	
洛杉矶磨耗损失,(%)不大于	28	30	35	
表观相对密度,不小于	2.60	2.50	2.45	
吸水率,(%)不大于	2.0	3.0	3.0	
坚固性,(%)不大于	12	12	—	
针、片状颗粒含量(混合料),(%)不大于	15	18	20	
其中粒径大于 9.5mm,不大于	12	15	—	
其中粒径小于 9.5mm,不大于	18	20	—	
水洗法 <0.075mm 颗粒含量,(%)不大于	1	1	1	
软石含量,(%)不大于	3	5	5	
破碎面颗粒含量,(%) 不小于　　　1 个破碎面	100	90	80	70
2 个或 2 个以上破碎面	90	80	60	50

注:1. 坚固性试验根据需要进行;

2. 用于高速公路、一级公路、城市快速路、主干路时,多孔玄武岩的视密度限度可放宽至 2.45t/m³,吸水率可放宽至 3%,但必须得到主管部门的批准;

3. 对 S14 即 3～5 规格的粗骨料,针、片状颗粒含量可不予要求,<0.075mm 含量可放宽至 3%。

与沥青的黏附性、磨光值的技术要求　　　　　　　　　表 8-18

雨 量 气 候 区	1(潮湿区)	2(湿润区)	3(半干区)	4(干旱区)
年降雨量(mm)	>1000	1000～500	500～250	<250
粗骨料的磨光值 PSV,不小于高速公路、一级公路表面层	42	40	38	36
粗骨料与沥青的黏附性,不小于高速公路、一级公路表面层	5	4	4	3
高速公路、一级公路的其他层次及其他等级公路的各个层次	4	4	3	3

沥青面层的粗骨料规格　　　　　　　　　表 8-19

规格	公称粒径(mm)	通过下列筛孔(方孔筛)的质量百分率(%)								
		37.5	31.5	26.5	19	13.2	9.5	4.75	2.36	0.6
S6	15～30	100	90～100	—		0～15	—	0～5		
S7	10～30	100	90～100	—		0～15	0～5			
S8	15～25		100	90～100	—	0～15	—	0～5		
S9	10～20			100	90～100	—	0～15	0～5		
S10	10～15				100	90～100	0～15	0～5		
S11	5～15				100	90～100	40～70	0～15	0～5	
S12	5～10					100	90～100	0～15	0～5	
S13	3～10					100	90～100	40～70	0～15	0～5
S14	3～5						100	90～100	0～25	0～3

三、细骨料

细骨料一般采用天然砂或机制砂,在缺少砂的地区,也可以用石屑代替。

将石屑全部或部分代替砂拌制沥青混合料的做法在我国甚为普遍,这样可以节省造价,充分利用采石场下脚料。但应注意,石屑与人工砂有本质区别,石屑大部分为石料破碎过程中表面剥落或撞下的棱角,强度很低且边扁角含量及碎土比例很大,用于沥青混合料时势必影响质量,在使用过程中也易进一步压碎细粒化,因此对于高等级公路的面层或抗滑表层,石屑的用量不宜超过砂的用量。细骨料同样应洁净、干燥、无风化、无杂质,并且与沥青具有良好的粘结力。细骨料的技术要求见表8-20。

沥青混合料用细集料质量技术要求 表8-20

指　　　标	高速公路、一级公路	其他等级公路
表观相对密度,不小于	2.50	2.45
坚固性(>0.3mm 部分),不大于(%)	12	—
砂当量,不小于(%)	60	50
含泥量(小于 0.075mm 的含量),不大于(%)	3	5
亚甲蓝值,不大于(g/kg)	25	—
棱角性(流动时间),不小于(s)	30	—

注:坚固性试验根据需要进行。

细骨料的级配,天然砂宜按表8-21中的粗砂、中砂或细砂的规格选用,石屑宜按表8-22的规格选用。但细骨料的级配在沥青混合料中的适用性,应以其与粗骨料和填料配制成矿质混合料后,判定其是否符合表8-15矿质混合料的级配要求来决定。当一种细骨料不能满足级配要求时,可采用两种或两种以上的细骨料掺合使用。

沥青面层的天然砂规格 表8-21

分　类		粗　砂	中　砂	细　砂
通过各筛孔的质量百分率(%)	筛孔尺寸(mm)			
	9.5	100	100	100
	4.75	90～100	90～100	90～100
	2.36	65～95	75～90	85～100
	1.18	35～65	50～90	75～100
	0.6	15～30	30～60	60～84
	0.3	5～20	8～30	15～45
	0.15	0～10	0～10	0～10
	0.075	0～5	0～5	0～5
细度模数 M_x		3.7～3.1	3.0～2.3	2.2～1.6

沥青面层的石屑规格表 表8-22

规格	公称粒径(mm)	通过下列筛孔(方孔筛)的质量百分率(%)							
		9.5	4.75	2.36	1.18	0.6	0.3	0.15	0.075
S15	0～5	100	90～100	60～90	40～75	20～55	7～40	2～20	1～10
S16	0～3		100	80～100	50～80	25～60	8～45	0～25	0～15

四、填料

填料是指在沥青混合料中起填充作用的粒径小于 0.075mm 的矿质粉末。

沥青混合料的填料宜采用石灰岩或岩浆岩中的强基性(憎水性)岩石磨制而成,也可以由石灰、水泥、粉煤灰代替,但用这些物质作填料时,其用量不宜超过矿料总量的 2%。其中粉煤灰的用量不宜超过填料总量的 50%。粉煤灰的烧失量应小于 12%,塑性指数应小于 4%,其余质量要求与矿粉相同。高速公路、一级公路的沥青面层不宜采用粉煤灰做填料。在工程中,还可以利用拌和机中的粉尘回收来作矿粉使用,其量不得超过填料总量的 50%,并且要求粉尘干燥,掺有粉尘的填料的塑性指数不得大于 4%。

矿粉要求洁净、干燥,并且与沥青具有较好的粘结性。为提高矿粉的憎水性,可加入1.5%~2.5%的矿粉活化剂。矿粉的其他质量要求应符合表 8-23。对粉煤灰、粉尘等作同样的要求。

沥青混合料用矿粉质量技术要求   表 8-23

指　　标	高速公路、一级公路	其他等级公路
表观密度,不小于(t/m³)	2.50	2.45
含水量,不大于(%)	1	1
粒度范围 <0.6mm(%)	100	100
<0.15mm(%)	90 ~ 100	90 ~ 100
<0.075mm(%)	75 ~ 100	10 ~ 100
外观	无团粒结块	
亲水系数	<1	
塑性指数	<4	
加热安定性	实测记录	

思考题与习题

1. 石油沥青按三组分划分的三组分是什么? 它们各自对沥青的性质有何影响?

2. 石油沥青的牌号如何划分? 牌号大小与石油沥青主要技术性质之间的关系如何?

3. 石油沥青的老化与组分有何关系? 在老化过程中,沥青的性质发生了哪些变化?

4. 某工地需要使用软化点为 85℃的石油沥青 5t,现有 10 号石油沥青、60- 乙号石油沥青,已知 10 号、60- 乙号石油沥青的软化点分别为 95℃和 55℃。试通过计算确定出二种牌号沥青各需用多少?

5. 为什么要对沥青进行改性? 改性沥青的种类及特点有哪些?

6. 论述沥青混合料的主要技术性质。

7. 简述热拌沥青混合料配合比设计的步骤。

第九章 建筑钢材

内容提要:建筑钢材是建筑工程中的重要材料之一,它与水泥、木材统称为三大建筑材料。本章主要介绍了建筑钢材的定义、分类以及钢材的技术性质、冷加工工艺等内容,列出了各种建筑钢材的标准与选用,并对建筑钢材的腐蚀原因及防护措施进行了简单介绍。

第一节 建筑钢材的基本知识

钢是含碳量在 0.04%~2.06% 之间的铁碳合金。为了保证其韧性和塑性,含碳量一般不超过 1.7%。钢的主要元素除铁、碳外,还有硅、锰、硫、磷等。钢材是指钢锭、钢坯或由钢材通过压力加工制成需要的各种形状、尺寸和性能的材料,本节着重介绍一下钢材的分类、技术性质以及冷加工、时效和焊接等内容。

一、钢材的分类与技术性质

(一)钢材的分类

钢材是国家建设和实现四化必不可少的重要物资,应用广泛、品种繁多,根据断面形状的不同,钢材一般分为型材、板材、管材和金属制品四大类;为了便于组织钢材的生产、订货供应和搞好经营管理工作,又分为重轨、轻轨、大型型钢、中型型钢、小型型钢、钢材冷弯型钢、优质型钢、线材、中厚钢板、薄钢板、电工用硅钢片、带钢、无缝钢管钢材、焊接钢管、金属制品等品种。

在炼钢中,常有意地向钢中引入一定量的某一种或某几种合金元素,如硅、锰、钛、钒、铬、镍等,用以改善钢的某些性质。目前,钢材的种类繁多,根据不同的需要,常用的钢材分类方法主要有以下七种:

1. 按质量分类
   - 普通碳素钢(含硫量≤0.050%,含磷量≤0.045%)
   - 优质碳素钢(含硫量≤0.035%,含磷量≤0.035%)
   - 高级优质碳素钢(含硫量≤0.025%,含磷量≤0.025%)
   - 特级优质碳素钢(含硫量≤0.015%,含磷量≤0.025%)

2. 按化学成分分类
   - 碳素钢
     - 低碳钢(含碳量≤0.25%)
     - 中碳钢(0.25% < 含碳量 < 0.60%)
     - 高碳钢(含碳量≥0.60%)
   - 合金钢
     - 低合金钢(合金元素总含量≤5%)
     - 中合金钢(5% < 合金元素总含量 < 10%)
     - 高合金钢(合金元素总含量≥10%)

3. 按成型方法分类 —— 锻钢
铸钢
热轧钢
冷拉钢

4. 按用途分类
　建筑及工程用钢 —— 普通碳素结构钢
　　　　　　　　 低合金结构钢
　　　　　　　　 钢筋钢
　结构钢
　　机械制造用钢 —— 调质结构钢
　　　　　　　　 表面硬化结构钢
　　　　　　　　 易切结构钢
　　　　　　　　 冷塑性成型用钢
　　弹簧钢
　　轴承钢
　工具钢 —— 碳素工具钢
　　　　　 合金工具钢
　　　　　 高速工具钢
　特殊性能钢:包括不锈耐酸钢、耐热钢、电热合金钢、耐磨钢、低温用钢等
　专业用钢:桥梁用钢、船舶用钢、压力容器等

5. 按金相组织分类
　退火状态的:a.亚共析钢;b.共析钢;c.过共析钢;d.莱氏体钢
　正火状态的:a.珠光体钢;b.贝氏体钢;c.马氏体钢;d.奥氏体钢
　无相变或部分发生相变

6. 按冶炼方法分类
　按炉种分 —— 平炉钢:(a)酸性平炉钢;(b)碱性平炉钢
　　　　　 转炉钢:(a)酸性转炉钢;(b)碱性转炉钢
　　　　　 电弧钢:(a)电弧炉钢;(b)电渣炉钢;(c)感应炉钢;
　　　　　　　　　(d)真空自耗炉钢;(e)电子束炉钢
　按脱氧程度和浇注制度分 —— 沸腾钢
　　　　　　　　　　　　　 半镇静钢
　　　　　　　　　　　　　 镇静钢
　　　　　　　　　　　　　 特殊镇静钢

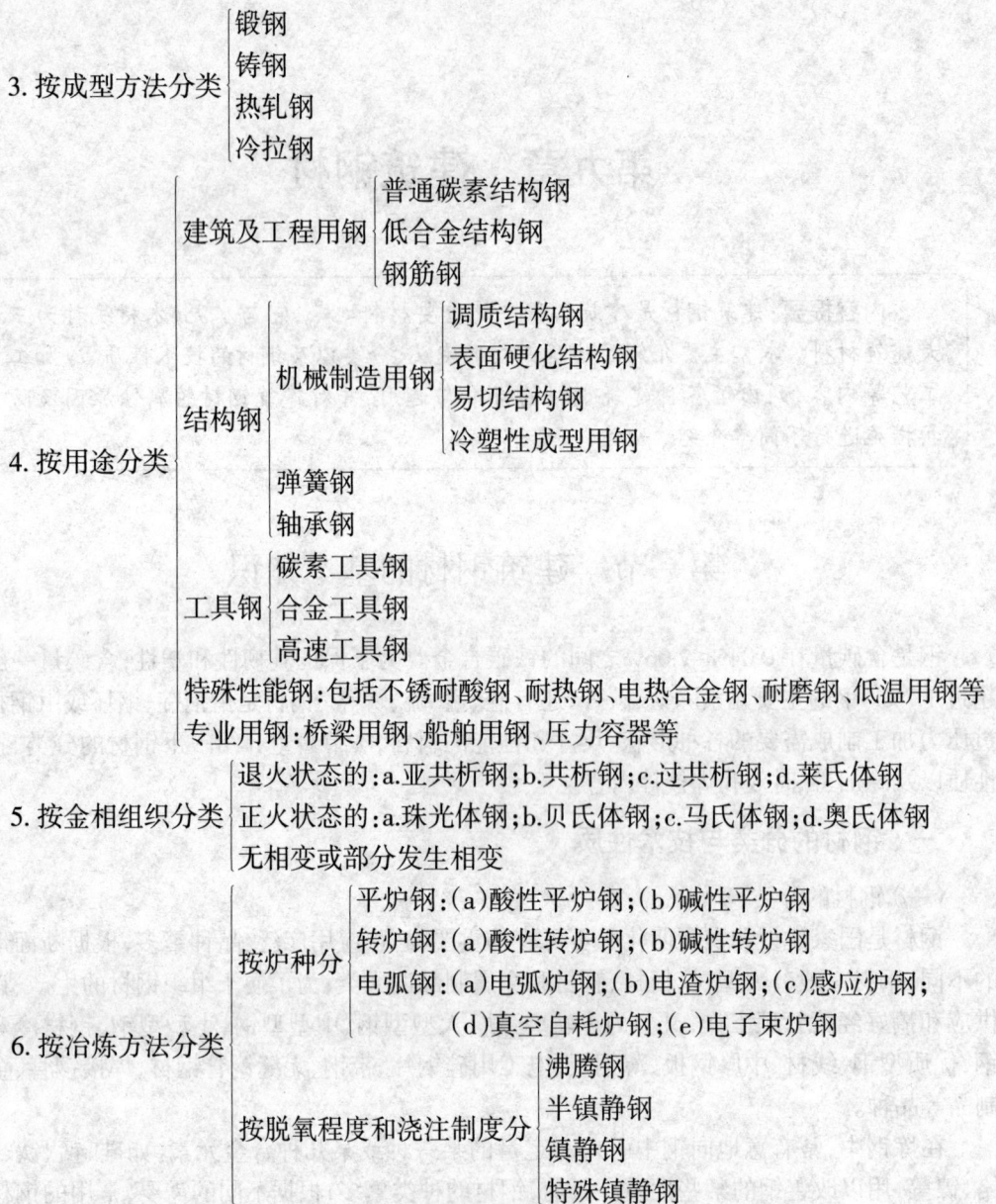

目前,建筑工程中常用的钢种是普通碳素结构钢和普通低合金结构钢。

(二)钢材的技术性质

钢材的技术性质主要包括力学性能、工艺性能和化学性能等,建筑工程中主要考虑钢材的前两种性能。

1. 力学性能

(1)抗拉性能:抗拉性能是建筑钢材的主要力学性能。低碳钢从受拉到断裂经历了四个阶段(图 9-1):弹性阶段(OA)、屈服阶段(AB)、强化阶段(BC)、颈缩阶段(CD)。

1)弹性阶段(OA 段):从图 9-1 中可以明显发现试件处于弹性阶段时,其应变与应力成正比,当应力超过 A 点时,应力与应变开始失去线性比例关系,故一般将 A 点对应的应力值称为弹性极限,用 σ_p 表示。此阶段应力 σ 与应变 ε 的比值称为弹性模量 E。E 反映了钢材抵

抗变形的能力,它是衡量钢材结构变形的重要指标。在 OA 段若去掉外力,试件仍能恢复到原长,这种性质称为钢材的弹性。

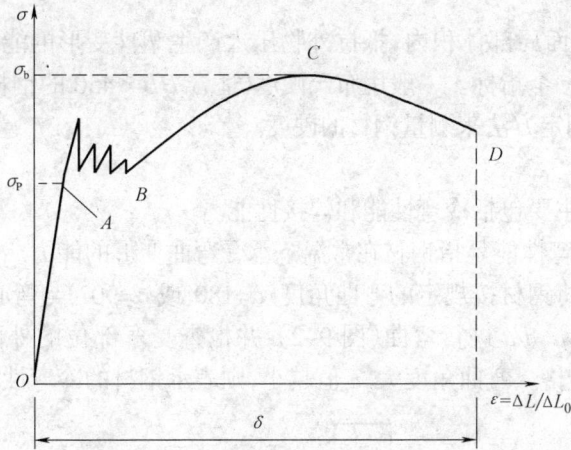

图 9-1　建筑钢材受拉应力-应变曲线

2)屈服阶段(AB 段):当应力超过弹性极限 σ_p 后,应力与应变不再成正比关系,此时应力不增加,但应变却迅速增长,钢材暂时失去抵抗变形的能力,这种现象称为屈服。这个阶段 AB,叫做屈服阶段;同 OA 段相比,这个阶段若撤去外力,试件也不能恢复到原长,钢材发生塑性变形。B 点称为屈服点,对应的应力称为屈服极限,一般用 σ_s 表示。σ_s 是衡量钢材强度的重要指标。

3)强化阶段(BC 段):建筑钢材从弹性阶段过渡到屈服阶段,其性质从弹性转化为塑性,反映了钢材内部组织起了变化。当载荷超过屈服点后,因塑性变形而发生变化的钢材的内部结构又重新进行了调整,建立了新的平衡,恢复了抵抗外力的能力并且有所增加,曲线又开始上升至最高点 C,这一阶段称为强化阶段。相应的最高点 C 对应的应力称为抗拉强度,用 σ_b 表示。

4)颈缩阶段(CD 段):当应力达到顶点 C(σ_b)之后,应变显著加大,而应力逐渐下降,试件的变形开始集中于某一小段内,断面开始显著缩小,发生颈缩现象。应变迅速增大,应力随之下降,最后在 D 点处断裂。这一阶段 CD 称为钢材的颈缩断裂阶段。

(2)冲击韧性:冲击韧性表征钢材抵抗冲击荷载的能力。一般用断口单位面积上所消耗的能量多少来表示。钢材的韧性除决定于钢材质量外,还受环境温度的影响。一般在低温下,钢材会变脆,这一性质称为钢材的冷脆性。建筑物中重要的钢结构及使用时承受动荷载作用的构件,以及一些在低温下工作的结构,要求钢材具有一定的冲击韧性,应按规范要求进行钢材的冲击试验,检验其韧性。

(3)塑性:钢材在外力作用下,产生永久变形但不被破坏的性能称为塑性。钢材的塑性好,不仅便于进行各种冷加工,而且能保证钢材在建筑上的安全使用,不致因局部超载或震动而引起构件的突然破坏。所以,塑性也是评定钢材质量的重要指标。钢材的塑性指标有两个:一是伸长率;二是断面收缩率。建筑钢材通常以伸长率大小来表示钢材的塑性好坏。

(4)耐疲劳性:试件在交变载荷反复作用下,于规定的周期基数内不发生断裂所能承受的最大应力称为钢材的耐疲劳性。钢材承受的交变应力越大,钢材至断裂时经受的循环次数越少,反之越多。在进行疲劳实验时,采用的最小与最大应力之比称为疲劳特征值。钢材的疲劳破坏一般是由拉应力引起的,故一般情况下,钢材的抗拉强度越高,其疲劳极限也越高。

(5) 硬度:钢材表面局部体积内,抵抗外物压入产生塑性变形的能力称为硬度,硬度是衡量钢材软硬程度的一个指标。一般用布氏硬度(适合 $HB < 450$ 的钢材)和洛氏硬度(适合 $HB < 450$ 的钢材)的测定方法来测量钢材的硬度。

2. 工艺性能

钢材的工艺性能主要包括冷弯性能和焊接性能。

(1) 冷弯性能:冷弯性能是指钢材在常温下承受弯曲变形的能力。冷弯试验是模拟钢材弯曲加工而确定的。将钢材按规定的弯曲角度($\alpha=180°$或$\alpha=90°$)与弯心直径 d 相对于钢材厚度或直径 a 的比值 $n=d/a$ 进行弯曲(图 9-2),并检查受弯部位的外面及侧面,未发生裂纹、起层或裂断则为合格。弯曲角度大,n 值越小,则表示钢材的冷弯性能越好。

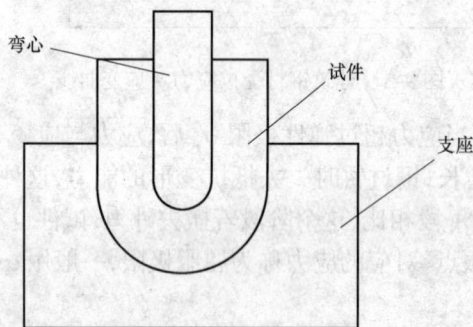

图 9-2　冷弯试验示意图 $d=a$,$\alpha=180°$

对于弯曲成型的钢材和焊接结构的钢材,其冷弯性能必须合格。

冷弯试验相对伸长率而言更能够暴露出钢材内部的某些缺陷,如气孔、杂质、裂纹以及严重偏析等。冷弯性能指标不仅是对钢材加工性能的要求,而且也是评定钢材质量的综合指标。

(2) 焊接性能:建筑工程中,无论是钢结构,还是钢筋混凝土结构的钢筋骨架、接头、预埋件等,绝大多数是采用焊接方式连接的,这就要求钢材具有良好的可焊性。

钢材可焊性能的好坏,主要取决于钢材中的碳及合金元素的含量。硫、磷会明显地降低钢的可焊性。可焊性好的钢材易于用一般焊接方法和工艺施焊,焊口处不易形成裂纹、气孔、夹渣等缺陷,焊口处的强度与母体相近。可焊性较差的钢焊接时,要采取特殊的焊接工艺。

评定钢材的焊接性能主要看以下三个方面:

1) 根据规范要求测定焊接金属对形成裂缝的倾向,此倾向越大,其焊接性能越差。

2) 测定焊接接缝附近的基体金属在热作用下产生脆化的倾向,热影响区的脆性倾向越大,说明钢材的可焊性越差。

3) 测定焊缝金属及整个焊件的各种使用性能是否均已达到规范所规定的指标要求。

二、建筑钢材的冷加工强化及时效处理

对建筑用钢材在常温下进行冷拉、冷拔、冷轧,使之产生塑性变形,从而提高强度,这个

过程称为冷加工硬化处理,建筑工地常将钢筋进行冷拉或冷拔加工。钢筋经冷拉后,其屈服强度提高,而塑性、韧性和弹性模量则降低。

（一）钢材的冷拉与时效

经过冷拉的钢筋在常温下存放 15~20d,或加热到 100~200℃并保持一定时间,其强度将进一步提高,弹性模量则基本恢复,这个过程称为时效处理。前者称为自然时效,后者用加热的方法处理则称为人工时效。

时效是另一种引起钢材强度、硬度提高,塑性、韧性降低的因素。冷拉以后再经时效处理的钢筋,其屈服强度进一步提高,抗拉极限强度稍有增长,塑性继续降低。由于时效过程中内应力消减,故弹性模量可基本恢复。产生时效的原因,主要是溶于铁素体中处于过饱和的氮和氧原子,从固溶体中析出后,逐渐扩散到晶体的内应力区或晶界上,阻碍晶粒发生滑移,增加了抵抗塑性变形能力的缘故。当钢材冷加工塑性变形,或受动荷载的反复振动后,都会促进氮、氧原子的移动和聚集,加速时效的发展,使晶格畸变加剧,阻碍晶粒发生滑移,增加了抵抗塑性变形的能力。

钢材产生时效的难易程度称为时效敏感性,它可用时效敏感系数 C 表示,计算式如下:

$$C = [(a_k)_原 - (a_k)_效] / (a_k)_原 \times 100\%$$

式中　$(a_k)_原$——常温下,时效前试样冲击值的平均值;

　　　$(a_k)_效$——常温下,时效后试样冲击值的平均值。

C 越大,时效敏感性越大,冲击韧性降低越明显。对时效敏感性影响最大的因素是氮、氧含量,含量越多,时效敏感性越大。其次,冷加工变形程度、低温加热(约 200℃)、动载的振动作用等,都会促进钢中氮、氧原子的扩散,加速时效的发展。若加热到再结晶温度以上时,由于重新形成新晶体,晶格缺陷消除,氮、氧原子又回到正常的固溶体中,因而使强度和硬度降低,塑性和韧性提高,可以完全消除时效的作用。

钢的应变时效在工程上具有重要的实际意义,对于那些直接承受动载作用或经常处在中温条件下的钢结构,为了避免过大的脆性,防止突然出现断裂事故,要求钢材具有较小的时效敏感性。如锅炉、桥梁、钢轨和吊车梁用钢等,都要求选用时效敏感性小的平炉镇静钢。但是对建筑上用的钢筋来说,则经常利用冷加工后的时效作用来提高其屈服强度,以利节约钢材。所以为了尽快取得强化效果,可将冷拉过的钢筋加热到 100~200℃保持 2h,以加速时效的发展,这种方法称为人工时效。

时效硬化的原因,主要是由于溶于铁素体中的过饱和碳,随着时间的增长慢慢地从铁素体中析出,形成渗碳体分布于晶体的滑移面上,起着阻碍滑移的强化作用,因而使钢材的强度和硬度增加、塑性和冲击韧性降低。

一般在建筑工程中,应通过试验合理的选择拉应力和时效处理措施。对于强度较低的钢筋采用自然时效,对于强度较高的钢筋则采用人工时效。钢筋冷拉后,可提高屈服点和强度 20%~25%,通过冷拉还可以简化施工工艺,盘圆钢筋可使开盘、矫直、冷拉三道工序合成一道工序,直条钢筋则可使矫直和冷拉合成一道工序,并使钢筋锈皮自行脱落。

冷拉操作的重要问题是保证控制指标和冷拉参数。冷拉一般可控制冷拉率,预应力混凝土的预应力筋则宜采用控制应力法。根据钢筋的实际长度和冷拉率可计算控制拉长值,根据钢筋截面积和冷拉控制应力可计算控制冷拉力。冷拉钢筋由于塑性、韧性降低而硬脆性增加,故在负温和冲击或重复荷载作用下易发生脆断,这种情况下不宜使用冷拉钢筋。

（二）钢材的冷拔

钢筋的冷拔多在预制工厂生产,加工方便,成本低,强度高,适用于生产中、小型预应力混凝构件。冷拔是将直径为 6.5~8mm 的碳素结构钢的 Q235（或 Q215）盘条,通过拔丝机中钨合金做成的比钢筋直径小 0.5~1.0mm 的冷拔模孔,冷拔成比原直径小的钢丝,如果经多次冷拔,可得规格更小的钢丝,称为冷拔低碳钢丝。

冷拔低碳钢丝分为甲、乙两级,甲级冷拔钢主要用作预应力筋;乙级冷拔钢丝可用作普通钢筋(非预应力筋),也可用于焊接网、焊接骨架、箍筋和构造钢筋等。冷拔低碳钢丝的力学性能应符合表 9-1 的规定。

冷拔低碳钢丝的力学性能 表 9-1

钢丝级别	直径（mm）	抗拉强度（N/mm²）		伸长率%（标距 100mm）	反复弯曲（180°）次数
		I	II		
		不小于			
甲级	5	650	600	3	4
	4	700	650	2.5	
乙级	3~5	550		2	4

冷拔低碳钢丝的性能受原材料质量和冷拔工艺的影响较大,常出现强度和塑性离散性大的情况,故加工中应严格控制质量。对甲级钢丝,不但应逐盘检查外观,钢丝表面不得有裂纹和机械损伤。而且,应逐盘检验力学性能,在每盘一端取两个试样,分别作拉力和反复弯曲试验,以确定该盘钢丝的组别。乙级钢丝可以分批抽样检验力学性能,以同一直径的钢丝 5t 为一批,按规定取样检验。

（三）钢材的冷轧

冷轧是将钢材在常温下进行辗轧而成的钢筋,具有规律的凹凸不平的表面,冷轧能提高钢筋与混凝土之间粘结力。

（四）钢材的焊接

建筑工程中,绝大多数是采用焊接方式连接的。钢材的焊接方法主要有钢结构焊接用的电弧焊合钢筋连接用的接触对焊。焊接时,由于在很短的时间内瞬间达到较高的温度,且金属局部熔化的体积很小,冷却速度较快,在焊接处就必然产生剧烈的体积膨胀和收缩,易变形,产生内应力等焊接缺陷。

焊接的质量主要取决于钢材的可焊性能和正确的焊接工艺、适合的焊接材料等,焊接质量的检验方法只要有两种:取样试件试验和原位无损检测法。

三、钢材中的化学成分及其对钢材性能的影响

碳素钢的主要化学成分除铁和碳外,还含有少量的锰、硅、硫、磷、氧、氮等其他元素。合金钢是在碳素钢的基础上添加规定量的一种或多种合金元素而制成的。各种元素对钢的性能有一定的影响,为了保证钢的质量,在国家标准中对各类钢的化学成分都作了严格的规定。

（一）碳

钢中含碳量的多少,对钢的性能有决定性的影响,碳是决定钢材性质的主要元素。当含

碳量低于 0.8%时,随着含碳量的增加,钢的抗拉强度和硬度提高,而塑性、断面收缩率及韧性降低。同时,还将使钢的冷弯、焊接及抗腐蚀等性能降低,并增加钢的冷脆性和时效敏感性。碳钢的含碳量低,强度不高,但塑性好,伸长率和冲击韧性高,钢质柔软,易于冷加工和焊接;含碳量较高,钢的强度高,但塑性差,硬度高,性脆,不易进行冷加工。

(二)磷、硫

磷和硫是钢中的有害元素,要分别控制含量在 0.045%、0.055%以下,含量稍有增加,就会严重影响钢的塑性和冲击韧性,使钢材显著变脆。

磷与碳相似,磷对钢材有固溶强化的作用,它使常温状态下钢材的屈服强度和抗拉强度提高,塑性和冲击韧性下降,变脆,焊接时,易出现冷裂纹,这种现象称为冷脆。磷的偏析较严重,焊接时焊缝容易产生冷裂纹,所以磷是降低钢材可焊性的元素之一。但磷可使钢材的强度、耐蚀性提高。

硫在钢材中以硫化铁的形式存在,硫化铁是一种低熔点的化合物,当对钢材进行锻轧加工时,需加热到 1100℃以上,此时硫化铁已熔化,使钢的内部产生裂纹,这种在高温状态下产生裂纹的现象,称为热脆性。硫的存在还使钢的冲击韧度、疲劳强度、可焊性及耐蚀性降低,因此硫的含量要严格控制。

(三)氧、氮和氢

氧、氮和氢也是钢中的有害元素,能显著降低钢的塑性和韧性,以及冷弯性能和可焊性。这些气体元素在钢中都分别与铁形成化合物,导致钢材在常温下的性能变坏,塑性降低,脆性变大,所以,在钢的冶炼后期要脱掉这些有害气体。

(四)硅、锰

硅和锰是在炼钢时为了脱氧去硫而有意加入的元素。硅是钢的主要合金元素,建筑钢材中硅的含量在 0.5%～0.6%时,可提高强度,对塑性和韧性没有明显影响。但含硅量超过 1%时,可使其冷脆性增加,可焊性变差。锰能消除钢的热脆性,改善热加工性能,能使有害物质形成 MnO、MnS 而进入钢渣中,其余的锰溶于铁素体中,从而显著提高钢的强度。但其含量不得大于 1%,否则可降低塑性及韧性,使可焊性变差。

(五)铝、钛、钒、铌

以上元素均是炼钢时的强脱氧剂,适量加入钢内可改善钢的组织,细化晶粒,显著提高强度和改善韧性。

钒是钢中很好的脱氧剂和除气剂。含量小于 0.5%时,能使钢的组织致密、晶粒细化,明显提高强度,改善焊接性能;钛与氧能很好地结合,脱氧造渣,提高钢的性能,钛与碳也能很好结合生成碳化钛,起稳定碳的作用;钛还有细化钢的组织的作用,所以,钢中钛的含量在 0.06%～0.12%时,其强度、冲击韧性会显著提高,热敏感性降低。

四、钢材的编号方式

(一)我国钢号表示方法概述

钢的牌号简称钢号,是对每一种具体钢产品所取的名称,是人们了解钢的一种共同语言。我国的钢号表示方法,根据国家标准《钢铁产品牌号表示方法》(GB/T 221—2000)中规定,产品牌号的表示,一般采用采用汉语拼音字母、化学元素符号和阿拉伯数字相结合的方法表示。即:

1. 钢号中化学元素采用国际化学符号表示,例如 Si、Mn、Cr 等。混合稀土元素用"RE"(或"Xt")表示。

2. 产品名称、用途、冶炼和浇注方法等,一般采用汉语拼音的缩写字母表示。

3. 钢中主要化学元素含量(%)采用阿拉伯数字表示。

采用汉语拼音字母表示产品名称、用途、特性和工艺方法时,一般从代表产品名称的汉语拼音中选取第一个字母。当和另一个产品所选用的字母重复时,可改用第二个字母或第三个字母,或同时选取两个汉字中的第一个拼音字母。

暂时没有可采用的汉字及汉语拼音的,采用符号为英文字母。

(二)我国钢号表示方法的分类说明

1. 碳素结构钢和低合金高强度结构牌号表示方法

以上用钢通常分为通用钢和专用钢两大类。牌号表示方法,由钢的屈服点或屈服强度的汉语拼音字母、屈服点或屈服强度数值、钢的质量等级等部分组成,还有的钢加脱氧程度,实际是 4 个部分组成。

(1)通用结构钢采用代表屈服点的拼音字母"Q"。屈服点数值(单位为 MPa)和表 1 中规定的质量等级(A、B、C、D、E)、脱氧方法(F、b、Z、TZ)等符号,按顺序组成牌号。例如:碳素结构钢牌号表示为:Q235AF,Q235BZ;低合金高强度结构钢牌号表示为:Q345C,Q345D。

Q235BZ 表示屈服点值≥235MPa、质量等级为 B 级的镇静碳素结构钢。Q235 和 Q345 这两个牌号是工程用钢最典型,生产和使用量最大,用途最广泛的牌号。这两牌号几乎世界各国都有。

碳素结构钢的牌号组成中,镇静钢符号"Z"和特殊镇静钢符号"TZ"可以省略,例如:质量等级分别为 C 级和 D 级的 Q235 钢,其牌号表示应为 Q235CZ 和 Q235DTZ,但可以省略为 Q235C 和 Q235D。

低合金高强度结构钢有镇静钢和特殊镇静钢,但牌号尾部不加写表示脱氧方法的符号。

(2)专用结构钢一般采用代表钢屈服点的符号"Q"、屈服点数值和表 1 中规定的代表产品用途的符号等表示,例如:压力容器用钢牌号表示为"Q345R";耐候钢其牌号表示为Q340NH;Q295HP 焊接气瓶用钢牌号;Q390g 锅炉用钢牌号;Q420q 桥梁用钢牌号。

(3)根据需要,通用低合金高强度结构钢的牌号也可以采用两位阿拉伯数字(表示平均含碳量,以万分之几计)和化学元素符号,按顺序表示;专用低合金高强度结构钢的牌号,也可以采用两位阿拉伯数字(表示平均含碳量,以万分之几计)和化学元素符号,以及表 1 中规定代表产品用途的符号,按顺序表示。

2. 优质碳素结构钢和优质碳素弹簧钢牌号表示方法

优质碳素结构钢采用两位阿拉伯数字(以万分之几计表示平均含碳量)或阿拉伯数字和元素符号、表 1 中规定的符号组合成牌号。

(1)沸腾钢和半镇静钢,在牌号尾部分别加符号"F"和"b"。例如:平均含碳量为 0.08% 的沸腾钢,其牌号表示为"08F";平均含碳量为 0.10% 的半镇静钢,其牌号表示为"10b"。

(2)镇静钢(S、P 分别≤0.035%)一般不标符号。例如:平均含碳量为 0.45%的镇静钢,其牌号表示为"45"。

(3)较高含锰量的优质碳素结构钢,在表示平均含碳量的阿拉伯数字后加锰元素符号。

例如:平均含碳量为 0.50%,含锰量为 0.70% ~ 1.00% 的钢,其牌号表示为"50Mn"。

(4)高级优质碳素结构钢(S、P 分别≤0.030%),在牌号后加符号"A"。例如:平均含碳量为 0.45%的高级优质碳素结构钢,其牌号表示为"45A"。

(5)特级优质碳素结构钢(S≤0.020%、P≤0.025%),在牌号后加符号"E"。例如:平均含碳量为 0.45%的特级优质碳素结构钢,其牌号表示为"45E"。

优质碳素弹簧钢牌号的表示方法与优质碳素结构钢牌号表示方法相同(65、70、85、65Mn 钢在《弹簧钢》(GB/T 1222)和《优质碳素结构钢》(GB/T 699)两个标准中同时分别存在)。

3. 合金结构钢和合金弹簧钢牌号表示方法

(1)合金结构钢牌号采用阿拉伯数字和标准的化学元素符号表示。

用两位阿拉伯数字表示平均含碳量(以万分之几计),放在牌号头部。

合金元素含量表示方法为:平均含量小于 1.50%时,牌号中仅标明元素,一般不标明含量;平均合金含量为 1.50% ~ 2.49%、2.50% ~ 3.49%、3.50% ~ 4.49%、4.50% ~ 5.49%、……时,在合金元素后相应写成 2、3、4、5……。例如:碳、铬、锰、硅的平均含量分别为 0.30%、0.95%、0.85%、1.05%的合金结构钢,当 S、P 含量分别≤0.035%时,其牌号表示为"30CrMnSi"。

高级优质合金结构钢(S、P 含量分别≤0.025%),在牌号尾部加符号"A"表示。例如:"30CrMnSiA"。

特级优质合金结构钢(S≤0.015%、P≤0.025%),在牌号尾部加符号"E",例如:"30CrMnSiE"。

专用合金结构钢牌号尚应在牌号头部(或尾部)加表 1 中规定代表产品用途的符号。例如,铆螺专用的 30CrMnSi 钢,钢号表示为 ML30CrMnSi。

(2)合金弹簧钢牌号的表示方法与合金结构钢相同。

例如:碳、硅、锰的平均含量分别为 0.60%、1.75%、0.75%的弹簧钢,其牌号表示为"60Si2Mn"。高级优质弹簧钢,在牌号尾部加符号"A",其牌号表示为"60Si2MnA"。

4. 易切削钢牌号表示方法

易切削钢采用标准化学元素符号和阿拉伯数字表示。阿拉伯数字表示平均含碳量(以万分之几计)。

(1)加硫易切削钢和加硫、磷易切削钢,在符号"Y"和阿拉伯数字后不加易切削元素符号。例如:平均含碳量为 0.15%的易切削钢,其牌号表示为"Y15"。

(2)较高含锰量的加硫或加硫、磷易切削钢在符号"Y"和阿拉伯数字后加锰元素符号。例如:平均含碳量为 0.40%,含锰量为 1.20% ~ 1.55%的易切削钢,其牌号表示为"Y40Mn"。

(3)含钙、铅等易切削元素的易切削钢,在符号"Y"和阿拉伯数字后加易切削元素符号。例如:"Y15Pb"、"Y45Ca"。

5. 非调质机械结构钢牌号表示方法

非调质机械结构钢,在牌号头部分别加符号"YF"和"F"表示易切削非调质机械结构钢和热锻用非调质机械结构钢,牌号表示方法的其他内容与合金结构钢相同。例如:"YF35V"、"F45V"。

6. 工具钢牌号表示方法

工具钢分为碳素工具钢、合金工具钢和高速工具钢三类。

（1）碳素工具钢采用标准化学元素符号、表 1 规定的符号和阿拉伯数字表示。阿拉伯数字表示平均含碳量(以千分之几计)。

① 普通含锰量碳素工具钢,在工具钢符号"T"后为阿拉伯数字。例如:平均含碳量为0.80%的碳素工具钢,其牌号表示为"T8"。

② 较高含锰量的碳素工具钢,在工具钢符号"T"和阿拉伯数字后加锰元素符号。例如:"T8Mn"。

③ 高级优质碳素工具钢,在牌号尾部加"A"。例如:"T8MnA"。

（2）合金工具钢和高速工具钢

合金工具钢、高速工具钢牌号表示方法与合金结构钢牌号表示方法相同。采用标准规定的合金元素符号和阿拉伯数字表示,但一般不标明平均含碳量数字,例如:平均含碳量为1.60%,含铬、钼,钒含量分别为 11.75%、0.50%、0.22%的合金工具钢,其牌号表示为"Cr12MoV";平均含碳量为 0.85%,含钨、钼、铬、钒含量分别为 6.00%、5.00%、4.00%、2.00%的高速工具钢,其牌号表示为"W6Mo5Cr4V2"。

若平均含碳量小于 1.00%时,可采用一位阿拉伯数字表示含碳量(以千分之几计)。例如:平均含碳量为 0.80%,含锰量为 0.95%,含硅量为 0.45%的合金工具钢,其牌号表示为"8MnSi"。

低铬(平均含铬量 < 1.00%)合金工具钢,在含铬量(以千分之几计)前加数字"0"。例如:平均含铬量为 0.60%的合金工具钢,其牌号表示为"Cr06"。

7. 塑料模具钢牌号表示方法

塑料模具钢牌号除在头部加符号"SM"外,其余表示方法与优质碳素结构钢和合金工具钢牌号表示方法相同。例如:平均含碳量为 0.45%的碳素塑料模具钢,其牌号表示为"SM45";平均含碳量为 0.34%,含铬量为 1.70%,含钼量为 0.42%的合金塑料模具钢,其牌号表示为"SM3Cr2Mo"。

8. 轴承钢牌号表示方法

轴承钢分为高碳铬轴承钢、渗碳轴承钢、高碳铬不锈轴承钢和高温轴承钢等四大类。

（1）高碳铬轴承钢,在牌号头部加符号"G",但不标明含碳量。铬含量以千分之几计,其他合金元素按合金结构钢的合金含量表示。例如:平均含铬量为 1.50%的轴承钢,其牌号表示为"GCr15"。

（2）渗碳轴承钢,采用合金结构钢的牌号表示方法,另在牌号头部加符号"G"。例如:"G20 CrNiMo"。高级优质渗碳轴承钢,在牌号尾部加"A"。例如:"G20CrNiMoA"。

（3）高碳铬不锈轴承钢和高温轴承钢,采用不锈钢和耐热钢的牌号表示方法,牌号头部不加符号"G"。例如:高碳铬不锈轴承钢"9Cr18"和高温轴承钢"10Cr14Mo"。

9. 不锈钢和耐热钢的牌号表示方法

不锈钢和耐热钢牌号采用标准规定的合金元素符号和阿拉伯数字表示,为切削不锈钢、易切削耐热钢在牌号头部加"Y"。

一般用一位阿拉伯数字表示平均含碳量(以千分之几计);当平均含碳量≥1.00%时,用两位阿拉伯数字表示;当含碳量上限 < 0.10%时,以"0"表示含碳量;当含碳量上限≤0.03%,> 0.01%时(超低碳),以"03"表示含碳量;当含碳量上限(≤0.01%时极低碳),以"01"表示含碳量。含碳量没有规定下限时,采用阿拉伯数字表示含碳量的上限数字。

合金元素含量表示方法同合金结构钢。例如:平均含碳量为 0.20%,含铬量为 13%的不锈钢,其牌号表示为"2Cr13";含碳量上限为 0.08%,平均含铬量为 18%,含镍量为 9%的铬镍不锈钢,其牌号表示为"0Cr18Ni9";含碳量上限为 0.12%,平均含铬量为 17%的加硫易切削铬不锈钢,其牌号表示为"Y1Cr17";平均含碳量为 1.10%,含铬量为 17%的高碳铬不锈钢,其牌号表示为"11Cr7";含碳量上限为 0.03%,平均含铬量为 19%,含镍量为 10%的超低碳不锈钢,其牌号表示为"03Cr19Ni10";含碳量上限为 0.01%,平均含铬量为 19%,含镍量为 11%的极低碳不锈钢,其牌号表示为"01Cr19Ni11"。

国内现行不锈耐热钢标准是参照 JIS 标准修订的,但不锈耐热钢牌号表示方法与日本等国的标准不同。我们是用合金元素和平均含 C 量表示,日本是用表示用途的字母和阿拉伯数字表示。例如不锈钢牌号 SUS202、SUS316、SUS430,S-steel(钢),U-use(用途),S-stainless(不锈钢)。例如耐热钢牌号,SUH309、SUH330、SUH660、H-Heatresistins。牌号中不同数字表示各种不同类型的不锈耐热钢。日本表示不锈耐热钢各类不同产品,是在牌号后加上相应的字母,例如不锈钢棒 SUS-B,热轧不锈钢板 SUS-HP;耐热钢棒 SUHB,耐热钢板 SUHP。英、美等西方国家,不锈耐热钢牌号表示方法与日本基本一致,主要是用阿拉伯数字表示,而且表示的数字是相同的,即牌号是相同的。因为日本的不锈耐热钢是采用美国的。

10. 焊接用钢牌号表示方法

焊接用钢包括焊接用碳素钢、焊接用合金钢和焊接用不锈钢等,其牌号表示方法是在各类焊接用钢牌号头部加符号"H"。例如:"H08"、"H08Mn2Si"、"H1Cr18Ni9"。

高级优质焊接用钢,在牌号尾部加符号"A"。例如:"H08A"、"08Mn2SiA"。

11. 电工用硅钢

钢号由数字、字母和数字组成。

无取向和取向硅钢的字母符号分别为"W"和"Q",厚度放在前头,字母符号放在中间,铁损数值放在后头,例如 30Q113。取向硅钢中,高磁感的字母符号"G"与"Q"放在一起,例如 30QG113,字母之后的数字表示铁损值(W/kg)的 100 倍。字母"G"者,表示在高频率下检验的;未加"G"者,表示在频率为 50 周波下检验的。30Q113 表示电工用冷轧取向硅钢产品在 50 赫频率时的最大单位重量铁损值为 1.13W/kg。冷轧硅钢表示方法与日本标准(JISC 2552—86)一致,只是字母符号不同,例如取向硅钢牌号 27Q140,与之相对应的 JIS 牌号为 27G140,30QG110 与之相应的 JIS 牌号为 30P110(G:表示普通材料,P:表示高取向性)。无取向硅钢牌号 35W250,与之相应的 JIS 牌号为 35A250。

第二节　建筑钢材的标准与选用

建筑工程用钢有钢结构用钢和钢筋混凝土结构用钢两类,前者主要应用型钢和钢板,后者主要采用钢筋和钢丝。其中钢结构用钢主要有碳素结构钢和低合金结构钢两种。

一、钢结构用钢

(一)碳素结构钢

1. 碳素结构钢的牌号及其表示方法

碳素结构钢的牌号由代表屈服强度的字母(Q)、屈服强度数值(N/mm²)、质量等级符号

（A、B、C、D）、脱氧方法符号（F、B、Z、TZ）四个部分组成。碳素结构钢的质量等级是按钢中硫、磷含量由多至少划分的，随 A、B、C、D 的顺序质量等级逐级提高。当为镇静钢或特殊镇静钢时，则牌号表示"Z"与"TZ"符号可予以省略。

按标准规定，我国碳素结构钢分五个牌号，即 Q195、Q215、Q235、Q255 和 Q275。

2. 碳素结构钢的技术要求

碳素结构钢的技术要求包括化学成分、力学性能、冶炼方法、交货状态、表面质量等五个方面。我国国家标准《碳素结构钢》（GB 700—2006）中规定各牌号碳素结构钢的化学成分及力学性能应分别符合表 9-2、表 9-3 的要求。

碳素结构钢的化学成分（GB 700—2006）　　　　　　表 9-2

牌号	等级	厚度（直径）（mm）	化 学 成 分					脱氧方法
			C	Mn	Si	S	P	
			≤					
Q195	—	—	0.12	0.50	0.30	0.140	0.035	F、Z
Q215	A	—	0.15	1.20	0.35	0.0500	0.045	F、Z
	B					0.045		
Q235	A	—	0.22	1.40	0.35	0.050	0.045	F、Z
	B	—	0.20			0.045		
	C					0.040	0.040	Z
	D	0.17				0.035	0.035	TZ
Q275	A	—	0.24	1.50	0.35	0.050	0.045	F、Z
	B	≤40	0.21			0.045	0.045	Z
		>40	0.22					
	C	0.20				0.040	0.040	Z
	D					0.035	0.035	TZ

碳素结构钢的力学性能（GB 700—2006）　　　　　　表 9-3

牌号	等级	拉 伸 试 验												冲击试验	
		屈服强度 R_{eH}（N／mm²）						抗拉强度 R_m（N／mm²）	伸长率 A（%）					温度（℃）	V 形冲击功（纵向）（J）
		钢筋厚度（直径）(mm)							钢材厚度（直径）(mm)						
		≤16	16～40	40～60	60～100	100～150	150～200		≤40	40～60	60～100	100～150	150～200		
		≥							≥						≥
Q195	—	195	195	—	—	—	—	315～430	33	—	—	—	—	—	—
Q215	A	215	205	195	185	175	165	335～450	31	30	29	27	26	—	—
	B													+20	27

牌号	等级	拉伸试验												冲击试验	
		屈服强度 R_{eH}（N/mm²）						抗拉强度 R_m（N/mm²）	伸长率 A（%）					V形冲击功（纵向）（J）	
		钢筋厚度（直径）(mm)							钢材厚度（直径）(mm)					温度（℃）	
		≤16	16~40	40~60	60~100	100~150	150~200		≤40	40~60	60~100	100~150	150~200		
		≥							≥						≥
Q235	A	235	225	215	205	195	185	370~500	26	25	24	22	21	—	—
	B													+20	27
	C													0	
	D													−20	
Q275	A	275	265	255	245	225	215	410~540	22	21	20	18	17	—	—
	B													+20	27
	C													—	
	D													−20	

3. 碳素结构钢的特性与用途

目前,建筑工程中常用的碳素结构钢为 Q235,Q235 号钢冶炼方便,成本低,故在建筑中应用广泛,与其他牌号的碳素结构钢相比,由于该结构钢具有较高的强度,同时具有较好的塑性和韧性,可焊性也好,能较好地满足一般钢结构和钢筋混凝土结构的用钢要求。

Q235 号钢的力学性能稳定,对轧制、加热、急剧冷却时的敏感性较小。其中 Q235-A 级钢,一般仅适用于承受静荷载作用的结构,Q235-C 和 D 级钢可用于重要焊接的结构,由于 Q235-D 级钢含有足够的形成细晶粒结构的元素,同时对硫、磷有害元素控制严格,故其冲击韧性很好,具有较强的抗冲击、振动荷载的能力,尤其适宜在较低温度下使用。

Q195 和 Q215 号钢常用作生产一般使用的钢钉、铆钉、螺栓及钢丝等;Q275 号钢多用于生产机械零件和工具等。

(二) 低合金高强度结构钢

低合金高强度结构钢是在碳素钢结构钢的基础上,添加一种或多种合金元素(总含量<5%)的一种结构钢。其目的是提高钢的屈服强度、抗拉强度、耐磨性、耐蚀性与耐低温性等。因而它是综合性较为理想的建筑钢材,在大跨度、承重动荷载和冲击荷载的结构中更适用。此外,与使用碳素钢相比,可以节约钢材 20%~30%。

1. 低合金结构钢的牌号及其表示方法

根据低合金高强度结构钢最新国家标准《低合金高强度结构钢》(GB/T 1591—2008)规定,我国低合金结构钢共有 5 个牌号,所加元素主要有锰、硅、钒、钛、铌、铬、镍及稀土元素。其牌号的表示由屈服点字母 Q、屈服点数值、质量等级(A、B、C、D、E 五级)三部分组成。

2. 低合金结构钢的应用

低合金结构钢主要用于轧制各种型钢(角钢、槽钢、工字钢)、钢板、钢管及钢筋,广泛用于钢结构和钢筋混凝土结构中,特别适用于各种重型结构、大跨度结构、高层结构及桥梁工程等,尤其对用于大跨度和大柱网的结构,其技术经济效果更为显著。

二、钢筋混凝土结构用钢

（一）热轧钢筋

钢筋混凝土用热轧钢筋，根据其表面状态特征、工艺与供应方式可分为热轧光圆钢筋、热轧带肋钢筋与热轧热处理钢筋等，热轧带肋钢筋通常为圆形横截面，且表面通常带有两条纵肋和沿长度方向均匀分布的横肋。按肋纹的形状分为月牙肋和等高肋；热轧钢筋按其力学性能，分为Ⅰ级、Ⅱ级、Ⅲ级、Ⅳ级，其强度等级代号分别为R235、RL335、RL400、RL540。其中Ⅰ级钢筋由碳素结构钢轧制，其余均由低合金钢轧制而成。

Ⅰ级钢筋的强度较低，但塑性及焊接性能很好，便于各种冷加工，故广泛用于普通钢筋混凝土构件的受力筋及各种钢筋混凝土结构的构造筋。Ⅱ级和Ⅲ级钢筋的强度较高，塑性和焊接性能也较好，广泛用作大、中型钢筋混凝土结构的受力钢筋。Ⅳ级钢筋强度高，但塑性和可焊性较差，可用作预应力钢筋。

（二）冷轧带肋钢筋

热轧圆盘条经冷轧后，在其表面带有沿长度方向均匀分布的三面或两面横肋，即成为冷轧带肋钢筋。冷轧带肋钢筋按抗拉强度分为五个牌号，分别为CRB550、CRB650、CRB800、CRB970、CRB1170。C、R、B分别为冷轧、带肋、钢筋三个词的英文首位字母，数值为抗拉强度的最小值。与冷拔低碳钢丝相比，冷轧带肋钢筋具有强度高、塑性好，与钢筋粘结牢固，节约钢材，质量稳定等优点。

（三）预应力混凝土用热处理钢筋

预应力混凝土用热处理钢筋是用热轧带肋钢筋经淬火和回火调质处理后的钢筋。有直径为6、8.2、10mm三种规格。热处理钢筋成盘供应，每盘长约100～120m，开盘后钢筋自然伸直，按要求的长度切断。

预应力混凝土用热处理钢筋的优点是：强度高，可代替高强钢丝使用；配筋根数少，节约钢材；锚固性好，不易打滑，预应力值稳定；施工简便，开盘后钢筋自然伸直，不需调直，不能焊接。主要用作预应力钢筋混凝土轨枕，也用于预应力梁、板结构及吊车梁等。

（四）预应力混凝土用优质钢丝及钢绞线

1. 预应力混凝土用钢丝

预应力混凝土用钢丝是高碳钢盘条经淬火、酸洗、冷拉加工而制成的高强度钢丝。

预应力钢丝具有强度高、柔性好、松弛率低、耐蚀等特点，适用于各种特殊要求的预应力结构，主要用于大跨度屋架及薄腹梁、大跨度吊车梁、桥梁、电杆、轨枕等的预应力钢筋。

2. 预应力混凝土用钢绞线

预应力混凝土用钢绞线是由7根直径为2.5～5.0mm的高强度钢丝，绞捻后经一定热处理清除内应力而制成。钢绞线具有强度高、与混凝土粘结性好、断面面积大，使用根数少，在结构中布置方便，易于锚固等优点。主要用于大跨度、大负荷的预应力屋架、桥梁和薄腹梁等结构的预应力筋。

三、钢材的选用原则

钢材的选用一般遵循以下原则：

（1）荷载性质：对于经常承受动力或振动荷载的结构，容易产生应力集中，从而引起疲劳破坏，需要选用材质高的钢材。

（2）使用温度：对于经常处于低温状态的结构，钢材容易发生冷脆断裂，特别是焊接结构更甚，因而要求钢材具有良好的塑性和低温冲击韧性。

（3）连接方式：对于焊接结构，当温度变化和受力性质改变时，焊缝附近的母体金属容易出现冷、热裂纹，促使结构早期破坏，焊接结构对钢材化学成分和机械性能要求应较严。

（4）钢材厚度：钢材力学性能一般随厚度增大而降低，钢材经多次轧制后，钢的内部结晶组织更为紧密，强度更高，质量更好。故一般结构用的钢材厚度不宜超过40mm。

（5）结构重要性：选择钢材要考虑结构使用的重要性，如大跨度结构、重要的建筑物结构，须相应选用质量更好的钢材。

第三节　建筑钢材的腐蚀与防护

钢材因受到周围介质的化学或电化学作用而逐渐破坏的现象称为腐蚀。随着我国工业和国民经济的不断发展，钢材的产量和使用量逐年增加，钢材腐蚀的防护措施也成为当前面临的主要问题。

一、钢材的腐蚀

钢材的腐蚀是指其表面与周围介质发生化学反应而遭到的破坏。建筑钢材若遭到腐蚀，将使受力面积减小，而且由于产生局部锈坑，可能造成应力集中，促使结构提前破坏，尤其是在有反复荷载作用的情况下，将产生腐蚀疲劳现象，使疲劳强度大为降低，出现脆性断裂。在钢筋混凝土中的钢筋发生锈蚀时，由于锈蚀产物体积增大，在混凝土内部产生膨胀应力，严重时会导致混凝土保护层开裂，降低钢筋混凝土构件的承载能力。

按照周围侵蚀介质所发生的作用及机理，钢材腐蚀可分为化学腐蚀和电化学腐蚀两类。

（一）化学腐蚀

化学腐蚀是指金属直接与周围介质发生化学反应而产生的腐蚀，是由非电解质溶液或各种干燥气体（如 O_2、CO_2、SO_2、Cl_2 与 H_2S 等）所引起的一种化学腐蚀，无电流产生。这种腐蚀多数是氧化作用，在钢材表面形成疏松的氧化物。化学腐蚀在干燥环境下进展很慢，但在湿度较高的条件下，腐蚀进展很快。

（二）电化学腐蚀

1. 电化学腐蚀的定义

电化学腐蚀是指电极电位不同的金属与电解质溶液接触形成微电池，产生电流而引起的腐蚀，通俗的讲就是钢材与电解质溶液接触后，由于产生电化学作用而引起的腐蚀。

2. 电化学腐蚀的防止

（1）防止形成电化学微电池：防止形成腐蚀电池的重要环节是在装配或连接材料之间尽量避免出现缝隙、零件连接处应避免形成水的通道、采用焊接形式比机械连接对防止电化学腐蚀更为有利以及钢筋混凝土中的混凝土要尽量减少缺陷等等；

（2）采取隔绝保护措施：最常用的方法是在金属表面涂刷油漆、搪瓷、镀锌或铬等保护层，使金属与环境介质隔绝；金属镀层在钢材表面的保护效能，取决于镀层金属与钢材之间电极电位的相对值及其抗腐蚀能力；锌相对于钢材为阳极，当镀锌钢板表面的镀锌层被划伤,露出钢材时,因为钢材阴极的面积很小,锌镀层以极慢的速率被腐蚀,而钢材仍然受到保护;铬相对于钢材为阴极,当镀铬钢板克表面的镀铬层被划伤时,将会促进钢的腐蚀;

（3）使用缓蚀剂:某些化学物质加入到电解质溶液中,会优先移向阳极或阴极表面,阻碍电化学腐蚀反应的进行;

（4）阴极保护:将起阳极作用的金属电极与结构构件连接起来,使构件得到保护;

钢材在大气中产生的所谓大气腐蚀,实际上是化学腐蚀与电化学腐蚀两者的综合,其中以电化学腐蚀为主。研究表明,周围介质的性质和钢材本身的组织成分对腐蚀影响很大。处在潮湿条件下的钢材比处在干燥条件下的容易生锈,埋在地下的钢材比暴露在大气中的容易生锈,大气中含有较多的酸、碱、盐离子时钢材容易生锈,钢材含有害杂质多的比含杂质少的容易生锈。

二、钢材的防锈

防止钢材锈蚀主要有以下几种措施:

（一）制成合金钢

在碳素钢中加入能提高抗腐蚀能力的合金元素,制成合金钢,如加入铬、镍元素制成不锈钢,或加入 0.10% ~ 0.15% 的铜,制成含铜的合金钢,可以显著提高抗锈蚀的能力。

（二）表面覆盖

在钢材表面用电镀或喷镀的方法覆盖其他耐蚀金属,以提高其抗锈能力,如镀锌、镀锡、镀铬、镀银等。另一种方法是在钢材表面涂以防锈油漆或塑料涂层,使之与周围介质隔离,防止钢材锈蚀。油漆防锈是建筑上常用的一种方法,是在钢材的表面将铁锈清除干净后涂上涂料,使与空气隔绝。它简单易行,但不耐久,要经常维修。油漆防锈的效果主要取决于防锈漆的质量。

（三）设置阳极或阴极保护

阳极保护是在钢结构附近埋设废钢铁,外加直流电源,将阴极接在被保护的钢结构上,阳极接在废钢铁上,通电后废钢铁成为阳极而被腐蚀,钢结构成为阴极而被保护。阴极保护是在被保护的钢结构上,连接一块比钢铁更活泼的金属,如锌、镁等,使锌、镁成为阳极而被腐蚀,钢结构成为阴极而被保护。

三、钢材的保管

钢材与周围环境发生化学、电化学和物理等作用,极易产生锈蚀。如果在日常的保管工作中,采取措施设法消除或减少介质中的有害组分,如去湿、防尘等,以消除空气中所含的水蒸气、二氧化硫等有害组分,则可以大大降低钢材的锈蚀程度。

（一）存放处所的选择

风吹、日晒、雨淋等自然因素,对钢材的性能有较大影响,应入库存放;对只忌雨淋,对风吹、日晒、潮湿不十分敏感的钢材,可入棚存放;自然因素对其性能影响轻微,或使用前可通过加工措施消除影响的钢材,可在露天存放。存放处所,应尽量远离有害气体和粉尘的污染,避免受酸、碱、盐及其气体的侵蚀。

（二）保持库房干燥通风

土地面和砖地面易返潮,库棚内应采用水泥地面,正式库房还应做地面防潮处理。根据库房内、外的温度和湿度情况,进行通风、降潮。

（三）合理码垛

料垛稳固,垛位的质量不应超过地面的承载力,垛底要垫高 30～50cm。有条件的要采用料架。根据钢材的形状、大小和多少,确定平放、坡放、立放等不同方法。垛形应整齐,便于清点,防止不同品种的混乱。

（四）保持料场清洁

尘土、碎布、杂物都能吸收水分,应注意及时清除。杂草根部易存水,阻碍通风,夜间能排放 CO_2,必须彻底清除。

（五）加强防护措施

有保管条件的,应以箱、架、垛为单位,进行密封保管。表面涂敷防护剂。油性防锈剂易沾土,且不是所有的钢材都能采用,应采用使用方便、效果较好的干性防锈涂料。

（六）加强计划管理

制定合理的库存周期计划和储备定额,制定严格的库存锈蚀检查计划。

思考题与习题

1. 建筑钢材主要有哪几种技术性质？其抗拉性能分为哪几个阶段？
2. 建筑钢材的分类？
3. 钢材中的化学成份对钢材性能有何影响？
4. 钢材的选用原则是什么？
5. 钢材腐蚀会造成什么后果？有哪几种腐蚀方式？
6. 如何防止钢材腐蚀？

第十章 木 材

> **内容提要**:本章着重介绍木材的基本知识,包括木材的来源、木材的构造和分类、木材的主要物理力学性质,简单介绍常用木材和制品、木材干燥、防腐及防火措施。

木材用于建筑工程已有悠久历史。木材是基本建设的一种重要建筑材料,土建工程中如屋架、梁、柱、支撑、门窗、地板、桥梁、混凝土模板以及室内装修等,都需要使用大量木材。近年来,虽然出现了很多新材料,但由于木材具有其独特的优点,故它仍与钢材、水泥等居于同等重要的地位,成为当代三大建筑材料之一。

木材作为建筑材料,具有许多优良性能,如轻质高强,即比强度高;有较高的弹性和韧性,耐冲击和振动;易于加工;长期保持干燥或长期置于水中,均有很高的耐久性;气干木材是良好的热绝缘和电绝缘材料;大部分木材都具有美丽的花纹、光泽和颜色,装饰性好等。但木材也有缺点,如内部构造不均匀,导致各向异性;易随周围环境湿度变化而改变含水量,引起膨胀或收缩;易腐朽及虫蛀;易燃烧;天然缺陷较多等。不过,采取一定的加工和处理后,这些缺点可以得到相当程度的减轻。

第一节 木材的基本知识

一、木材来源

木材来源于植物,按植物的分类系统,木材主要来源于乔木树种,包括针叶树和阔叶树。

(一)针叶树材

针叶树树干通直高大,枝杈较小而分布较密,易得大材,其纹理顺直,材质均匀。由于多数针叶树材的木质较轻软而易于加工,习惯上称软材。针叶树材强度较高,胀缩变形较小,耐腐蚀性强,建筑上广泛用于承重构件和装修材料。常用树种有松、杉、柏、银杏等。

(二)阔叶树材

阔叶树树干通直部分一般较短,枝杈较大而数量较少。相当数量阔叶树材的材质较硬而较难加工,故阔叶树材又称硬材。阔叶树材强度高,胀缩变形大,易翘曲开裂。阔叶树材板面通常较美观,具有很好的装饰作用,适用于家具、室内装修及胶合板等。常用树种有桉木、水曲柳、杨木、榆木、柞木、樟木等。

二、木材宏观构造

木材的宏观构造用肉眼或放大镜就能观察到的木材构造特征。从不同的方向锯切树干,可以得到不同的切面:横切面(垂直于树轴的切面)、径切面(通过树轴的纵切面)、弦切面(平行于树轴的纵切面),如图 10-1 所示。

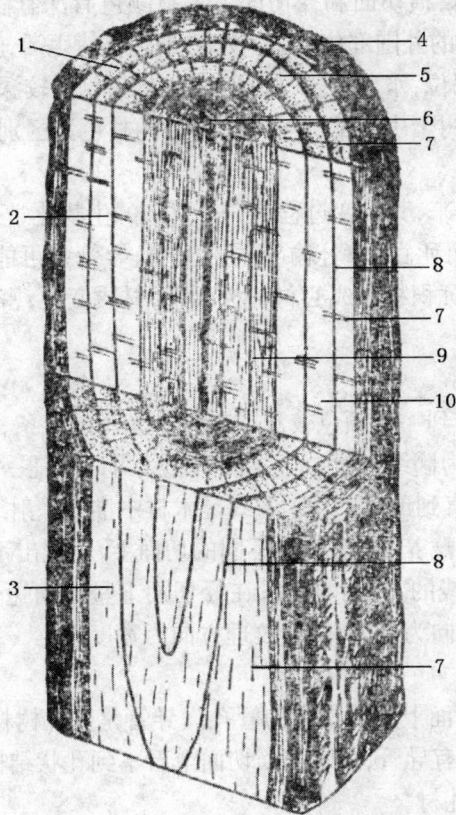

图 10-1　树干的三个切面

1-横切面;2-径切面;3-弦切面;4-树皮;5-木质部;6-髓心;7-髓线;8-年轮;9-心材;10-边材

从图 10-1 观察,树木由树皮、木质部和髓心所组成。树皮由外皮、软木组织(栓皮)和内皮组成。髓心位于树干的中心,由最早生成的细胞所构成;其质地疏松而脆弱,易被腐蚀和虫蛀。木质部位于髓心和树皮之间的部分,是作为建筑材料的主要部分。

(一) 年轮、生长轮

树木在生长过程中,由于气候交替的明显变化而形成的木材为轮状结构。即树木在一个生长周期内,形成层向内分生的一层次生木质部,围绕着髓心构成的同心圆。

温带、寒带及亚热带地区树木一年内仅生长一层木材,所以称为年轮。热带或南亚亚热带地区,部分树木生长季节仅与雨季和旱季的交替有关,一年内会形成几圈木质层,所以称为生长轮。实质上年轮也就是生长轮,而生长轮不能等同于年轮。

(二) 早材、晚材

每一年轮是由两部分木材组成。每年春季雨水较多,水分、养分较充足,形成层细胞分裂速度快,细胞壁薄,形体较大,构成的木质较疏松,颜色较浅,这一部分木材称为早材或春材,靠近髓心一侧。夏秋两季雨水少,树木营养物质流动缓慢,形成层细胞的活动逐渐减弱,细胞分裂速度缓慢,而后逐渐停止,形成的细胞腔小而壁厚,木材组织致密,材质硬,材色深,这一部分木材称为晚材或夏材,靠近树皮一侧。

（三）边材、心材、熟材

从木材外表颜色来看,横切面和径切面上木材颜色有深有浅,有些树种的木材颜色深浅是均匀一致。一些树种的外围部位,水分较多,细胞仍然生活,颜色较浅的木材称为边材。而一些树种的树干中心部位,水分较少,细胞已死亡,颜色比较深的木材称为心材。一部分树种,如冷杉、水青冈等,树干中心部分与外围部分的材色无区别,但含水量不同,中心水分较少的部分,称为熟材。

心材是由边材转变而来,其转变过程是一个复杂的生物化学变化。在这个过程中,边材中的生活细胞逐渐缺氧而死亡,水分输导系统阻塞,导管中可能形成侵填体,胞腔内有树胶、碳酸钙、色素、单宁等沉积物形成心材各种颜色,材质变硬,密度增大,渗透性降低,耐久性提高。

（四）髓线

木材横切面上可以看到一些颜色较浅或略带有光泽的线条,它们沿着半径方向呈辐射状穿过年轮,这些线条称为髓线(又称木射线)。髓线可以从任一年轮处发生,一旦发生,它随着直径的增大而延长,直到形成层止。髓线是木材中惟一呈射线状的横向排列组织,它的功能主要是横向输导和储藏养分。髓线在不同的切面上,表现出不同的形状。在弦切面上呈短线或纺锤形,显示出髓线的宽度和高度;在径切面上呈横向短带状,有光泽,显示出髓线的宽度。顺着木材纹理方向为高度,垂直纹理方向为宽度。

（五）管孔和胞间道

阔叶材的导管在横切面上成孔状称为管孔。导管是阔叶树材的轴向输导组织,在纵切面上呈沟槽状。针叶材没有导管,肉眼下横切面上看不到孔状结构,故称为无孔材。阔叶材具有明显的管孔,称为有孔材。

胞间道是由分泌细胞环绕而成的长度不定的管状细胞间隙。针叶材中储藏树脂的胞间道叫树脂道;阔叶树材中储藏树胶的胞间道叫树胶道。

三、木材显微构造

木材构造上的特征,一般在肉眼下虽可以辨别,但组成木材各种细胞的细微构造以及互相之间的联系,必须借助于显微镜或电子显微镜的观察。在显微镜下观察到木材是由无数管状细胞繁密结合而成,如图10-2、图10-3所示,绝大部分纵向排列,少数横向排列(髓线)。每一个细胞分细胞壁和细胞腔两部分,细胞壁由细纤维组成,其连结纵向较横向牢固。细纤维间具有极小的空隙,能吸附和渗透水分。木材的细胞壁愈厚,腔愈小,木材愈密实,表观密度和强度也越大,但胀缩也大。与早材比较,晚材的细胞壁较厚,腔较小。

木材细胞因功能不同可分为管胞、导管、木纤维、髓线等多种。各种木材的显微构造是各式各样的,针叶树材的构造比较简单,主要由管胞和髓线组成(图10-2);阔叶树材的构造比较复杂,主要由导管、木纤维及髓线等组成(图10-3)。

四、木材的化学组成

木材是一种天然材料,由高分子物质和低分子物质组成。构成木材细胞壁的主要物质是三种高聚物—纤维素、半纤维素和木质素,约占木材重量的97%~99%,热带木材中的高聚物含量较低,约占90%。在高聚物中以多糖居多,约占木材重量的65%~75%。除高分子物质外木材中还含有少量的低分子物质。木材中的化学组成如图10-4所示。

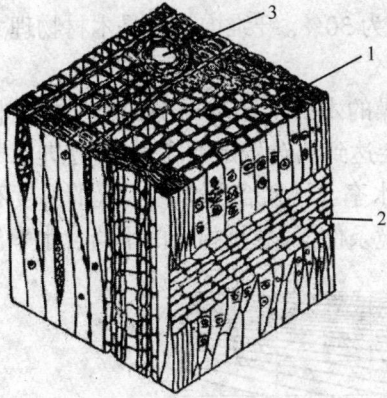

图10-2　马尾松的显微结构
1-管胞;2-髓线;3-树脂道

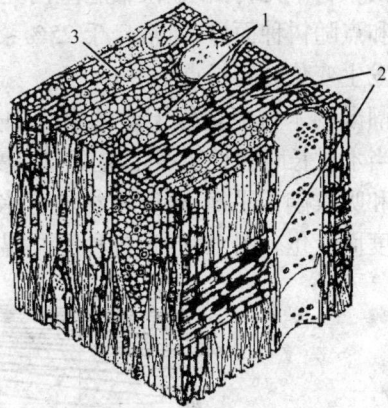

图10-3　柞木的显微结构
1-导管;2-髓线;3-木纤维

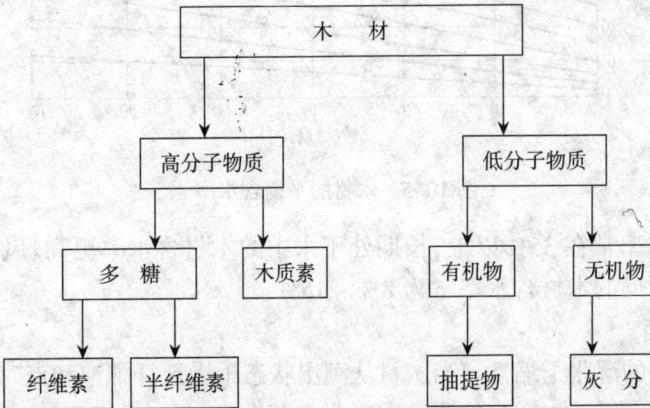

图10-4　木材的化学组成

　　纤维素、半纤维素与木质素属于组成细胞壁的物质,可提取物则属于细胞的内含物,多存在于细胞腔中。纤维素、半纤维素和木质素等分子的结构和性质以及它们之间的关系,决定了木材的各种性质,并且对加工工艺和木材产品的特性也有很大影响。纤维素、半纤维素和木素的分子均具有羟基,羟基为亲水性基团,所以木材具有吸湿性。由于吸湿性,所以木材在大气中会失水干缩和吸湿膨胀,产生体积不稳定等一系列问题。

五、木材的物理和力学性质

　　木材的主要物理和力学性质包括:含水量、湿胀干缩、强度等,其中含水量对木材的物理力学性质影响很大。

　　(一)含水量

　　木材的含水量以含水率表示,即指木材中所含水重占干燥木材重量的百分比。

　　木材中所含水分,可分为自由水和吸附水两种。自由水是存在于细胞腔和细胞间隙中的水分,与木材的表观密度、保存性、燃烧性、干燥性和渗透性有关。吸附水是被吸附在细胞壁内的水分,是影响木材强度和胀缩的主要因素。

当木材中无自由水、仅细胞壁内充满吸附水时,这时的木材含水率称为纤维饱和点。纤维饱和点随树种而异,通常介于 25%~35%,平均值约为 30%。纤维饱和点是木材物理力学性质发生变化的转折点。

潮湿的木材能在较干燥的空气中失去水分,干燥的木材也能从周围的空气中吸收水分。当木材长时间处于一定温度和湿度的空气中,则会达到相对稳定的含水率,亦即水分的蒸发和吸收趋于平衡,这时木材的含水率称为平衡含水率。平衡含水率随大气的温度和相对湿度而变化。图 10-5 为各种不同温度和湿度的环境条件下,木材相应的平衡含水率。

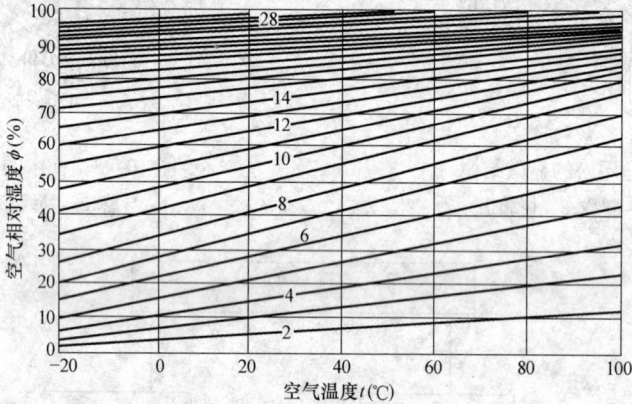

图 10-5 木材的平衡含水率

新伐木材含水率常在 35% 以上,长期处于水中的木材含水率更高,风干木材含水率为 15%~25%,室内干燥的木材含水率常为 8%~15%。

(二)湿胀干缩

木材具有显著的湿胀干缩性。当木材从潮湿状态干燥至纤维饱和点时,自由水蒸发,其尺寸不改变;继续干燥,亦即当细胞壁中吸附水蒸发时,则发生体积收缩。反之,干燥木材吸湿时,将发生体积膨胀,直到含水量达纤维饱和点时为止,此后,木材含水量继续增大,也不再膨胀,如图 10-6 所示。木材的这种湿胀干缩性随树种而有差异,一般来讲,表观密度大的,晚材含量多的,胀缩就较大。

木材由于构造不均匀,使各方向胀缩也不一样,在同一木材中,这种变化沿弦向最大,径向次之,纵向(纤维方向)最小。木材干燥时,弦向干缩约为 6%~12%,径向干缩 3%~6%,纵向 0.1%~0.35%,这主要是受髓线影响所致。由此可知,湿材干燥后,将改变其截面形状和尺寸,如图 10-7 所示,这是实际应用上极不利的现象。

木材的湿胀干缩对木材的使用有严重影响,干缩使木结构构件连接处发生隙缝而致接合松弛,湿

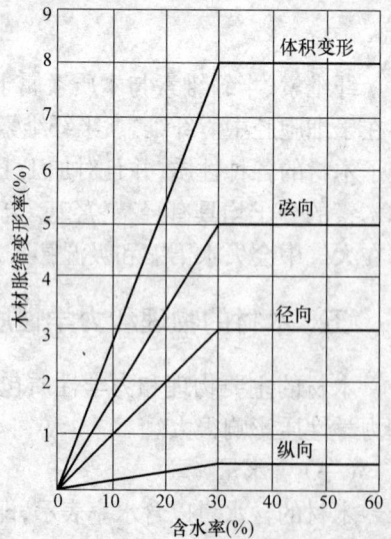

图 10-6 含水率对松木胀缩变形的影响

218

胀则造成凸起。为了避免这种情况,最根本的办法是预先将木材进行干燥,使木材的含水率与将做成的构件使用时所处的环境湿度相适应,亦即根据图 10-5 将木材预先 干燥至平衡含水率后才加工使用。

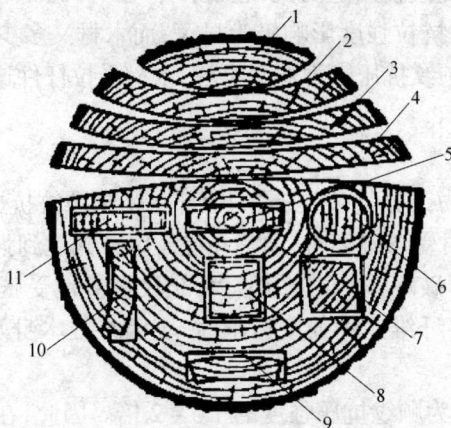

图 10 - 7　木材的干缩变形

1 – 边板呈橄榄核形;2、3、4 – 弦锯板呈瓦形反翘;5 – 通过髓心的径锯板呈纺锤形;6 – 圆形变椭圆形;

7 – 与年轮成对角线的正方形变长方形;8 – 两边与年轮平行的正方形成长方形;9 – 弦锯板翘曲成瓦形;

10 – 与年轮成 40° 角的长方形呈不规则翘曲;11 – 边材径锯板收缩较均匀

(三)强度

土木工程中常利用木材的以下几种强度:抗压、抗拉、抗弯和抗剪。由于木材结构构造各向不同,因此抗压、抗拉和抗剪强度又有顺纹与横纹之分。木材的强度通过用无疵点木材制成标准试件,按国家标准《木材物理力学性能试验方法》(GB 1927–1943—91)规定,进行试验测得。

木材强度与木材中承担外力作用的厚壁细胞有关,这类细胞数量愈多,细胞壁愈厚,刚强度愈高。因此,木材的表观密度越大,晚材含量愈多,则强度愈高。

1. 抗压强度

(1)顺纹抗压:为作用力方向与木材纤维方向平行时的抗压强度。这种受压破坏是木材细胞壁丧失稳定性的结果,而非纤维的断裂。

木材顺纹抗压强度较高,仅次于顺纹抗拉和抗弯强度,且木材的疵点对其影响较小,因此这种强度在土建工程中利用最广,常用于柱、桩、斜撑及桁架等承重构件。

(2)横纹抗压:为作用力方向与木材纤维方向垂直时的抗压强度。这种受压作用,类似横向挤压一束芦苇或稻草,使木材受到强烈的压紧作用,产生大量变形。开始时变形与外力成正比,当超过比例极限时,细胞壁失去稳定,细胞腔被压扁。所以,木材的横纹抗压强度以使用中所限制的变形量来决定,通常取其比例极限作为横纹抗压强度极限指标。

木材横纹抗压强度比顺纹抗压强度低得多,其比值随树种而异,一般针叶树横纹抗压约为顺纹的 10%,阔叶树约为 15% ~ 20%。

2. 抗拉强度

木材抗拉强度虽亦有顺纹与横纹两种,但横纹抗拉强度值很小(仅为顺纹的 1/10 ~

1/4),工程中一般不使用。

顺纹抗拉强度即指拉力方向与木材纤维方向一致时的抗拉强度。这种受拉破坏,往往木纤维未被拉断,而纤维间先被撕裂。木材顺纹抗拉强度是木材所有强度中最大的,为顺纹抗压强度的 2~3 倍,但强度值波动范围大,通常介于 70~170MPa 之间。另外,木材的疵点如木节、斜纹等对木材顺纹抗拉强度影响极为显著,而木材又多少都有一些缺陷,因此木材实际的顺纹抗拉能力反较顺纹抗压能力弱。再者,木材受拉杆件连接处应力复杂,这也使顺纹抗拉强度难以被充分利用。

3. 抗弯强度

木材受弯曲时内部应力十分复杂,在梁的上部是受到顺纹抗压,下部为顺纹抗拉,而在水平面中则有剪切力。木材受弯破坏时,通常在受压区首先达到强度极限,开始形成微小的不明显的皱纹,但并不立即破坏,随着外力增大,皱纹慢慢地受压区扩展,产生大梁塑性变形,以后当受拉区域内许多纤维达到强度极限时,则因纤维本身及纤维间联接的断裂而最后破坏。

木材的抗弯强度很高,为顺纹抗压强度的 1.5~2 倍。因此,在土木工程中应用很广,如用于桁架、梁、桥梁、地板等。但木节、斜纹等对木材的抗弯强度影响很大,特别是当它们分布在受拉区时。另外,裂纹不能承受弯曲构件中的顺纹剪切。

4. 剪切强度

木材的剪切有顺纹剪切、横纹剪切和横纹切断三种,如图 10-8 所示。

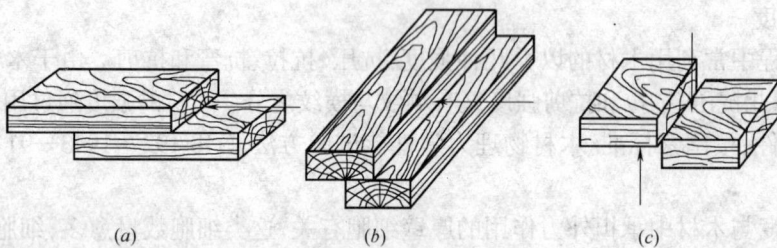

图 10-8　木材的剪切
(a)顺纹剪切;(b)横纹剪切;(c)横纹切断

(1)顺纹剪切。为剪切力方向与纤维方向平行,剪切力使木材的一部分沿纤维方向和另一部分分开,如图 10-8(a)。这种受剪作用,绝大部分纤维本身不破坏,而只破坏剪切面中纤维的联结,而这种联结破坏是由于纤维间产生纵向位移和受横纹拉力作用所致。所以木材的顺纹抗剪强度很小,一般为同一方向抗压强度的 15%~30%。

木材中有裂纹、斜纹和交错纹理时,对顺纹抗剪强度有显著影响。

(2)横纹剪切。为剪切力方向与纤维方向垂直,而剪切面和纤维方向平行,如图 10-8(b)。这种受剪作用完全是破坏剪切面中纤维的横向连结,因此木材的横纹剪切强度比顺纹剪切强度还要低。

(3)横纹切断。为剪切力方向和剪切面均与木材纤维方向垂直,如图 10-8(c)。这种剪切破坏是将木材纤维切断,因此这种强度较大,一般为顺纹剪切强度的 4~5 倍。

为了便于比较,现将木材各种强度间数值大小关系列于表 10-1 中。

抗　压		抗　拉		抗　剪		抗　弯
顺　纹	横　纹	顺　纹	横　纹	顺　纹	横纹切断	
1	1/10 ~ 1/3	2 ~ 3	1/10 ~ 1/3	1/7 ~ 1/3	1/2 ~ 1	3/2 ~ 2

注:以顺纹抗压为1。

5. 影响木材强度的主要因素

（1）木材的纤维组织

木材受力时,主要靠细胞壁承受外力,细胞纤维组织越均匀密实,强度就越高。例如晚材比早材的结构密实、坚硬,当晚材的含量越高时,木材的强度较高。

（2）含水量的影响

木材的强度随其含水量变化而异。含水量在纤维饱和点以上变化时,木材强度不变,纤维饱和点以下时,随含水量降低,即吸附水减少,细胞壁趋于紧实,木材强度增大,反之,强度减小。实验证明,木材含水量的变化,对木材各种强度的影响程度是不同的,对抗弯和顺纹抗压影响较大,对顺纹抗剪影响小,而对顺纹抗拉几乎没有影响,如图 10–9 所示。

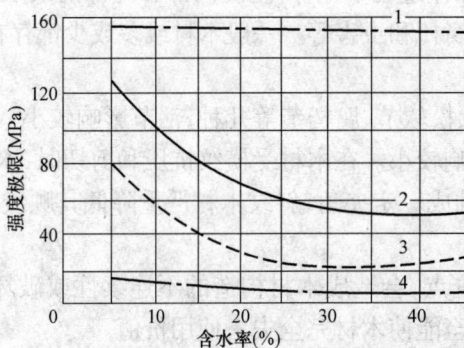

图 10–9　含水率对木材强度的影响

1–顺纹抗拉;2–弯曲;3–顺纹抗压;4–顺纹抗剪

为了便于比较,通常规定木材以含水率为 15% 时的强度作为标准,对于其他含水率时的强度,应按下列经验公式进行换算(此公式当含水率为 8%~23% 范围内误差最小):

$$\sigma_{15} = \sigma_w [1 + a(W - 15)]$$

式中　σ_{15}——含水率为 15% 时的木材强度;

　　　σ_w——含水率为 W% 时的木材强度;

　　　W——试验时的木材含水率;

　　　a——含水率校正系数,随作用力形式和树种不同而异,如表 10–2 所示。

（3）负荷时间的影响

木材对长期荷载的抵抗能力与对暂时荷载不同。木材在外力长期作用下,只有当其应力远低于强度极限的某一定范围以下时,才可避免木材因长期负荷而破坏。这是由于木材在外力作用下产生等速蠕滑,经过长时间以后,最后达到急剧产生大量连续变形的结果。

强度类型	抗压强度		顺纹抗拉强度		抗弯强度	顺纹抗剪强度
	顺　纹	横　纹	阔叶树	针叶树		
校正系数	0.050	0.045	0.015	0	0.040	0.030

木材含水率校正系数　　　　表 10-2

木材在长期荷载下不致引起破坏的最大强度,称为持久强度。木材的持久强度比极限强度小得多,一般为极限强度的 50% ~ 60%。

一切木结构都处于某一种负荷的长期作用下,因此在设计木结构时,应考虑负荷时间对木材强度的影响。

(4) 温度的影响

木材随环境温度升高强度会降低。当温度由 25℃升到 50℃时,针叶树抗拉强度降低 10% ~ 15%,抗压强度降低 20% ~ 24%。当木材长期处于 60 ~ 100℃温度下时,会引起水分和所含挥发物的蒸发,而呈暗褐色,强度下降,变形增大。温度超过 140℃时,木材中的纤维素发生热裂解,色渐变黑,强度明显下降。因此,长期处于高温的建筑物,不宜采用木结构。

(5) 疵点的影响

木材在生长、采伐、保存过程中,所产生的内部和外部的缺陷,统称为疵点,木材的疵点主要有木节、斜纹、裂纹、腐朽和虫害等。一般木材或多或少都存在一些疵点,使木材的物理力学性质受到影响。

木节可分活节、死节、松软节、腐朽节等几种,活节影响较小。木节使木材顺纹抗拉强度显著降低,对顺纹抗压影响较小。在木材受横纹抗压和剪切时,木节反而增加其强度。

斜纹为木纤维与树轴成一定夹角,斜纹木材严重降低其顺纹抗拉强度,抗弯次之,对顺纹抗压影响较小。

裂纹、腐朽、虫害等疵点,会造成木材构造的不连续性或破坏其组织,因此严重的影响木材的力学性质,有时甚至能使木材完全失去使用价值。

第二节　常用木材及制品

建筑工程中常用的木材按其用途和加工程度分为原条、原木、锯材和枕木四类。

原条是指树木伐倒后除去皮、根、树梢,但尚未加工成材的木料。常用作脚手架、建筑用材、制作家具等。

原木是指树木伐倒后已经除去皮、根、树梢,并按一定尺寸加工成规定直径和长度的圆木料。常用作架、柱、桁条等,也可用于加工锯材和胶合板等。

锯材是指已经加工锯解成材的木料。锯材又可分为板材和枋材。凡宽度为厚度的 3 倍及以上的木料称板材,宽度不足 3 倍厚度的木料为枋材。枋材可直接用于装修和制作门窗、扶手、屋架、檩条、家具等。

枕木是指用于铁路标准轨的普通枕木、道岔枕木和桥梁枕木。

承重结构用的木材,其材质按缺陷(木节、腐朽、裂纹、夹皮、虫害、弯曲和斜纹等)状况分为三等,其中一等品主要作为受弯或拉弯构件;二等品作为受弯或压弯构件;而三等品则主要作为受压构件及次要受弯构件。

木材经加工成型材以及制作成构件时,将留下大量的碎块废屑,将这些下脚料进行加工处理,就可制成各种人造板材(胶合板原料除外)。常用的人造板材有下列几种。

(一)胶合板

胶合板是将原木沿年轮切成大张薄片,再用胶粘合压制而成。木片层数应成奇数,一般为3~13层,胶合时应使相邻木片的纤维互相垂直。所用胶料有动植物胶和耐水性好的酚醛、脲醛等合成树脂胶。

生产胶合板是合理利用、充分节约木材的有效方法,同时还能改善木材的物理力学性能。其特点是:由小直径的原木就能制得宽幅的板材,且板面有美丽的木纹,增加了板的外观美,因其各层单板的纤维互相垂直,故能消除各向异性,得到纵横一样的均匀强度;收缩率小,没有木节和裂纹等缺陷。同时,产品规格化,便于使用。

胶合板用途很广,通常用作隔墙、天花板、门面板、家具及室内装修等。耐水胶合板可用作混凝土模板。

(二)纤维板

纤维板是将板皮、刨花、树枝等废材,经破碎浸泡、研磨成木浆,再经湿压成型、干燥处理而成。因成型时温度和压力不同,纤维板分硬质、半硬质和软质三种、硬质纤维板是在高温高压下成型制得的,软质纤维板不经热压处理。

生产纤维板可使木材得到高度充分利用(木材利用率达90%以上),且材质构造均匀,各向强度一致,弯曲强度较大(可达550kg/cm),不易胀缩、翘曲开裂,耐磨,不腐朽,无水节、虫眼等缺陷,故又称无疵点木材,并具有一定的绝缘性能。

硬质纤维板的应用很广,可代替普通木板用于室内墙壁、地板、门窗、家具、装修等。软质纤维板多用作绝热、吸声材料。

(三)刨花板、木丝板、木屑板

刨花板、木丝板和木屑板是利用刨花碎片、短小废料加工刨制的木丝、木屑等,一经过干燥,拌以胶料,再压制而成的板材。这些板材所用的胶结材料较广泛,可用动植物胶或有机合成树脂胶,也可用无机胶结材料,如水泥、石膏、菱苦土等。

这类制品容重较小,强度不高,主要用作吸声及保温隔热材料,不宜用于潮湿处,在运输及贮存时,也应防止受潮。

(四)木塑材料

木塑材料是将木质纤维材料和树脂按一定比例混合,经高温、挤压、成型等工艺制成一定形状的复合型材。

木塑材料集木材和塑料的优点于一身,不仅具有像天然木材那样的外观,而且克服了其不足,具有防腐、防潮、防虫蛀、尺寸稳定性高、不开裂、不翘曲等优点,比纯塑料硬度高,又有类似木材的加工性,可进行切割、粘接,用钉子或螺栓固定连接,可涂漆,并可100%回收再生产,是真正的绿色环保产品。

木塑材料可代替木材、塑料等,主要用于包装、建材、家具、物流等行业。随着人们对木塑材料的认识不断提高,木塑材料技术水平不断提高,还应用于汽车内装饰、建筑外墙、装饰装潢、户外地板、复合管材、铁路枕木等领域。

第三节　木材的干燥、防腐与防火

一、木材的干燥

木材在采伐后、使用前通常都要经过干燥处理。木材经正确的干燥处理后,可以防止开裂变形和腐朽变质;可以提高木材强度,改善加工性能;可以减轻木材重量便于运输。木材干燥方法可分为自然干燥和人工干燥两种。

(一)自然干燥

该方法是将锯开的板材按一定的方式或方法堆积在通风良好的场所, 避免阳光的直射和雨淋,使木材中的水分自然蒸发。这种方法简单易行,不需要特殊设备,干燥后木材的质量良好。但干燥时间长,占用场地大,只能干燥到风干状态。

(二)人工干燥

这种方法利用人工的方法排除木材中的水分,常用的方法有:蒸汽干燥、热水干燥、除湿干燥、真空干燥和太阳能干燥等。

蒸汽干燥是指以蒸汽为热源的干燥方法,它是一种古老的、在技术上最成熟的干燥方法。

热水干燥是指将热水通入干燥窑内的散热器,把热量传给干燥窑内的干燥介质,再由干燥介质加热木材,并把木材中蒸发出来的水蒸气带出窑外的干燥方法。热水干燥既能满足中低温干燥的需要,更能满足高品质的木材高质量干燥的要求。

除湿干燥又叫热泵干燥,通常是一种低温干燥方法。这种干燥窑结构简单,投资费用较少,成本低,干燥质量较好。但是干燥窑的容量小,干燥量较小,并且手工操作,劳动强度较大。

真空干燥是指木材在低于大气压条件下脱水干燥的过程。真空干燥的速度快,干燥质量好。但是设备复杂,费用也较大,且木料的终含水率不太均匀;由于干燥机的容量较小,因此真空干燥只适宜于小批量难干树种的干燥。

太阳能干燥是指直接利用太阳能对木材进行干燥的方法。与常规干燥相比, 干燥成本低,无污染。但受自然条件制约,使木材很难全年有效地干燥。

二、木材的腐朽与防腐

(一)木材的腐朽

木材腐朽是由真菌侵害所致,真菌是一种最低等的植物。引起木材变质腐朽的真菌有三种,即霉菌、变色菌和腐朽菌。霉菌只寄生在木材表面,通常叫发霉,对木材不起破坏作用。变色菌是以细胞腔内含物(如淀粉、糖类等)为养料,不破坏细胞壁,所以对木材破坏作用很小。而腐朽菌是以细胞壁为养料,它能分泌出一种酵素,把细胞壁物质分解成简单的养料,供自身生长繁殖,这就使细胞壁遭致完全破坏,从而使木材腐朽。

真菌在木材中的生存和繁殖,必须同时具备三个条件,即要有适当的水分、空气和温度。当木材的含水率在 35% ~ 50%,温度在 25 ~ 30℃,而且木材中存在一定量空气时,最适宜腐朽菌的繁殖,因而木材最易腐朽。如果设法破坏其中一个条件,就能防止木材腐朽。如使木材含水率处于 20% 以下时,真菌就不易繁殖;将木材完全浸入水中或深埋地下,则因缺氧而不易腐朽。

（二）木材的防腐

木材防腐通常采取两种形式，一种是创造条件，使木材不适于真菌寄生和繁殖，另一种是把木材变成含毒的物质，使其不能作真菌的养料。

第一种形式的主要办法是将木材进行干燥，使其含水率在 20% 以下。在储存和使用木材时，要注意通风、排湿，对于木构件表面应刷以油漆。总之，要保证木结构经常处于干燥状态。

第二种形式是把化学防腐剂注入木材内，使木材成为对真菌有毒的物质。注入防腐剂的方法很多，通常有表面涂刷法、表面喷涂法、浸渍法、冷热槽浸透法、压力渗透法等，其中以冷热槽浸透法和压力渗透法效果最好。防腐剂也有好多种，一般分水溶性、油溶性、油类及膏浆等 4 类，常用品种有氟化钠、硼酚合剂、氟砷铬合剂、林丹五氯酚合剂，强化防腐油、克鲁苏油等。

木材腐朽除真菌所致外，还会遭受昆虫的蛀蚀，常见的蛀虫有蠹虫、天牛、白蚁等。防止虫蛀的办法通常是向木材内注入防虫剂。

三、木材的防火

木材属木质纤维材料，易燃烧。它是具有火灾危险性的有机可燃物。

木材在热的作用下要发生热分解反应。随着温度升高，热分解加快。当温度高至220℃以上达木材燃点时，木材燃烧放出大量可燃气体，这些可燃气体中有着大量高能量的活化基，活化基氧化燃烧后继续放出新的活化基，如此形成一种燃烧链反应，于是火焰在链状反应中得到迅速传播，使火越烧越旺，此称气相燃烧。在实际火灾中，木材燃烧温度可高达800～1300℃。所谓木材的防火，就是将木材经过具有阻燃性能的化学物质处理后，变成难燃的材料，以达到遇小火能自熄，遇大火能延缓或阻滞燃烧蔓延，从而赢得扑救的时间。

常用的防火处理方法是在木材表面涂刷或覆盖难燃烧材料和防火剂浸注木材。

常用的防火涂层材料有：无机涂料（如硅酸盐类、石膏等）；有机涂料（如四氯苯酰醇树脂防火涂料、膨胀型丙烯酸乳胶防火涂料等）。

浸注用的防火剂有：磷酸氨、硼酸、碳酸氨等。

思考题与习题

1. 什么是木材的纤维饱和点和平衡含水率？在实际使用中有何意义？
2. 影响木材强度的主要因素有哪些？是如何影响的？
3. 解释木板湿胀干缩的原因及防止方法？
4. 胶合板有哪些优点，为什么？
5. 引起木材腐朽的主要原因有哪些？木材的防腐有哪些措施？

第十一章 高分子材料

> **内容提要**：在土木工程材料中，高分子材料是发展最快的一类新型材料。工程上应用的高分子材料主要是人工合成的各种有机高分子，按照机械性能和使用状态将其分为塑料、橡胶、合成纤维、胶粘剂和涂料五大类。土木工程中常用的高分子材料主要有建筑塑料、胶粘剂和涂料。
>
> 本章主要介绍高分子材料的基本概念、命名、分类、特点等基础知识，介绍影响高分子材料性能的因素；重点介绍建筑塑料、胶粘剂、涂料的基本组成、类型、选用及常见的品种；要求通过对比不同种类高分子材料的性能，根据工程实际正确地选用合适的高分子材料。

高分子材料是以高分子化合物为基材，配以其他添加剂（助剂）的一大类材料的总称。其中，高分子化合物是指分子量在 $10^4 \sim 10^6$，以共价键连接起来的化合物，常简称为高分子或大分子，又称聚合物或高聚物。为使高分子材料形成能满足实用要求的材料，通常加入各种各样的添加剂，如增塑剂、稳定剂、增强剂、偶联剂、阻燃剂、着色剂、润滑剂、防霉剂等。按照应用领域不同，添加剂的种类和用量不同。高分子材料具有质轻、比强度高、韧性好、电绝缘性好、化学稳定性好，热导率低和耐热性高等优点，广泛用于房屋建筑、装修、装饰以及桥梁、道路工程中。其中，塑料用量最大，发展最快；胶粘剂主要用于木材加工和混凝土施工中；涂料则用于所有装修、装饰场合。本章将对土木工程中常用的高分子材料（建筑塑料、胶粘剂和涂料）作以具体介绍。高分子化合物作为高分子材料的主体，本节中将具体介绍。

第一节 高分子材料的基本知识

一、基本概念

高分子化合物分子量巨大，一个大分子常常由许多简单的结构单元通过共价键重复连接而成。例如聚氯乙烯是由许多氯乙烯结构单元重复连接而成，结构式如下：

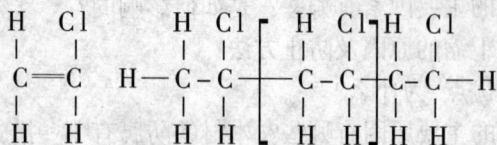

$$\underset{\text{氯乙烯}}{\overset{\displaystyle{\mathop{C}\limits^{\displaystyle H}}=\mathop{C}\limits_{\displaystyle H}^{\displaystyle Cl}}{}} \qquad \underset{\text{聚氯乙烯}}{H-\overset{H}{\underset{H}{C}}-\overset{Cl}{\underset{H}{C}}-\left[\overset{H}{\underset{H}{C}}-\overset{Cl}{\underset{H}{C}}\right]-\overset{H}{\underset{H}{C}}-\overset{Cl}{\underset{H}{C}}-H}$$

为简便计，可写成：

$$\left(CH_2 - \underset{\underset{Cl}{|}}{CH}\right)_n$$

226

上式为聚氯乙烯大分子的一种结构表示式。括号内为结构单元，又称为重复单元，式中下标 n 代表重复单元个数，又称聚合度，它是衡量分子量大小的一个指标。因聚合物是不同链长同系物的混合物，因此，n 称为平均聚合度，重复单元的分子量与 n 的乘积为该聚合物的平均相对分子质量，即我们常说的平均分子量。高分子材料的许多奇特和优异性能，如高弹性、粘弹性、物理松弛行为等都与高分子的巨大分子量相关。

由单体合成聚合物的反应称聚合反应。常见的聚合反应有加聚反应和缩聚反应两种类型。以不饱和烃或环烃单体分子，经过不断的加成反应，形成高分子化合物的聚合反应，称加聚反应，相应的产物称加聚物。如聚氯乙烯、聚苯乙烯、聚丙烯等。由具有两个或两个以上官能基团的单体，相互缩合形成高分子化合物的反应，称缩聚反应，相应的产物称缩聚物。如不饱和聚酯、聚酰胺、环氧树脂等。

从参加反应的单体数目看，由一种单体聚合而成的产物称均聚物；由两种或两种以上单体通过加聚聚合而成的产物称共聚物；而由两种或两种以上单体通过缩聚聚合而成的产物称缩聚物。所以，从不同的角度，一种聚合物可以有多种表示和称呼。

二、高分子的分类和命名

（一）高分子的分类

高分子的分类方法很多，按来源分可分为天然高分子和合成高分子。天然高分子分天然无机高分子（如金刚石、石墨、石棉、云母等）和天然有机高分子（如纤维素、蛋白质、蚕丝、橡胶、淀粉等）两类。合成高分子材料种类繁多，按性能和用途可分成塑料、橡胶、纤维、胶粘剂与涂料，称五大合成材料。本章主要对建筑塑料、胶粘剂与涂料作以介绍。

（二）高分子的命名

高分子命名主要根据大分子链的化学组成与结构而确定。大多数烯烃类单体聚合物的命名由构成聚合物的单体加"聚"字组成。如聚乙烯、聚丙烯、聚苯乙烯、聚丁二烯、聚甲基丙烯酸甲酯等。某些聚合物含特征性的基团如酰胺基、酯基、氨酯基等，则把这一类材料分别以特征基团命名为聚酰胺类、聚酯、聚氨酯等。

有些聚合物，按其在塑料、橡胶、纤维等方面的应用取其原料简称，后面分别加上"树脂"、"橡胶"、"纶"，构成聚合物名称。如以苯酚和甲醛为原料合成酚醛树脂，以尿素和甲醛为原料合成脲醛树脂，以丁二烯、苯乙烯为原料合成丁苯橡胶，以丙烯为原料合成丙纶等。

此外，还有商品名称、专利商标名称及习惯名称等，可以是代号、英文缩写、译音等，如尼龙（聚酰胺）、有机玻璃（聚甲基丙烯酸酯）、PVC（聚氯乙烯）、F4（聚四氟乙烯）、ABS（丙烯腈、丁二烯、苯乙烯共聚物）、维尼纶（聚乙烯醇纤维）等。对于聚四氟乙烯可有几种名称，如F4、特氟隆、塑料王、聚四氟乙烯等。

聚合物化学名称的英文缩写因其简捷方便而在国内外广泛被采用。表 11-1 列出了常见聚合物的缩写名称。

常见聚合物的缩写名称 表 11-1

聚合物	缩　写	聚合物	缩　写
聚乙烯	PE	聚甲醛	POM
聚丙烯	PP	聚碳酸酯	PC

聚合物	缩　写	聚合物	缩　写
聚苯乙烯	PS	聚酰胺	PA
聚氯乙烯	PVC	聚氨酯	PU
聚丙烯腈	PAN	环氧树脂	EP
聚丙烯酸甲酯	PMA	天然橡胶	NR
聚甲基丙烯酸甲酯	PMMA	顺丁橡胶	BR
聚(1-丁烯)	PB	丁苯橡胶	SBR
聚乙烯醇	PVA	氯丁橡胶	CR
聚醋酸乙烯酯	PVAc	丁基橡胶	IIR
ABS 树脂	ABS	乙丙橡胶	EPR

三、影响高分子材料性能主要因素

（一）化学组成

高分子化合物都是通过单体聚合而成,单体化学组成不同,生成的聚合物性质就有差异。如聚乙烯是由乙烯单体聚合而成,聚苯乙烯是由苯乙烯单体聚合而成的,因化学组成不同,聚乙烯、聚苯乙烯就表现出不同的性能。

（二）结构

同种单体,若存在异构体,则生成的聚合物的结构也不同;相同的单体,因形成长链时结构单元的排列顺序不同也会造成聚合物的异构体;这些异构体会表现出不同的性质。同种单体因聚合工艺不同,生成的聚合物结构即链结构或取代基空间取向不同,性能也不同。如聚乙烯中的 HDPE、LDPE 和 LLDPE,它们的化学组成完全一样,由于分子链结构不同即直链与支链,或支链长短不同,其性能也不同。

（三）聚集态

高分子材料是由许许多多高分子即相同的或不同的分子以不同的方式排列或堆砌而成的聚集体称之聚集态,包括晶态、非晶态、取向态、液晶态及织态。其中,结晶态和非结晶态是最常见的聚集态。同一组成和相同链结构的聚合物,由于成型加工条件不同,导致其聚集态不同,其性能也不相同。如聚丙烯是典型的结晶态聚合物,加工工艺不同,结晶度会发生变化,结晶度越高,硬度和强度越大,但透明度降低。PP 双向拉伸膜之所以透明性好,主要原因是由于双向拉伸后降低了结晶度,使聚集态发生了变化。

（四）分子量及分子量分布

高分子化合物的分子量巨大,且其分子量具有多分散性。分子量大小直接影响力学性能,如聚乙烯是由乙烯单体聚合而成,通过控制反应条件,可以生成不同分子量的聚乙烯,分子量越大其硬度和强度就越好。如 PE 蜡,分子量一般为 500 ~ 5000 之间,几乎无任何力学性能,只能用作分散剂或润滑剂。而超高分子量聚乙烯,其分子量为 70 ~ 120 万,其强度都超过普通的工程塑料。除平均分子量外,分子量分布也影响聚合物性能。低分子部分将使聚合物强度降低,分子量过高使塑化成型困难,因此分子量分布要合适。

四、高分子材料的加工成型

高分子材料的加工成型不是单纯的物理过程,而是决定高分子材料最终结构和性能的重要环节。胶粘剂、涂料一般无需加工成型而可直接使用;橡胶、纤维、塑料等通常用相应的成型方法加工成制品。塑料成型加工一般包括原料的配制和准备、成型及制品后加工等几个过程;成型是将各种形态的塑料,制成所需形状或胚件的过程。成型方法很多,包括挤出成型、注射成型、模压成型、压延成型等。橡胶的加工分为两大类。一类是干胶制品的加工生产,另一类是胶乳制品的生产。干胶制品的原料是固态的弹性体,其生产过程包括塑炼、混炼、成型、硫化四个步骤。胶乳制品是以胶乳为原料进行加工生产的。纤维有熔体纺丝、溶液纺丝两种方法。

五、土木工程中的高分子材料

土木工程中的高分子材料主要有建筑塑料、胶粘剂和涂料,习惯上称为化学建材,在装饰、防水、胶粘、防腐等各方面起着非常重要的作用。

第二节　建筑塑料

一、概述

塑料是以聚合物(合成树脂)为基本材料,加入各种添加剂后,在一定温度和压力下混合、塑化、成型的材料或制品的总称。塑料具有质量轻、比强度高、可塑性好、耐腐蚀性好、耐水性好、耐热性差、热膨胀系数高、易老化等特性。

建筑塑料是以聚合物(合成树脂)为主要成分,添加各种改性剂及助剂,为适合建筑工程各部位的特点和要求而生产出用于各类建筑工程的塑料制品,是继钢材、木材、水泥之后新兴的第四大类建筑材料。目前用量最大的塑料有聚氯乙烯、聚乙烯、聚丙烯、聚苯乙烯、氨基塑料和酚醛塑料等。主要用作装修材料制成塑料门窗、楼梯扶手、踢脚板、隔墙及隔断等;也可制作塑料地砖、地面卷材、涂布塑料地板等装饰材料;还可做成塑料防潮膜、砖砌体中的防潮层、嵌缝材料及止水带等;制成给排水管道、卫生洁具以及隔声隔热材料等,应用前景十分广阔。

二、合成树脂的种类

合成树脂是塑料的基本组成材料,按受热时性能变化,分为热塑性树脂与热固性树脂。

热塑性树脂是具有受热软化、冷却硬化的性能,而且不起化学反应,无论加热和冷却重复进行多少次,均能保持这种性能的树脂。热塑性树脂包括 PE– 聚乙烯、PVC– 聚氯乙烯、PS– 聚苯乙烯、PA– 聚酰胺、POM– 聚甲醛、PC– 聚碳酸酯、聚苯醚、聚砜、橡胶等。

热固性树脂是指加热后产生化学变化,逐渐硬化成型,再受热也不软化,也不能溶解的树脂。热固性树脂包括酚醛、环氧、氨基、不饱和聚酯以及硅醚树脂等。

(一) 聚氯乙烯(PVC)

PVC 是迄今为止在建筑制品中应用最多的树脂之一,有粉状和糊状两种。因 PVC 分子中的氯原子阻燃,因此 PVC 类制品具有很好的自熄性。普通溶剂不能溶解 PVC,一些极性较大的溶剂如四氢呋喃等可快速溶解 PVC,利用这一原理,就可使用这些溶剂来粘接 PVC 制品。用 PVC 树脂生产的塑料制品种类繁多,广泛应用在门窗、异形材、管道、地板、墙纸、护墙板和防水卷材等领域。

（二）聚丙烯（PP）

PP 主要有均聚树脂和共聚树脂两类。均聚 PP 由丙烯单体聚合而成,韧性较差,但刚性较好。共聚 PP 由丙烯和部分乙烯共聚而成,共聚物主要有无规聚丙烯（PP-R）和嵌段聚丙烯（PP-B）两种,它的特点是韧性较好,但强度稍低。PP 的相对密度小,约为 0.90g/cm³,是最轻的塑料;容易燃烧,无自熄性;耐热性能较好,在 100℃时还能保持常温时 50%的拉伸强度;抗弯曲性能也较好,但低温时冲击强度较低。PP 广泛用于饮用水管材、耐高压给水管、卫生洁具（如浴缸、便器水箱）、建筑膜壳等。

（三）聚苯乙烯（PS）

PS 有通用型聚苯乙烯（GPPS）、可发性聚苯乙烯（EPS）、高抗冲聚苯乙烯（HIPS）及间规聚苯乙烯（SPS）及由苯乙烯、丁二烯和丙烯腈共聚而成的 ABS 等。纯 PS 透明性高,综合性能优良,缺点是抗冲击性能差,很脆。PS 耐溶剂性差,它能溶于很多芳香烃溶剂中,可制作 PS 胶粘剂。EPS 导热系数低;HIPS 有较高的抗冲击性;ABS 具有硬、韧、强的特性,加工性能良好。目前建筑上应用较多的有 EPS、HIPS 和 ABS 等。透明 PS 常用于不受力的装饰顶棚透光材料;发泡 PS 具有轻质、隔声、保温功能,主要用于建筑墙体、屋面保温、复合板保温、冷库、空调的保温隔热、地板采暖及装潢雕刻等。挤塑聚苯乙烯泡沫板,简称挤塑板（XPS 板）是目前建筑业物美价廉、品质俱佳的隔热、防潮材料。ABS 可制成各种色彩鲜艳,外型美观,综合性能好的中高档建筑用塑料制品。

（四）聚乙烯（PE）

PE 有主要有高密度聚乙烯（HDPE）、低密度聚乙烯（LDPE）、线型低密度聚乙烯（LLDPE）等品种。聚乙烯结晶度高,机械性能好。具有很好的耐溶剂性和化学稳定性。PE 主要用于给排水管材和燃气管,因其无毒,特别适合做给水管。LDPE 特别是 LLDPE 是生产饮用水管的常用材料。HDPE 管具有接口稳定可靠、抗冲击、抗开裂、耐老化、耐腐蚀等一系列优点,已成为塑料管材领域最为令人注目的品种。PE 还可制作防火膜、卷材等。

（五）不饱和聚酯树脂（UP）

不饱和聚酯是指主链中含有不饱和双键的聚酯,当其在热或引发剂的作用下,可固化成一种不熔不溶的高分子网状聚合物。但这种聚合物机械强度低,不能满足使用要求,若用玻璃纤维增强则可做成轻质、高强、耐腐蚀的 UP 玻璃钢,玻璃钢主要用于生产缠绕管道、电缆保护管。用 UP 树脂加骨料,填充料及颜料后,可制成人造大理石;UP 还可制得人造玛瑙、UP 树脂砂浆及艺术浮雕等。

（六）环氧树脂（EP）

EP 是泛指分子中含有两个或两个以上环氧基团的有机高分子化合物。EP 最突出的优点是固化后与各种材料有很强的粘结力,能粘结金属、玻璃、陶瓷等。若用玻璃纤维增强则可做成高性能的 EP 玻璃钢制品,如浴缸和卫生间用品,也常用于制作地坪,特别是建筑物受力大或要求耐老化性能好的支座等,EP 也可用来制作 EP 砂浆和 EP 涂料等。

（七）聚氨酯（PU）

PU 是分子中含有重复氨基甲酸酯基团（NHCOO）的大分子化合物的统称,它是由有机二异氰酸酯或多异氰酸酯与二羟基或多羟基化合物加聚而成。PU 制备简单,性能优异,有很好的耐老化性与粘结力。PU 在建筑中主要制成泡沫塑料,软泡沫塑料主要用于家具及交通工具各种垫材、隔声材料等;硬泡沫塑料主要用于家用电器隔热层、屋墙面保温防水、管道保温材料、建筑板材、冷藏车及冷库隔热等;也可制作运动场地、防火材料、聚氨酯砂浆等。

（八）聚甲基丙烯酸甲酯（PMMA）

PMMA 板常称有机玻璃,又称作亚克力、压克力 (Acrylic),具有透明度高（透光率达92%）、价格低、不易碎、易于机械加工等优点,是普通无机玻璃的替代材料,但有机玻璃硬度低、不耐刻划、易划痕和擦毛。PMMA 耐老化性好,多年日照不改变色泽和透明度,是理想的装饰用材,常被用于户外制作广告与标牌。优良的透明度与装饰性能使有机玻璃适合做各种建筑灯箱、装饰装潢材料,如各种护墙板、室内采光用阳光板等。

（九）聚碳酸酯（PC）

PC 是一种透明度和强度都很高的树脂,透光率可达 93%,耐热、耐冲击性非常优良,用于大型展馆的采光天幕和外罩,称之为阳光板;PC 可用作门窗玻璃,做成各种标牌,也用于公共场所的候车亭、花园暖房等。

三、添加剂

在建筑塑料制品的配方中,除了起主要作用的树脂原料外,还必须加入一些必要的助剂,这些助剂统称为添加剂。

（一）抗冲改性剂

抗冲改性剂是指改善高分子材料的低温脆化,赋予其更高的韧性的一类助剂。在建筑塑料中应用较多的有氯化聚乙烯（CPE）、乙烯—乙酸乙烯共聚物（EVA）,ACR 及橡胶类聚合物如 MBS、SBS 等。

（二）稳定剂

稳定剂是指能在聚合物成型加工和使用过程中,为防止或抑制因热、光、氧的作用而引起分解及变色等作用的加工助剂,包括热稳定剂、光稳定剂、抗氧剂等。常用的热稳定剂有铅盐类、金属皂类、有机锡类和稀土类;常用光稳定剂有紫外线吸收剂、猝灭剂、无屏蔽剂及其他光稳定剂等;最常用的抗氧剂是双酚 –A 类。

（三）阻燃剂

阻燃剂的作用是阻止燃烧,降低燃烧速率或提高着火点温度。常用无机类阻燃剂有氢氧化铝、氢氧化镁;有机类阻燃剂有十溴联苯醚、四氯双酚 A、四溴双酚 A,还有氯化石蜡、CPE、红磷等。

（四）润滑剂

润滑剂是为了改善塑料熔体的流动性和便于脱模所加入的一种助剂。最常用的脂肪酸类润滑剂是硬脂酸（以内润滑为主）;烃类润滑剂是石蜡、液体石蜡、氯化石蜡（以外润滑为主）;金属皂类润滑剂是硬脂酸钡（起内润滑作用）以及低分子量聚乙烯。

（五）发泡剂

发泡剂有物理发泡剂和化学发泡剂两大类。物理发泡剂主要有气体类（如二氯甲烷、三氯甲烷、氮气、二氧化碳和空气等）和液体类（如乙醇、乙醚和甲苯等）两种;化学发泡剂有无机发泡剂（如碳酸氢钠、碳酸氢铵、碳酸铵等）和有机发泡剂（如偶氮二甲酰胺,简称 AC）两种。

（六）填料

在建筑用塑料制品中，为降低成本，改善机械性能如耐老化性、耐热性、硬度等加入的相对惰性的物质称为填料。常用填料有碳酸钙、滑石粉、云母粉、高岭土、二氧化硅、二氧化钛、赤泥、玻璃微珠、粉煤灰、硅藻土、各种果壳及淀粉、各种固体废弃物、玻璃纤维、碳纤维、合成纤维等。

四、常用的建筑塑料制品

（一）塑料门窗

塑料门窗分为全塑门窗及复合塑料门窗两类，全塑门窗多用改性聚氯乙烯树脂制造；复合塑料门窗主要是塑钢门窗，是在塑料门窗框内部嵌入金属型材制成。塑料门窗具有耐水、耐腐蚀、气密性、水密性、绝热性、尺寸稳定性、装饰性好等优点，常用的高分子材料主要是聚氯乙烯、不饱和聚酯树脂玻璃钢。

（二）塑料管材

塑料管材具有生产成本低，易模制；质量轻，运输和施工方便；表面光滑，流体阻力小；不生锈，耐腐蚀，适应性强；韧性好，强度高，使用寿命长，能回收加工再利用等优点。塑料管材按用途可分为受压管和无压管；按主要原料可分为聚氯乙烯管、聚乙烯管、聚丙烯管、ABS管、聚丁烯管、玻璃钢管。

（三）塑料地板

塑料地板有半硬质聚氯乙烯地面砖和弹性聚氯乙烯卷材地板两大类。地面砖（基本尺寸 $300 \times 300 \times 1.5$）是以聚氯乙烯或氯乙烯和醋酸乙烯酯的共聚物为主原料，重质碳酸钙粉及短纤维石棉粉为填料制成。弹性聚氯乙烯卷材地板具有地面接缝少，容易保持清洁；弹性好，步感舒适；绝热吸声等特点，卷材地板宽度为 $900 \sim 2400mm$，厚为 $1.8 \sim 3.5mm$，每卷长为20m。不发泡的层合塑料地板主要用于公用建筑中；有发泡层的层合塑料地板主要用于住宅建筑。

（四）泡沫塑料

泡沫塑料轻质多孔，是优良的绝热和吸声材料，产品有板状、块状或特制的形状。建筑中常用的有聚氨酯泡沫塑料、聚苯乙烯泡沫塑料与脲醛泡沫塑料。

（五）塑料壁纸和贴面板

聚氯乙烯塑料壁纸是装饰室内墙壁的优质饰面材料，可制成多种印花、压花或发泡的立体图案，具有一定的透气性、难燃性和耐污染性。用三聚氰胺甲醛树脂液浸渍的透明纸，与表面印有木纹或其他花纹的书皮纸叠合，经热压可制成硬质塑料贴面板。

塑料与水泥、钢铁、木材一起被列入四大建筑材料。由于塑料制品的节能效果突出，又可降低工程成本，减轻建筑物自重，加快施工进度，提高建筑功能与质量，改善居住条件。因此，塑料制品在土木工程中应用会越来越广泛。

第三节　胶　粘　剂

通过粘合作用，能使被粘物结合在一起的物质，称为胶粘剂(adhesive)，又叫做胶接剂、粘合剂。建筑胶粘剂(building adhesive)能将相同或不同品种的建筑材料相互粘合并赋于胶层一定机械强度的物质,广泛用于建筑施工中的墙面、地面装修,玻璃密封,防水防腐,结构加固修补以及新型建筑材料(如复合保温板、人造装饰板等)的生产。

一、胶粘剂的组成和分类

（一）胶粘剂的组成

胶粘剂通常由基料和添加剂配制而成。基料是在胶粘剂中起粘合作用并赋于胶层机械强度的物质,如树脂、橡胶、沥青等合成或天然高分子材料以及水泥、水玻璃等无机材料;添加剂是用以强化和完善基料性能而加入的物质,包括固化剂、助剂和填料等。

（二）胶粘剂的分类

胶粘剂的分类方法很多,若按胶粘剂的主要成分可分成无机类和有机类,具体结果见表 11-2。按粘接强度可分成结构型、次结构型和非结构型三种。

胶粘剂的分类　　　　　　　　　　　　　表 11-2

无机类		硅酸盐类、硼酸盐、磷酸盐、硫酸盐、金属氧化物等
有机类	天然类	淀粉系:淀粉、糊精
		蛋白系:大豆蛋白、鱼胶、骨胶、虫胶
		天然树脂系:松香、阿拉伯树胶、单宁、木质素
		天然橡胶系:胶乳、天然橡胶溶液
		沥青系:石油沥青
	合成类	热塑型:聚醋酸乙烯酯、乙烯－醋酸乙烯酯、聚乙烯醇、聚乙烯醇缩甲醛、聚丙烯酸等
		热固型:环氧树脂、酚醛树脂、脲醛树脂、聚氨酯等
		橡胶型:氯丁橡胶、丁腈橡胶、丁苯橡胶、硅酮胶、聚硫橡胶、丙烯酸酯橡胶等
		混合型:酚醛－环氧、酚醛－丁腈、环氧－尼龙、环氧－聚酰胺、环氧－氯丁等

结构型:该种胶粘剂有足够的粘接强度,能长期承受较大的载荷,且具有良好的耐油性、耐热性和耐候性。如酚醛－缩醛、酚醛－丁腈、环氧－尼龙、环氧－丁腈等。

次结构型:能承受中等程度载荷的胶粘剂。

非结构型:不承受较大荷载,只起定位作用。主要有聚丙烯酸酯、聚醋酸乙烯、橡胶类、热熔胶类等。

二、胶粘剂的胶接机理

胶粘剂能够将材料牢固粘结在一起,是因为胶粘剂与材料间存在有粘结力。粘结力主要包括机械粘结力、物理吸附力和化学键力等。

胶粘剂涂敷在材料的表面后,能渗入材料表面的凹陷处和表面的孔隙内,胶粘剂在固化后如同镶嵌在材料内部。这种机械锚固力称为机械粘结力。胶粘剂分子和材料分子间还存在的物理吸附力,即范德华力将材料粘结在一起。此外,某些胶粘剂分子与材料分子间可能发生化学反应,即在胶粘剂与材料间存在化学键力,化学键力将材料粘结为一个整体。

对不同的胶粘剂和被粘材料,粘结力的主要来源不同,当机械粘结力、物理吸附力和化学键力共同作用时,可获得很高的粘结强度。因此,在土木建筑工程中所用的胶粘剂应满足下列基本要求:要有足够的流动性和对被粘物表面的浸润性,保证被粘物表面能被完全浸润;固化速度和粘度容易调整,且易于控制;胶粘剂的膨胀与收缩变形要小;不易老化;粘结强度要高。

三、选用胶粘剂的基本原则

首先,根据被粘材料的性质选用胶粘剂,如脆性材料、硬度高、质地脆、密度大,应选用强度高、硬度大和不易变形的热固性树脂胶粘剂;弹性变形大,质地柔软,应选用弹性好、有一定韧性的橡胶类胶粘剂等。其次,根据粘结材料的使用要求选用胶粘剂,如粘结受力构件必须选用结构型胶粘剂;再次,根据粘结施工工艺来选择。在土木工程中,在施工现场进行粘结操作,一般应选用室温、非压力型胶粘剂。

四、常用的建筑胶粘剂

（一）建筑装修用胶粘剂

该胶粘剂主要用于粘贴建筑饰面砖板,大大降低了饰面砖板脱落率及抹灰砂浆空鼓率。常用建筑胶粘剂品种有聚醋酸乙烯酯、乙烯－醋酸乙烯酯、环氧树脂、聚乙烯醇缩甲醛、聚丙烯酸酯等。

（二）建筑密封胶

主要用于玻璃与金属、金属与金属、金属与混凝土、混凝土与混凝土之间的密封,要求粘结力牢固、弹性、防水及耐老化性能好。较早使用的建筑密封胶是蓖麻油、桐油为主体的油灰膏、聚氯乙烯胶泥及焦油聚氯乙烯胶泥等。目前的主要品种有聚硫、丙烯酸橡胶、硅酮、聚氨酯等密封胶。

（三）建筑结构及化学灌浆用胶粘剂

建筑结构胶粘剂可分为粘钢板加固用胶、植钢筋及锚固用胶、碳纤维等加固用胶、灌浆材料、修补公路、桥梁用胶和结构装修用胶等等。结构胶的主料主要是环氧树脂及改性环氧树脂(如环氧树脂—丁腈、环氧树脂—聚硫、环氧树脂—不饱和聚酯等)。钢板粘贴用钢筋锚固胶除采用环氧树脂外,还有不饱和聚酯、丙烯酸酯等胶粘剂。

化学灌浆用胶粘剂主要是无溶剂或低收缩低黏度环氧树脂,利用低压注入及毛细管吸附原理,将树脂通过自动压力灌浆器注入混凝土裂缝中,还可根据裂缝的性质采用不同的弹性环氧灌浆树脂。自动压力灌浆技术的出现在微细裂缝方面替代了压缩空气机及手压泵等笨重的灌浆机具。

（四）建筑防腐用胶粘剂

建筑防腐用胶粘剂主要用于防腐隔离层及玻璃钢、耐酸砖板的砌筑及各种耐酸、碱、盐腐蚀的设备、贮罐及管道。常用的胶粘剂有环氧树脂、不饱和聚酯树脂、酚醛树脂、呋喃树脂等。

第四节　涂　料

涂料是指我们常说的油漆。建筑涂料是指涂装于建筑物表面,并能与建筑物表面很好粘结形成完整涂膜的物质。建筑涂料是涂料三大类(建筑涂料、工业涂料、特种涂料)中产量最多,消费量最大的品种,具有方便、经济、不增加建筑物自重、施工效率高、翻新维修方便等优点。用于建筑物内外墙体、顶棚、地面、屋面等处的涂料和用于建筑物所有部位的木质、金属、塑料等构件的涂料都属建筑涂料的范畴。

一、建筑涂料的组成和分类

（一）建筑涂料的组成

涂料主要由成膜物质、颜料、助剂等组成。成膜物质是涂料的基料，具有粘结涂料中其它组分形成涂膜的功能，如醇酸树脂、丙烯酸树脂、氯化橡胶树脂、环氧树脂等。颜料使涂膜呈现色彩，使涂膜具有遮盖力。颜料按来源分为天然颜料和合成颜料；按化学成分分无机颜料和有机颜料；按在涂料中的作用可分为着色颜料、体质颜料和特种颜料。无机颜料应用最多，有机颜料发展很快。助剂包括消泡剂、润湿剂、防流挂、防沉降、催干剂、增塑剂、防霉剂等，对涂料或涂膜的性能起改进作用。

（二）建筑涂料的分类

建筑涂料分类方法很多，按基料类别分为有机、无机和有机－无机复合涂料三大类，有机涂料又分为有机溶剂型和水性（乳液型和水溶型）涂料两类；无机涂料主要是无机水性高分子涂料；有机－无机复合涂料的基料主要是水性有机树脂与水溶性硅酸盐等配制成的混合液或是在无机物表面上接枝有机聚合物制成的悬浮液。按涂膜的厚度或质地，建筑涂料分为平面涂料和非平面类涂料。按照在建筑物上的使用部位可分为内墙涂料、外墙涂料、地面涂料和顶棚涂料等，建筑涂料的主要类型如表 11-3 所示。

建筑涂料的主要类型 表 11-3

按 基 料 分 类			内墙装饰	外墙装饰	地面装饰	顶棚装饰	特种功能	平面涂料	砂壁涂料	多彩（色）涂料	凹凸花纹涂料
有机涂料	水性	水溶型 聚乙烯醇系	0			0	0	0			0
		乙烯型乳液	0	0		0	0	0	0		
		醋酸乙烯乳液	0			0		0		0	0
		纯丙烯酸乳液	0	0	0	0	0	0	0	0	0
		苯－丙乳液	0	0		0	0	0	0		
		叔丙乳液	0	0		0		0			0
		叔醋乳液	0			0	0	0	0		
		环氧型乳液	0		0			0			
		氯偏型乳液	0	0			0	0			
	溶剂型	酚醛型				0		0			
		酚酸型	0	0				0			
		硝酸纤维系				0	0			0	
		过氯乙烯型	0	0	0			0			
		丙烯酸树脂型	0	0				0			
		环氧树脂型						0			

按基料分类			按建筑物使用部位分类					按涂膜厚度、质地分类			
			内墙装饰	外墙装饰	地面装饰	顶棚装饰	特种功能	平面涂料	非平面涂料		
									砂壁涂料	多彩（色）涂料	凹凸花纹涂料
有机涂料	溶剂型	聚氨酯型	0	0	0			0			
		有机硅型		0				0			
		有机氟型		0				0			
		氯化橡胶型		0				0			
无机涂料	水性	碱金属硅酸盐	0	0			0	0			
		硅溶胶	0	0			0	0			0
有机－无机复合	水性	碱金属硅酸盐—合成树脂乳液	0	0				0			
		硅溶胶—合成树脂乳液	0	0	0			0			0

二、涂料的选择原则

为更好地发挥涂料的装饰、保护和特殊功能,正确选择涂料十分重要。被涂物的材质不同,宜选择不同品种的涂料,如木制品,必须采用自干的涂料;水泥表面可选用耐碱的乳胶漆和过氯乙烯等。涂装时要达到的目的不同,也应选择不同的涂料,如一般木器宜采用油基涂料,高装饰性木器家具应选硝基漆、聚酯涂料、丙烯酸涂料和聚氨酯涂料,对耐水的底材应选择酚醛树脂涂料,要求耐候性好时应选择聚氨酯涂料。使用环境不同,选择涂料的品种也有不同,如室内可用酚醛树脂涂料,室外场合应选择耐候性好的涂料如醇酸涂料、丙烯酸酯涂料、聚氨酯涂料等。选择涂料时,还应考虑底漆和面漆之间的配套性,面漆不能咬起底漆,且二者之间应有很好的层间粘合。对于附着力差的面漆(如硝基漆、过氯乙烯漆等)要选择附着力强的底漆如醇酸底漆、环氧树脂底漆等。选择涂料时还要考虑其经济性,如普通家具和护墙板等,使用酚醛漆和醇酸漆比较经济合理;对木地板应选择耐磨性好,耐酸、耐碱的双组分聚氨酯涂料。总之,选择涂料应根据具体情况而定。

三、乳胶漆

乳胶漆是目前有机水性涂料中倍受青睐的品种。在建筑涂料中,乳胶漆产量最大、用途最广,形成了系列化产品。乳胶漆又称合成树脂乳液涂料,是以合成树脂乳液为基料,加入颜料、填料及各种助剂配制而成的一类水性涂料。根据成膜物质的不同,乳胶漆主要有聚醋酸乙烯类、纯丙类、苯丙类、叔丙类、醋丙类、硅丙类及氟碳乳胶漆等;根据产品使用环境不同,乳胶漆分内墙、外墙、木器、金属及其他专用乳胶漆等;根据涂膜的光泽高低及其装饰效果又可分为无光、哑光、半光、丝光和有光等类型。

（一）乳胶漆的特点

乳胶漆涂膜干燥快,室温下30分钟内即可表干,一天可施工2~3道,工期短;漆膜坚硬平整,保光、保色性好;可在干湿墙面进行刷涂、辊涂、喷涂,施工方便;乳胶漆以水为介质,安全无毒,绿色环保。因乳胶漆流平性不如溶剂型涂料,存在微孔易吸尘,难于清洗。

（二）乳胶漆的生产工艺

乳胶漆是以合成树脂乳液为基料，加入颜料、填料及各种助剂配制而成，表11-4给出了某乳胶漆配方。

配制时先将去离子水、防冻剂（如乙二醇）及增稠剂（如羟乙基纤维素）高速分散，溶解后加入分散剂、润湿剂、部分消泡剂、防腐剂等，搅拌分散均匀；加入颜添料（如钛白粉、沉淀硫酸钡、碳酸钙、硅灰石、高岭土、滑石粉、超细硅酸铝等）进行高速分散，低速搅拌下缓慢加入乳液、成膜助剂，搅拌均匀即得初品；用增稠剂稀释液调整初品的黏度，再加消泡剂等助剂，过滤后即为乳胶漆成品。

乳胶漆配方   表11-4

原料名称	用量(g)	原料名称	用量(g)
水	15	硅灰石	17
乙二醇	2.0	高岭土	5
分散剂	1.0	苯丙乳液	36
润湿剂	0.2	成膜助剂	1.6
消泡剂	0.15	增稠剂	0.38
防腐剂	0.1	消泡剂	0.1
钛白粉	10	水	余量
沉淀硫酸钡	10	合计	100

（三）乳胶漆国家标准

乳胶漆国家标准见表11-5。

乳胶漆国家标准   表11-5

产品标准名称	GB/T 9756《合成树脂乳液内墙涂料》		GB/T 9755《合成树脂乳液外墙涂料》	
	一等品	合格品	一等品	合格品
在容器中状态	搅拌混合后无硬块，呈均匀分布状态		搅拌混合后无硬块，呈均匀分布状态	
涂装性	刷涂二道无障碍		刷涂二道无障碍	
涂膜外观	正　　常		正　　常	
干燥时间/h ≤	2		2	
对比率(白色小浅色)	0.93	0.93	0.90	0.87
耐碱性	无异常	无异常	无异常	无异常
耐洗刷性/次≥	300	100	1000	500
涂料耐冻融性	不变质	不变质	不变质	不变质
耐水性(96h)			无异常	无异常
耐人工老化性/h			250	250
粉化/级			1	1
变色/级			2	2
涂层耐温变性（10次循环）			无异常	无异常

注：内墙乳胶漆的耐碱性时间为24h，外墙乳胶漆的耐碱性时间为48h。

四、常用的建筑涂料

（一）聚醋酸乙烯乳液涂料（白乳胶）

醋酸乙烯单体在水介质中均聚得到的乳液，价格低廉，一般用于内墙涂料和低档外墙涂料。用它涂在碱性灰泥墙上，由于聚醋酸乙烯在含 CaO 量多的墙面上被皂化生成醋酸钙并从聚合物中渗出，在涂层表面形成结晶而出现"白花现象"。

（二）醋酸乙烯—丙烯酸酯共聚物乳液（乙丙乳液、醋丙乳液）涂料

共聚乳液涂料有较好的光稳定性和耐候性，是建筑涂料内墙有光乳胶漆或外用乳胶漆的主要基料之一，价格较低；性能有所改善，但不理想。

（三）丙烯酸酯涂料

丙烯酸脂涂料由丙烯酸及其同系物酯类聚合而成。丙烯酸酯类有丙烯酸甲酯、丙烯酸乙酯、丙烯酸丁酯以及甲基丙烯酸甲酯、甲基丙烯酸乙酯、甲基丙烯酸丁酯等，常通过共聚合方式制成纯丙乳液、苯丙乳液和醋丙乳液等。丙烯酸酯涂膜光亮、柔韧，黏结性、耐水性、耐碱性和耐候性优异，主要用于外墙涂料和内墙高档装饰涂料。

（四）氟碳涂料

以氟烯烃聚合物或氟烯烃和其他单体共聚物为成膜物质的涂料，称为氟碳涂料。氟碳涂料分高温固化和常温固化两种。氟碳涂料具有超耐候性、很好的耐腐蚀、耐化学品性和耐污染性，施工方便，耐温性好，常温固化氟碳涂料的涂层能在 –40~140℃下使用。氟碳涂料能应用于几乎所有的材料表面。其价格较高，主要用于高档外墙装饰。

我国的建筑涂料应向高装饰性、耐久性、抗污染性等高档品种发展。

思考题与习题

1. 区分：高分子材料与高分子化合物
2. 何谓塑料，有哪些特性？
3. 使用 Ⅰ 型硬质聚氯乙稀（PVC–U）塑料管作热水管。使用一段时间后，为什么管道会变形漏水？
4. 某建筑工程中按设计需采用塑料热水供水管，按规定是要采用 PP–R 水管，但采购员为了降低成本，购买了普通的聚丙烯水管来代替 PP–R 管，请分析随意采用普通的 PP 管代替 PP–R 管可能会产生哪些工程问题？
5. 为什么胶粘剂能与被粘物牢固地粘结在一起？
6. 在粘结结构材料或修补建筑结构（如混凝土、混凝土结构）时，为什么选用热固性胶粘剂？
7. 某工程外墙装修采用大理石面板，须使用挂石胶粘结，该胶粘剂的粘结强度达到20MPa，但实际测得的粘结强度远低于此值，观察大理石表面，发现不够清洁。讨论粘结力低的原因。
8. 某工程采购单组分硅胶密封胶计划用作窗的密封，由于某种原因，该工程延迟了半年才施工，使用时发现胶粘剂无法施工，请分析原因。
9. 某住宅楼购买了一批胶合板进行室内装修，装修经检测室内甲醛含量严重超标，分析原因。

第十二章 建筑功能材料

> **内容提要:**本章主要介绍材料绝热的基本原理、影响因素、主要绝热材料的种类及应用范围;建筑装饰材料的基本要求、主要种类、应用范围及选用原则;各种有代表性的建筑防水材料的性能、组成、种类及选用原则;各种建筑防火材料的防火机理、性质及其分类;建筑光学材料的性质与种类;以及材料吸声原理、特性、主要种类、应用范围及选用原则。

建筑物除承受荷载外,还有如绝热、吸声、隔声、防水、装饰、防火等特殊的要求,这些特殊的要求难以用建筑结构材料来实现,需要采用特殊的功能性材料来满足人们对建筑物使用功能多样化的需求。建筑功能材料是指能够满足建筑物的特殊使用要求的材料的总称,它们赋予建筑物保温、隔热、防水、防火、采光、隔声、装饰等功能,决定着建筑物的使用功能与建筑品质。

第一节 建筑保温隔热材料

建筑上主要起到保温、隔热作用,且导热系数不大于 0.175W/(m·K) 的材料称为保温隔热材料,工程上习惯称为绝热材料。绝热材料主要用于屋面、墙体、地面、管道等的隔热与保温,以减少建筑物的采暖和空调能耗,并保证室内的温度适宜于人们工作、学习和生活。

一、保温隔热材料的性质和特点

(一)保温隔热材料的保温隔热机理

1. 传热方式

导热是指物体各部分直接接触的物质质点(分子、原子、自由电子)作热运动而引起的热能传递过程。

对流是指较热的液体或气体因热膨胀使密度减小而上升,冷的液体或气体就补充过来,形成分子的循环流动,这样,热量就从高温的地方通过分子的相对位移传向低温的地方。

热辐射是指一种靠电磁波来传递能量的过程。

在每一实际的传热过程中,往往都同时存在两种或三种传热方式。例如,通过实体结构本身的透热过程,主要是靠导热,但一般建筑材料内部或多或少有些空隙,在空隙内除存在气体的导热外,同时还有对流和热辐射的存在。

2. 热阻和导热系数

当材料的两表面间出现了温度差,热量就会自动地从高温的一面向低温一面传导。在稳定状态下,通过测量热流量、材料两表面的温度及其有效传热面积,可以计算材料的热阻：

$$R = \frac{A \cdot (T_1 - T_2)}{Q}$$ （12-1）

式中　R——热阻，$m^2 \cdot K/W$；

Q——平均热流量，W；

T_1——试件热面温度平均值，K；

T_2——试件冷面温度平均值，K；

A——试件的有效传热面积，m^2。

如果热阻与温度呈线性关系，且试件能代表整体材料，试件具有足够的厚度，则材料的导热系数可用下式计算：

$$\lambda = \frac{d}{R} = \frac{Q \cdot d}{A \cdot (T_1 - T_2)}$$ （12-2）

式中　λ——导热系数，$W/(m \cdot K)$；

d——试件平均厚度，m。

材料导热系数的物理意义是，厚度为1m的材料，当温度差为1K时，在1s内通过$1m^2$面积的热量。材料导热系数愈小，表示其绝热性越好。

3. 绝热材料的隔热机理

（1）多孔型

多孔型绝热材料绝热作用的机理如图12-1所示。当热量从高温面向低温面传递时，在未碰到气孔之前，传递过程为固相中的导热，在碰到气孔后，一条线路仍然是通过固相传递，但其传热方向发生变化，总的传热路线大大增加，从而使传递速度减缓。另一条路线是通过气孔内气体的传热，其中包括高温固体表面对气体的辐射与对流传热、气体自身的对流传热、气体的导热、热气体对低温固体表面的辐射及对流传热、以及热固体表面和冷固体表面之间的辐射传热。由于在常温下对流和辐射传热在总的传热中所占的比例很小，故以气孔中气体的导热为主，但由于空气的导热系数仅为 $0.029W/(m \cdot K)$，大大小于固体的导热系数，故热量通过气孔传递的阻力较大，从而传热速度大大减缓。这就是含有大量气孔的材料能起绝热作用的原因。

（2）纤维型

纤维型绝热材料的绝热机理基本上和通过多孔材料的情况相似，如图12-2所示。显然，传热方向和纤维方向垂直时的绝热性能比传热方向和纤维方向平行时要好一些。

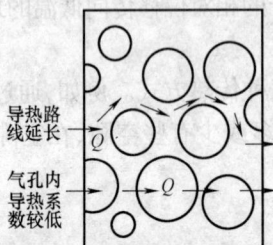

图12-1　多孔材料传热过程　　　图12-2　纤维材料传热过程

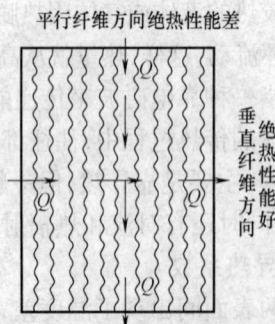

（3）反射型

反射型绝热材料的绝热机理如图 12-3 所示。当外来的热辐射能量 I_C 投射到物体上时，通常会将其中一部分能量 I_B 反射掉，另一部分 I_A 被吸收（一般建筑材料都不能穿透热射线，故透射部分忽略不计）。根据能量守恒原理，则

$$I_A + I_B = I_C \tag{12-3}$$

$$\frac{I_A}{I_C} + \frac{I_B}{I_C} = 1 \tag{12-4}$$

式中，比值 I_A/I_B 说明材料对热辐射的吸收性能，用吸收率"A"表示，比值 I_B/I_C 说明材料的反射性能，用反射率"B"表示，即

$$A + B = 1 \tag{12-5}$$

由此可以看出，凡是善于反射的材料，吸收热辐射的能力就小；反之，如果吸收能力越强，则其反射率就越小。故利用某些材料对热辐射的反射作用，如铝箔的反射率为 0.95，在需要绝热的部位表面贴上这种材料，就可以将绝大部分外来热辐射（如太阳光）反射掉，从而起到绝热作用。

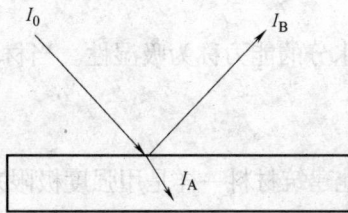

图 12-3　材料对热辐射的反射和吸收

（二）保温隔热材料的技术性质

1. 导热系数

导热系数是指在稳定传热条件下，1m 厚的材料，两侧表面的温差为 1 度（K，℃），在 1 小时内，通过 1m² 面积传递的热量，单位为瓦 / 米·度［W/(m·K)，此处的 K 可用℃代替］。导热系数的影响因素：

（1）材料的化学结构、组成和聚集状态

材料的分子结构不同，其导热系数有很大的差别，通常结晶构造的材料其 λ 最大，微晶体构造的 λ 次之，玻璃体构造的 λ 最小。材料中有机组分增加，其导热系数降低。

（2）材料的表观密度

由于材料中固体物质的导热能力比空气大得多，故孔隙率较高、表观密度较小的材料，其导热系数也较小。材料的导热系数不仅与材料的孔隙率有关，而且还与孔隙率的大小和特征有关。在孔隙率相同的条件下，孔隙尺寸越大，导热系数越大。孔隙互相连通比封闭而不连通的导热系数大。

（3）湿度

环境湿度大，材料含水率提高，由于水的导热系数 λ［0.5812W/(m·K)］比静态空气的导热系数 λ［0.02326W/(m·K)］大 20 多倍，这样必然导致材料的导热系数增大。如果孔隙中的水分冻结成冰，冰的导热系数 λ［2.326W/(m·K)］是水的 4 倍，材料的导热系数将更大。

（4）温度

材料的导热系数随温度的升高而增大，因为温度升高，材料固体分子热运动增强，同时，材料孔隙中空气的导热和孔壁间的辐射作用也有所增强。所以，材料的导热系数增大。

（5）热流方向

对于各向异性材料，如木材等纤维质材料，当热流平行于纤维延伸方向时，受到的阻力小，导热系数就大；而热流垂直于纤维延伸方向时，受到的阻力大，导热系数小。

上述各项因素，以表观密度和湿度的影响最大。

几种典型物质的导热系数

表 12-1

物 质	铜	钢材	花岗石	混凝土	黏土砖	松木	冰	水	静止空气	泡沫塑料
导热系数 W/(m·K)	370	55	29	1.8	0.55	0.15	2.2	0.6	0.025	0.03

2. 温度稳定性

材料在受热作用下保持其原有的性能不变的能力，称为绝热材料的温度稳定性。通常用其不致丧失绝热性能的极限温度来表示。

3. 吸湿性

绝热材料从潮湿环境吸收水分的能力称为吸湿性。当材料的含水率增加时，导热系数会增加，对绝热效果不利。

4. 强度

绝热材料的机械强度和其他建筑材料一样是用强度极限来表示。通常采用抗压强度和抗折强度。由于绝热材料有大量孔隙，故其强度一般不大，因此不宜将绝热材料用于承受外界荷载部位。对于某些纤维材料等，有时常用材料达到某一变形时的承载能力作为其强度代表值。

（三）保温隔热材料的分类

保温隔热材料，按材质可分为无机绝热材料、有机绝热材料和复合型绝热材料三大类；按形态可分为纤维状、微孔状、气泡状、膏（浆）状、粒状、复合型、板状、块状等。

1. 纤维状保温隔热材料

按材质可分为无机质纤维材料和有机质纤维材料。无机质纤维材料包括两类，一类是天然无机质纤维材料，如石棉纤维等；另一类是人造无机质纤维材料，如棉纤维（矿渣棉、岩棉、玻璃棉、硅酸铝棉及陶瓷纤维等）。有机质纤维材料以软质纤维板为主，如木纤维板、草纤维板等。

2. 微孔状保温隔热材料

按材质可分为无机质微孔材料和有机质微孔材料。无机质微孔材料包括两类，一类是天然无机质微孔材料，如硅藻土等；另一类是人造无机质微孔材料，如硅藻钙、碳酸镁、硅酸钙、膨胀珍珠岩、膨胀蛭石、加气混凝土等。有机质微孔材料主要以软木为主。

3. 气泡状保温隔热材料

按材质可分为无机质气泡状材料和有机质气泡状材料。无机质气泡状材料主要有泡沫玻璃、火山灰微珠、泡沫黏土、发泡混凝土等。有机质气泡状材料主要有聚苯乙烯泡沫塑料（EPS、XPS）、聚乙烯泡沫塑料、聚氯乙烯泡沫塑料、橡胶（塑）泡沫、酚醛树脂泡沫塑料、脲醛树脂泡沫塑料、氨尿素泡沫塑料、聚氨酯泡沫塑料等。

4. 复合增强型保温隔热材料

可分为复合板(块)材料和金属与保温板复合材料。复合板(块)材料主要有水泥聚苯泡沫板(块)、玻璃纤维增强水泥板、坚壳珍珠岩、水泥珍珠岩(膨胀蛭石)板、植物纤维复合板等。金属与保温板复合材料主要有彩钢夹芯泡沫板、彩钢夹芯纤维板、钢丝网架夹芯泡沫(岩棉、珍珠棉)板等。

5. 膏(浆)状保温隔热材料

膏(浆)状保温隔热材料主要有现浇聚苯复合材(氯氧镁胶凝)、水泥聚苯颗粒浆料、硅酸盐系复合保温膏、沥青膨胀蛭石、沥青膨胀珍珠岩等。

6. 松散状保温隔热材料

松散状保温隔热材料主要有干铺炉渣、干铺水渣、膨胀蛭石、膨胀珍珠岩等。

7. 块状保温隔热材料

块状保温隔热材料主要包括粉煤灰砌块、加气混凝土砌块、石膏砌块(板)、轻质混凝土砌块、干铺蛭石块、耐火砖等。

8. 层(片)状保温隔热材料

层(片)状保温隔热材料主要包括膜类材料、夹筋铝箔、铝箔纸、反射玻璃、低辐射玻璃等。

二、常见保温隔热材料

(一)无机纤维状保温隔热材料

无机纤维状保温隔热材料是指天然的或人造的以无机矿物为基本成分的一类纤维材料。传统的石棉与石棉制品因不能满足环保的要求,已经淡出土木工程市场。无机纤维状保温隔热材料目前主要是指岩棉、矿渣棉、玻璃棉以及硅酸铝棉等人造无机纤维状材料。

1. 岩棉、矿渣棉及其制品

岩棉是以精选的天然岩石如优质玄武岩、辉绿岩、安山岩等为基本原料,经高温熔融,采用高速离心设备或其他方法将高温熔体甩拉成非连续性纤维。矿渣棉是以工业矿渣如高炉渣、磷矿渣、粉煤灰等为主要原料,经重熔、纤维化而制成的一种无机质纤维,在棉纤维中通过加入一定量的胶粘剂、防尘油、憎水剂等助剂再制成轻质保温隔热材料产品,并可根据不同的用途可分别加工成岩棉板、岩棉毡、岩棉管壳、粒状棉、保温带等系列制品。

矿渣棉和岩棉(可统称为矿岩棉)制品原料易得,生产能耗低,成本低。这两类保温材料虽属同一类产品,有其共性,但从两种纤维应用来比较,矿渣棉的最高使用温度为600~650℃,且矿渣纤维较短、脆;而岩棉最高使用温度可达820~870℃,且纤维长,化学耐久性和耐水性也较矿渣棉好。

(1)矿岩棉制品特点

绝热、绝冷性能优良;使用温度高,长期使用不会发生松弛、老化;具有不燃、耐腐、不蛀等优点;防火性能优良;具有较好的耐低温性;在潮湿情况下长期使用也不会发生潮解;对金属设备无腐蚀作用;吸声、隔声;性脆,施工时有刺痒感。

(2)矿岩棉的技术性质(表12-2)

(3)岩棉、矿渣棉的使用范围

岩棉、矿渣棉广泛应用于建筑物的填充绝热、吸声、隔声,以及工业、国防和交通等行业各类管道、贮罐、蒸馏塔、锅炉、烟道、热交换器、风机、车船以及冷库等设备的保温、隔热、隔冷和吸声。

岩棉、矿渣棉的技术性质 表 12-2

项 目	指 标
渣球含量(颗粒直径 >0.25mm,%)	≤12.0
纤维平均直径(μm)	≤7.0
密度(kg/m³)	≤150
导热系数[W/(m·K)](平均温度 70$^{+5}_{-2}$℃,试验密度 150kg/m³)	≤0.044
热荷重收缩温度(℃)	≥650

2. 玻璃棉及其制品

玻璃棉是以石英砂、石灰石、白云石、蜡石等天然矿石为主要原料,配合一些纯碱、硼砂等化工原料熔制成玻璃,在熔融状态下借助外力拉制、吹制或甩成极细的絮状纤维材料。按化学成分可分为无碱、中碱和高碱玻璃棉。按其生产方法可分为火焰法玻璃棉、离心喷吹法玻璃棉和蒸汽(或压缩空气)立吹法玻璃棉(已逐渐淘汰)三种。

(1)玻璃棉特点

吸声、降噪和减振效果好;加工性能良好,不刺激皮肤,施工方便;耐热,不燃,不产生有毒气体;在高温和低温条件下均有良好的隔热性能,导热系数低,高效节能;在潮湿条件下吸湿率低。线性膨胀系数小。

(2)玻璃棉技术性质(表 12-3)

玻璃棉技术性质 表 12-3

种 类	纤维平均直径(μm)	渣球含量(%)	导热系数(平均温度 70$^{+5}_{-2}$℃) [W/(m·K)](试验密度 kg/m³)	热荷重收缩温度(℃)
1 号玻璃棉	≤5.0	≤1.0	≤0.041(40)	400
2 号玻璃棉	≤8.0	≤4.0(2a 号) ≤3.0(2b 号)	≤0.042(64)	400
3 号玻璃棉	≤13.0	≤10.0	≤0.049(80)	400

(3)玻璃棉应用范围

广泛应用于热力系统、石化、工业与民用建筑、冶金、交通、制冷设备、电力、航空等领域,是各种管道、贮罐、锅炉、热交换器、风机和车船等工业设备、交通运输的优良保温、绝热、隔冷、吸声材料。

3. 硅酸铝纤维及其制品

硅酸铝纤维又名陶瓷纤维,也称耐火纤维,是一种纤维状的轻质耐火保温材料。该产品为长纤、超细高级硅酸铝纤维,是采用天然焦宝石为主要原料,经高温熔化,用高速离心或喷吹等工艺方法而制成的棉丝状无机纤维。

根据化学组成和使用温度,硅酸铝纤维制品主要分为低温型、普通型、高铝型、含铬型、含锆型等几大类。按结构形态分为非晶质(玻璃态)纤维和结晶质纤维两大类。以及用两种以上的纤维按一定比例配置而成的混配(纺)纤维。混配(纺)纤维既能提高使用温度(与硅酸铝纤维比),又降低了成本,可制得耐高温 1300~1400℃的系列制品。

(1)硅酸铝纤维制品特点

具有理化性能稳定、轻质、高强、防火、热容小、耐酸碱、耐腐蚀、耐急冷急热、耐高温、隔热防腐、施工便捷等特点。

(2)硅酸铝纤维应用范围

硅酸铝耐火纤维的生产成本较高,其制品主要应用于工业生产领域。

1)电力工业、化学工业、船舶工业、交通行业、高层建筑、防火门的防火、隔热。

2)各种工业窑炉砌体、炉门、顶盖密封。

3)焊接件和异形金属铸件消除应力隔热等。

4)宇航及原子能等尖端科技领域的耐火、绝热、隔声。

(二)无机多孔状保温隔热材料

1.膨胀珍珠岩及其制品

(1)膨胀珍珠岩及其制备

膨胀珍珠岩是最常见的建筑保温材料,其生产原材料来源广泛,价格低廉,加工简单。若与不同的胶结材料(如水泥、沥青、水玻璃、石膏等)配合,可分别制成不同品种和形状的制品,所以广泛地被应用在土木工程行业。

珍珠岩是一种具有珍珠结构的酸性玻璃质火山岩,一般认为由酸性岩浆喷出地表后迅速冷凝而成。珍珠岩约 95%是玻璃相,其中 60%~75%为无定形石英玻璃,莫氏硬度 5.5~6.0,相对密度 2.3~2.4,熔点 1280~1360℃。

珍珠岩在约 1300℃高温条件下,发生膨胀,密度减小,烧制成膨胀珍珠岩,工艺流程如下:

原料→破碎→筛分→预热→急剧加热(焙烧)(约 1300℃)→冷却→膨胀珍珠岩。

(2)膨胀珍珠岩的技术性能:

1)表观密度一般在 40~250kg/m³ 范围内。

2)导热系数在常温下随着表观密度降低而减小,在高温下随着温度的升高而增大。

3)膨胀珍珠岩的耐火度为 1280~1360℃,随着温度的升高,导热系数也增大,为保证保温性能,安全使用温度一般为 800℃。

4)膨胀珍珠岩的吸水量可达自重的 2~9 倍,吸水速度也很快,30min 内质量吸水率达 400%,体积吸水率达 29%~30%,因此,引起强度下降,保温性能降低。如经过处理,吸水性可大大地减小。

5)吸湿率为 0.006%~0.08%。

6)在 -20℃时,经 15 次冻融,颗粒组成不变。

7)珍珠岩中含 SiO_2 多,故耐酸性好,耐碱性差。

8)化学性能稳定,无毒、无味、不腐、不燃、吸声。

9)微孔、高比表面积及吸附性,易与胶凝材料等保护层结合。

(3)膨胀珍珠岩制品

1)水泥膨胀珍珠岩制品

水泥膨胀珍珠岩制品是以膨胀珍珠岩为骨料,以水泥为胶结材料,按一定比例混合加水后,经搅拌、成型、养护而成,该种制品容重较小、导热系数低、承压能力较高、施工方便、经济耐用。其物理性能如表 12-4 所示。

水泥膨胀珍珠岩制品的物理性能 表 12-4

项 目		性能数据	备 注
密度(kg/m³)		300 ~ 400	采用的胶结剂为 42.5 硅酸盐水泥。水泥：膨胀珍珠岩 =1：10(体积比)。制品有砖、板、管等
抗压强度(MPa)		0.5 ~ 1.0	
导热系数[W/(m·K)]	常 温	0.058 ~ 0.087	
	低 温	0.081 ~ 0.116	
	高 温	0.067 ~ 0.152	
抗折强度(MPa)		> 0.3	
吸湿率,24h(%)		0.87 ~ 1.55	
吸水率,24h(%)		110 ~ 130	

2）水玻璃膨胀珍珠岩制品

水玻璃膨胀珍珠岩制品是以膨胀珍珠岩为骨料,以水玻璃为胶结材料,并加入赤泥(炼铝废渣,按一定配比混合),经搅拌、成型、干燥、烘焙而成。该种制品具有容重小、导热系数低、耐热性好、吸声性能好等特点,而且施工方便。其物理性能如表 12-5 所示。

水玻璃膨胀珍珠岩制品的物理性能 表 12-5

项 目	性能数据	备 注
密度(kg/m³)	200 ~ 300	吸湿率的实验条件:相对湿度 93% ~ 100%
抗压强度(MPa)	0.6 ~ 1.2	
导热系数[W/(m·K)]	0.056 ~ 0.065	
吸湿率,24h(%)	120 ~ 180	
吸水率,24h(%)	17 ~ 23	
最高使用温度(℃)	650	

3）磷酸盐膨胀珍珠岩制品

磷酸盐膨胀珍珠岩制品是以膨胀珍珠岩为骨料,以磷酸铝和少量的硫酸铝、纸浆废料作胶结材料,按一定配比混合,搅拌、成型、干燥、烘焙而成。该种制品具有耐火度高(最高使用温度 1000℃,可用作工业设备的耐高温材料),表观密度较低(200 ~ 250kg/m³),强度(抗压强度为 0.6 ~ 1.0MPa)和绝热性能好的特点。

4）沥青膨胀珍珠岩制品

① 石油沥青膨胀珍珠岩制品

石油沥青膨胀珍珠岩制品是以膨胀珍珠岩为骨料,以石油沥青为胶结材料,按一定配比混合,加热搅拌、压至成型。该种制品具有容重小、导热系数较低、吸水率低、耐水性好等特点,常用于屋面保温层或低温设备的保冷材料。

② 乳化沥青膨胀珍珠岩制品

乳化沥青膨胀珍珠岩制品是以膨胀珍珠岩为骨料,以乳化沥青为胶结材料,在常温下按一定配比混合,经搅拌、成型、干燥而成。该种制品具有容重较小,导热系数较低,成型方便,防水性能好的特点。故多用于建筑物的墙体和屋面的保温层材料(有时也采用施工现场现浇的方法)。

5) 石膏膨胀珍珠岩制品

石膏膨胀珍珠岩制品是以膨胀珍珠岩为骨料,以石膏为胶结材料,按一定配比加水混合,经搅拌、成型、干燥而成,该种制品一般为砌块、空心板条等墙体材料,其最大特点是较传统墙体材料容重小,保温性能较好,施工速度快。

膨胀珍珠岩在建筑、保温隔热工程中的应用 表 12-6

类型	材料名称	其他原材料	基本工艺	主要用途	备 注
散料	散料膨胀珍珠岩		粉碎、膨胀	保温填充材料、轻集料	直接利用
	憎水型散料	憎水剂、助剂	热态时直接吸附或湿态时吸附改性	屋面防水或深加工	
	釉化膨胀珍珠岩	水玻璃、助剂	直接喷涂或煅烧改性	制作高强度制品	
	粒状(泡沫)膨胀珍珠岩	碱	细磨原料、碱处理、泡沫玻璃型膨胀	制作高强度制品	
胶结制品(板或砌块)	石膏珍珠岩制品(或纤维增强)	半水石膏、添加剂(纤维)	配料拌合、成型、养护(常规)	内外墙、保温、装饰	1.均指非承重墙 2.可加聚合物改性 3.可加防水剂
	水泥珍珠岩制品(纤维)	硅酸盐水泥、石灰、纤维	常规、蒸压	内外墙、保温、装饰	
	水玻璃珍珠岩制品(纤维)	硅酸钠、黏土(赤泥)	常规、焙烧	内外墙、保温、装饰	
	沥青珍珠岩制品	乳化沥青、助剂	常规、低温干燥	保温、防水	
	氯氧镁水泥制品	菱苦土、MgCl$_2$、防水助剂	常规	保温、防水	
	屋面憎水珍珠岩板	PVA(聚合物)防水剂	常规、干燥或自然干燥	保温、防水	
	纤维石膏珍珠岩吸声板	石膏、矿物纤维、防水剂、阻燃剂	搅拌、聚合物、模压、固化、表面处理	内外墙、内外保温及装饰吸声	
	纤维增强聚合物珍珠岩制品	纤维、聚合物、改性助剂			
	膨润土珍珠岩胶结制品	膨润土、胶粘剂、增强剂、防水剂、助剂		保温、装饰、墙体	
烧结制品	膨润土、沸石、珍珠岩烧结制品	膨润土、硅藻土、沸石、水玻璃	常规成型、煅烧焙结	内墙材料	
	泡沫珍珠岩玻璃体	胶粘剂	烧结、玻璃化处理	内墙材料	
涂料	石膏珍珠岩涂料(干粉)	半水石膏、调节剂	混合磨粉、使用时加水	内外墙保温、装饰	喷涂或抹涂,小块粘结在表面装饰
	水泥珍珠岩涂料(干粉)	水泥、调节剂			
	聚合物珍珠岩涂料(干粉或砂浆)	聚合物、胶乳、膨润土、助剂	制成糊状产品		

2. 膨胀蛭石

蛭石是属于含水硅酸盐的云母,具有片状结构的矿石。它一般有云母的外貌,呈金黄色、银白色和褐色,密度为 2.4 ~ 2.7kg/m³,含水量大约为 5% ~ 15%。

(1) 膨胀蛭石的制备和技术性质(表 12-7)

膨胀蛭石的技术性质 表 12-7

项　　目	指　标　或　说　明
表观密度(kg/m³)	80 ~ 200(主要取决于膨胀倍数、颗粒组成和杂质含量等)
导热系数[W/(m·K)]	0.047 ~ 0.07(与其本身结构状态、密度、颗粒尺寸、所处的环境和温度以及对热流所取的方位等因素有关,同时随水分含量的增加而增加)
耐热耐冻性能	在 − 20 ~ 100℃温度下,本身强度和密度保持不变
电绝缘性能	不宜作为电绝缘材料
吸湿性	很大,与密度成反比,还与颗粒组成、煅烧制度及原料性质有关。膨胀蛭石在相对湿度 95% ~ 100% 环境下,24h 后吸湿率为 1.1%
变形性	膨胀蛭石压实后,有的弹性很好,有的则被压成一团。一般好的膨胀蛭石应在 3N/cm2 压力下,仍有弹力恢复 10% ~ 15%,在潮湿或蒸汽养护下总变形加剧,应避免受潮
脆性	膨胀蛭石煅烧时,如超过恰当的膨胀温度,即变脆,不宜使用(必须严格控制煅烧温度,膨胀好的蛭石应迅速撤离高温)
抗菌性	膨胀蛭石为无机物,因此不受菌类侵蚀,不腐烂、变质,不易被虫蛀、鼠咬
耐腐蚀性	耐碱不耐酸,不宜用于有酸性侵蚀处

蛭石被急剧加热燃烧时,层间的自由水将迅速汽化,在蛭石的鳞片层间产生大量蒸汽,急剧增大的蒸汽压力,迫使蛭石在垂直解理层方向产生急剧膨胀。当在 850 ~ 1000℃的温度燃烧时,其颗粒单片体积能膨胀 20 多倍,许多颗粒的总体积膨胀 5 ~ 7 倍。膨胀后的蛭石,细薄的叠片构成许多间隔层,层间充满空气,因而具有很小的密度和热导率,使之成为一种良好的绝热材料。

膨胀蛭石既可直接作为松散填料,填充到建筑维护结构中,也可与水泥、水玻璃、沥青、树脂等胶结材料配置混凝土,现浇或预制成各种规格的构件或不同形状和性能的蛭石制品。

(2) 膨胀蛭石制品

1) 水泥膨胀蛭石制品

水泥膨胀蛭石制品是以膨胀蛭石为骨料,以水泥为胶结材料,加入适量的水,搅拌均匀,经压制成型,在一定条件下养护而成的一种制品。一般包括砖、板、管壳及其他异形制品。

2) 水玻璃膨胀蛭石制品

水玻璃膨胀蛭石制品是以膨胀蛭石为骨料,以水玻璃为胶结材料,以氟硅酸钠为促凝剂,按一定比例配合,经搅拌、浇注、成型、焙烧而成的一种制品。配比一般为水玻璃:膨胀蛭石:氟硅酸钠 =1:2:0.065。用于维护结构、管道等需要绝热的地方。

3) 沥青膨胀蛭石制品

沥青膨胀蛭石制品是以膨胀蛭石和沥青(乳化沥青)经拌合浇注成型、压制加工而成的一种制品。按质量比,沥青胶结材料占20%~25%,膨胀蛭石占75%~80%。

(3)膨胀蛭石及其制品特点

导热系数小;化学性能稳定,防火、防腐;产品无毒、无味;加工工艺简单,产品多样,价格低廉。

(4)膨胀蛭石及其制品应用

1)松散膨胀蛭石

松散膨胀蛭石能够单独使用,可以填充和装置在建筑维护结构中作为保温、隔热、隔声和保冷材料。例如用于工业与民用建筑的墙壁、楼板、顶棚和屋面部位。也可作为热工设施、工业窑炉和冷藏设施以及绝缘层填料。

2)膨胀蛭石制品

以膨胀蛭石为主要原料,用石膏、水泥、沥青、水玻璃与合成树脂等胶粘剂制成建筑保温材料,根据用途的不同,制造各种形状和规格尺寸的砖、板、管壳等。这些制品广泛用于各种工业管道的保温和绝热,也可用于建筑物的隔声、保冷。

膨胀蛭石为轻骨料制作混凝土,可以现浇、预制成各种规格的构件,如墙板、楼板、屋面板。

膨胀蛭石用耐火水泥作为胶结料,制成轻质耐火混凝土,可用于工业窑炉和热工设备作为耐火、隔热材料。

膨胀蛭石与石膏、石灰和水泥等胶结材料,按一定配合比加水制成浆体,用于建筑物的内墙、顶棚等粉刷工程,以喷涂抹制形式作为室内保温层和吸声层。

3. 硅酸钙保温材料

硅酸钙(微孔硅酸钙)保温材料是以二氧化硅粉状材料(石英砂粉、硅藻土等)、氧化钙(也有用消石灰、电渣等)和增强纤维材料(如玻璃纤维、石棉等)为主要材料,再加入水、助剂等材料,经搅拌、加热、凝胶、成型、蒸压硬化、干燥等工序制作而成。

硅酸钙制品按矿物组成和使用温度可分为托贝莫来石型(低温型)、硬硅钙石型(高温型)和混合型;按强度,也可将其分为低强型、普通型、高强型和超高强型;按表观密度,将其分为超轻型、轻型、普通型、重型和超重型。

(1)硅酸钙保温材料的特点

制品轻而有柔性,强度高,导热系数低,使用温度高,质量稳定;隔声、不燃、防火、无腐蚀,高温使用不排放有毒气体;具有耐热性和热稳定性,经久耐用;耐水性良好,长期浸泡不被破坏;制品外表美观,并可以锯、刨、钻眼、拧螺栓、涂装、安装省力方便。

(2)硅酸钙保温材料使用范围

按硅酸钙各类型生产工艺的区别与物理性能的不同,各种硅酸钙制品有不同用途,如低表观密度的制品适宜作保温材料;中等表观密度的制品,主要用作墙壁材料和耐火覆盖材料;高表观密度制品,主要用作墙壁材料、地面材料或绝缘材料等。

(三)玻璃保温隔热材料

1. 泡沫玻璃

泡沫玻璃又称多孔玻璃。主要成分为SiO_2,其主要原料为碎玻璃,发泡剂一般采用石灰石、碳化钙、焦炭或大理石等。是一种具有均匀的孔隙结构的多孔轻质玻璃制品。

泡沫玻璃是一种粗糙多孔分散体系,孔隙率高达80%~95%,气孔直径为0.1~5mm,导热系数为 0.042 ~ 0.048W/(m·K)。由于发泡剂的化学成分差异,在泡沫玻璃的气相中所含气体可为二氧化碳、一氧化碳、水蒸气、硫化氢、氧气、氮气等。

泡沫玻璃可加工性能好;产品不变形,耐用,无毒,化学性能稳定,能耐大多数的有机酸、无机酸及碱;容重很小、强度较高、导热系数低、热阻大、抗冻融性好、吸水率低、不燃;并且在低温、潮湿环境下隔热性能稳定。其缺点是脆性大,易碎、易破损。

泡沫玻璃常被用于屋面保温板、外墙保温板,有的还用作吊顶板材料,以及管道保温、冷库保冷工程。广泛地应用于建筑、冶金、电力、石油、化工等行业。

2. 中空玻璃

中空玻璃是由两片或多片平板玻璃构成,中间用隔框隔开,四周边缘部用胶结、焊接或熔接的方法加以密封,内部空间是干燥空气或充入其他气体。组成中空玻璃的厚片可以是钢化玻璃、夹层、夹丝、着色平板玻璃及压花玻璃等。两片玻璃间用的隔框一般多用薄铝材,型材为空腹,内充干燥剂。由于中空玻璃的玻璃与玻璃之间留有一定的空腔,因此有良好的保温、隔热、隔声等性能。

中空玻璃的主要特性是隔热、隔声、防结露。使用时若代替部分围护墙,并以单层窗取代双层窗还可减轻墙体质量,节省窗框材料。中空玻璃广泛应用于各类工业、民用建筑及各种交通工具的隔热、隔声、防结露而又需采光的部位;以及轻工业方面的冷柜等。

3. 热反射膜玻璃

热反射膜玻璃主要指阳光控制膜玻璃和透明反热膜玻璃等,该类玻璃具有较高的热反射性,而又能保持良好的透光性,是镀膜类建筑玻璃中的一个品种。

镀膜玻璃是利用不同的镀膜工艺在玻璃表面镀制一层薄膜,从而来改善表面性能,改善玻璃对光和热辐射的透过性能以及对光的反射性能。镀膜玻璃可分为阳光控制膜、低辐射膜、防紫外膜、导电膜和镜面膜等类型。

通常,热反射膜玻璃与吸热玻璃(低辐射玻璃)的区分可用下式表示:

$$S = \frac{A}{B} \tag{12-6}$$

式中　A——玻璃整个光通量的吸收系数;

　　　B——玻璃整个光通量的反射系数。

当 $S>1$ 时为吸热玻璃,当 $S<1$ 时为热反射玻璃。

热反射膜玻璃的应用范围

(1)热反射膜玻璃

广泛应用于建筑玻璃幕墙、外门窗。车窗玻璃、电烤箱和微波炉的炉门等,起到单向透视和反射热的功能。

(2)透明反射膜玻璃

主要应用于冷柜、保鲜柜和冷库的透明门及高温环境下的透明隔热墙等领域。

(四)泡沫塑料

泡沫塑料是以各种高分子聚合物为主体基料,加入适量的发泡剂、催化剂、表面活性剂、阻燃剂等助剂,在一定条件下,形成内部含有无数微小泡沫的制品,可以说,泡沫塑料是以气体为填料的复合塑料。

泡沫塑料的制作按其基本发泡方式可分为三类,即机械法、物理法和化学法。

机械发泡是指通过机械方法强烈地搅动树脂的乳液、悬浮液或溶液,使产生泡沫,然后使之凝胶、稠合或固化,从而得到塑料泡沫。物理发泡法是将惰性压缩气体、可溶于树脂的低沸点液体或易升华的固体等用压力溶于树脂中,当压力下降、树脂料受热升华时,它们挥发或升华,产生大量气体,使树脂料发泡。在此过程中,发泡剂仅是物理形态发生了变化,化学组成不变。化学发泡法是将化学发泡剂(通常指具有粉状特征的热分解型化学发泡剂)均匀地分散在树脂中,成型时发泡剂预热分解,放出大量惰性气体,从而使树脂发泡膨胀。虽然物理发泡法用的发泡剂价格低廉,但一般却需要造价比较昂贵、专门为一定用途而设计的设备,故目前大多使用化学发泡剂制造泡沫塑料。

各类泡沫制品,通过调整生产工艺、化学改性构成的泡沫配方,均可制成各种不同性能指标的系列制品。按燃烧性能划分,可分为普通型、难燃型;按泡沫结构的不同划分,可分为开孔型和闭孔型;按发泡倍率的高低划分,可分为低发泡、中发泡和高发泡;按质量划分,可分为高密度和低密度;按使用温度划分,可分为普通型和耐高温型(耐温100℃以上);按强度划分,可分为硬质、半硬质和软质型等。

泡沫塑料的成型方法有多种。目前已由注射、浇注、挤出等方法发展到模塑成型、粉末成型、中空成型以及结构泡沫连续挤出、双组分结构泡沫注射成型等多种方法。

泡沫塑料的分类方法很多,目前较为常见的是按其构成的母体材料命名,如聚氨酯泡沫塑料、聚苯乙烯泡沫塑料、聚乙烯泡沫塑料、聚氯乙烯泡沫塑料、酚醛泡沫塑料、聚异氰脲酸酯泡沫塑料等。

1. 聚苯乙烯泡沫塑料

聚苯乙烯泡沫塑料(PS)是以聚苯乙烯树脂为主体原料,加入发泡剂等辅助材料,经加热发泡制成。

聚苯乙烯泡沫塑料是由表皮层和中心层构成的蜂窝状结构。表皮层不含气孔,而中心层含大量微细封闭气孔,孔隙率可达98%。聚苯乙烯泡沫塑料具有质轻、保温、吸声、防震、吸水性小、耐低温性能好等特点,并且有较强恢复变形能力。聚苯乙烯泡沫塑料对水、海水、弱酸、植物油、醇类都相当稳定。

按生产配方及生产工艺的不同,可生产不同类型的聚苯乙烯泡沫塑料制品,目前常用主要类型的产品有可发性聚苯乙烯树脂泡沫塑料(EPS)和挤塑型聚苯乙烯泡沫塑料(XPS)两大类。

(1)可发性聚苯乙烯树脂泡沫塑料(EPS)

含有液体发泡剂(通常为戊烷、异戊烷、丁烷或石油醚等环保性发泡剂)的可发性聚苯乙烯珠粒,经过预发泡、熟化和发泡模塑,即可制得泡沫塑料制品。

1)生产成型工艺

EPS珠粒生产一般采用悬浮聚合,即将聚苯乙烯单体在强烈机械搅拌下分散为油状液滴,并借助与悬浮剂的分散作用悬浮于水中,在引发剂的作用下聚合为珠状固体的聚合方法。具体工艺又可分为一步法和二步法。一步法工艺简单,投资费用低,在降低消耗和节约能耗方面也优于二步法。目前,国内外生产可发性聚苯乙烯的工艺主要为一步法。

使用EPS珠粒制造泡沫制品的生产过程通常分为预发泡、熟化与模塑三道工序。

① 预发泡

预发泡是指加热使珠状物膨胀到一定程度,以便模塑时制品密度获得更大的降低,并减少制品内部的密度梯度。经预发泡的物料仍为颗粒状，但其体积比原来大数十倍,通称为预胀物。

② 预发泡后的 PS 颗粒料必须经过熟化,即在一定条件下贮放一段时间,以吸收空气,使气泡内外压力平衡,防止成型后收缩,并使所余发泡剂恢复到液体状态,使预发泡颗粒具有弹性。熟化温度为 22～26℃,熟化时间根据容重要求、珠粒形状及空气条件而定。熟化贮存过程中发泡剂也同时向外扩散,因此贮存期不能过长,一般在开口容器内在室温下放置 8～10h。

③ 模塑与制品加工

常用的方法为蒸汽加热模压法与挤出法。

蒸汽加热模压法又分为蒸缸发泡法和液压机直接蒸汽发泡法。蒸缸发泡法适宜生产小型、薄壁与形状复杂的制品。液压机直接蒸汽发泡法适宜生产厚度大的制品如泡沫板。挤出法适宜生产泡沫片材与薄膜。

聚苯乙烯泡沫塑料的切割非常容易,可使用刀锯、电热丝等工具进行切割。为使切割面光滑平整,应采用高速无齿锯条。如采用电阻丝切割时,宜用低电压(5～12V),温度一般控制在 200～250℃。

模塑聚苯乙烯泡沫塑料的技术性质 表 12-8

项　目	单　位	性　能　指　标					
		Ⅰ	Ⅱ	Ⅲ	Ⅳ	Ⅴ	Ⅵ
表观密度	kg/m³(≥)	15.0	20.0	30.0	40.0	50.0	60.0
压缩强度	kPa(≥)	60	100	150	200	300	400
导热系数	W/(m·K)(≤)	0.041			0.039		
尺寸稳定性	%(≤)	4	3	2	2	2	1
水蒸汽透过系数	ng/(Pa·m·s)(≤)	6	4.5	4.5	4	3	2
吸水率(体积分数)	%(≤)	6	4		2		
熔结性　断裂弯曲负荷	N(≥)	15	25	35	60	90	120
熔结性　弯曲变形	mm(≥)	20			—		
燃烧性能　氧指数	%(≥)	30					
燃烧性能　燃烧分级		达到 B2 级					

2) EPS 的特点

① 质轻、保温、隔热、吸声、防振性好。

② 吸水性小,耐酸碱性好,耐低温性好,自熄性在离火 1～2s 自行熄灭。

③ 有一定弹性,易加工。

3) EPS 的陈化

EPS 板的尺寸变化可分为热效应和后收缩两种变化,温度变化引起的变形是可逆的。EPS 板加热成型后会产生收缩,这就是后收缩。后收缩的收缩率起初较快,以后逐渐变慢,收缩到某一个极限值后,就不再收缩。因此 EPS 板形成后需要进行自然养护和陈化 42d 以上,或者在 60℃蒸汽养护条件下 5d 以上,才可保证 EPS 板的稳定性,保证 EPS 板使用后不会产生后收缩。

4）EPS 的使用范围

由于 EPS 的导热系数为 0.04W/(m·K)左右,且原料丰富,价格便宜,是理想的轻质建筑隔热保温材料。在建筑业中,用 EPS 制成的各种夹芯板可作为非承重结构建筑的内外墙板、活动房屋的轻质板墙、各种规格冷库的保温墙板,不仅绝热隔声效果显著,而且轻便美观,使用方便。还可以与普通钢板、不锈钢板和镀锌铁板作面材料制成聚苯乙烯泡沫塑料金属夹芯板,或做成外面为装饰板,里面是金属板,或外面是低碳钢板(或不锈钢板),里面用塑料复合板(涂塑钢板)的复合夹芯板。该类板材具备极佳的保温性能和装饰效果,被广泛应用于中高档建筑的外墙材料。

在建筑物中,EPS 块料可用于增强混凝土横梁以降低其结构物的质量;可制成混凝土制件内的空腔或注进模型中的空腔;可将黏土和预发体按一定比例混合,在高温下焙烧,EPS 预发体受热发泡,进而碳化燃烧制成呈空心结构的砖,这种砖具有较高的强度并有优良的绝热性能。另外 EPS 板材还可以降低由于土壤对建筑物(或路面)横向或垂直方向的压力,从而达到有效防止地面下沉的目的。

聚苯乙烯泡沫塑料制品可使用聚醋酸乙烯乳液、低温沥青、乳化沥青、聚氨酯胶粘剂、酚醛树脂胶粘剂、脲醛树脂胶粘剂等进行粘结。但在操作中应注意粘结温度不可超过 70℃,最高使用温度为 90℃,最低使用温度为 150℃。所采用的胶粘剂中不能含有大量能溶解聚苯乙烯的溶剂。

由于普通型可发性聚苯乙烯泡沫塑料具有可燃性,故在保管、运输和使用过程中,应注意严禁接近烟火。并不可猛摔、重压和用锋利物品冲击。

（2）挤塑型聚苯乙烯泡沫塑料(XPS)

挤塑型聚苯乙烯泡沫塑料(XPS)是以聚苯乙烯树脂加上其他辅助料和聚合物,在加热混合时注入发泡剂,然后挤塑成型的硬质泡沫塑料板。XPS 具有完美的闭孔蜂窝结构、极低的吸水性、低热导率、高抗压强度和抗老化性,是一种理想的绝热保温材料。

1）生产工艺

XPS 的主要原材料是聚苯乙烯树脂,平均相对分子质量范围在 170000～500000 之间,$M_w/M_n \geq 2.6$。辅料包括成核剂(滑石粉)、发泡剂、颜料等。绝大多数企业所采用的发泡剂不含卤代烷,而是使用与空气置换速度较快的烷烃类发泡剂,这样既避免了对臭氧层的破坏,又保证在反应的初始阶段就大部分完成了与空气的置换,使施工后材料的热导率变化很小。除此之外,还有利用 CO_2 作发泡剂的专利技术。

2）XPS 板的技术性质

XPS 板的生产过程是将熔化了的聚苯乙烯树脂或其他共聚物和少量添加剂、发泡剂在特定的挤出机中加热挤出,经压辊延展,并在真空成型区(也有的工艺不需要真空成型)中冷却。它与 EPS 不同,由于是连续挤出成型,成型后的产品结构呈一体性,而不是由 EPS 粒子膨胀后加压成型,XPS 板具有十分完整的闭孔式结构,没有粒子间的空隙存在,因此其性能十分优异。

①优异的抗湿性和抗蒸汽渗透性

EPS 板的结构是一粒粒的球状分布,虽然材料本身也为排水性,但由于其结构中的珠粒间仍留有间隙,间隙能够吸水。而 XPS 板具有中心发泡、表面光滑的完全的闭孔式结构,正反面都没有缝隙,使漏水冷凝和结冰、解冻循环等情况产生的湿气无法渗透,吸水性极低,即使在低温冷冻状态下也具有较高的抗湿气渗透性能,使板材的性能可达到持续发挥。能适应恶劣的潮湿环境而不影响绝热性能,所以在地下室保温、路基处理等潮湿或渗水的情况下采用 XPS 板是一种很好的选择。

几种保温材料吸水率和蒸汽渗透性能比较 表 12-9

项　目	XPS	EPS	SPU(喷涂聚氨酯)	FG 泡沫玻璃
吸水率(体积)(%)	0.3	2.0 ~ 4.0	5.0	0.5
水蒸汽渗透率[mg/(Pa·m²·s)]	63	115 ~ 287	144 ~ 176	0.28

② 持久的保温隔热性能

XPS 板是以 PS 为原料、以挤塑方式生产的紧密闭孔蜂窝结构泡沫塑料,其完美的闭孔蜂窝结构能更有效地阻止热传导作用。XPS 板(带表皮)在平均温度 10℃时导热率为 0.0289W/(m²·K),而且这个数值能够在相当长的时间内保持,不会随时间延长而发生明显的变化。

XPS 板具有致密的表层及闭孔结构内层。其导热系数大大低于同厚度的 EPS,因此具有较 EPS 更好的保温隔热性能。对同样的建筑物外墙,其使用厚度可小于其他类型的保温材料。

几种常用保温材料在相同热阻下的物性比较 表 12-10

保温材料	设计热阻要求 [W/(m²·K)]	热导率 [W/(m·K)]	容重 (kg/m³)	达到热阻要求的厚度 (mm)
水泥膨胀珍珠岩	0.893	0.16	400	143
沥青膨胀珍珠岩板	0.893	0.12	400	107
加气混凝土	0.893	0.19	500	170
水泥膨胀蛭石板	0.893	0.14	350	125
水泥聚苯板	0.893	0.09	300	80
EPS 板	0.893	0.042	20 ~ 30	38
硬质聚氨酯泡沫板	0.893	0.023	60	21
XPS 板	0.893	0.028	40 ~ 50	25

③ 高的抗压性

XPS 板的抗压强度高,通常可达 150kPa 以上,最高可达 500kPa 以上,是屋面、高速公路及停车场理想的保温、隔热、隔水材料。XPS 板与 EPS 板的压缩对比见表 2-11。

几种常见保温材料的压缩强度 表 12-11

项　目	XPS	EPS	SPU(喷涂聚氨酯)	FG 泡沫玻璃
密度(kg/m³)	21 ~ 48	12 ~ 32		107 ~ 147
压缩强度(kPa)	104 ~ 690	35 ~ 173	104 ~ 414	448

④ 方便快捷的加工性

工厂生产的 XPS 板最为常见的宽度为 600 ~ 1200mm,厚度为 20 ~ 100mm。因为是连续生产,长度可按需要进行调整,基本上能满足使用需要。如有特殊需要,如墙体保温的墙角、窗角等,只需在现场切割加工即可。

3）XPS 的缺点

① XPS 保温系统中,挤塑板与聚合物砂浆的导热系数相差倍数较大,容易造成外墙表面开裂。XPS 板的导热系数是 0.028W/(m·K),聚合物砂浆的导热系数约为 0.93W/(m·K),二者相差约 33 倍,由于温度变形不协调,变形系数相差太大,容易造成外墙表面的开裂。

② 透气性较差,在室内外温差较大的地区容易使水气在板的两侧结露。

③ 界面光洁度高,如果乳液聚合度不高,很难被粘结牢固。XPS 保温系统需要对界面进行找平,如果找平不好,则会影响外墙的平整度。外层的抗裂砂浆很难掩饰板缝,特别是在弧形段。

④ XPS 板强度较高,造成板材较脆、不易弯折,板上存在应力集中,容易使板材损坏开裂。

⑤ 尺寸稳定性差,受温度变化的影响而易变形、起鼓,导致保温层脱落。

⑥ 使用时间较短,国内尚无国家标准;欧美等保温技术先进国家尚未推广使用。

⑦ 价格与 EPS 相比较高。

4）XPS 板在建筑领域的应用

① 复合墙体中的保温隔热材料。XPS 板作为中间的夹心层,它的作用是阻止墙体与外界的热流交换,从而起到保温隔热的作用。

② 建筑物地下墙体基础。在寒冷地区经常出现泛霜渗入的情况,并导致地面冻胀,基层结构受损。XPS 板由于吸水率低,用于地下建筑有很好的防潮、防水性。将 XPS 板置于基层之下,可以令冰霜渗透和易受冰霜影响的基础出现结冰的情况减至最低,有效地控制地面冻胀。

③ 屋面内保温和外保温。XPS 板作内保温时,通常与其他材料如石膏板复合使用。作外保温时,使用专用的粘结剂和固定件将 XPS 板覆盖在墙体外层,然后进行外装饰。

④ 屋顶绝热保温。其中比较有代表性的做法是倒置屋顶,即首先完成屋顶防水层的施工,然后在防水层上做保温。

⑤ 用于公路、机场跑道、停车场等既需要防止路面返浆又要抗压的场所。

⑥ 冷库等低温储藏设备。XPS 板在结冰、解冻循环周期的环境下能够保持重要的结构特征,所以适合在冻融的条件下使用。

2. 聚氨酯泡沫塑料

聚氨酯泡沫塑料是以含有羟基的聚醚树脂或聚酯树脂为基料与异氰酸酯发生反应生成的聚氨基甲酸酯为主体,以异氰酸酯与水反应生成的二氧化碳(或以低沸点碳化合物)为发泡剂制成的一类泡沫塑料。

聚氨酯泡沫塑料品种甚多。按使用的原材料不同,聚氨酯泡沫塑料可分为聚酯和聚醚两大类。聚醚型泡沫塑料柔软、回弹性好,在耐水解、电学性能方面优于聚酯泡沫塑料。而聚酯泡沫塑料拉伸强度高,耐油、耐溶剂与耐氧化性能较好,其机械性能、耐温性、耐油性优于聚醚型泡沫塑料。由于聚醚型泡沫塑料性能较好,价格较低,故目前生产仍以其为主。聚氨酯泡沫塑料按生产工艺不同可分为硬质和软质两类。

在相同表观密度下,聚氨酯泡沫塑料的硬度可以在很宽的范围内变化,可以就地发泡。

（1）聚氨酯泡沫塑料特点

1）硬质聚氨酯泡沫塑料

硬质聚氨酯泡沫塑料中气孔绝大多数为封闭孔（90%以上），相对密度小、机械强度高、比强度高、隔音防震性能好、导热系数低、耐化学腐蚀、保温隔热性能优良。喷涂或浇注施工时，能与多种材质粘结，具有良好的粘结强度，施工后表面无接缝，密封与整体性能优良。施工配方可任意调整，施工方法灵活、简便、快速。

2）软质聚氨酯泡沫塑料

具有多孔、质轻、无毒、相对不易变形、柔软、弹性好、撕力强、透气、防尘、不发霉、吸声等特性。

（2）硬质聚氨酯泡沫塑料的技术性能（表12-12）

硬质聚氨酯泡沫塑料的技术性能 　　　　　　表12-12

项　　　　目			指　　　标			
			I		II	
			A	B	A	B
表观密度（kg/m³）　　　　　　　　　　≥			30	30	30	30
压缩性能（屈服点时或形变时的压缩应力）（kPa）　≥			100	100	150	150
导热系数[W/(m·k)]　　　　　　≤			0.022	0.027	0.022	0.027
尺寸稳定性，(70℃，48h)(%)　　　≤			5	5	5	5
水蒸汽透湿系数(23℃±2℃，0%~85% RH)，[ng/(Pa·m·s)]　≤			6.5		6.5	
吸水率(V/V)(%)　　　　　　≤			4		4	
燃烧性	1级	垂直燃烧法	平均燃烧时间(s)　≤	30		30	
			平均燃烧高度(mm)　≤	250		250	
	2级	水平燃烧法	平均燃烧时间(s)　≤	90		90	
			平均燃烧高度(mm)　≤	50		50	
	3级	非阻燃性		无要求		无要求	

（3）软质聚氨酯泡沫塑料的技术性质（表12-13）

软质聚氨酯泡沫塑料的技术性质 　　　　　　表12-13

表观密度（kg/m³）	导热系数[W/(m·k)]	抗拉强度（MPa）	延伸率（%）	压缩变形（kPa）	压缩负荷（压缩50%）（kPa）	回弹性（%）	使用温度（℃）
30~40	0.046	0.10~0.16	150~300	≤12	3~7	30~55	-50~100
32~46	0.042	0.07~0.10	100~200	10~12	1.7~4.5	30~40	80~160

（4）聚氨酯泡沫塑料应用范围

1）硬质聚氨酯泡沫塑料

用作墙体、坡屋面（包括粮库的贮粮仓、拱形彩钢屋顶）、平屋面（绝热层在防水层之下，如屋顶停车场、种植屋面、蓄水屋面）、密封（出现缝隙及冷桥部位）、冷库等方面的绝热保温，以及屋面防水、保温和隔热一体化功能型的应用。

2）低密度硬质聚氨酯泡沫塑料

主要用于包装行业，如精密仪器、工艺品、古董、医疗设备、光学仪器、军事设备及易碎品和玻璃器皿等现场的浇注包装。

3）软质或半软质聚氨酯泡沫塑料

家具、玻璃仪器等要求防振和防磕碰的民用与工业产品的包装及交通行业等。

3. 聚氯乙烯泡沫塑料

聚氯乙烯泡沫塑料（PVC）是以聚氯乙烯树脂为主体材料，添加适量的高分子改性剂、发泡剂、热稳定剂和增塑剂等辅助材料，经过低速或高速混合机混匀，预塑造粒或压片，再采用模压发泡、挤出发泡或注塑发泡而制成的泡沫塑料。

PVC 泡沫塑料，按硬度可分为软质、半硬质和硬质泡沫塑料；按泡孔结构分为闭孔泡沫和开孔塑料泡沫；按密度分为低密度泡沫塑料和高密度泡沫塑料；按是否交联，可分为交联泡沫塑料和未交联泡沫塑料；按其生产方法划分，有机械发泡法和化学发泡法。

（1）聚氯乙烯泡沫塑料的基本特性（表 12-14）

聚氯乙烯泡沫塑料的基本特性 表 12-14

物理机械性能	指　标	物理机械性能	指　标	耐化学性能	指　标
体积质量（kg/m³）	≤45	热导率[W/(m·k)]	≤0.043	耐酸性	20%盐酸中 24h 无变化
抗拉强度（MPa）	≥0.4	吸水率（kg/m²）	<0.2	耐碱性	45%苛性钠 24h 无变化
抗压强度（MPa）	≥0.18	耐热性（℃）	80(2h 不发粘)	耐油性	在 1 级汽油 中 24h 无变化
线收缩率（%）	≤4	耐寒性（℃）	−35(15min 不龟裂)		
伸长率（%）	≥10	可燃性	离开火源后 10s 熄		

（2）聚氯乙烯泡沫塑料的特点

聚氯乙烯泡沫塑料具有表观密度小、导热系数低、吸声性能好、防震性能好、耐酸碱、耐油、不吸水、不燃烧等特点；吸水性、透水性和透气性都非常小（在所用的泡沫塑料中水蒸汽透过率最低）；强度和刚度很高，耐冲击和振动。惟一的缺点是价格较高。

（3）聚氯乙烯泡沫塑料应用范围

硬质 PVC 可用作房屋建筑、车辆、船舶的内部装饰材料，其绝热保温、吸声、阻燃性能均优于木材；也可作为冷冻车、冷冻库、船舶和储罐的绝热材料。闭孔泡沫主要用于防震方面。软质 PVC 复合材料用于管道、储罐等绝热保温保冷材料，还可用于生活设施、医疗卫生、汽车坐垫等。

4. 聚乙烯泡沫塑料

聚乙烯泡沫塑料（PE）是以高压聚乙烯树脂为主体原料，加入交联剂、发泡剂、稳定剂等助剂加工而成泡沫塑料。可分为交联型和非交联型，目前以交联型为主。

（1）聚乙烯泡沫塑料的技术性质（表 12-15）

（2）聚乙烯泡沫塑料特点

具有独立泡孔结构，质轻、柔软、富有弹性、吸水率低、隔热、吸声性好；抗蠕变、耐应力开裂、耐油、耐热、耐低温、耐老化、耐水、耐化学腐蚀；施工快速便捷、环保；填加适当阻燃剂或其他改性方法,阻燃效果较好;产品泡孔均匀,表面光滑有装饰效果。

聚乙烯泡沫塑料的技术性质
表 12-15

表观密度 （kg/m³）	导热系数 [W/(m·k)]	使用温度 （℃）	抗拉强度 （MPa）	压缩负荷 （MPa）	吸水率 （%）	伸长率 （%）	回弹性 （%）
120～140	0.044	70～80	≥0.7	0.185	≤80%	≤80	43
≤120	0.047	<80	≥0.7	压缩率 <30%	<0.8	≤80	43
≤40	0.047	<80	≥0.3	压缩率 <30%	<0.6	>100	—
29～31	0.047	80	0.3	压缩率 <30%	<0.6	—	—

（3）聚乙烯泡沫塑料的应用范围

广泛用于建筑基础工程、节能型建筑墙体、屋面、地铁、隧道涵洞、地下设施工程的保温、防水、防结露、伸缩缝填充及防振等。

5. 酚醛泡沫塑料

酚醛泡沫塑料(PF)是热固性（或热塑性）酚醛树脂在发泡剂的作用下发泡并在固化促进剂（或固化剂）的作用下交联、固化而成的一种硬质热固性的开口泡沫塑料。

酚醛树脂可采用机械或化学发泡法制得发泡体。机械发泡制得的酚醛泡沫塑料为连续、开口气孔,因而导热系数较大,吸水率也较高;而化学发泡法制得的酚醛泡沫塑料多为封闭气孔,所以吸水率低,导热系数也较小。

（1）酚醛泡沫塑料特点

难燃、防火、隔声、绝热保温;热稳定好,低温收缩性小;氧指数高,在 200℃条件下,不燃烧、不熔化、不收缩、不变形、无毒气、无浓烟;在高温明火接触时,只在表面形成碳化层,而无熔融滴落物;性质稳定,耐化学腐蚀,耐火焰穿透,抗老化,质轻,价格便宜。

（2）酚醛泡沫塑料应用范围

广泛适用于防火保温要求较高的工业建筑、高层建筑及各类车船;轻质保温、隔音墙体、防火门;住宅小区集中供热管网建设、锅炉保温;冷库等深冷工程的保冷、绝热等。

（五）反射型保温隔热材料

反射型保温隔热材料,如铝箔波形纸保温隔热板是以波形纸板作为基层,铝箔作为面层（贴在复面纸上）经加工而成的,具有保温隔热性能、防潮性能,吸声效果好,并且质量轻、成本低等特点。铝箔保温隔热板分 3 层铝箔波形纸板及 5 层铝箔波形板板两种。

铝箔保温隔热板可以固定于钢筋混凝土屋面板下及木屋架下作保温隔热天棚使用,或设置在复合墙中（如在两层砖墙中设置一层或多层铝箔保温隔热板及空气层）,作为冷藏室、恒温室及其他类似房间的保温隔热墙体使用。也可用于室内一般低温管道的保温,作外护绝热复合材料使用。其优点是重量轻,施工简便,价格便宜,但材料耐外力冲击能力差,易损坏破裂。

（六）其他保温隔热材料

1. 碳化软木板

碳化软木板是以软木橡树的外皮为原料,经适当破碎后再在模型中成型,在 300℃左右热处理而成。其表观密度约在 105～437kg/m³,导热系数为 0.044～0.079W/(m·K),最高使用温度为 130℃。由于其在低温下长期使用不会引起性能的显著变化,故常用作保冷材料。

2. 纤维板

采用木质纤维或稻草等木质纤维经物理化学处理后,加入水泥、石膏等胶结剂,再经过滤压而成。其表观密度约为 210～1150 kg/m³,导热系数为 0.058～0.307 W/(m·K)。可用于墙壁、地板、棚顶等,也可用于包装箱、冷藏库等。

3. 蜂窝板

蜂窝板是由两块较薄的面板牢固地粘结一层较厚的蜂窝状芯材的两面而成的板材,亦称蜂窝夹层结构。蜂窝状芯材通常用浸渍过合成树脂(酚醛、聚酯等)的牛皮纸、玻璃布和铝片,经过加工粘合成六角形空隙(蜂窝状)的整块芯材。芯材的厚度在 1.5～450mm 范围内,空腔的尺寸在 10mm 左右。常用的面板为浸渍过树脂的牛皮纸或不经树脂浸渍的胶合板、纤维板、石膏板等。面板必须用适合的胶粘剂与芯材牢固地粘合在一起,才能显示出蜂窝板的优异特性,即强度质量比大,导热性低和抗震性好等多种功能。

第二节 建筑装饰材料

建筑装饰材料是指建筑主体工程完成后,铺设、粘贴或涂刷在建筑物表面起装饰作用的材料,也称饰面材料。一般是在建筑主体工程(结构工程和管线安装等)完成后,最后铺设、粘贴或涂刷在建筑物表面。

装饰材料除了起装饰作用,满足人们的美感需求外,通常还起着保护建筑物主体结构和改善建筑物使用功能的作用,是房屋建筑中不可缺少的一类材料。

一、概述

(一)建筑装饰材料的基本要求

1. 颜色

材料的颜色实质上是材料对光谱的反射,并非是材料本身固有的。它主要与光线的光谱组成有关,还与观看者的眼睛对光谱的敏感性有关。

2. 光泽

光泽是指有方向性的光线反射性质,它对于物体形象的清晰度起着决定性的作用。光泽与材料表面的平整程度、材料的材质、光线的投射及反射方向等因素有关。

3. 透明度

材料的透明度也是与光线有关的一种性质。既能透光又能透视的物体称为透明体;只能透光而不能透视的物体称为半透明体;既不能透光又不能透视的物体称为不透明体。

4. 质感

质感是材料质地的感觉,主要是通过线条的粗细、凸凹不平程度等对光线吸收、反射强度不同产生感官上的区别。质感不仅取决于饰面材料的性质,而且取决于施工方法,同种材料不同的施工方法,也会产生不同的质地感觉。

5. 形状与尺寸

对于块材、板材和卷材等装饰材料的形状和尺寸,以及表面的天然花纹、纹理以及人造花纹或图案等都有特定的要求,除卷材的尺寸和形状可在使用时按需要裁剪外,大多数装饰板材和块材都有一定的规格和形状,以便拼装成各种图案或花纹。

建筑装饰材料除上述基本要求外,还应具备一定的强度、可靠的耐水性、吸声性、耐火性、绝热性、重量指标及耐腐蚀性。

建筑装饰材料在选用时,必须考虑材料的使用功能、装饰特性、使用环境、材料供应、施工可行性、经济性、并结合装饰主体的特点加以考虑和分析比较,才能从众多建筑装饰材料中选择出合适的材料。以达到保证装饰质量、提高施工速度和降低工程造价的总目标。

(二)建筑装饰材料的分类

根据建筑装饰材料的化学性质不同,可以分为无机装饰材料和有机装饰材料两大类。无机装饰材料又可分为金属和非金属两大类(如铝合金、大理石、玻璃等),有机装饰材料包括塑料、涂料等。

二、石材

(一)天然装饰石材

由于石材特有的色泽和纹理,使其在室内外装饰中得到了广泛的应用。石材作为高级饰面材料,颇受人们欢迎,许多商场、宾馆等公共建筑均使用石材作为墙面、地面等装饰材料。

用致密岩石锯解而成的厚度不大的石材称为石板,通常以其磨光加工后所显示的花色特征及石材产地来命名。在建筑上常用的石板有大理石板、花岗石板等。

1. 大理石板

大理石板是用大理石荒料经锯解、研磨、抛光等加工而成的板材,具有吸水率小,耐磨性好以及耐久等优点,用于装饰等级要求较高的建筑物饰面,主要用于室内饰面,如墙面、地面、柱面、台面、栏杆、踏步等。但因大理石主要化学成分为碳酸钙,易被酸性介质侵蚀,生成易溶于水的石膏,使表面很快失去光泽,变得粗糙多孔,从而降低装饰效果。因此,除少数质地纯正、杂质少、比较稳定耐久的品种如汉白玉、艾叶青等大理石可用于外墙饰面,一般大理石不宜用于室外装饰。

2. 花岗石板

花岗石板材是由岩浆岩中的花岗石、闪长石、辉长石等荒料经锯片、磨光、修边等加工而成的板材。花岗石板材根据其在建筑物中使用部位的不同,其加工方法亦不同。建筑上常用的剁斧板,主要用于室外地面、台阶、基座等处;机刨板材一般用于地面、台阶、基座、纪念碑、墓碑等处;磨光板材因其具有色彩绚丽的花纹和光泽,故多用于室内外墙面、地面、柱面等的装饰,以及用作旱冰场地面、纪念碑、墓碑等。

(二)人造装饰石材

人造石材是以大理石碎料、石英砂、石碴等为骨料,树脂、聚酯或水泥为胶结料,经拌和、成型、聚合或养护后,打磨抛光切割而成。具有天然石材的装饰效果,而且花色、品种、形状等多样化,具有质量轻、强度高、耐腐蚀、耐污染、施工方便等优点;不足之处是色泽、纹理不及天然石材柔和自然。

1. 水泥型人造石材

水泥型人造石材是以白色、彩色水泥或硅酸盐、铝酸盐水泥为胶结料,砂为细骨料,碎大理石、碎花岗石或工业废渣等为粗骨料,必要时再加入适量的耐碱颜料配置拌成混合料,经浇捣成型、养护后,再进行磨平抛光而制成。该类产品的规格、色泽、性能等均可根据使用要求制作。水泥型人造石材的主要品种是水磨石板材、人造全无机花岗石大理石装饰板材、无机大理石和艺术石等。

2. 树脂型人造石材

树脂型人造石材是以有机树脂为胶结料，与天然碎石、石粉及颜料等配置拌成混合料，经浇捣成型、固化、脱模、烘干、抛光等工序制成，是目前国内外使用的主要人造石材。与天然大理石相比，树脂型人造石材便于制作形状复杂的制品，具有强度高、密度小、厚度小、耐酸碱腐蚀及美观等优点，但其耐老化性能不及天然花岗石。故多用于室内装饰，可用于宾馆、商店、公共土木工程和制作各种卫生器具等。

树脂型人造石材主要包括聚酯型人造大理石、聚酯型人造花岗石、玉石合成饰面板等。

3. 烧结型人造石材

烧结型人造石材的生产方法与陶瓷工艺相似，是将长石、石英、辉绿石、方解石等粉料和赤铁矿粉、一定量高岭土共同混合，然后用混浆法制备坯料，用半干法成型，再在窑炉中以 1000℃左右的高温焙烧而成。主要包括玻璃大理石装饰板、玻璃花岗石装饰板和仿黑色大理石装饰材料等。

三、建筑陶瓷

（一）概述

凡以黏土、长石、石英为基本原料，经配料、制坯、干燥、焙烧而制成的成品，称为陶瓷制品。陶瓷制品按其致密度可分为陶质、瓷质和炻质三大类。

陶质制品为多孔结构，通常吸水率较大，断面粗糙无光，敲击时声粗哑，有无釉和施釉两种制品。根据其原料土杂质含量的不同，又可分为粗陶和精陶两种。粗陶不施釉，建筑上常用的烧结黏土砖、瓦就是最普通的粗陶制品，精陶一般施有釉，建筑饰面用的面砖，以及卫生陶瓷和彩陶均属此类。

瓷质制品结构致密，吸水率小，有一定透明性，表面通常均施有釉。根据其原料土的化学成分与制作工艺的不同，又分为粗瓷和细瓷两种。瓷质制品多为日用餐具、陈设瓷、电瓷及美术用品等。

炻质制品是介于陶质和瓷质之间的一类陶瓷制品，也称半瓷。其构造比陶质致密，一般吸水率较小，但又不如瓷质制品那么洁白，其坯体多带有颜色，且无半透明性。按其坯体的细密程度不同，又分为粗炻器和细炻器两种。建筑饰面用的外墙面砖、地砖和陶瓷锦砖等均属炻器。

装饰是对陶瓷制品进行艺术加工的重要手段，它能大大地提高制品的外观效果，并且对陶瓷制品本身起到一定的保护作用，从而有效地把制品的实用性和装饰性有机地结合起来。陶瓷的装饰主要有施釉、釉下彩绘、釉上彩绘、贵金属装饰、结晶釉、流动釉及裂纹釉等。

（二）常用的建筑陶瓷制品

1. 釉面砖

釉面砖又称瓷砖，属于精陶类制品。釉面砖具有色泽柔和典雅，坚固耐用，易于清洁、防火、防水、耐磨、耐腐蚀等特点。主要用于建筑物内部墙面，如厨房、卫生间、浴室、墙裙等的装饰和保护。但不宜用于室外，因其多孔坯体层和表面釉层的吸水率、膨胀率相差较大，在室外受到日晒雨淋及温度变化时，易开裂或剥落。

2. 墙地砖

墙地砖是墙砖和地砖的总称，包括建筑外墙装饰贴面砖和室内外地面装饰砖。由于这类材料通常可墙、地两用，故称为墙地砖。

墙地砖具有强度高、耐磨、化学性能稳定、吸水率低、易于清洁、经久不裂等特点。主要用于室内外地面装饰和外墙装饰。用于室外铺装的墙地砖吸水率一般不大于6%，严寒地区，吸水率应更小。

3. 陶瓷锦砖

陶瓷锦砖俗称马赛克，是以优质陶土为主要原料，经压制烧成的片状小瓷砖，陶瓷锦砖有挂釉和不挂釉两类，目前各地产品多为不挂釉。通常将不同颜色和形状的小块瓷片铺贴在牛皮纸上形成色彩丰富、图案繁多的装饰砖成联使用。

陶瓷锦砖具有耐磨、耐火、吸水率小、抗压强度高、易清洗以及色泽稳定等特点，且造价较低，主要用于建筑物门厅、走廊、卫生间、厨房、化验室等内墙和地面，也可作为建筑物的外墙饰面，起到装饰作用，并增强建筑物的耐久性。

4. 建筑琉璃制品

建筑琉璃制品是我国陶瓷宝库中的古老珍品之一，使用难熔黏土制坯，经干燥、上釉后焙烧而成的制品。分为瓦类(板瓦、滴水瓦、筒瓦、沟头)、脊类和饰件类(吻、博古、兽)三类。

琉璃制品表面光滑、色彩绚丽、造型古朴、质坚耐久。颜色有绿、黄、蓝、青等。所装饰的建筑物富有我国传统的民族特色。主要用于具有民族特色的宫殿式建筑和园林中的亭、台、楼阁等。

四、金属板材

金属饰面板是建筑装饰中的中高档装饰材料，主要用于墙面、柱面、顶棚的装饰。金属装饰板有易于成型，安装方便，同时具有防火、耐磨、耐腐蚀等一系列优点。

(一)铝合金装饰板材

铝合金装饰板材是一种中高档的装饰材料，具有独特的装饰效果，表面经阳极氧化和喷漆处理，可以获得不同色彩的氧化膜或漆膜。铝合金装饰板具有质量轻、易加工、刚度较好、耐久性好等优点，适用于饭店、商场、体育馆、办公楼等建筑的墙面和屋面装饰。建筑中常用的铝合金装饰板主要有铝合金花纹板、铝合金浅花纹板、铝合金压型板及铝合金冲孔平板等。

(二)装饰用钢板

装饰用不锈钢板主要是厚度小于4mm的薄板，用量最多的是厚度小于2mm的板材。常用的有平面钢板和凹凸钢板两类。前者通常是经研磨、抛光等工序制成，后者是在正常的研磨、抛光之后再经辊压、雕刻、特殊研磨等工序制成。建筑中常用的钢板主要有镜面不锈钢板、亚光不锈钢板、浮雕不锈钢板、彩色不锈钢板及彩色涂层钢板等。

五、建筑塑料装饰制品

塑料作为建筑装饰材料具有很多特性，不仅能用来代替许多传统的材料，而且有很多传统材料所不具备的优良性能。比如优良的可加工性能，强度重量比大，良好的电绝缘性及化学稳定性，具有保温、隔热、隔声等多种功能。

（一）塑料地板

塑料地板品种很多，分类方法各异。按照生产塑料地板所用树脂来分，可分为：聚氯乙烯塑料地板，聚丙烯树脂塑料地板、氯化氯乙烯树脂塑料地板。目前绝大多数塑料地板属于聚氯乙烯塑料地板。按照塑料地板的结构来分，有单层塑料地板和多层塑料地板等。

塑料地板可以粘贴在如水泥混凝土或木材等基层上，构成饰面层。塑料地板的装饰性好，其色彩及图案不受限制，能满足各种用途的需要，也可仿制天然材料，十分逼真。塑料地板施工铺设方便，耐磨性好，使用寿命较长，便于清扫，脚感舒适且有多种功能，如隔声、隔热和隔潮等。

（二）塑料壁纸

塑料壁纸是目前发展最为迅速，应用最为广泛的壁纸。通常，塑料壁纸大致分为三类，即普通壁纸、发泡壁纸和特种壁纸。塑料壁纸具有良好的装饰效果，可以制成各种图案及丰富的凸凹花纹，富有质感、且施工简单，节约大量粉刷工作，因此可提高工效，缩短施工周期，塑料壁纸陈旧后，易于更换。塑料壁纸表面不吸水，可用布擦洗。塑料壁纸还具有一定的伸缩性，抗裂性较好。

六、建筑装饰木材

木材的装饰效果主要通过其质感、光泽、色彩、纹理等方面表现出来。木材的装饰效果能给人们带来回归自然、华贵安乐的感觉。并且具有保温绝热、吸湿、吸声效果，表面可涂饰油漆、粘贴贴面等。

（一）木地板

木地板有条板地板和拼花地板两种，前者使用较为普遍。

条板地板具有木质感强、弹性好、脚感舒适、美观大方等特点。通常采用松、杉、柞、榆等材质制作。其铺设分为实铺和空铺两种。

拼花地板是用水曲柳、柞木、柚木等制成条状小条板，用于室内地面装饰拼铺。拼花地板常见拼花图案有正芦席纹、人字纹、砖墙纹等。

（二）木线条

木线条装饰材料是装饰工程中各平面交接口处的收边封口材料。主要品种有压边线、压角线、墙角线、天花角线、弯线、柱角线等。各类木线条立体造型各异，断面形状繁多，材质可选性强，表面可再行涂饰，使室内增添古朴、高雅、亲切的感觉。

七、卷材类装饰材料

（一）卷材类地面装饰材料

1. 地毯

地毯是一种古老的高级地面装饰材料，具有较好的装饰效果，地毯铺在室内地面上，能起到隔热、保温和吸声的作用，还能防止滑倒，减轻碰撞，使人脚感舒适，其特有的质感和艺术风格，使室内环境气氛显得高贵华丽。

地毯按编织工艺的不同，可分为手工编织地毯、簇绒地毯和无纺地毯三类。按材质的不同，可分为纯毛地毯、混纺地毯、化纤地毯、塑料地毯、剑麻地毯和橡胶地毯等六大类。

纯毛地毯即羊毛地毯，是以粗绵羊毛为主要原料而制成的，为高档铺地装饰材料。纯毛地毯分手工和机织两种。手工编织纯毛地毯图案优美、富丽堂皇、做工精细,产品名贵,售价高,常用于国际性、国家级的大会堂、迎宾馆、高级饭店和高级住宅、会客厅,以及其他重要的装饰性要求高的场所。机织纯毛地毯性能与纯毛手工地毯相似,但价格远低于手工地毯。适用于宾馆、饭店的客房、楼梯、楼道、宴会厅、会客室,以及体育馆、家庭等满铺使用。

化纤地毯又称合成地毯。它是以化学合成纤维为原料,经机织或簇绒等方法加工成面层织物后,再与防松层、背衬进行复合处理而成。具有质轻、耐磨性好、富有弹性、脚感舒适、步履轻便、铺设简便、价格较低、不易被虫蛀和霉变等特点,适用于宾馆、饭店、接待室、餐厅、住宅居室、活动室及船舶、车辆、飞机等地面铺设。

2. 塑料卷材地板

塑料卷材地板俗称地板革,属于软质塑料。其生产工艺为压延法,产品可进行压花、印花、发泡等。塑料卷材地板较柔软、脚感好;施工方便,装饰性较好;易清洗;耐磨性较好;耐热性和耐燃性较差。塑料卷材地板主要应用于住宅、办公室、实验室、饭店等的地面装饰,也可用于台面装饰。

(二)卷材类墙面装饰材料

装饰壁纸、墙布是目前国内外使用最为广泛的墙面装饰材料之一。它以多变的图案、丰富的色泽、仿制传统材料的外观(如木材、石纹、锦缎、瓷砖、蒙古土砖等),深受用户的欢迎。装饰壁纸、墙布在宾馆、住宅、办公楼、舞厅、影剧院等有装饰要求的室内墙面、顶棚、柱面应用比较普遍。目前常用的装饰壁纸有塑料壁纸、纸基织物壁纸、麻草壁纸和金属壁纸等。

高级墙面装饰织物是指锦缎、丝绒、呢料等织物。这些织物由于纤维材料、制造方法及处理工艺的不同,所产生的质感和装饰效果也不相同,它们均能给人以美的感受。锦缎、丝绒、呢料等高级墙面装饰织物不易擦洗,稍受潮就会留下斑迹,易生霉变,使用中应予以注意。

第三节　其他功能材料

一、建筑防水材料

建筑物具有防水功能是人们对其主要使用功能要求之一,防水材料是实现这一功能要求的物质基础。其主要作用是对建筑起到防渗漏、防潮作用,保护建筑物内部使用空间免受水分干扰等。目前使用的防水材料主要有防水卷材、防水涂料、密封堵漏材料和防水剂等。

(一)防水卷材

防水卷材是建筑工程防水材料的重要品种之一,其作用是隔绝水分对建筑物的渗漏作用。其分类见表 12-16,其中沥青防水卷材是一类大量普遍应用的防水材料。后两类防水卷材由于其优异的性能,代表了新型防水卷材的发展方向。

1. 沥青防水卷材

沥青防水卷材是以各种沥青为基材,以原纸、纤维布等为胎基,表面施以隔离材料而制成的片状防水材料,其中最具代表性的是纸胎沥青防水卷材,简称油毡或油毛毡。它是用低软化点的石油沥青浸渍原纸,然后用高软化点的石油沥青涂盖油纸的两面,再涂撒隔离材料制成的一种防水卷材。由于沥青具有良好的防水性,而且资源丰富、价格低廉,所以沥青防水卷材的应用在我国占主导地位。但由于沥青材料的低温柔性差、温度敏感性强、耐大气老化性差,故属于低档防水卷材。

防水卷材的分类　　　　　　　　　　　表 12-16

沥青防水卷材		纸胎石油沥青油毡纸、玻璃布胎沥青油毡等
高聚物改性沥青防水卷材		SBS 改性沥青柔性油毡、APP 改性沥青油毡、彩砂面聚酯弹性体油毡、PVC 改性煤焦油沥青耐高低温油毡、再生胶改性沥青油毡等
合成高分子卷材	橡胶类	三元乙丙卷材、丁基橡胶卷材、再生胶卷材等
	塑料类	聚氯乙烯卷材、氯化聚乙烯卷材、聚乙烯卷材、氯碘化聚乙烯卷材
	橡塑类	氯化聚乙烯 - 橡胶共混卷材

　　通过对油毡胎体材料加以改进、开发,最初的纸胎油毡已发展成为玻璃布胎沥青油毡等一大类沥青防水卷材,使防水卷材的性能得到了改善,广泛用于地下、水工、工业与民用建筑,尤其是屋面防水工程。

　　2. 高聚物改性沥青防水卷材

　　沥青防水卷材由于其温度稳定性差、延伸率小等,很难适应基层开裂及伸缩变形的要求。常用高聚物对传统的沥青防水卷材进行改性,则可以克服其不足,从而使改性防水卷材具有高温不流淌、低温不脆裂、拉伸强度较高、延伸较大等优异性能。如 APP 改性沥青防水卷材、SBS 橡胶改性沥青柔性防水卷材、丁苯橡胶改性沥青防水卷材等。

　　(1) SBS 改性沥青防水卷材

　　SBS 改性沥青防水卷材是用 SBS 热塑性弹性体作改性剂,将改性后的石油沥青作涂布材料,浸渍聚酯纤维无纺毡或麻毛毡或玻纤毡,撒布砂、滑石粉作隔离材料或用聚乙烯薄膜作隔离层,经配料、共熔、浸渍、辊压、复合成型、检验、卷取包装等工序生产。

　　SBS 改性沥青防水卷材综合性能强,具有良好的耐低温性能,耐老化、施工简便,抗拉强度高、延伸率大、自重轻,施工方法简便,既可用热熔施工,又可用冷粘结施工。适用寒冷及酷热地区的工业与民用建筑屋面、地下工程、游泳池、水库、桥梁、隧道、灌溉渠等工程的防水,使用寿命 15 年。

　　(2) APP 改性沥青防水卷材

　　以玻璃毡、聚酯毡等作胎体,以 APP 改性石油沥青作浸渍涂盖层,均匀致密地浸渍在胎体两面,采用片岩彩色砂或金属箔等作面层防粘隔离材料,底面复合塑料薄膜,经一定生产工艺而加工制成的一种中、高档改性沥青防水卷材。

　　APP 改性沥青防水卷材分子结构稳定、老化期长,具有良好的耐热性,抗拉强度高、延伸率大、施工简便、无污染,具有良好的憎水性和粘结性,既可冷施工,又可热施工,无污染,可在混凝土板、塑料板、木板、金属板等材料上施工。适用于各式屋面、地下室、游泳池、水坝、桥梁、隧道等建筑物工程的防水防潮,也可用于各种金属容器、管道的防腐保护和船舶的防潮。

　　3. 合成高分子防水卷材

　　以合成橡胶,合成树脂或二者的共混体为基料,加入适量的助剂和填充料等,经过特定工序制成的防水卷材称之为合成高分子防水卷材。

　　合成高分子防水卷材具有拉伸强度高、断裂伸长率大、抗撕裂强度高、耐热性能好、低温柔性好、耐腐蚀、耐老化及可以冷施工等一系列优异性能,是今后要大力发展的新型高档防水卷材。

(1)聚氯乙烯(PVC)防水卷材

聚氯乙烯防水卷材是以聚氯乙烯树脂为主要原料,掺加填充料和适量的改性剂、增塑剂、抗氧剂和紫外线吸收剂等,经过捏合、混炼、造粒、挤出压延、冷却、卷取等工序加工制成的防水卷材。

聚氯乙烯防水卷材根据基料的组成和特性分为 S 型和 P 型,前者为以煤焦油与聚氯乙烯树脂混合料为基料的防水卷材,后者为以增塑聚氯乙烯为基料的防水卷材。

聚氯乙烯防水卷材适用于新建和翻修工程的屋面防水,也适用于水池、堤坝等防水抗渗工程。

(2)三元乙丙橡胶防水卷材

三元乙丙(EPDM)橡胶防水卷材是以乙烯、丙烯及少量双环戊二烯三种单体共聚合而成的,以橡胶为主体,掺入适量的硫化剂、促进剂、软化剂、填充料等经过密炼、拉片、过滤、压延或挤出成型、硫化等工序而制成的。具有耐老化性能好、力学性能好、耐高、低温性能好等显著特点。

(3)氯化聚乙烯—橡胶共混防水卷材

氯化聚乙烯—橡胶共混防水卷材,是以氯化聚乙烯树脂和合成橡胶为主体,加入适量的硫化剂、促进剂、稳定剂、软化剂和填充料等,经过素炼、混炼、过滤、压延成型、硫化等工序而制成的防水卷材。

氯化聚乙烯—橡胶共混防水卷材兼有橡胶和塑料的特点。即不仅具有氯化聚乙烯所特有的高强度和优异的耐臭氧、耐老化性能,而且具有橡胶类材料所特有的高弹性、高延伸性以及良好的低温柔性。最适用于屋面工程作单层外露防水。

(二)防水涂料

防水涂料常温下呈粘稠液态状的物质,将其涂布在基层表面,经溶剂或水分挥发,或各组分间的化学反应,可形成具有一定弹性的连续薄膜,使基层表面与水隔绝,起到防水和防潮作用。广泛适用于工业与民用建筑的屋面、墙面防水工程、地下混凝土工程的防潮、防渗等。

防水涂料按成膜物质的主要成分可分为三大类,如表 12-17 所示,如按涂料的介质不同,又可分为溶剂型、乳液型和反应型三类。

<table>
<tr><td colspan="3" style="text-align:center">防水涂料的分类</td><td style="text-align:right">表 12-17</td></tr>
<tr><td rowspan="2">沥 青 涂 料</td><td>乳液型</td><td colspan="2">石灰膏乳化沥青、石棉乳化沥青</td></tr>
<tr><td>溶剂型</td><td colspan="2">油膏稀释防水涂料</td></tr>
<tr><td>聚合物改性防水涂料(乳液型或溶剂型)</td><td colspan="3">氯丁橡胶沥青涂料、SBS 橡胶沥青涂料、再生胶涂料</td></tr>
<tr><td>合成高分子防水涂料(乳液型或溶剂型)</td><td colspan="3">聚氨酯类、丙烯酸类、氯丁胶类</td></tr>
</table>

1.乳液型氯丁橡胶沥青防水材料

乳液型氯丁橡胶沥青防水材料是将氯丁橡胶溶于甲苯等有机溶剂中,再与石油沥青乳液相混合,稳定分散在水中而制成的一种乳液型防水涂料。

由于使用氯丁橡胶对其进行改性,与沥青基防水涂料相比,乳液型氯丁橡胶沥青防水材料无论在柔韧性、抗裂性、强度、还是耐高低温性能、使用寿命等方面都有了很大的改善，具有成膜快、强度高、耐候性好、抗裂性好、且难燃、无毒等特点。

2. 聚氨酯防水涂料

聚氨酯防水涂料属双组反应型涂料。甲组分是含有异氰基酸的预聚体，乙组分是含有多羟基的固化剂与增塑剂、填充料、稀释剂等。甲、乙两组分混合后，经固化反应，即形成均匀、富有弹性的防水涂膜。

由于这类涂料是通过组分间发生化学反应直接由液态转变为固态，几乎不产生体积收缩，故易于形成较厚的防水涂膜。此外，它还具有优异的耐候、耐油、抗撕裂等性能，属高档防水涂料。

（三）建筑密封材料

建筑密封材料是使建筑上的各种接缝或裂缝、变形缝（沉降缝、伸缩缝、抗震缝）保持水密、气密性能，并具有一定强度，能连接构件的填充材料。具有弹性的密封材料有时亦称弹性密封胶，或简称密封胶。

建筑密封材料可分为定型和不定型两大类（表12-18），前者是指软质带状嵌缝条，后者是指胶泥状嵌缝油膏。

建筑密封材料的分类 表12-18

不定型	弹性型	单组分型	非溶剂型	硅酮、聚硫化物、聚氨酯
			溶剂型	硅酮、丙烯酸类、丁基橡胶
			乳液型	丙烯酸类
		双组分型	丁基苯橡胶、硅酮、聚硫化物、聚氨酯、环氧树脂	
	非弹性型	油灰、油性嵌缝材料（有模、无模）、沥青		
定 型	弹性型	聚丁烯、丁基橡胶、聚丙烯、橡胶沥青、聚氯乙烯、氯丁橡胶、氯磺化聚乙烯、三元乙丙橡胶、沥青聚氨酯		
	非弹性型			

1. 嵌缝油膏

嵌缝油膏是一种胶泥状物质，具有很好的粘结性和延伸性，用来密封建筑物中各种接缝。传统的嵌缝油膏是油性沥青基的，属于塑性油膏，弹性较差。用高分子材料制得的油膏则为弹性油膏，延伸大，耐低温性能突出。将嵌缝油膏用溶剂稀释也可以作为防水涂料使用。常用嵌缝油膏有胶泥、有机硅橡胶、聚硫密封膏、丙烯酸密封膏、氯磺化聚乙烯密封膏等。

2. 嵌缝条

嵌缝条是采用塑料或橡胶挤出成型制成的一类软质带状制品，所用材料有软质聚氯乙烯、氯丁橡胶、EPDM、丁苯橡胶等，嵌缝条被用来密封伸缩缝和施工缝。

二、建筑防火材料

现代人们将燃烧科学地定义为：通常伴有火焰或生烟现象的物质的放热氧化反应，即任何可以产生无焰或有焰燃烧的生热或发光的化学过程被称为燃烧。而把火定义为：以放热为特点并伴随烟和火焰的燃烧过程。

不燃性建筑材料，在空气中受到火烧或高温作用时不起火、不微燃、不碳化。如花岗石、大理石、水磨石、水泥制品、混凝土制品、石膏板、石灰制品、黏土砖、玻璃、陶瓷、马赛克、钢材、铝合金制品等。

难燃性建筑材料,在空气中受到火烧或高温作用时难起火、难微燃、难碳化,当火源移走后,燃烧或微燃立即停止。如纸面石膏板、水泥刨花板、难燃胶合板、难燃中密度纤维板、难燃木材、硬质 PVC 塑料地板、酚醛塑料等。

可燃性建筑材料,在空气中受到火烧或高温作用时,立即起火或微燃,而且火源移走以后仍继续燃烧或微燃。如天然木材、木质人造板、竹材、木地板、聚乙烯塑料制品等。

易燃性建筑材料,在空气中受火烧或高温作用时,立即起火,且火焰传播速度很快。如有机玻璃、赛璐珞、泡沫塑料等。

各种建筑材料燃烧性能的级别见表 12-19。

表 12-19

燃烧性能的级别和名称

级　　别	名　　称	分 级 标 志
A	不燃材料	GB8624(A)
B1	难燃材料	GB8624(B$_1$)
B2	可燃材料	GB8624(B$_2$)
B3	易燃材料	GB8624(B$_3$)

（一）建筑防火板材

1. 纤维增强硅酸钙板

纤维增强硅酸钙板（简称硅钙板）是用粉煤灰、电石泥等工业废料为主,采用天然矿物纤维和其他少量纤维材料增强,以圆网抄取法生产工艺制坯,经高压釜蒸养而制成的轻质、防火建筑板材。

该板纤维分布均匀,排列有序,密实性好,具有较好的防火、隔热、防潮,不霉烂变质,不被虫蛀,不变形,耐老化等优点。主要用途为一般工业和民用建筑的吊顶、隔墙及墙裙装饰,也可用于列车厢、船舶隔仓、隧道、地铁和其他地下工程的吊顶、隔墙、护壁等。.

2. 耐火纸面石膏板

石膏板材在我国轻质墙板使用中占据很大比重,品种包括纸面石膏板、无纸面纤维石膏板、装饰石膏板、空心石膏板条等。

其中纸面石膏板具有轻质、表面平整、易于加工与装配、施工简便、调湿、隔声、隔热、防火等特点。其产品主要有普通纸面石膏板、耐水纸面石膏板和耐火纸面石膏板三种。

耐火纸面石膏板主要用于耐火性能要求较高的室内隔墙和吊顶及其他装饰装修部位。

（二）建筑防火涂料

建筑防火涂料是施用于可燃性基材表面,能降低被涂表面的可燃性、阻滞火灾的迅速蔓延,或是施用于建筑构件上,用以提高构件的耐火极限的一种特殊涂料。

防火涂料的防火原理是涂层能使底材与火（热）隔离,从而延长了热侵入底材和到达底材另一侧所需的时间,即延迟和抑制火焰的蔓延作用。侵入底材所需的时间越长,涂层的防火性越好,因此,防火涂料的主要作用应是阻燃,在起火的情况下,防火涂料就能起防火作用。

防火剂为实现其功能,主要添加了催化剂、碳化剂、发泡剂、阻燃剂、无机隔热材料等特殊的阻燃、隔热材料。

1. 非膨胀型防火涂料

非膨胀型防火涂料是一种由难燃性和不燃性的树脂及难燃剂、防火填料等组成的，涂层具有较好的难燃性，能阻止火焰蔓延的特种建筑涂料。可分为两类，即难燃性防火涂料和不燃性防火涂料。难燃性防火涂料的特点是涂料自身难燃，自身具有灭火性。难燃性防火涂料又可分为难燃性乳液涂料和含阻燃剂的防火涂料。

2. 膨胀型防火涂料

膨胀型防火涂料是由难燃树脂、难燃剂及成碳剂、脱水成碳催化剂、发泡剂等组成的，涂层在火焰或高温作用下会发生膨胀，形成比原来涂层大几十倍的泡沫碳质层，能有效地阻挡外部热源对底材的作用，从而起到能阻止燃烧发生的一种建筑防火特种涂料。其阻止燃烧的效果大于非膨胀型防火涂料。

膨胀型防火涂料的特点是当涂层受热达到一定温度后即膨胀到 10～100 倍以上，这样在被涂面与火源之间形成海绵状碳化层，阻止热量向底材传导，同时产生不燃性气体，使可燃性底材的燃烧速度和燃烧温度明显降低。

膨胀型防火涂料按分散介质的不同可分为溶剂型防火涂料、乳液型防火涂料、水溶液型防火涂料。

3. 钢结构防火涂料

钢结构虽然是非燃烧体，但未加保护的钢柱、钢梁、钢楼板和屋顶承重构件的耐火极限仅为 0.25h，要满足规范规定的 1～3h 的耐火极限要求，必须实施防火保护。

钢结构防火涂料主要是以改性无机高温胶粘剂与有机复合乳液胶粘剂为基料，加入膨胀蛭石、膨胀珍珠岩等吸热、隔热、增强的材料以及化学助剂制成的一种建筑防火特种涂料。

此类涂料粘结强度高，耐水性能好，热导率低，适用于高层、冶金、库房、石油化工、电力、国防、轻纺工业、交通运输等各类建筑物中的承重钢结构防火保护，也可用于防火墙，涂层形成防火隔热层，钢结构不会在火灾的高温下立即导致建筑物的垮塌。

三、建筑光学材料

(一) 概述

玻璃是重要的建筑光学材料，是无定形非结晶体，为均质的各向同性材料。玻璃是以石英砂 (SiO_2)、纯碱 ($NaCO_3$)、长石 ($R_2O \cdot Al_2O_3 \cdot 6SiO_2$，式中 R_2O 指 Na_2O 或 K_2O)、石灰石 ($CaCO_3$) 等为主要原料，在 1550～1600℃高温下熔融、成型并经急冷而制成的固体材料。为满足特种技术环境的需要，经常在玻璃原料中再加入某些辅助性原料，或经特殊工艺处理等，则可制得具有各种特殊性能的特种玻璃。

玻璃的化学成分很复杂，其主要成分为 SiO_2 (含量 72%左右)、Na_2O (含量 15%左右) 和 CaO (含量 9%左右)，另外还含有少量的 Al_2O_3、MgO 等。

玻璃的制造工艺主要有垂直引上法、平拉法、浮法和压延法等。其中，浮法工艺是现代最先进的生产玻璃的方法，它具有产量高、质量好、品种多、规模大、容易操作、劳动率高和经济效益好等优点，所以各国致力于发展浮法技术。

玻璃的品种繁多，按用途分为平板玻璃、建筑艺术玻璃、玻璃建筑构件和玻璃质绝热、隔音材料等。

（二）建筑玻璃的品种及其特性与用途

1. 平板玻璃

平板玻璃是建筑玻璃中用量最大的一类，包括普通平板玻璃、浮法玻璃、磨光玻璃、毛玻璃、压花玻璃、彩色玻璃等。

（1）普通平板玻璃

普通平板玻璃也称单光玻璃、净片玻璃，简称为玻璃，属钠玻璃类，是未经加工的平板玻璃。主要用于普通建筑，如民用建筑的门窗玻璃；经喷砂、雕磨、腐蚀等方法处理后，可制成屏风、黑板、隔断墙等；还可做某些深加工玻璃产品的原片。

（2）毛玻璃

毛玻璃是指经研磨、喷砂或氢氟酸溶蚀等加工，使表面（单面或双面）成为均匀粗糙的平板玻璃。由于毛玻璃表面粗糙，使透过光线产生漫射，造成透光不透视，使室内光线不炫目、不刺眼。一般用于建筑物的卫生间、浴室、办公室等的门窗及隔断，也可用作黑板及灯罩等。

（3）压花玻璃

压花玻璃又称花纹玻璃或滚花玻璃，是将熔融的玻璃液在冷却过程中，通过带图案的花纹辊轴连续对其辊压而成。可一面压花，也可两面压花。压花玻璃兼具使用功能和装饰功能，适用于要求采光但需隐秘的建筑物门窗，有装饰效果的半透明室内隔断及分隔，还可作卫生间、游泳池等处的装饰和分隔材料。

2. 饰面玻璃

（1）釉面玻璃

釉面玻璃是在玻璃表面涂敷一层彩色易熔性色釉。具有良好的化学稳定性和装饰性。它可用于食品工业、化学工业、商业、公共食堂等室内装饰面层，也可用作教学、行政和交通建筑的主要房间、门厅和楼梯的饰面层，尤其适用于建筑和构筑物立面的外饰面层。

（2）彩色玻璃

彩色玻璃又称有色玻璃，分透明和不透明的两种。彩色玻璃的颜色有红、黄、蓝、黑、绿、乳白等十余种。主要品种有彩色玻璃砖、玻璃贴面砖、彩色乳浊饰面玻璃和本体着色浮法玻璃等。彩色玻璃可拼成各种图案花纹，并有耐蚀、抗冲刷、易清洗等特点，主要用于建筑物的内外墙、门窗装饰及对光线有特殊采光要求的部位。

（3）其他饰面玻璃

其他饰面玻璃还包括水晶玻璃、艺术装饰玻璃、彩色艺术平板玻璃及矿渣微晶玻璃等，广泛应用于各种有装饰要求的建筑物。

3. 安全玻璃

普通平板玻璃的最大弱点是质脆、易碎，破碎后具有尖锐的棱角，容易伤人。为了保障人身安全，可以通过对普通玻璃增强处理，或者与其他材料复合或采用特殊成分制成安全玻璃。

（1）钢化玻璃

普通平板玻璃质脆的原因，除因脆性材料本身固有的特点外，还由于在其冷却过程中，内部产生了不均匀的内应力所致。为了减小玻璃的脆性，提高玻璃的强度，通常采用物理钢化（淬火）和化学钢化的方法而使玻璃中形成可缓解外力作用的均匀预应力。

钢化玻璃主要用于有安全要求的建筑,同时还用来制造夹层玻璃、防盗玻璃、防火玻璃等。在使用过程中必须注意严禁接触火花,否则将导致全面破碎。钢化玻璃不可切割、钻孔、磨削,用户必须按现成尺寸规格选用或具体设计尺寸规格向生产商订购。

（2）夹丝玻璃

夹丝玻璃是将预先编制好的钢丝网,压入经软化后的红热玻璃中而制成。钢丝网在夹丝玻璃中起增强作用,使其抗折强度和耐温度剧变性都比普通玻璃高,破碎时即使有许多裂缝,但其碎片仍附着在钢丝网上,不致四处飞溅而伤人,因此安全性很高。夹丝玻璃可用于公共建筑的阳台、走廊、防火门、楼梯间、电梯井、厂房天窗、各种采光屋顶等。

（3）夹层玻璃

夹层玻璃是由两片或多片平板玻璃之间嵌夹透明塑料薄衬片,经加热、加压、粘合而成的平面或曲面的复合玻璃制品。

夹层玻璃的透明度好,抗冲击性能比普通平板玻璃高几倍。碎裂时不裂成分离的碎块,不致伤人,属安全玻璃。具有透光性好,耐久、耐热、耐湿、耐寒等特性。

夹层玻璃主要用作汽车和飞机的挡风玻璃、防弹玻璃以及有特殊安全要求的建筑门窗、隔墙、工业厂房的天窗和某些水下工程等。

（4）其他安全玻璃

其他安全玻璃还包括防火玻璃、防紫外线玻璃、防盗玻璃及防弹玻璃等,广泛应用于各种有特殊要求的建筑物。

4. 功能玻璃

功能玻璃是指兼有采光、调制光线、调节热量的进入或散失、防止噪声、增加装饰效果、改善居住环境、节约空调能源及降低建筑物自重等多种功能的玻璃制品。

玻璃幕墙是以轻质金属边框和功能玻璃预制成模块的建筑外墙单元,镶嵌或是挂在框架结构外,作为围墙和装饰墙体。由于它大片连续、不承受荷载、质轻如幕,所以称为玻璃幕墙。国内常见的玻璃幕墙多以铝合金型材为边框,所用的功能玻璃有热反射玻璃、吸热玻璃、双层中空玻璃、夹层玻璃、夹丝玻璃及钢化玻璃等。选用时,应根据各幕墙的要求选择合适的玻璃品种。

玻璃幕墙具有自重轻、可光控、保温隔热、隔声以及装饰性好等优点,是集建筑功能、建筑美学、建筑结构和节能为一体的外墙装饰。

其他功能玻璃还包括吸热玻璃、热反射玻璃、电热玻璃、低辐射玻璃、光致变色玻璃、太阳能玻璃和电磁屏蔽玻璃等。主要有建筑节能、采光取暖、保温及保密和抗电磁干扰等性能。

四、建筑声学材料

声音源于物体的振动,如说话时声带的振动和打鼓时鼓皮的振动,声带和鼓皮称为声源。声源的振动可使邻近的空气跟着振动而形成声波,并在空气介质中向四周传播。声音在传播过程中,一部分由于声能随着距离的增大而扩散,另一部分则因空气分子的吸收而减弱。当声波遇到材料表面时,被吸收声能(E)与入射声能(E_0)之比,称为吸声系数 α,即

$$\alpha = \frac{E}{E_0} \qquad (12-7)$$

在建筑结构中起到吸声作用,且吸声系数不小于0.2的材料称为吸声材料。

(一)吸声材料的类型及其结构形式

1. 多孔吸声材料

多孔吸声材料是比较常用的一种吸声材料,它具有良好的中、高频吸声性能。

多孔吸声材料具有大量内、外连同的微孔和连续的气泡,通气性良好。当声波入射到材料表面时,声波很快地顺着微孔进入材料内部,引起孔隙内的空气振动,由于摩擦,空气粘滞阻力和材料内部的热传导作用,使相当一部分声能转化为热能而被吸收。多孔材料吸声的先决条件是声波易于进入微孔,不仅在材料内部,在材料表面上也应当是多孔的。

多孔性吸声材料与材料的表观密度和内部构造有关。在建筑装修中,吸声材料的表观密度和构造、厚度,材料背后的空气层,以及材料的表面状况,对吸声性能都有影响。

2. 薄板振动吸声结构

将薄木板或胶合板、硬质纤维板、金属板等周边固定在墙或顶棚的龙骨上,并在背后保留一定的空气层,即构成薄板振动吸声结构。此结构的吸声原理是在声波作用下,薄板和空气层的空气发生振动,在板内部和龙骨间出现摩擦损耗,将声能转化成热能,起到吸声作用。通常共振频率在80~300Hz范围。这种材料对低频声波的吸声效果好。

3. 共振吸声结构

共振吸声结构具有封闭的空腔和较小的开口,很像个瓶子。当瓶腔内空气受到外力激荡,会按一定的频率振动,这就是共振吸声器。每个单独的共振器都有一个共振频率,在其共振频率附近,由于颈部空气分子在声波的作用下像活塞一样往复运动,因摩擦而消耗声能。若在腔口蒙一层细布或疏松的棉絮,可以加宽和提高共振频率范围的吸声量,为了获得较宽频带的吸声性能,常采用组合共振吸声结构或穿孔板组合共振吸声结构。

4. 穿孔板组合共振吸声结构

此结构式用穿孔的胶合板或硬质纤维板,石膏板、石棉水泥板、铝合金板、薄钢板等,将周边固定在龙骨上并在背后设置空气层而构成。把这种结构看成是多个单独共振吸声器的并联,起扩宽频带作用,特别对中频声波吸声效果好。影响吸声结构的吸声性能与穿孔板的厚度、穿孔率、孔径。背后空气层厚度及是否填充多孔吸声材料等有关。

5. 柔性吸声材料

具有封闭气孔和一定弹性的材料,其声波引起的空气振动不易传递至内部,只能相应地产生振动,在振动过程中克服材料内部的摩擦而消耗声能,引起声波衰减,如泡沫塑料,这种材料的吸声特性是在一定的频率范围内出现一个或多个吸声频率。

6. 悬挂空间吸声体

将细小多孔的吸声材料制成多种结构形式(如球形、平板形、圆锥形、棱锥形等)、不同规格,悬挂在顶棚上,即构成了悬挂空间吸声体。这种结构不仅具有声波的衍射作用,而且还增加了有效的吸声面积,可显著提高实际吸声效果。

7. 帘幕吸声体

将具有透气性能好的纺织品,安装在离墙面后窗面一定距离处,背后设置空气层。此种结构对中、高频的声波有较好的吸声效果,还可起到装饰的作用,施工装卸方便。

(二)建筑上常用的吸声材料

1. 矿棉吸声板

矿棉吸声板是以矿棉为主要原料,加入适量的胶粘剂、防潮剂、防腐剂,经加压、烘干、饰面而成为顶棚吸声并兼装饰作用的材料,具有吸声、质轻、保温、隔热、防火、防震、美观及施工方便等特点。用于音乐厅、影剧院、播音室、大会堂等,可以调整室内的混响时间,消除回声,改善室内音质,提高语音的清晰度;用于宾馆、医院、会议室、商场、工厂车间及喧闹的场所,可以降低室内噪声级,改善生活环境和劳动条件。

2. 膨胀珍珠岩吸声制品

可分为水玻璃珍珠岩吸声板、水泥玻璃珍珠岩吸声板、聚合物珍珠岩吸声板及复合吸声板等。具有重量轻、吸声效果好、防火、防潮、防蛀、耐酸等优点,而且可锯割,施工方便。适用于播音室、影剧院、宾馆、录音室、医院、会议室、礼堂、餐厅及工业厂房的噪声控制等建筑结构的内墙和顶棚,改善室内音质效果。

3. 贴塑矿棉吸声板

是以半硬质矿棉板或岩面板作基材,表面覆贴加制凹凸纹的聚氯乙烯半硬质膜片而成。主要特点是具有优良的吸声性能、隔热、重量轻、美观大方及不燃烧。用于影剧院、会议厅、商场、酒店及电子计算机机房等。用于建筑物的内墙及客厅,可收到良好的吸声效果,同时还具有装饰作用。

4. 玻璃棉吸声板

主要原料为玻璃棉,加入一些胶粘剂、防潮剂、防腐剂经热压成型加工而成。主要特点是质轻、吸声、保温、隔热、防火、装饰及施工方便等。用于音乐厅、播音室、会议厅、办公室、宾馆、商场等建筑物内墙及顶棚,可收到良好的吸声效果。

常用建筑上吸声材料的种类及分类见表 12-20。

建筑上常用的吸声材料　　　　　　　　　　表 12-20

分类及名称		厚度(cm)	各频率下的吸声系数					
			125Hz	250Hz	500Hz	1000Hz	2000HzA	4000Hz
无机材料	吸声泥砖	6.5	0.05	0.07	0.10	0.12	0.16	
	石膏板		0.03	0.05	0.06	0.09	0.04	0.06
	水泥蛭石板	4.0		0.14	0.46	0.78	0.50	0.60
	石膏砂浆	2.0	0.24	0.12	0.09	0.30	0.32	0.83
	水泥膨胀珍珠岩板	5	0.16	0.46	0.64	0.48	0.56	0.56
	水泥砂浆	1.7	0.21	0.16	0.25	0.40	0.42	0.48
	砖(清水墙面)		0.02	0.03	0.04	0.04	0.05	0.05
有机材料	软木板	2.5	0.05	0.11	0.25	0.63	0.70	0.70
	木丝板	3.0	0.10	0.36	0.62	0.53	0.71	0.90
	三夹板	0.3	0.21	0.73	0.21	0.19	0.08	0.12
	穿孔五夹板	0.5	0.01	0.25	0.55	0.30	0.16	0.19
	木花板	0.8	0.03	0.20	0.03	0.03	0.04	
	木质纤维板	1.1	0.06	0.15	0.28	0.30	0.33	0.31

分类及名称		厚度(cm)	各频率下的吸声系数					
			125Hz	250Hz	500Hz	1000Hz	2000HzA	4000Hz
多孔材料	泡沫塑料	4.4	0.11	0.32	0.52	0.44	0.52	0.33
	脲醛泡沫塑料	5.0	0.22	0.29	0.40	0.68	0.95	0.94
	泡沫水泥	2.0	0.18	0.05	0.22	0.48	0.22	0.32
	吸音蜂窝板		0.27	0.12	0.42	0.86	0.48	0.30
	泡沫塑料	1.0	0.03	0.06	0.12	0.41	0.85	0.67
纤维材料	矿渣棉	3.13	0.10	0.21	0.60	0.95	0.85	0.72
	玻璃棉	5.0	0.06	0.08	0.18	0.44	0.72	0.82
	脲醛玻璃纤维板	8.0	0.25	0.55	0.08	0.92	0.98	0.95
	工业毛毡	3.0	0.10	0.28	0.55	0.60	0.60	0.56

（三）吸声材料的选用原则

为了保持室内良好的音效效果,减少噪声,改善声波的传播,当选用吸声材料时应注意以下要求:

1. 选择具有开放的,互相连通气孔的材料。

2. 所选材料的吸声系数应较高。

3. 材料应不易虫蛀、腐朽,且不易燃烧。

4. 安装时应考虑到减少材料受碰撞的机会和因吸湿引起的胀缩影响。

5. 吸声材料应装在最容易接触声波和反射次数最多的表面上,但不应把吸声材料都集中在天花板或墙壁上,而应比较均匀地分布在室内各表面上。

6. 安装吸声材料时应注意勿使材料的开口气孔被装饰涂料堵塞而降低吸声效果。

思考题与习题

1. 什么是绝热材料？其绝热机理是什么？

2. 影响绝热材料性能的因素有哪些？建筑物上使用绝热材料有何意义？

3. 为什么使用绝热材料时要特别注意防水防潮？

4. 建筑装饰材料外观的基本要求。

5. 选用装饰材料应注意那些问题？

6. 常用装饰材料有哪几类？

7. 简述橡胶系防水卷材,塑料系防水卷材,橡塑共混防水卷材的各自优缺点？

8. 简述建筑防火涂料的防火机理？

9. 简述建筑玻璃种类？

10. 什么是吸声材料？材料的吸声性能用什么指标表示？其与绝热材料在结构上的主要区别是什么？

11. 影响多孔吸声材料吸声效果的因素有哪些？

第十三章 土木工程材料试验

试验一 土木工程材料的基本性质试验

通过密度、视密度、体积密度、堆积密度的测试,可计算出材料的空隙率及孔隙率,从而了解材料的构造特征,由于材料的构造特征是决定材料强度、吸水率、抗渗性、抗冻性、耐腐蚀性、导热性及吸声等性能的重要因素。因此,了解建筑材料的基本性质,对于掌握材料的特性和使用功能是十分必要的。

一、密度试验

材料的密度是指材料在绝对密实状态下,单位体积的质量。

（一）试验仪器设备

李氏瓶(图 13-1)、筛子(孔径 0.200mm 或 900 孔 /cm²)量筒、烘箱、干燥器、天平、温度计、漏斗、小勺等。

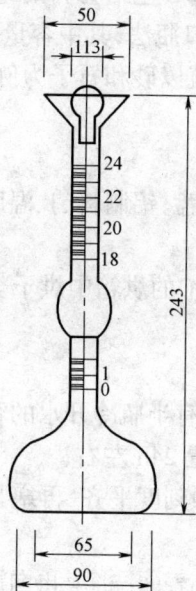

图 13-1 李氏瓶

（二）试样制备

1. 将试样研磨,用筛子筛分除去筛余物,并放到105~110℃的烘箱中,烘至恒重;

2. 将烘干的物料放入干燥器中冷却至室温待用。

（三）试验方法及步骤

1. 在李氏瓶中注入与试样不起化学反应的液体至突颈下部,记下刻度(V_0);

2. 用天平称取 60~90g 试样,用小勺和漏斗小心地将试样徐徐送入李氏瓶中(不能大量倾倒,会妨碍李氏瓶中空气排出或使咽喉部位堵塞),直至液面上升至刻度 20ml 刻度左右为止;

3. 用瓶内的液体将粘附在瓶颈和瓶壁的试样洗入瓶内液体中,转动李氏瓶使液体中气泡排出,记下液面刻度(V_1);

4. 称取未注入瓶内剩余试样的质量,计算出装入瓶中试样的质量 m;

5. 将注入试样或李氏瓶中液面读数减去注入前的读数,得出试样的绝对体积 V。

(四) 试验结果计算及确定

按下式计算出密度 ρ(精确至 0.01g):

$$\rho = \frac{m}{V}$$

式中　m——装入瓶中试样的质量,g;

　　　V——装入瓶中试样的体积,cm³。

按规定,密度试验用两个试样平行进行,以其计算结果的算术平均值作为最后结果。但两次结果之差不应大于 0.02g/cm³,否则重做。

二、视密度试验

视密度是材料在自然状态下,单位体积(包括材料的绝对密实体积与内部封闭孔隙体积)的质量。其试验方法有容量瓶法和广口瓶法,其中容量瓶法用来测试砂浆的视密度,广口瓶法用来测试石子的视密度,下面我们就以砂和石子为例分别介绍两种试验方法。

(一) 砂的视密度实验(容量瓶法)

1. 试验仪器设备

容量瓶(500ml)、托盘天平、干燥器、浅盘、铝制料勺、温度计、烘箱、烧杯等。

2. 试样制备

将 650g 左右的试样在温度为 105 ± 5℃的烘箱中烘干至恒重,并在干燥器内冷却至室温待用。

3. 试验方法及步骤

(1) 称取烘干的试样 300g(m_0)装入盛有半瓶冷开水的容量瓶中,摇转容量瓶,使试样在水中充分搅动,以排除气泡,塞紧瓶塞,静置 24h 左右;

(2) 静置后用滴管添水,使水面与瓶颈刻度平齐,再塞紧瓶塞,擦干瓶外水分,称取质量(m_1);

(3) 倒出瓶中的水和试样,将瓶的内外表面洗净。再向瓶内注入与前面水温相差不超过 2℃的冷开水至瓶颈刻度数,塞紧瓶塞,擦干瓶外水分,称取其质量(m_2)。

4. 试验结果计算及确定

按下式计算砂的视密度(精确值 0.01g/m³):

$$\rho' = \left(\frac{m_0}{m_0 - m_1 + m_2} - \alpha_1 \right) \times 1000 (kg/m^3)$$

式中　m_0——试样的烘干重量,g;

m_1——试样、水及容量瓶的总重,g;

m_2——水及容量瓶的总重,g;

α_1——称量时的水温对水相对密度影响的修正系数,见表 13-1。

不同水温下砂的表观密度温度修正系数　　　　　　　　　　表 13-1

水温(℃)	15	16	17	18	19	20	21	22	23	24	25
α_1	0.002	0.003	0.003	0.004	0.004	0.005	0.005	0.006	0.006	0.007	0.008

按规定,视密度应用两份试样测定两次,并以两次结果的算术平均值作为测定结果,如果两次测定结果的差值大于 0.02g/cm³ 时,应重新取样测定。

(二)石子视密度试验(广口瓶法)

1.试验仪器设备

广口瓶、烘箱、天平、筛子、浅盘、带盖容器、毛巾、刷子、玻璃片。

2.试样的制备

将试样筛去 5mm 以下的颗粒,用四分法缩分至不少于 2kg,洗刷干净后,分成两份备用。

3.试验方法与步骤

(1)将试样浸水饱和后,装入广口瓶应倾斜放置,然后注满饮用水,用玻璃片覆盖瓶口,以上下左右摇晃的方法排除气泡;

(2)气泡排尽后,向瓶中添加饮用水,直至水面凸出到瓶口边缘,然后用玻璃片沿瓶口迅速滑行,使其紧贴瓶口水面。擦干瓶外水分后,称取试样、水、瓶和玻璃片的总质量(m_1);

(3)将瓶中的试样倒入浅盘中,置于 105 ± 5℃ 的烘箱中烘干至恒重,取出来放在带盖的容器中冷却至室温后称出试样的质量(m_0);

(4)将瓶洗净,重新注入饮用水,用玻璃片紧贴瓶口水面,擦干瓶外水分后称出质量(m_2)。

4.试验结果的计算及确定

试样的视密度 ρ_g 按下式计算(精确到 0.01g/m³):

$$\rho_g = \left(\frac{m_0}{m_0 + m_2 - m_1} - \alpha_1 \right) \times 1000 (\text{kg/m}^3)$$

式中　m_0——试样的烘干质量,g;

m_1——试样、水、玻璃片及容量瓶的总重,g;

m_2——水、玻璃片、水及容量瓶的总重,g;

α_1——考虑称量时水温对水视密度影响的修正系数,见表 13-2。

不同水温下碎石或卵石的表观密度温度修正系数　　　　表 13-2

水温(℃)	15	16	17	18	19	20	21	22	23	24	25
α_1	0.002	0.003	0.003	0.004	0.004	0.005	0.005	0.006	0.006	0.007	0.008

按规定,视密度应用两份试样测定两次,并以两次结果的算术平均值作为测定结果,如两次测定结果的差值大于 0.02g/cm³,应重新取样测定,对颗粒材质不均匀的试样,如两次试验结果的差值大于 20kg/m³ 时,可取四次测定结果的算术平均值作为测定值。

三、体积密度试验

体积密度是指材料在自然状态下,单位体积的质量。体积密度的测试包括规则几何形状试样的测定与不规则形状试样的测定,其测定方法如下:

（一）规则几何形状试样的测定（如砖）

1. 试验仪器设备

游标卡尺、天平、烘箱、干燥器等。

2. 试样制备

将规则形状的试样放入105~110℃的烘箱内烘干至恒重,取出放入干燥器中,冷却至室温待用。

3. 试验方法及步骤

（1）用游标卡尺量出试样尺寸（试件为正方形或平行六面体时以每边测量上、中、下三个数值的平均值为准。试件为圆柱体,按两个互相垂直的方向量其直径,各方向上、中、下量三次,以六次的平均值为准确定直径）,并计算出其体积（V_0）;

（2）用天平称量出试件的质量（m）。

4. 试验结果计算

按下式计算出体积密度 ρ_0:

$$\rho_0 = \frac{m}{V_0}$$

式中　m——试样的质量,g;

　　　V_0——试样的体积,cm³。

（二）不规则形状试样的形状（如卵石等）

此类材料体积密度的测试采用排液法（即砂石视密度的测定方法）,其不同之处在于应对材料表面涂蜡,封闭开口孔后,再用容量瓶法或广口瓶法进行测试,方法同上。

四、堆积密度试验

堆积密度是指粉状或颗粒状材料,在堆积状态下,单位体积的质量。堆积密度的测试是在测试原理相同的基础上,根据测试材料的粒径的不同,而采取不同的方法。下面我们就以细骨料和粗骨料为例介绍两种堆积密度的测试方法。

（一）细骨料堆积密度实验

1. 试验仪器设备

标准容器（容积为1L）、标准漏斗（图13-2）、台秤、铝制料勺、烘箱、直尺等。

2. 试样制备

用四分法缩取3L试样放入浅盘中,将浅盘放入温度为105±5℃的烘箱中烘至恒重,取出冷却至室温,分为大致相等的两份待用。

3. 试验方法及步骤

（1）称取标准容器的质量（m_1）;

（2）取试样一份,用漏斗和铝制料勺将其徐徐装入标准容器,直至试样装满并超出容器筒口;

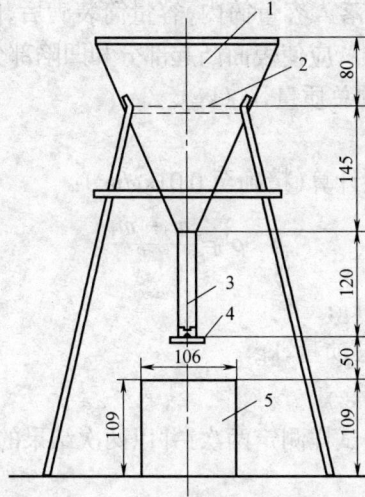

图 13-2 砂堆积密度漏斗
1–漏斗;2–筛;3–管子;4–活动门;5–容量筒

(3)用直尺将多余的试样沿筒口中心线向两个相反方向刮平,称其质量(m_2)。

4.试验结果计算及确定。

试样的堆积密度 ρ'_0 按下式计算(精确至 $10kg/cm^3$):

$$\rho'_0 = \frac{m_2 - m_1}{V'_0}$$

式中　m_1——标准容器的质量,kg;

　　　m_2——标准容器和试样总质量,kg;

　　　V'_0——标准容器的容积,L。

(二)粗骨料堆积密度试验

1.试验仪器设备

容量筒(容积规格见表 13-3)、平头铁锹、烘箱、磅秤。

容量筒的规格要求　　　　　　　　　　　　　　　　　表 13-3

碎石或卵石的最大粒径(mm)	容量筒体积(L)	容量筒规格(mm)		筒壁厚度(mm)
		内 径	净 高	
10.0;16.0;20.0;25.0	10	208	294	2
31.5;40.0	20	294	294	3
63.0;80.0	30	360	294	4

2.试样制备

用四分法缩取不少于表 13-3 规定数量的试样,放入浅盘,在 105 ± 5℃的烘干箱中烘干,也可以摊在洁净的地面上风干,拌匀后分成大致相等的两份待用。

3.试验方法与步骤

(1)称取容量筒质量 m_1(kg);

(2)取试样一份置于平整、干净的混凝土地面或铁板上,用平头铁锹铲起试样,使石子在距容量筒上口约 5cm 处自由落入容量筒内,容量筒装满后,除去凸出筒口表面的颗粒并以比较合适的颗粒填充凹陷空隙,应使表面凸起部分和凹陷部分的体积基本相等;

(3)称出容量筒连同试样的总质量,m_2(kg)。

4. 试验结果计算及确定

试样的堆积密度 ρ'_0 按下式计算(精确至 0.01kg/m³):

$$\rho'_0 = \frac{m_2 - m_1}{V'_0}$$

式中　m_1——标准容器的质量,kg;

　　　m_2——标准容器和试样总质量,kg;

　　　V'_0——标准容器的容积,L。

按规定,堆积密度应用两份试样测定两次,并以两次结果的算术平均值作为测定结果。

五、吸水率试验

材料的吸水率是指材料吸水饱和时的吸水量与干燥材料的质量或体积之比。现介绍其测试方法。

(一)试验仪器设备

天平、游标卡尺、烘箱、玻璃(或金属)盆等。

(二)试样制备

将试样置于不超过 110℃的烘箱中,烘干至恒重,再放到干燥器中冷却到室温待用。

(三)试验方法及步骤

(1)从干燥器中取出试件,称其质量 m(g);

(2)将试样放在盆中,并在盆底放些垫条,(如玻璃棒或玻璃管,使试样底面与盆底不致紧贴,试件之间应留 1~2cm 的间隔,使水能自由进入);

(3)加水至试样高度的 1/3 处,过 24h 后,再加水至高度 2/3 处,再过 24h 加满水,并放置 24h。逐次加水的目的在于使试件孔隙中的空气逐渐逸出;

(4)取出试样,用拧干的湿毛巾抹去表面水分(不得来回擦拭),称其质量 m_1;

(5)为检验试样是否吸水饱和,可将试样再浸入水中至高度 3/4 处,过 24h 重新称量,两次质量之差不得超过 1%。

(四)试验结果计算及确定

材料的吸水率 $W_质$ 或 $W_质$ 按下式计算:

$$W_质 = \frac{m_1 - m}{m} \times 100\%$$

$$W_体 = \frac{m_1 - m}{W_0} \times 100\%$$

式中　$W_质$——质量吸水率,%;

　　　$W_质$——体积吸水率(用于高度多孔材料),%;

　　　m——试样干燥质量,g;

　　　m_1——试样吸水饱和质量,g。

按规定吸水率试验应用三个试样平行进行，并以三个试样吸水率的算术平均值作为测试结果。

试验二　水泥试验

一、水泥细度试验

（一）试验方法和原理

1. 用 $45\mu m$ 方孔筛和 $80\mu m$ 方孔筛对水泥试样进行筛析试验，用筛上筛余物的质量百分数来表示水泥样品的细度。

2. 为保持筛孔的标准度，在用试验筛时应用已知筛余的标准样品来标定。

3. 细度检验方法主要有负压筛法、水筛法两种，无条件时，也可以采用手工筛。当检验方法测试结果发生争议时，以负压筛为准。

（二）试验目的

通过 $45\mu m$ 方孔筛和 $80\mu m$ 方孔筛筛析法测定筛余量，评定水泥细度是否达到要求，若不符合要求，该水泥视为不合格。

（三）试验仪器

1. 试验筛：由圆形筛框和筛网组成，分负压筛、水筛和手工筛三种。

2. 负压筛析仪由筛座（图 13-3）、负压筛（图 13-4）、负压源及收尘器组成。

3. 水筛的筛座内径为 $140^{+0}_{-3}\,mm$、手工筛的筛子的内径为 $150mm$。

4. 天平。

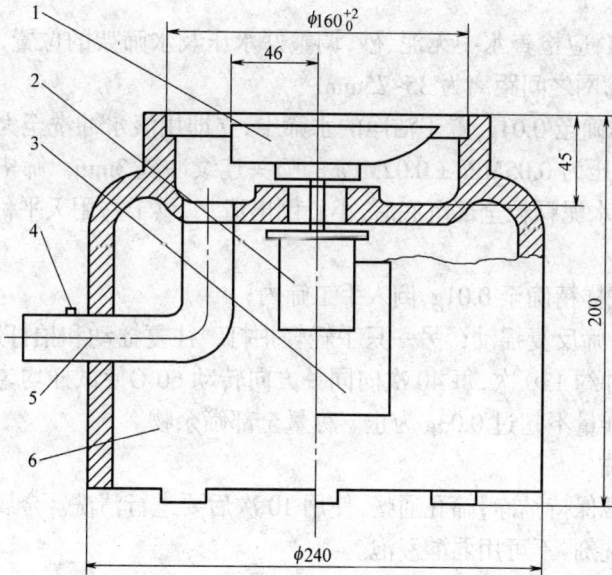

图 13-3　筛座

1- 喷气嘴；2- 微电机；3- 控制板开口；4- 负压表接口；5- 负压源及吸尘器接口；6- 壳体

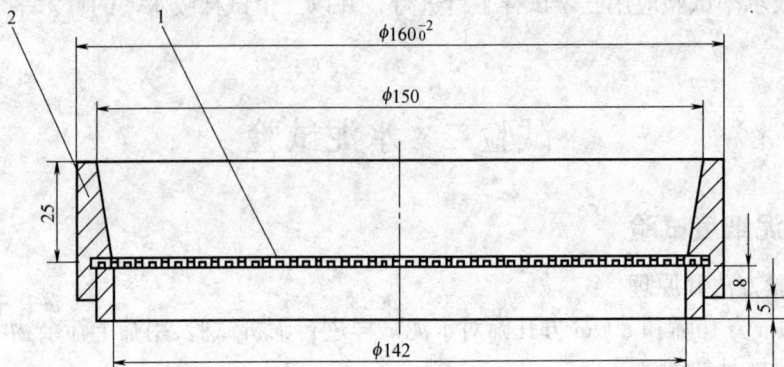

图 13-4 负压筛
1- 筛网;2- 筛框

（四）试验步骤

试验准备：试验前所用试验筛应保持清洁，负压筛和手工筛应保持干燥。试验时，80μm 筛析试验称取试样 25g，45μm 筛析试验称取试样 10g。

1. 负压筛法

（1）筛析试验前应把负压筛放在筛座上，盖上筛盖，接通电源，检查控制系统，调节负压至 4000~6000Pa 范围内，喷气嘴上口平面与筛网之间保持 2~8mm 的距离；

（2）称取试样精确至 0.01g，置于洁净的负压筛中，放在筛座上，盖上筛盖，接通电源，开动筛析仪连续筛析 2min，在此期间如有试样附着在筛盖上，可轻轻敲击筛盖使试样落下。筛毕，用天平称量全部筛余物，精确至 0.05g。

2. 水筛法

（1）筛析试验前，应检查水中无泥、砂，调整好水压及水筛架的位置，使其能正常运转，并控制喷头底面和筛网之间距离为 35~75mm；

（2）称取试样精确至 0.01g，置于洁净的水筛中，立即用淡水冲洗至大部分细粉通过后，放在水筛架上，用水压为 0.05MPa±0.02MPa 的喷头连续冲洗 3min。筛毕，用少量水把筛余物冲至蒸发皿中，等水泥颗粒全部沉底后，小心倒出清水，烘干并用天平称量全部筛余物。

3. 手工筛法

（1）称取水泥试样精确至 0.01g，倒入手工筛内；

（2）用一只手持筛反复摇动，另一只手轻轻拍打，往复摇动和拍打过程应保持近于水平。拍打速度每分钟约 120 次，每 40 次向同一方向转动 60℃使试样均匀分布在筛网上，直至每分钟通过的试样量不超过 0.03g 为止。称量全部筛余物。

4. 试验筛的清洗

试验筛必须经常保持洁净，筛孔通畅，使用 10 次后要进行清洗。金属框筛、钢丝网筛清洗时应用专门的清洗剂，不可用弱酸浸泡。

（五）数据处理及试验结果

1. 水泥试样筛余百分数按下式计算：

$$F = \frac{R_t}{W} \times 100$$

式中　F——水泥试样的筛余百分数,单位为质量百分数(%);

　　　R_t——水泥筛余物的质量,单位为克(g);

　　　W——水泥试样的质量,单位为克(g)。

结果计算至 0.1%。

2. 筛余结果的修正:

试验筛的筛网会在试验中磨损,因此筛析结果应进行修正。修正的方法是将试验结果乘以有效修正系数,即为最终结果。

修正系数按下式计算:

$$C = F_s / F_t$$

式中　C——试验筛修正系数;

　　　F_s——标准样品的筛余标准值,单位为质量百分数(%);

　　　F_t——标准样品在试验筛上的筛余值,单位为质量百分数(%)。

当 C 值在 0.80~1.20 范围内时,试验筛可继续使用,C 可作为结果修正系数。当 C 值超出 0.80~1.20 范围内时,试验筛应予淘汰。

二、水泥标准稠度用水量试验

(一)试验方法和原理

1. 水泥标准稠度的净浆对标准试杆(或试锥)的沉入具有一定的阻力。通过试验不同含水量的水泥净浆的穿透性,以确定水泥标准稠度净浆中所需加入的水量。

2. 水泥标准稠度用水量的测定有两种方法:标准法和代用法。

(二)试验目的及要求

1. 水泥的凝结时间、安定性均受水泥浆稠度的影响,为了使不同水泥具有可比性,水泥必须有一个标准稠度,通过此项试验确定水泥浆达到标准稠度时的用水量,作为测定该水泥凝结时间和安定性试验用水量的标准。

2. 当采用标准法时,以拭杆沉入净浆并能稳定在距底板(6±1)mm 时的水泥净浆为标准稠度净浆,其拌和水量为该水泥的标准稠度用水量 P。当采用代用法时,以试锥下沉深度为(28±2)mm 时的净浆为标准稠度净浆,其拌合水量为该水泥的标准稠度用水量。

(三)试验仪器

标准稠度仪(图 13-5)、水泥净浆搅拌机、标准法的试杆和试模(图 13-6)、代用法的试锥和锥模(图 13-7)、量水器、天平。

(四)试验步骤

1. 标准法(试验前必须检查稠度仪的金属棒能否自由滑动,调整指针至试杆接触玻璃片时,指针应对准标尺的零点,搅拌机运转正常)

(1)搅拌锅和搅拌叶片用湿片擦过后,将拌合水倒入搅拌锅内,然后在 5~10s 内小心将称好的 500g 水泥加入水中,将搅拌锅放到搅拌机锅座上,升至搅拌位置,升动搅拌机;

(2)拌和时,低速搅拌 120s,停 15s,同时将搅拌锅壁和搅拌叶片粘有的水泥浆刮入锅内,接着高速搅拌 120s 停机;

(3)拌和结束后,立即将拌和的水泥浆装入已置于玻璃底板上的试模内,用小刀插捣,轻振数次,刮去多余的净浆,抹平后迅速将试模和底板移至稠度仪上,并将中心放到试杆下,调整试杆与水泥净浆表面接触,拧紧螺钉 1~2s 后,突然放松,让试杆垂直自由沉入水泥浆中,在试杆停止沉入或放松 30s 时记录试杆据底板之间的距离。整个操作过程应在搅拌后 1.5min 内完成。

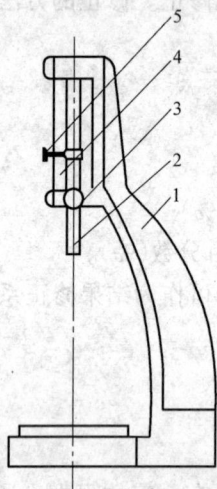

图 13-5　标准稠度仪图附　　　　　　　图 13-6　试锥和试模(代用法)
1- 铁座;2- 金属棒;3- 松紧螺丝;4- 标尺;5- 指针

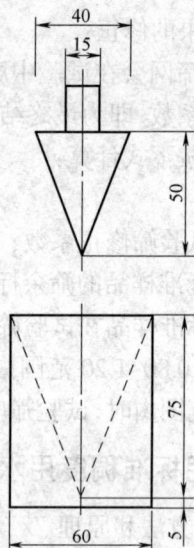

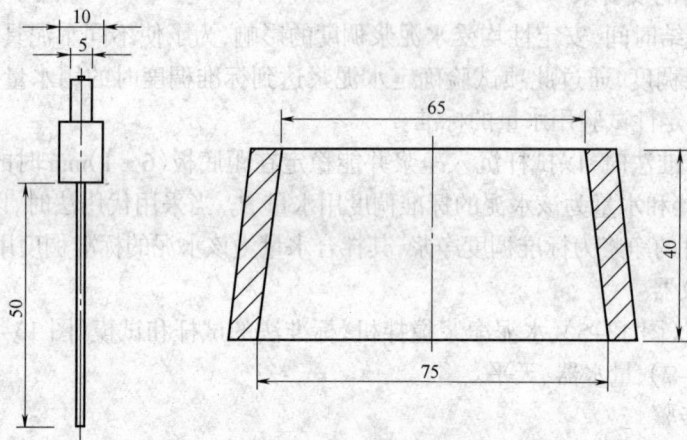

图 13-7　试杆和试模(标准法)

2. 代用法

(1) 水泥净浆的拌制同标准法(1)、(2)项;

(2) 采用代用法测定水泥标准稠度用水量时,可采用调整水量法或不变水量法,采用调整水量法时拌和水据经验确定,采用不变水量法时拌合水用 142.5mL;

(3) 水泥净浆搅拌结束后立即将拌和好的水泥浆装入锥模中,用小刀插捣,轻振数次,刮去多余的净浆,抹平后迅速放至锥下面固定的位置上,将试锥与水泥净浆表面接触,拧紧螺钉 1~2s 后,突然放松,让试锥垂直自由沉入净浆中到试锥停止下沉或释放试锥 30s 时,记录试锥下沉深度。整个操作过程应在搅拌后 1.5min 内完成。

（五）数据处理及试验结果

（1）当采用标准法时,以试杆沉入净浆并距底板（6±1）mm 的水泥浆为标准稠度净浆,其拌合水为该水泥的标准稠度用水量 P,按水泥质量百分比计算;

（2）当采用代用法时,其调整水量方法测定时,以试锥下沉深度为（28±2）mm 时的净浆为标准稠度净浆,其拌合水量为该水泥的标准稠度用水量 P,按水泥质量百分比计算。（如果试锥下沉的深度超过上述实验的范围,应重做试验,直到达到（28±2）mm 时为止）用不变水量测定时,根据试锥下沉深度 S（mm）按下式计算标准稠度用水量 P（%）;

$$P=33.4-0.185S$$

标准稠度用水量可从仪器上对应的标尺直接读取,当 $S<13$mm 时,应改用调整水量法测定。

三、水泥凝结时间试验

（一）试验方法和原理

通过测定试针沉入标准稠度水泥净浆并能稳定在规定深度所需的时间来表示水泥初凝和终凝时间。

（二）试验目的及要求

1. 通过凝结时间的测定,得到初凝时间和终凝时间,以便评定水泥质量,判定是否符合凝结时间的技术标准要求,是否满足施工要求。

2. 硅酸盐水泥初凝时间不得早于 45min,终凝时间不得迟于 390min;普通硅酸盐水泥、矿渣水泥、火山灰水泥、粉煤灰水泥、复合水泥初凝时间不得早于 45min,终凝时间不得迟于 600min。

（三）试验仪器

1. 凝结时间测定仪,见图 13-5;

2. 量水器:最小刻度为 0.1ml,精度 1%;

3. 天平:最大称量不小于 1000g,分度值不大于 1g;

4. 养护箱:温度（20±3）℃,相对湿度 >90%。

（四）试验步骤

1. 试件制备。以标准稠度用水量测定方法制备标准稠度水泥净浆,一次装满试模振动数次刮平,立即放入养护箱内,记录水泥全部加入水中的时间即为凝结时间的起始时间;

2. 初凝时间测定。试件在养护箱中养护至加水后 30min 时进行第一次测定。测定时将试针与水泥净浆表面接触,拧紧螺钉 1~2s 后,突然放松,让试针垂直自由沉入净浆,观察试针停止下沉或释放试针 30s 时试针的读数,并同时记录此时的时间;

3. 终凝时间测定。在完成初凝测定后,将试模连同浆体从玻璃板上平移取下,并翻转 180°,将小端向下放在玻璃板上,再放入养护箱内继续养护,接近终凝时间时,每隔 15min 测定一次,并同时记录测定时间。

4. 注意事项:

（1）测定前调整试件接触玻璃板时,指针对准零点;

（2）整个测试过程中试针以自由下落为准，且沉入位置至少距试模内壁10mm；

（3）每次测定不能让试针落入原孔，每次测定后须将试针擦净并将试模放入养护箱，整个测试防止试模受振；

（4）临近初凝，每隔5min测定一次，临近终凝，每隔15min测定一次。达到初凝或终凝时应立即重复测一次，当两次结论相同时，才能达到初凝状态或终凝状态。

（五）试验数据处理及结果评定

1. 初凝时间确定：当试针沉至距底板（4±1）mm 时，为水泥达到初凝状态，由水泥全部加入水中起至初凝状态的时间为初凝时间，用"min"表示；

2. 终凝时间的确定：当试针沉入浆体0.5mm 时，且浆体上不留环形附件痕迹时即为水泥达到终凝状态。终凝时间是指：水泥全部加入水中起至终凝状态的时间为终凝时间，用"min"表示；

四、安定性测定

（一）试验方法和原理

1. 雷氏法（标准法）是通过测定沸煮后雷氏夹中两个试针的相对位移，即水泥标准稠度净浆体积膨胀程度，以此评定水泥浆硬化后体积安定性。

2. 试饼法（代用法）是观测沸煮后水泥标准稠度净浆试饼外形变化，评定水泥浆硬化后体积安定性。

3. 体积安定性测定中，当雷氏法和试饼法发生争议时，以雷氏法为准。

（二）试验目的及要求

通过测定煮沸后标准稠度水泥净浆试样的体积和外形变化程度，评定体积安定性是否合格。

（三）试验仪器

1. 雷氏夹。雷氏夹在使用前需校正，校正方法：当一根指针的根部先悬挂在一根金属丝或尼龙丝上，另一根指针的根部再挂上300g质量的砝码时，两根针针尖的距离增加应在（17.5±2.5）mm 范围内，即 $2x=(17.5±2.5)$mm。当去掉砝码后针尖的距离能恢复至挂砝码前的状态；

2. 沸煮箱。有效容积约为410mm×240mm×310mm，篦板与加热器之间的距离大于50mm。箱的内层由不容易锈蚀的金属材料制成，能在（30±5）min 内将箱内的试验用水由室温升至煮沸状态达3h 以上，整个试验过程不需补充水量；

3. 雷氏夹膨胀测定仪、水泥净浆搅拌机、养护箱、量水器和天平。

（四）试验步骤

1. 标准法（雷氏法）

（1）将预先准备好的雷氏夹放在已稍擦油的玻璃板上，并立即将制好的标准稠度净浆一次装满雷氏夹，装浆时一只手轻轻扶持雷氏夹，另一只手用小刀插捣数次后抹平，盖上稍涂油的玻璃板，立即置于养护箱内养护（24±2）h；

（2）调整好沸煮箱内的水位，使水位能保证在整个煮沸过程中都超过试件，不需中途加水，又能保证在（30±5）min 内达到沸腾；

（3）脱去玻璃板，取下试件，先测量雷氏夹指针尖端间的距离 A，精确至0.5mm，接着将试件放入沸煮箱水中的试件架上，指针朝上，然后在（30±5）min 内加热至沸腾并恒沸（180±5）min；

（4）煮沸结束后，立即放掉沸煮箱中的热水，打开箱盖，冷却至室温，取出试件，测量雷氏夹指针尖端的距离 C，准确至 0.5min。

2. 代用法（试饼法）

（1）将制好的标准稠度净浆分成两等分，使之成球，放在准备好的玻璃板上，制成直径为 70~80mm，中心厚约 10mm，边缘渐薄，表面光滑的试饼，放入养护箱内养护（24±2）h；

（2）按标准法沸煮试饼。沸煮结束后，放掉热水，冷却至室温，取出试饼观察、测量。每种方法需平行测试两个试件。

（五）试验数据处理及结果评定

1. 标准法

当煮沸前后两个试件指针尖端距离差（$C-A$）的平均值不大于 5.0mm 时，即认为该水泥的安定性合格，当两个试件的（$C-A$）相差超过 4.0mm 时，应用同一样品立即重做一次试验，再如此，则认为水泥安定性不合格。

2. 代用法

目测试饼未发现裂缝，钢直尺测量未弯曲（钢直尺和试饼底部紧靠，以两者间不透光为不弯曲）的试饼为安定性合格，当两个试饼判别结果不一致时，该水泥的安定性不合格。

五、水泥胶砂强度试验

（一）试验方法和原理

通过测定以标准方法制备成型标准尺寸的胶砂试块的抗压、抗折破坏荷载，确定其抗压、抗折强度。

（二）试验目的及标准要求

通过检验不同龄期的抗压、抗折强度，确定水泥的强度等级或评定水泥强度是否符合标准要求。

（三）试验仪器

（1）行星式胶砂搅拌机：由搅拌锅、搅拌叶、电动机等组成；

（2）水泥胶砂试模：由三个模槽组成，可同时成型三条截面为 40mm×40mm，长度为 160mm 的棱柱体试件；

（3）水泥胶砂试件成型振实台、抗折试验机、抗压试验机；

（4）抗压夹具：受压面积为 40mm×40mm。

（四）试验步骤

1. 配合比

按水泥：标准砂：水 =1：3：0.5（以质量计）的比例，每一锅胶砂成型三条试件，需水泥（450±2）g，ISO 标准砂（1350±5）g，水（225±1）g。

2. 搅拌

把水加入锅里，再加入水泥，把锅放在固定架上，上升至固定位置。开动搅拌机，低速搅拌 30s 后，在第一个 30s 开始搅拌的同时均匀加入砂子，当各级砂是分装时，从最大粒级开始，依次将所需的每级砂量加完。把机器转至高速再拌 30s。停拌 90s，在第 1 个 15s 内，用胶皮刮具将叶片和锅壁上的胶砂刮入锅中间。在高速下继续搅拌60s。各个搅拌阶段,时间误差应在±1s以内。

3. 试件制备

胶砂制备后应立即成型,将空试模和模套固定在振实台上,将胶砂分二层装入试模,装第一层时,每模槽里约放300g胶砂,并将料层插平振实60次。再装入第二层胶砂,插平后再振实60次;从振实台上取出试模,用金属直尺以近似90°的角度架在试模模顶的一端,沿试模长度方向从横向以锯割动作慢慢向另一端移动,一次将超出试模部分的胶砂刮去,并用同一直尺在近乎水平的情况下将试件表面抹平,然后做好标记。

4. 试件的养护

将做好标记的试模放入养护箱内至规定时间脱模,脱模应非常小心,对于24h龄期的试件,应在试验前20min内脱模,并用湿布覆盖。对于24h以上龄期的试件,应在成型后20~24h间脱模并放在水中养护[温度(20±1)℃]。

5. 抗压、抗折强度测定

(1) 养护到期的试件,应在试验前15min从水中取出,擦去表面沉积物,并用湿布覆盖。先进行抗折试验,后进行抗压试验;

(2) 试件龄期是从水泥加水搅拌开始试验时算起。不同龄期强度试验在下列时间里进行:24h±15min,48h±30min,72h±45min,7d±2h,>28d±8h;

(3) 抗折试验:将试件长向侧面放于抗折试验机的两个支撑圆柱上,通过加荷圆柱,以(50±10)N/s速率均匀将荷载加在试件相对侧面至折断,记录破坏荷载F_f;

(4) 抗压试验:以折断后保持潮湿状态的两个半截棱柱体侧面为受压面,分别放入抗压夹具内,并要求试件中心、夹具中心、压力机压板中心三心合一,偏差为±0.5mm,以(2400±200)N/s的速率均匀加荷至破坏,记录破坏荷载F_c。

6. 注意事项

(1) 试模内壁应在成型前涂薄层的隔离剂。

(2) 脱模时应小心操作,防止试件受到损伤。

(3) 养护时不应将试模叠放。

(五) 试验数据处理及结果评定

1. 一组试件三块,分别进行抗折、抗压试验,测得破坏荷载。

2. 抗折强度R_f按下式计算(精确至0.1MPa):

$$R_f = \frac{1.5 F_f L}{b^3}$$

式中 F_f——折断时施加于棱柱体中部的荷载,N;

   L——支撑圆柱之间的距离,mm;

   b——棱柱体正方形截面的边长,mm,$b=40mm$。

以一组三个棱柱体抗折结果的平均值作为试验结果。当三个强度值中有偏离平均值±10%时,应剔除后再取平均值作为抗折强度试验结果。

3. 抗压强度按下式计算(精确至0.1MPa):

$$R_c = \frac{F_c}{A}$$

式中　F——破坏时的最大荷载,N;

　　　　A——受压部分面积,mm^2,$40mm \times 40mm = 1600mm^2$。

以一组三个棱柱体得到的六个抗压强度测定值的算术平均值为试验结果。

4.如六个测定值中有一个偏离其平均值的±10%,应剔除这个结果,而以剩下五个的平均值为结果。若五个测定值中再有偏离其平均值±10%者,则此组结果作废。

5.当强度值低于标准要求的最低强度值时,应视为不合格品。

试验三　混凝土用骨料试验

一、骨料取样和缩分

（一）骨料取样方法

1.骨料应按同产地同规格分批取样和检验,用大型工具运输的,以 400m³ 或 600t 为以验收批,用小型工具运输的,以 200m³ 或 300t 为已验收批,不足上述数量的以一批论;

2.普通混凝土用骨料自料堆取样时,取料部位应均匀分布。取样前先将取样部位表层铲除,然后从不同部位抽取大致相等的砂样 8 份、石子为 16 份组成各自一组试样;

3.从火车、货船、汽车上取样时,应从不同部位和深度抽取大致相等的砂样 8 份,石16 份组成各自一组样品;

4.从皮带运输机上取样时, 应在皮带运输机机尾的出料处用接料器定时抽取砂 4 份、石 8 份组成各自一组样品;

5.每批试样至少应进行颗粒级配,泥、泥块质量分数检验,对石子还应进行针、片状颗粒质量分数检验。除筛分析外,当其余检验项目存在不合格项时,应加倍取样进行复验。当复验仍有一项不满足标准要求时,应按不合格品处理;

6.对于每一单项检验项目,砂、石的每组样品取样数量应分别满足表 13-4 和表13-5。

单项检验项目所需砂的最少取样质量 表 13-4

检 验 项 目	最 少 取 样 质 量 （g）
筛分析	4400
表观密度	2600
吸水率	4000
紧密密度和堆积密度	5000
含水率	1000
含泥量	4100
泥块含量	20000
石粉含量	1600
人工砂压碎值指标	分成公称粒级 5.00~2.50mm;2.50~1.25mm;1.25mm~630μm ;630 ~315μm;315~160μm 每个粒级各需 100g

检 验 项 目	最 少 取 样 质 量（g）
有机物含量	2000
云母含量	600
轻物质含量	3200
坚固性	分成公称粒级 5.00~2.50mm；2.50~1.25mm；1.25mm~630μm；630~315μm；315~160μm 每个粒级各需 100g
硫化物及硫酸盐含量	50
氯离子含量	2000
贝壳含量	10000
碱活性	20000

单项检验项目所需碎石或卵石的最小取样质量(kg)　　　　　　　表 13-5

试 验 项 目	最 大 公 称 粒 径（mm）							
	10.0	16.0	20.0	25.0	31.5	40.0	63.0	80.0
含泥量	8	8	24	24	40	40	80	80
泥块含量	8	8	24	24	40	40	80	80
针、片状含量	1.2	4	8	12	20	40	—	—
硫化物及硫酸盐	1.0							

（二）样品缩分

1. 缩分方法：

（1）用分料器缩分：将样品在潮湿状态下拌和均匀，然后使样品通过分料器，留下接料斗中的其中一份，用另一份再次通过分料器，重复上述过程，直至把样品缩分到试验所需量为止；

（2）人工四分法缩分：将样品置于平板上，在潮湿状态下拌和均匀，并摊成厚度约为 20mm 的"圆饼"状，然后沿互相垂直的两条直径把"圆饼"分成大致相等的 4 份，取其对角的两份重新拌匀，再摊成"圆饼"。重复上述过程，直至缩分后的材料量略多于进行试验所需的量为止；

2. 碎石或卵石缩分时，应将样品至于平板上，在自然状态下拌均匀，并堆成锥体，然后沿互相垂直的两条直径把锥体分成大致相当的四份，取其对角的两份重新拌匀，再堆成锥体。重复上述过程，直至把样品缩分至试验所需量为止。

3. 砂、碎石或卵石的含水率、堆积密度、紧密密度检验所用的试样，可不经缩分，拌匀后直接进行试验。

二、砂的筛分析试验

（一）试验仪器

1. 试验筛：公称直径分别为 10.0mm、5.00mm、2.5mm、1.25mm、630μm、315μm、160μm 的

方孔筛各一只,筛的底盘和盖各一只,筛框直径为 300mm 或 200mm。

2. 天平:称量 1000g,感量 1g;

3. 摇筛机;

4. 烘箱温度控制范围为(105±5)℃;

5. 浅盘、硬、软毛刷等。

(二)试样制备

用于筛分析的试样,其颗粒的公称粒径不应大于 10.0mm。试验前应先将来样通过公称直径 10.0mm 的方孔筛,并计算筛余。称取经缩分后样品不少于 550g 两份,分别装于两个浅盘,在(105±5)℃的温度下烘干到恒重。冷却至室温备用。

(三)试验步骤

1. 准确称取烘干试样 500g(特细砂可称 250g),置于按筛孔大小顺序排列的套筛的最上一只筛上,将套筛装入摇筛机内固紧,筛分 10min;然后取出套筛,再按筛孔由大到小的顺序,在清洁的浅盘上逐一进行手筛,直至每分钟的筛出量不超过试样总量的 0.1% 时为止;通过的颗粒并入下一只筛子,并和下一只筛子中的试样一起进行手筛。按这样的顺序依次进行,直至所有的筛子全部筛完为止;

2. 试样在各只筛子上的筛余量均不超过按下式计算出的剩余量。否则应将该筛的筛余试样分成两份或数份,再次进行筛分,并以筛余量之和作为该筛的筛余量。

$$m_\mathrm{t} = \frac{A\sqrt{d}}{300}$$

式中　m_t——某一筛上的剩留量(g);

　　d——筛孔的边长(mm);

　　A——筛的面积(mm²)。

3. 称取各筛筛余试样的质量(精确至 1g),所有各筛的分计筛余量和底盘中的剩余量之和与筛分前的试样总量相比,相差不得超过 1%。

(四)试验结果计算

1. 计算分计筛余(各筛上的筛余量除以试样总量的百分率),精确至 0.1%;

2. 计算累计筛余(该筛的分计筛余与筛孔大于该筛的各筛的分计筛余之和),精确至 0.1%;

3. 根据各筛两次试验累计筛余的平均值。评定该试样的颗粒级配分布情况,精确至 1%;

4. 砂的细度模数应按下式计算,精确至 0.01:

$$\mu_\mathrm{f} = \frac{(\beta_2 + \beta_3 + \beta_4 + \beta_5 + \beta_6) - 5\beta_1}{100 - \beta_1}$$

式中　　　　　μ_f——砂的细度模数

β_1、β_2、β_3、β_4、β_5、β_6——分别为公称直径 5.00mm、2.5mm、1.25mm、630μm、315μm、160μm 方孔筛上的累计筛余;

5. 以两次试验结果的算术平均值作为测定值,精确至 0.1。当两次试验所得的细度模数之差大于 0.20 时,应重新取试样进行试验。

三、砂中含泥量试验(标准法)

(一)适用范围

本方法适用于测定粗砂、中砂和细砂的含泥量。

（二）仪器设备

1. 天平:称量 1kg,感量 1g;

2. 筛:孔径为 0.08mm 及 1.25mm 的方孔筛各 1 个;

3. 其他:烘箱、洗砂用的容器及烘干用的浅盘等。

（三）试样制备

将样品在潮湿状态下用四分法缩分至约 1100g,置于温度为(105±5)℃的烘箱中烘干至恒重,冷却至室温后,称取各为 400g(m_0)的试样两份备用。

（四）试验步骤

1. 取烘干的试样一份置于容器中,并注入饮用水,使水面高出砂面约 150mm 充分拌混均匀后,浸泡 2h,然后,用手在水中淘洗试样,使尘屑、淤泥和熟土与砂粒分离,并使之悬浮或溶于水中。缓缓地将浑浊液倒入 1.25mm 及 0.08mm 的套筛(1.25mm 筛放置在0.08mm 筛的上面)上,滤去小于 0.08mm 的颗粒。试验前,筛子的两面应先用水润湿,在整个试验过程中,应注意避免砂粒丢失;

2. 再次加水于容器中,重复上述过程,直到容器内洗出的水清澈为止;

3. 用水冲洗剩留在筛上的细粒。并将 0.08mm 筛放在水中(使水面略高出筛中砂粒的上表面)来回摇动,以充分洗除小于 0.08mm 的颗粒。然后将两只筛上剩留的颗粒和容器中已经洗净的试样一并装入浅盘,置于温度为(105±5)℃的烘箱中烘干至恒重。取出来冷却至室温后,称取试样的质量(m_1)。

（五）试验结果计算

砂的含泥量(ω_c)应按下式计算(精确到 0.1%):

$$\omega_c = \frac{m_0 - m_1}{m_0} \times 100\%$$

式中　　m_0——试验前的烘干试样质量(g);

　　　　m_1——试验后的烘干试样质量(g)。

以两个试样试验结果的算术平均值作为测定值。两次结果的差值超过 0.5%时,应重新取样进行试验。

四、砂的泥块含量试验

（一）适用范围

本方法适用于测定砂中泥块含量。

（二）仪器设备

1. 天平:称量 1000g,感量 1g;称量 5000g,感量 5g;

2. 烘箱:温度控制在(105±5)℃;

3. 试验筛:孔径为 0.630 mm 及 1.25mm 的方孔筛各 1 个;

4. 其他:洗砂用的容器及烘干用的浅盘等。

（三）试样制备

将样品在潮湿状态下用四分法缩分至约 5000g,置于温度为(105±5)℃烘箱中烘干至恒重,冷却至室温后,用 1.25mm 筛筛分,取筛上的砂 400g 分为两份备用。

（四）试验步骤

1. 称取试样 200g（m_1）置于容器中，并注入饮用水，使水面高出砂面约 150mm。充分拌混均匀后，浸泡 24h，然后用手在水中捻碎泥块，再把试样放在 0.630mm 筛上，用水淘洗，直至水清澈为止；

2. 将剩余的试样小心地从筛里取出，装入浅盘后，置于温度为（105±5）℃烘箱中烘干至恒重，冷却后称重（m_2）。

（五）试验结果计算

砂的泥块含量（$\omega_{c,1}$）应按下式计算（精确至 0.1%）：

$$\omega_{c,1} = \frac{m_1 - m_2}{m_1} \times 100\%$$

式中　　m_1——试验前的干燥试样质量（g）；

　　　　m_2——试验后的干燥试样质量（g）。

取两次试样试验结果的算术平均值作为测定值。

五、碎石或卵石的筛分析试验

（一）试验仪器设备

1. 试验筛：筛孔公称直径为 100.0mm、80.0mm、63.0mm、50.0mm、40.0mm、31.5 mm、25.0 mm、20.0 mm、16.0 mm、10.0 mm、5.00 mm 和 2.50 mm 的方孔筛以及筛的底盘和盖各一只；

2. 天平和秤：天平的称量 5kg，感量 5g，秤的称量 20kg 感量 20g；

3. 烘箱：温度控制范围（105±5）℃；

4. 浅盘。

（二）试样制备

试验前将样品缩分至表 13-6 所规定的试样最少质量，烘干或风干后备用。

试样缩分的最少质量　　　　　　　　　　　　　　表 13-6

公称粒径（mm）	10.0	16.0	20.0	25.0	31.5	40.0	63.0	80.0
试样最少质量	2.0	3.2	4.0	5.0	6.3	8.0	12.6	16.0

（三）试验步骤

1. 按表规定称取试样；

2. 将试样按筛孔大小顺序过筛，当每只筛上的筛余层厚度大于试样的最大粒径值时，应将该筛上的筛余试样分成两份，再次进行筛分，直至各筛每分钟的通过量不超过试样总量的 0.1%；

3. 称取各筛筛余的质量，精确至试样总质量的 0.1%。各筛的分计筛余量和筛底剩余量的总和与筛分前测定的试样总量相比，其相差不得超过 1%。

（四）试验结果计算

1. 计算分计筛余（各筛上筛余量除以试样的百分率），精确至 0.1%；

2. 计算累计筛余（该筛的分计筛余与筛孔大于该筛的各筛的分计筛余百分率之总和），精确至 1%；

3. 根据各筛的累计筛余，评定该试样的颗粒级配。

六、碎石或卵石的含泥量试验

（一）适用范围

本方法适用于测定碎石或卵石中的含泥量。

（二）仪器设备

1. 秤：称量 20kg，感量 20g；

2. 试验筛：孔径为 1.25mm 及 0.08mm 的方孔筛各一个；

3. 容器：容积约 10L 的瓷盘或金属盒；

4. 其他：烘箱、浅盘。

（三）试样制备

试验前，将试样用四分法缩分至表 13-7 所规定的量（注意防止细粉丢失），并置于温度为（105±5）℃的烘箱中烘干至恒重，冷却至室温后分成两份备用。

含泥量试验所需的试样最小用量   表 13-7

最大粒径(mm)	10.0	16.0	20.0	25.0	31.5	40.0	63.0	80.0
试样最小用量(kg)≥	2	2	6	6	10	10	20	20

（四）试验步骤

1. 称取试样一份（m_0）装入容器中摊平，并注入饮用水，使水面高出石子表面 150mm；浸泡 2h 后，用手在水中淘洗颗粒，使尘屑、淤泥和熟土与较粗颗粒分离，并使之悬浮或溶解于水。缓缓地将浑浊液倒入 1.25mm 及 0.08mm 的套筛（1.25mm 筛置于上面）上，滤去小于 0.08mm 的颗粒。试验前，筛子的两面应先用水润湿，在整个试验过程中，应注意避免大于 0.08mm 的颗粒丢失；

2. 再次加水于容器中，重复上述过程，直至洗出的水清澈为止；

3. 用水冲洗剩留在筛上的细粒。并将 0.08mm 筛放在水中（使水面略高出筛内颗粒）来回摇动，以充分洗除小于 0.08mm 的颗粒。然后将两只筛上剩留的颗粒和筒中已经洗净的试样一并装入浅盘，置于温度为（105±5）℃的烘箱中烘干至恒重。取出冷却至室温后，称量（m_1）。

（五）试验结果计算

碎石或卵石的含泥量 ω_c 应按下列计算（精确至 0.1%）：

$$\omega_c = \frac{m_0 - m_1}{m_0} \times 100\%$$

式中　ω_c——碎石或卵石的含泥量（%）；

m_0——试验前的干燥试样质量（g）；

m_1——试验后的干燥试样质量（g）。

以两个试样试验结果的算术平均值作为测定值。两次结果的差值超过 0.2%，应重新取样进行试验。

七、碎石或卵石中泥块含量试验

（一）适用范围

本方法适用于测定碎石或卵石中泥块的含量。

（二）仪器设备

1. 秤：称量 20kg，感量 20g；

2. 试验筛：孔径为 2.50mm 及 5.00mm 的方孔筛各一个；

3. 其他：烘箱、水筒及烘干用的浅盘等。

（三）试样制备

试验前，将样品用四分法缩分至略大于表 13-4 所示的量，缩分应注意防止所含黏土块被压碎。缩分后的试样在（105±5）℃烘箱内烘至恒重，冷却至室温后分成两份备用。

（四）试验步骤

1. 筛去 5mm 以下颗粒，称量 m_1。

2. 将试样在容器中椎平，加入饮用水使水面高出试样表面，24h 后把水放出，用手捻压泥块，然后把试样放在 2.5mm 筛上摇动淘洗，直至洗出的水清澈为止。

3. 将筛上的试样小心地从筛里取出，置于温度为（105±5）℃烘箱中烘干至恒重。取出冷却至室温后称量 m_2。

（五）试验结果计算

泥块含量应按下式计算（精确至 0.1%）：

$$\omega_{c,1} = \frac{m_1 - m_2}{m_1} \times 100\%$$

式中　$\omega_{c,1}$——泥块含量（%）；

m_1——5mm 筛上筛余量（g）；

m_2——试验后烘干试样的量（g）。

以两个试样试验结果的算术平均值作为测定值。

八、碎石或卵石的压碎值指标试验

（一）使用范围

本方法适用于测定碎石或卵石抵抗压碎的能力，以间接地推测其相应的强度。

（二）试验仪器

1. 压力试验机：荷载 300kN；

2. 压碎值指标测定仪；

3. 称：称量 5kg，感量 5g；

4. 试验筛：孔公称直径为 10.0mm 和 20.0mm 的方孔筛各一只。

（三）试验准备

1. 标准试样一律采用公称粒径为 10.0~20.0mm 的颗粒，并在风干状态下进行试验。

2. 对多种岩石组成的卵石，当其公称粒径大于 20.0mm 颗粒的岩石矿物成分与 10.0~20.0mm 粒级有显著差压时，应将大于 20.0mm 的颗粒人工破碎后，筛取 10.0~20.0mm 标准粒级另外进行压碎值指标试验。

3. 将缩分后的样品先筛除试样中公称粒径 10.0mm 以下及 20.0mm 以上的颗粒，再用针状和片状规准仪剔除针状和片状颗粒，然后称取每份 3kg 的试样三份备用。

（四）试验步骤

1. 置圆筒于底盘上,取试样一份,分二层装入圆筒。每装完一层试样后,在底盘下面垫放一直径为 10mm 的圆钢筋,将筒按住,左右交替颠击地面各 25 下。第二层颠实后,试样表面距盘底的高度应控制为 100mm 左右;

2. 整平筒内试样表面,把加压头装好(注意应使加压头保持平正),放到试验机上 160~300s 内均匀地加荷到 200kN,稳定 5s,然后卸荷,取出测定筒。倒出筒中的试样并称其质量(m_0),用公称直径为 2.50mm 的方孔筛筛除被压碎的细粒,称量剩留在筛上的试样质量(m_1)。

(五)试验结果计算

碎石或卵石的压碎值指标 δ_a,应按下式计算(精确至 0.1%):

$$\delta_a = \frac{m_0 - m_1}{m_0} \times 100\%$$

式中 δ_a——压碎值指标(%);

  m_0——试样的质量(g);

  m_1——压碎试验后筛余的试样质量(g)。

多种岩石组成的卵石,应对公称粒径 20.0mm 以下和 20.0mm 以上的标准粒级(10.0~20.0mm)分别进行检验,则其总的压碎值指标 δ_a 应按下式计算:

$$\delta_a = \frac{a_1 \delta_{a1} + a_2 \delta_{a2}}{a_1 + a_2} \times 100\%$$

式中 δ_a——总的压碎值指标(%);

  a_1、a_2——公称粒径 20.0mm 以下和 20.0mm 以上两粒级的颗粒含量百分率;

  δ_{a1}、δ_{a2}——两粒级以标准粒级试验的分计压碎值指标(%)。

以三次试验结果的算术平均值作为压碎值指标测定值。

试验四 普通混凝土试验

一、混凝土拌合物取样及试样的制备

(一)取样

1. 同一组混凝土拌合物的取样应从同一盘混凝上或同一车混凝土中取样。取样量应多于试验所需量的 1.5 倍;且宜不小于 20L;

2. 混凝土拌合物的取样应具有代表性,宜采用多次采样的方法。一般在同一盘混凝土或同一车混凝土中的约 1/4 处、1/7 处和 3/4 处之间分别取样,从第一次取样到最后一次取样不宜超过 15min,然后人工搅拌均匀;

3. 从取样完毕到开始做各项性能试验不宜超过 5min。

(二)试样的制备

1. 在试验室制备混凝土拌合物时,拌和时试验室的温度应保持在 20 ± 5℃,所用材料的温度应与试验室温度保持一致;

(注:需要模拟施工条件下所用的混凝土时,所用原材料的温度宜与施工现场保持一致。)

2. 试验室拌和混凝土时,材料用量应以质量计。称量精度:骨料为 ±1%;水、水泥、掺合料、外加剂均为 ±0.5%;

3.拌制混凝土的原材料应符合技术要求,并与施工实际用料相同。在拌和前,材料的温度与室温相同,水泥如有结块现象,应用 0.9mm 筛过筛,筛余团块不得使用。材料用量以质量计,称量的准确度:骨料为 ±1%,水、水泥、掺合料及外加剂为 ±0.5%;

4.从试样制备完毕到开始做各项性能试验不宜超过 5min。

二、混凝土拌合物和易性试验

混凝土拌合物应具有适应构件尺寸和施工条件的和易性,即应具有适宜的流动性和良好的黏聚性与保水性,借以保证施工质量,从而获得均匀密实的混凝土。测定混凝土拌合物和易性常用的方法是测定它的坍落度或维勃稠度。

(一)坍落度试验

1.试验目的和意义

坍落度是表示新拌混凝土稠度的一种指标,以它来反映混凝土拌合物流动性大小。本方法适用于骨料最大粒径不大于 40mm、坍落度不小于 10mm 的混凝土拌合物稠度测定。

2.试验设备

坍落度筒(图 13-8)、捣棒、小铲、直尺、拌板、镘刀等。

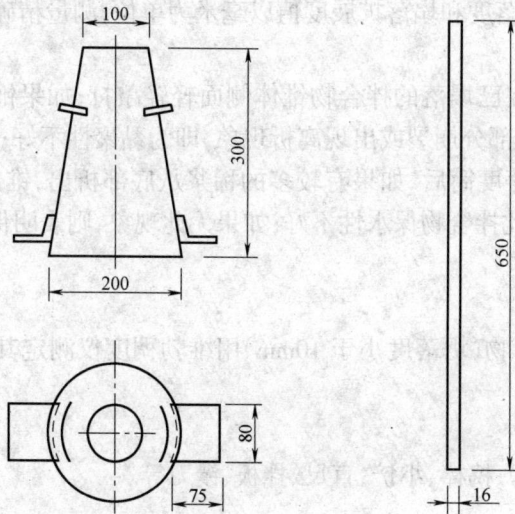

图 13-8　坍落度筒及捣棒

3.试验步骤

(1)湿润坍落度筒及底板,在坍落度筒内壁和底板上应无明水。底板应放置在坚实水平面上,并把筒放在底板中心,然后用脚踩住二边的脚踏板,坍落度筒在装料时应保持固定的位置;

(2)把按要求取得的混凝土试样用小铲分三层均匀地装入筒内,使捣实后每层高度为筒高的三分之一左右。每层用捣棒插捣 25 次。插捣应沿螺旋方向由外向中心进行,各次插捣应在截面上均匀分布。插捣筒边混凝土时,捣棒可以稍稍倾斜。插捣底层时,捣棒应贯穿整个深度,插捣第二层和顶层时,捣棒应插透本层至下一层的表面;浇灌顶层时,混凝土应灌到高出筒口。插捣过程中,如混凝土沉落到低于筒口,则应随时添加。顶层插捣完后,刮去

多余的混凝土,并用抹刀抹平;

(3)清除筒边底板上的混凝土后,垂直平稳地提起坍落度筒。坍落度筒的提离过程应在 5~10s 内完成;从开始装料到提坍落度筒的整个过程应不间断地进行,并应在 150s 内完成;

(4)提起坍落度筒后,测量筒高与坍落后混凝土试体最高点之间的高度差,即为该混凝土拌合物的坍落度值;坍落度筒提离后,如混凝土发生崩坍或一边剪坏现象,则应重新取样另行测定;如第二次试验仍出现上述现象,则表示该混凝土和易性不好,应予记录备查。的程度来评定,坍落度筒提起后如有较多的稀浆从底部析出,锥体部分的混凝土也因失浆而骨料外露,则表明此混凝土拌合物的保水性能不好;如坍落度筒提起后无稀浆或仅有少量稀浆自底部析出,则表示此混凝土拌合物保水性良好;

(5)当混凝土拌合物的坍落度大于 220mm 时,用钢尺测量混凝土扩展后最终的最大直径和最小直径,在这两个直径之差小于 50mm 的条件下,用其算术平均值作为坍落扩展度值;否则,此次试验无效;

(6)如果发现粗骨料在中央集堆或边缘有水泥浆析出,表示此混凝土拌合物抗离析性不好,应予记录。

4.试验结果分析

(1)混凝土拌合物坍落度和塌落扩展度值以毫米为单位,测量精确至 1mm,结果表达修约至 5mm;

(2)黏聚性:用捣棒在已塌落的拌合物锥体侧面轻轻敲打,如果锥体逐渐下沉,表示黏聚性良好;如果锥体倒塌,部分崩裂或出现离析现象,即为黏聚性不好;

(3)保水性:提起坍落度筒后,如果有较多的稀浆从底部析出,锥体部分的拌合物也因失浆而骨料外露,则表明此拌合物保水性不好;如果无此现象,则表明保水性良好。

(二)维勃稠度试验

1.试验目的和意义

较干硬的混凝土拌合物(坍落度小于 10mm)用维勃稠度仪测定其稠度,作为它的和易性指标。

2.试验设备

维勃稠度仪(图 13-9)、捣棒、小铲、直尺、拌板、镘刀等。

3.试验步骤

(1)维勃稠度仪应放置在坚实水平面上,用湿布把容器、坍落度筒、喂料斗内壁及其他用具润湿;

(2)将喂料斗提到坍落度筒上方扣紧,校正容器位置,使其中心与喂料中心重合,然后拧紧固定螺栓;

(3)把按要求取样或制作的混凝土拌合物试样用小铲分三层经喂料斗均匀地装入筒内,使捣实后每层高度为筒高的 1/3 左右。每层用捣棒插捣 25 次。插捣应沿螺旋方向由外向中心进行,各次插捣应在截面上均匀分布。插捣筒边混凝土时,捣棒可以稍稍倾斜。插捣底层时,捣棒应贯穿整个深度,插捣第二层和顶层时,捣棒应插透本层至下一层的表面;浇灌顶层时,混凝土应灌到高出筒口。插捣过程中,如混凝土沉落到低于筒口,则应随时添加。顶层插捣完后,刮去多余的混凝土,并用抹刀抹平;

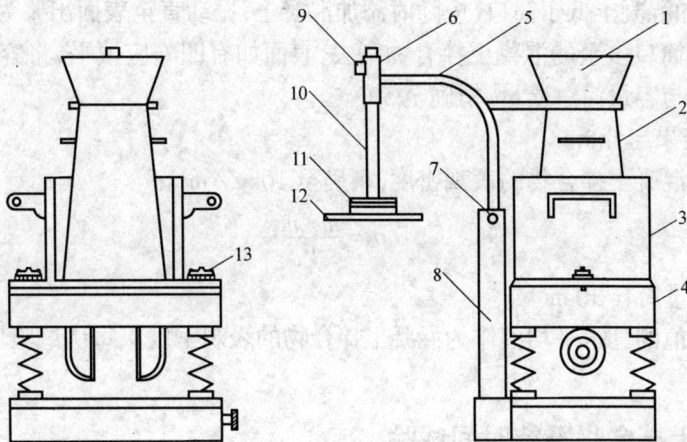

图 13-9 维勃稠度仪

1- 喂料斗；2- 坍落度筒；3- 容器；4- 振动台；5- 旋转架；6- 套筒；7- 定位螺栓；8- 支柱；
9- 测杆螺栓；10 测杆；11- 荷重；12- 透明圆盘；13- 固定螺栓

（4）把喂料斗转离，垂直地提起坍落度筒，此时应注意不使混凝土试体产生横向的扭动；

（5）拧紧定位螺钉，并检查测杆螺钉是否已经完全放松；

（6）在开启振动台的同时用秒表计时，当振动到透明圆盘的底面被水泥浆布满的瞬间停止计时，并关闭振动台。

4.试验结果处理

由秒表读出时间即为该混凝土拌合物的维勃稠度值，精确至 1s。

三、混凝土拌合物表观密度试验

（一）试验目的和意义

测定混凝土拌合物单位体积的质量，可作为评定混凝土质量的一项指标，也可用来计算每立方米混凝土所需材料的用量。本方法适用于测定混凝土拌合物捣实后的单位体积质量（即表观密度）。

（二）试验仪器及设备

台秤（称量 50kg，感量 50g）、振动台、捣棒、金属容量筒（筒壁外侧焊有把手）。

（三）试验步骤

1.用湿布把容量筒内外擦干净，称出容量筒质量，精确至 50g；

2.混凝土的装料及捣实方法应根据拌合物的稠度而定。坍落度不大于 70mm 的混凝土，用振动台振实为宜；大于 70mm 的用捣棒捣实为宜。采用捣棒捣实时，应根据容量筒的大小决定分层与插捣次数：用 5L 容量筒时，混凝土拌合物应分两层装入，每层的插捣次数应为 25 次；用大于 5L 的容量筒时，每层混凝土的高度不应大于 100mm，每层插捣次数应按每 10000mm² 截面不小于 12 次计算。各次插捣应由边缘向中心均匀地插捣，插捣底层时捣棒应贯穿整个深度，插捣第二层时，捣棒应插透本层至下一层的表面；每一层捣完后用橡皮锤轻轻沿容器外壁敲打 5~10 次，进行振实，直至拌合物表面插捣孔消失并不见大气泡为止。采用振动台振实时，应一次将混凝土拌合物灌到高出容量筒口。装料时可用捣棒稍加插

299

捣,振动过程中如混凝土低于筒口,应随时添加混凝土,振动直至表面出浆为止;

3. 用刮尺将筒口多余的混凝土拌合物刮去,表面如有凹陷应填平;将容量筒外壁擦净,称出混凝土试样与容量筒总质量,精确至 50g。

（四）试验结果与分析

用下式计算混凝土拌合物的表观密度（精确至 10kg／m³）：

$$\rho_0 = \frac{m_2 - m_1}{V_0}$$

式中 V_0——容量筒容积(m³)。

取两次测定值的算术平均值作为混凝土拌合物的表观密度。每次试验均须换用未测定过的拌合物。

四、混凝土拌合物凝结时间试验

（一）试验目的和意义

本方法适用于从混凝土拌合物中筛出的砂浆用贯入阻力法来确定坍落度值不为零的混凝土拌合物凝结时间的测定。

（二）试验设备

贯入阻力仪应由加荷装置、测针、砂浆试样筒和标准筛组成,可以是手动的,也可以是自动的。

（三）试验步骤

1. 从混凝土拌合物试样中,用 5mm 标准筛筛出砂浆,每次应筛净,然后将其拌合均匀。将砂浆一次分别装入三个试样筒中,做三个试验。取样混凝土坍落度不大于 70mm 的混凝土宜用振动台振实砂浆;取样混凝土坍落度大于 70mm 的宜用捣棒人工捣实。用振动台振实砂浆时,振动应持续到表面出浆为止,不得过振;用捣棒人工捣实时,应沿螺旋方向由外向中心均匀插捣 25 次,然后用橡皮锤轻轻敲打筒壁,直至插捣孔消失为止。振实或插捣后,砂浆表面应低于砂浆试样筒口约 10mm;砂浆试样筒应立即加盖;

2. 砂浆试样制备完毕,编号后应置于温度为 20±2℃的环境中或现场同条件下待试,并在以后的整个测试过程中,环境温度应始终保持 20±2℃。现场同条件测试时,应与现场条件保持一致。在整个测试过程中,除在吸取泌水或进行贯入试验外,试样筒应始终加盖;

3. 凝结时间测定从水泥与水接触瞬间开始计时。根据混凝土拌合物的性能,确定测针试验时间,以后每隔 0.5h 测试一次,在临近初、终凝时可增加测定次数;

4. 在每次测试前 2min,将一片 20mm 厚的垫块垫入筒底一侧使其倾斜,用吸管吸去表面的泌水,吸水后平稳地复原;

5. 测试时将砂浆试样筒置于贯入阻力仪上,测针端部与砂浆表面接触,然后在 10±2s 内均匀地使测针贯入砂浆 25±2mm 深度,记录贯入压力,精确至 10N;记录测试时间,精确至 lmin;记录环境温度,精确至 0.5℃;

6. 各测点的间距应大于测针直径的两倍且不小于 15mm。测点与试样筒壁的距离应不小于 25mm;

7. 贯入阻力测试在 0.2～28MPa 之间应至少进行 6 次,直至贯入阻力大于 28MPa 为止;

8. 在测试过程中应根据砂浆凝结状况,适时更换测针,更换测针宜按表 13-8 选用:

贯入阻力(MPa)	0.2～3.5	3.5～20	20～28
测针面积(mm²)	100	50	20

(四)试验结果计与分析

1. 贯入阻力应按下式计算:

$$f_{PR} = \frac{P}{A}$$

式中　　f_{PR}——贯入阻力(MPa);

　　　　P——贯入压力(N);

　　　　A——测针面积(mm²)。

计算应精确至 0.1MPa。

2. 凝结时间宜通过线性回归方法确定,是将贯入阻力 f_{PR} 和时间 t 分别取自然对数 $\ln(f_{PR})$ 和 $\ln(t)$ 然后把 $\ln(f_{PR})$ 当作自变量,$\ln(t)$ 当作因变量作线性回归得到回归方程式:

$$\ln(t) = A + B\ln(f_{PR})$$

式中　　t——时间(min);

　　　　f_{PR}——贯入阻力(MPa);

　　　　A、B——线性回归系数。

根据回归方程式得当贯入阻力为 3.5MPa 时为初凝时间 t_s,贯入阻力为 28MPa 时为终凝时间 t_e:

$$t_s = e^{(A+B\ln(3.5))}$$

$$t_e = e^{(A+B\ln(28))}$$

式中　　t_s——初凝时间(min);

　　　　t_e——终凝时间(min);

　　　　A、B——线性回归系数。

凝结时间也可用绘图拟合方法确定,是以贯入阻力为纵坐标,经过的时间为横坐标(精确至 1min),绘制出贯入阻力与时间之间的关系曲线,以 3.5MPa 和 28MPa 划两条平行于横坐标的直线,分别与曲线相交的两个交点的横坐标即为混凝土拌合物的初凝和终凝时间。

3. 用三个试验结果的初凝和终凝时间的算术平均值作为此次试验的初凝和终凝时间。如果三个测值的最大值或最小值中有一个与中间值之差超过中间值的 10%,则以中间值为试验结果;如果最大值和最小值与中间值之差均超过中间值的 10% 时,则此次试验无效。凝结时间用 h：min 表示,并修约至 5min。

五、混凝土立方体抗压强度试验

(一)试验目的和意义

测定混凝土立方体试件的抗压强度。

(二)试验设备

压力试验机、试模、振动台、小铁铲、金属直尺、镘刀等。设备应符合前面"混凝土力学性能试验的一般规定"的要求。

（三）试验步骤

1. 试件从养护地点取出后应及时进行试验,将试件表面与上下承压板面擦干净;

2. 将试件安放在试验机的下压板或垫板上,试件的承压面应与成型时的顶面垂直。试件的中心应与试验机下压板中心对准,开动试验机,当上压板与试件或钢垫板接近时,调整球座,使接触均衡;

3. 在试验过程中应连续均匀地加荷,混凝土强度等级 < C30 时,加荷速度取每秒钟 0.3 ~ 0.5MPa;混凝土强度等级 ≥ C30 且 < C60 时,取每秒钟 0.5 ~ 0.8MPa;混凝土强度等级 ≥ C60 时,取每秒钟 0.8 ~ 1.0MPa;

4. 当试件接近破坏开始急剧变形时,应停止调整试验机油门,直至破坏。然后记录破坏荷载。

（四）试验结果

1. 混凝土立方体抗压强度应按下式计算:

$$f_{cu} = \frac{F}{A}$$

式中　f_{cu}——混凝土立方体试件抗压强度(MPa);

　　　F——试件破坏荷载(N);

　　　A——试件承压面积(mm²);

混凝土立方体抗压强度计算应精确至 0.1MPa。

2. 强度值的确定应符合下列规定:

（1）三个试件测试值的算术平均值作为该组试件的强度代表值(精确至 0.1MPa);

（2）三个试件测试值中的最大值或最小值中如有一个与中间值的差值超过中间值的 15%时,则把最大及最小值一并舍除,取中间值作为该组试件的抗压强度代表值;

（3）如最大值和最小值与中间值的差均超过中间值的 15%, 则该组试件的试验结果无效。

3. 混凝土强度等级 < C60 时,用非标准试件测得的强度值均应乘以尺寸换算系数,其值为对 200mm × 200mm × 200mm 试件为 1.05;对 100mm × 100mm × 100mm 试件为0.95。当混凝土强度等级 ≥ C60 时,宜采用标准试件;使用非标准试件时,尺寸换算系数应由试验确定。

六、混凝土劈裂抗拉强度试验

（一）试验目的和意义

测定混凝土立方体劈裂抗拉强度。

（二）试验设备

压力试验机、试模、垫条、垫片、定位支架(图 13-10)。

（三）试验步骤

1. 试件从养护地点取出后应及时进行试验,将试件表面与上下承压板面擦干净;

2. 试件放在试验机下压板的中心位置,劈裂承压面和劈裂面应与试件成型时的顶面垂直;在上、下压板与试件之间垫以圆弧形垫块及垫条各一条,垫块与垫条应与试件上、下面的中心线对准并与成型时的顶面垂直。宜把垫条及试件安装在定位架上使用;

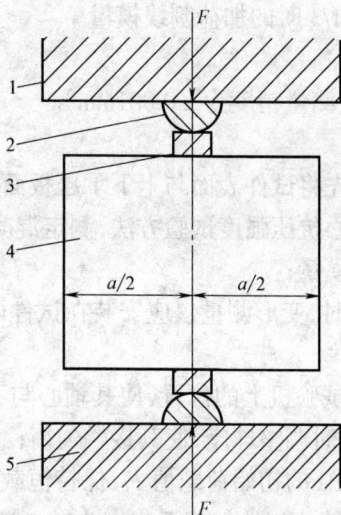

图 13-10 混凝土劈裂抗拉试验装置图
1- 压力机上压板;2- 垫条;3- 垫层;4- 试件;5- 压力机下压板

3. 试验机,当上压板与圆弧形垫块接近时,调整球座,使接触均衡。加荷应连续均匀,当混凝土强度等级 < C30 时,加荷速度取每秒钟 0.02 ~ 0.05MPa;当混凝土强度等级≥C30 且 < C60 时,取每秒钟 0.05 ~ 0.08MPa;当混凝土强度等级≥C60 时,取每秒钟 0.08 ~ 0.10MPa,至试件接近破坏时,应停止调整试验机油门,直至试件破坏,然后记录破坏荷载。

(四)试验结果计算

1. 土劈裂抗拉强度应按下式计算:

$$f_{ts} = \frac{2F}{\pi A} = 0.637 \times \frac{F}{A}$$

式中 f_{ts}——裂抗拉强度(MPa);

F——试件破坏荷载(N);

A——试件劈裂面面积(mm^2);

劈裂抗拉强度计算精确到 0.01MPa。

2. 度值的确定应符合下列规定:

(1)三个试件测值的算术平均值作为该组试件的强度值(精确至 0.01MPa);

(2)三个测值中的最大值或最小值中如有一个与中间值的差值超过中间值的 15%时,则把最大及最小值一并舍除,取中间值作为该组试件的抗压强度值;

(3)如最大值和最小值与中间值的差均超过中间值的 15%,则该组试件的试验结果无效。

3. 采用 100mm × 100mm × 100mm 非标准试件测得的劈裂抗拉强度值,应乘以尺寸换算系数 0.85;当混凝土强度等级≥C60 寸,宜采用标准试件;使用非标准试件时,尺寸换算系数应由试验确定。

七、混凝土静力受压弹性模量试验

(一)试验目的和意义

本方法适用于测定棱柱体试件的混凝土静力受压弹性模量(以下简称弹性模量)。弹性模量值取应力为轴心抗压强度 1/3 时的加荷割线模量。

（二）试验设备

压力试验机、试模、千分表（测量精度为 ±0.001mm）。

（三）试验步骤

1. 试件从养护地点取出后先将试件表面与上下承压板面擦干净；

2. 取 3 个试件按混凝土轴心抗压强度试验方法，测定混凝土的轴心抗压强度（f_{cp}）。另 3 个试件用于测定混凝土的弹性模量；

3. 在测定混凝土弹性模量时，变形测量仪应安装在试件两侧的中线上并对称于试件的两端；

4. 应仔细调整试件在压力试验机上的位置，使其轴心与下压板的中心线对准。开动压力试验机，当上压板与试件接近时调整球座，使其接触匀衡；

5. 加荷至基准应力为 0.5MPa 的初始荷载值 F_0，保持恒载 60s 并在以后的 30s 内记录每测点的变形读数 ε_0。应立即连续均匀地加荷至应力为轴心抗压强度 f_{cp} 的 1/3 的荷载值 F_a，保持恒载 60s 并在以后的 30s 内记录每一测点的变形读数，应连续均匀加荷，混凝土等级 <C30 时，加荷速度取 0.3 ~ 0.5MPa/s；混凝土等级 ≥C30 且 <C60 时，取 0.5 ~ 0.8MPa/s；混凝土等级 ≥C60 时，取 0.8 ~ 1.0MPa/s；

6. 当以上这些变形值之差与它们平均值之比大于 20% 时，应重新对中试件后重复本条第 5 款的试验。如果无法使其减少到低于 20% 时，则此次试验无效；

7. 在确认试件对中符合第 6 款规定后，以与加荷速度相同的速度卸荷至基准应力 0.5MPa（F_a），恒载 60s；然后用同样的加荷和卸荷速度以及 60s 的保持恒载（F_0 及 F_a）至少进行两次反复预压。在最后一次预压完成后，在基准应力 0.5MPa（F_a）持荷 60s 并在以后的 30s 内记录每一测点的变形读数 ε_0；再用同样的加荷速度加荷至 F_a，持荷 60s 并在以后的 30s 内记录每一测点的变形读数 ε_a；

8. 卸除变形测量仪，以同样的速度加荷至破坏，记录破坏荷载；如果试件的抗压强度与 f_{cp} 之差超过 f_{cp} 的 20% 时，则应在报告中注明。

（四）试验结果

1. 混凝土弹性模量值应按下式计算：

$$E_C = \frac{F_a - F_0}{A} \times \frac{L}{\Delta n}$$

式中　E_C——混凝土弹性模量（MPa）；

　　　F_a——应力为 1/3 轴心抗压强度时的荷载（N）；

　　　F_0——应力为 0.5MPa 时的初始荷载（N）；

　　　A——试件承压面积（mm²）；

　　　L——测量标距（mm）；

$$\Delta n = \varepsilon_a - \varepsilon_0$$

式中　Δn——最后一次从 F_0 加荷至 F_a 时试件两侧变形的平均值（mm）；

　　　ε_a——F_a 时试件两侧变形的平均值（mm）；

　　　ε_0——F_0 时试件两侧变形的平均值（mm）。

混凝土受压弹性模量计算精确至 100MPa。

2. 弹性模量按 3 个试件测值的算术平均值计算。如果其中有一个试件的轴心抗压强度值与用以确定检验控制荷载的轴心抗压强度值相差超过后者的 20% 时,则弹性模量值按另两个试件测值值的算术平均值计算,如有两个试件超过上述规定时,则此次试验无效。

八、混凝土抗折强度试验

(一) 试验目的和意义

本方法适用于测定混凝土的抗折强度。

(二) 试验设备

50～300kN 抗折试验机或万能试验机,压头和支座(图 13–11)。

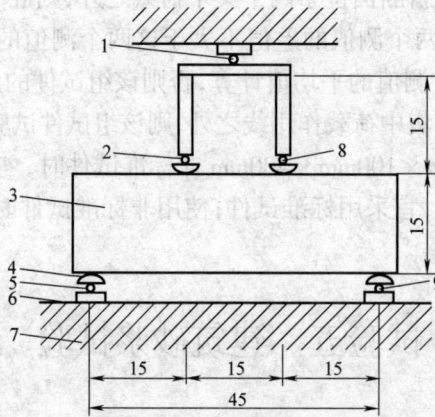

图 13–11 混凝土抗折试验装置
1、8、9– 钢球;2,5– 钢轴;3– 试件;4– 活动垫块;6– 活动支座;7– 机台

(三) 试验步骤

1. 试件从养护地取出后应及时进行试验,将试件表面擦干净;

2. 按图 13–11 装置试件,安装尺寸偏差不得大于 1mm。试件的承压面应为试件成型时的侧面。支座及承压面与圆柱的接触面应平稳、均匀,否则应垫平;

3. 施加荷载应保持均匀、连续。当混凝土强度等级 < C30 时, 加荷速度取每秒0.02～0.05MPa;当混凝土强度等级≥C30 且 < C60 时,取每秒钟 0.05～0.08MPa;当混凝土强度等级≥C60 时,取每秒钟 0.08～0.10MPa,至试件接近破坏时,应停止调整试验机油门,直至试件破坏,然后记录破坏荷载;

4. 记录试件破坏荷载的试验机示值及试件下边缘断裂位置。

(四) 试验结果

1. 若试件下边缘断裂位置处于二个集中荷载作用线之间,则试件的抗折强度 f_f(MPa)按下式计算:

$$f_f = \frac{Fl}{bh^2}$$

式中 f_f——混凝土抗拆强度(MPa);

　　F——试件破坏荷载(N);

　　l——支座间跨度(mm);

h——试件截面高度(mm);

b——试件截面宽度(mm);

抗折强度计算应精确至 0.1MPa。

2. 抗折强度值的确定应符合下列规定。

(1)三个试件测值的算术平均值作为该组试件的强度值(精确至 0.1MPa);

(2)三个测值中的最大值或最小值中如有一个与中间值的差值超过中间值的 15%时,则把最大及最小值一并舍除,取中间值作为该组试件的抗压强度值;

(3)如最大值和最小值与中间值的差均超过中间值的 15%,则该组试件的试验结果无效。

3. 三个试件中若有一个折断面位于两个集中荷载之外,则混凝土抗折强度值按 另两个试件的试验结果计算,若这两个测值的差值不大于这两个测值的较小值的 15%时,则该组试件的抗折强度值按这两个测值的平均值计算,否则该组试件的试验无效。若有两个试件的下边缘断裂位置位于两个集中荷载作用线之外,则该组试件试验无效。

4. 当试件尺寸为 100mm × 100mm × 400mm 非标准试件时,应乘以尺寸换算系数0.85;当混凝土强度等级≥C60 时,宜采用标准试件;使用非标准试件时,尺寸换算系数应由试验确定。

试验五　建筑砂浆试验

一、取样方法及试验制备

(一)取样方法

1. 建筑砂浆试验用料应从同一盘砂浆或同一车砂浆中取样。取样量应不少于试验所需量的 4 倍。

2. 施工中取样进行砂浆试验时,其取样方法和原则应按相应的施工验收规范执行。一般在使用地点的砂浆槽、砂浆运送车或搅拌机出料口,至少从三个不同部位取样。现场取来的试样,试验前应人工搅拌均匀。

3. 从取样完毕到开始进行各项性能试验不宜超过 15min。

(二)试样的制备

1. 在试验室制备砂浆拌合物时,所用材料应提前 24h 运入室内。拌合时试验室的温度应保持在(20 ± 5)℃。

注:需要模拟施工条件下所用的砂浆时,所用原材料的温度宜与施工现场保持一致。

2. 试验所用原材料应与现场使用材料一致。砂应通过公称粒径 5mm 筛。

3. 试验室拌制砂浆时,材料用量应以质量计。称量精度:水泥、外加剂、掺合料等为 ± 0.5%;砂为 ± 1%。

4. 在试验室搅拌砂浆时应采用机械搅拌,搅拌的用量宜为搅拌机容量的 30% ~ 70%,搅拌时间不应少于 120s。掺有掺合料和外加剂的砂浆,其搅拌时间不应少于 180s。

二、稠度试验

(一)目的

本方法适用于确定配合比或施工过程中控制砂浆的稠度,以达到控制用水量的目的。

(二)试验仪器

1.砂浆稠度仪:见图 13-12,由试锥、容器和支座三部分组成。试锥由钢材或铜材制成,试锥高度为 145mm,锥底内径为 150mm;支座分底座、支架及刻度显示三部分,由铸铁、钢及其他金属制成;

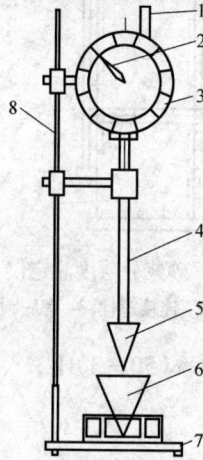

图 13-12　砂浆稠度测定仪
1- 齿条测杆;2- 摆针;3- 刻度盘;4- 滑杆;5- 试锥;6- 盛装容器;7- 底座;8- 支架

2.钢制捣棒:直径 10mm、长 350mm,端部磨圆;

3.秒表等。

(三)试验步骤

1.用少量润滑油轻擦滑杆,再将滑杆上多余的油用吸油纸擦净,使滑杆能自由滑动;

2.用湿布擦净盛浆容器和试锥表面,将砂浆拌合物一次装入容器,使砂浆表面低于容器口约 10mm 左右。用捣棒自容器中心向边缘均匀地插捣 25 次,然后轻轻地将容器摇动或敲击 5~6 下,使砂浆表面平整,然后将容器置于稠度测定仪的底座上。

3.拧松制动螺栓,向下移动滑杆,当试锥尖端与砂浆表面刚接触时,拧紧制动螺栓,使齿条侧杆下端刚接触滑杆上端,读出刻度盘上的读数(精确至 1mm)。

4.拧松制动螺栓,同时计时间,10s 时立即拧紧螺栓,将齿条测杆下端接触滑杆上端,从刻度盘上读出下沉深度(精确至 1mm),二次读数的差值即为砂浆的稠度值。

5.盛装容器内的砂浆,只允许测定一次稠度,重复测时,应重新取样测定。

(四)试验结果处理

1.取两次实验结果的算术平均值作为该砂浆的分层度值;

2.两次分层度试验值之差如大于 10mm,应重新取样测定。

三、分层度试验

(一)目的

本方法适用于测定砂浆拌合物在运输及停放时内部组成的稳定性。

(二)试验仪器

1. 砂浆分层度筒(图13-13)内径为150mm,上节高度为200mm,下节带底净高为100mm,用金属板制成,上、下层连接处需加宽到3~5mm,并设有橡胶热圈;

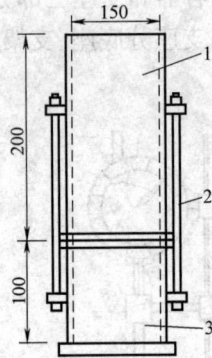

图13-13 砂浆分层度测定仪
1– 无底圆筒;2– 连接螺栓;3– 有底圆筒

2. 振动台:振幅(0.5±0.05)mm,频率(50±3)Hz;

3. 稠度仪、木锤等。

(三)试验步骤

1. 首先将砂浆拌合物按稠度试验方法测定稠度;

2. 将砂浆拌合物一次装入分层度筒内,待装满后,用木锤在容器周围距离大致相等的四个不同部位轻轻敲击1~2下,如砂浆沉落到低于筒口,则应随时添加,然后刮去多余的砂浆并用抹刀抹平;

3. 静置30min后,去掉上节200mm砂浆,剩余的100mm砂浆倒出放在拌合锅内拌2min,在按稠度试验方法测其稠度。前后测得的稠度之差即为该砂浆的分层度值(mm)。

注:也可采用快速法测定分层度,其步骤是:(一)按稠度试验方法测定稠度;(二)将分层度筒预先固定在振动台上,砂浆一次装入分层度筒内,振动20s;(三)然后去掉上节200mm砂浆,剩余100mm砂浆倒处放在拌合锅内拌2min,再按稠度试验方法测其稠度,前后测得的稠度之差即为该砂浆的分层度值。但如有争议时,以标准法为准。

(四)试验结果处理

1. 取两次实验结果的算术平均值作为该砂浆的分层度值;

2. 两次分层度试验值之差如大于10min,应重新取样测定。

四、立方体抗压强度试验

(一)目的

本方法适用于测定砂浆立方体的抗压强度。

(二)试验仪器

1. 试模:尺寸为70.7mm×70.7mm×70.7mm的带底试模,材质规定参照《混凝土试模》JG 3019第4.1.3及4.2.1条,应具有足够的刚度并拆装方便。试模的内表面应机械加工,其不平度应为每100mm不超过0.05mm组装后各相邻面的不垂直度不应超过±0.5°;

2. 钢制捣棒:直径为100mm,长为350mm,端部应磨圆;

3. 压力试验机:精度为1%,试件破坏荷载应不小于压力机量程的20%,且不大于全量

程的 80%;

4. 垫板:试验机上、下压板及试件之间可垫以钢垫板,垫板的尺寸应大于试件的承压面,其不平度应为每 100mm 不超过 0.02mm;

5. 振动台:空载中台面的垂直振幅应为(0.5±0.05)mm,空载频率应为(50±3)Hz,空载台面振幅均匀度不大于 10%,一次实验至少能固定(或用磁力吸盘)三个试模。

（三）试件的制备及养护

1. 采用立方体试件,每组试件 6 个;

2. 应用黄油等密封材料涂抹试模的外接缝,试模内涂刷薄层机油或脱模剂,将拌制好的砂浆一次性装满砂浆试模, 成型方法根据稠度而定。当稠度≥50mm 时采用人工振捣成型,当稠度<50mm 时采用振动台振实成型;

（1）人工振捣:用捣棒均匀地由边缘向中心按螺旋方式插捣 25 次,插捣过程中如砂浆沉落低于试模口,应随时添加砂浆,可用油灰刀插捣数次,并用手将试模一边抬高 5~10mm 各振动 5 次,使砂浆高出试模顶面 6~8mm;

（2）机械振动:将砂浆一次装满试模, 放置到振动台上, 振动时试模不得跳动, 振动 5~10s 或持续到表面出浆为止,不得过振。

3. 待表面水分稍干后,将高出试模部分的砂浆沿试模顶面刮去并抹平;

4. 试件制作后应在室温为(20±5)℃的环境下静置(20±2)h,当气温较低时,可适当延长时间,但不应超过两昼夜,然后对试件进行编号、拆模。试件拆模后应立即放入温度为(20±2)℃,相对湿度为 90%以上的标准养护室中养护。养护期间,试件彼此间隔不小于 10mm,混和砂浆试件上面应覆盖以防有水滴到试件上。

（四）试验步骤

1. 试件从养护地点取出后应及时进行试验。试验前将试件表面擦拭干净,测量尺寸,并检查其外观。并根据此计算试件的承压面积,如实测尺寸与公称尺寸之差不超过 1mm,可按公称尺寸进行计算

2. 将试件安放在试验机的下压板(或下垫板)上,试件的承压面应与成型时的顶面垂直,试件中心应与试验机下压板(或下垫板)中心对准。开动试验机,当上压板(或上垫板)与试件接近时,调整球座,使接触面均衡受压。承压试验应连续而均匀的加荷,加荷速度应为每秒钟 0.25-1.5kN(砂浆强度不大于 5MPa 时,宜取下限,砂浆强度大于 5MPa 时,宜取上限),当试件接近破坏而开始迅速变形时,停止调整试验机油门,直至试件破坏,然后记录破坏荷载。

（五）试验结果处理

1. 砂浆立方体抗压强度按下式计算:

$$f_{m,cu} = \frac{N_u}{A}$$

式中　$f_{m,cu}$——砂浆立方体试件抗压强度(MPa);

　　　N_u——试件破坏荷载(N);

　　　A——试件承压面积(mm)。

砂浆立方体试件抗压强度应精确至 0.1MPa。

2. 强度值的确定应符合下列规定:

（1）以六个试件测值的算术平均值作为该组试件的砂浆立方体试件抗压强度平均值（精确至 0.1MPa）；

（2）当六个测值的最大值或最小值中如有一个与平均值的差值超过中间值的 20%时，则把最大值及最小值一并舍除，取中间值作为该组试件的抗压强度值；如有两个测值与中间值的差值均超过中间值的 15%时，则 f_2 该组试件的试验结果无效。

试验六　钢筋试验

一、钢筋的验收及取样

1. 同一截面尺寸和同一炉罐号组织的钢筋分批验收时，每批质量不大于 60t。

2. 钢筋应有出厂质量证明书或试验报告单。验收时应抽样做机械性能试验，包括拉伸试验和冷弯试验，两个项目中如有一个项目不合格，该批钢筋即为不合格品。

3. 钢筋在使用中如有脆断，焊接性能不良或机械性能显著不正常时，还应进行化学成分分析，或其他专项试验。

4. 自每批钢筋中任意抽取 2 根，于每根距端部 50mm 处各取一套试样（两根试件）。在每套试样中取一根做拉伸试验，另一根做冷弯试验。

5. 试验应在（20±10）℃下进行，如试验温度超出这一范围，应于试验记录和报告中注明。

二、拉伸试验

（一）试验目的

测定钢材的屈服点（或屈服强度）、抗拉强度与伸长度，注意观察拉力与变形之间的关系，检验钢筋的力学性能。

（二）试验设备

试验机、钢板尺、游标卡尺、千分尺、钢筋划线机等。

（三）试件制备

1. 试件尺寸

（1）拉伸试件：短试件为 $5d_0+200$ mm；长试件为 $10d_0+200$mm。

（2）弯曲试件：$L=0.5\pi\prod(d+d_0)+140$mm。

式中　L——试件长度（mm）；

　　　d——弯曲压头或弯心直径（mm）；

　　　d_0——弯曲试验时，钢筋直径（mm）。

（3）进行拉伸试验和弯曲试验的试件，在工程中一般不经车削加工，称非标准试件。如受到试验机吨位限制时，直径为 20~50mm，或大于 50mm 的钢筋可进行车削加工，制成原始直径（d_0）为 20mm（拉伸用）或 25mm（弯曲用）的标准试件，进行试验。钢筋拉伸试件见图 13-14。

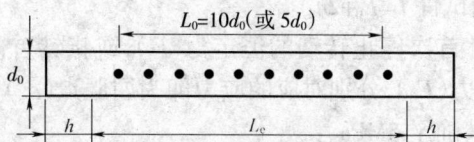

图 13-14　钢筋拉伸试件

d_0- 试件原始直径;L_0- 标距长度;L_e- 试验平行长度(不小于 L_0+d_0);h- 夹头长度

2. 试件的原始标距长度

（1）试件的原始标距长度是根据钢筋的原始截面积确定的。如钢筋的直径为 d_0,长试件的原始标距长度取 $10d_0$;短试件取 $5d_0$。用划线器做出用以标明原始标距长度的 2 个标记,沿试件的标距长度每隔 5mm 或 10mm 做一系列等距小冲点或细划线,以便拉伸后计算试件的伸长率。

（2）对于脆性试件或小尺寸试件,建议用快干墨水或带色涂料标出原始标距。

3. 试件原始横截面积的测定方法如下。

（1）试件的原始直径确定方法:每个试件测量不应少于三处,应在标距的两端及中间两个相互垂直的方面上各测 1 次。测量的精确度为 0.01mm。用测得的 6 个数值中的最小值作为试件的原始直径。

（2）原始横截面面积的计算。

1）标准试件(经车削加工试件)。用游标卡尺按上述方法测量其原始直径后,按下式计算试件原始横截面面积:

$$A = \frac{\pi d_0^2}{4}$$

式中　A——试件原始横截面面积(mm^2);

d_0——试件标距部分原始直径(mm)。

2）非标准试件(未经车削加工试件)。可采用质量法测定其平均原始横截面面积,按下式计算:

$$A = \frac{m}{\rho L} \times 100$$

式中　A——钢筋试件的横截面面积(mm^2);

m——钢筋试件的质量(g);

L——钢筋试件的总长度(cm);

ρ——钢筋的密度 $7.85g/cm^3$。

试件质量和试件总长度的测量精确度,均应为 ±0.5%。

（四）屈服点的测定

1. 具有明显屈服现象的钢筋,应测定其屈服点、上屈服点和下屈服点。其屈服点可借助于试验机测力度盘的指针或拉伸曲线来确定。

（1）指针法

1）调整试验机测力度盘的指针对准零点。

2）将试件固定在试验机夹头内,开动试验机进行拉伸。拉伸速度为:屈服前,应力增加速度为 6～60MPa/s;屈服后,试验机活动夹头在荷载作用下的移动速度应不大于 0.48(L-

h）／min(注:对于不经车削试件 $L=L_0+2h_1$)。

3）当测力度盘的指针首次停止转动的恒定力(F_s)，或指针首次回转前的最大力(F_{su})，或不计初始效应时的最小力(F_{sl})，分别对应的应力即为屈服点(σ_s)、上屈服点(σ_{su})和下屈服点(σ_{sl})。计算公式如下(精确至 5MPa):

$$\sigma_s = \frac{F_s}{A}; \qquad \sigma_{su} = \frac{F_{su}}{A}; \qquad \sigma_{sl} = \frac{F_{sl}}{A}$$

（2）图示法

1）屈服点也可以从试验机自动记录装置记录的力—伸长曲线或力—夹头位移曲线图上确定。

2）力轴每毫米所代表的应力——一般不大于 10N／mm²，伸长(夹头位移)的放大倍数应根据材质适当选择。曲线应至少绘制到屈服阶段结束点。在曲线上确定屈服平台(是指力不变而试件继续伸长时之平台)。恒定的力(F_s)，或屈服联阶段中力首次下降前的最大力(F_{su})，或不计初始瞬时效应时的最小力(F_{sl})。它们分别对应的应力为屈服点、上屈服点和下屈服点。

3）对于有明显屈服现象的钢筋，无特殊规定时，一般只测定屈服点(σ_s)或下屈服点(σ_{sl})。

2.无明显屈服现象的钢筋应测定其残余伸长应力 $\sigma_{r0.2}$，即屈服强度(是指试样在拉伸过程中标距部分残余伸长达到原标距的 0.2%时的强度)。

（1）屈服强度 $\sigma_{r0.2}$ 可用引申计进行测定，也允许用试验机自动记录装置绘制力—伸长曲线方法求得。用自动记录力—伸长曲线测定屈服强度 $\sigma_{r0.2}$ 时，其变形放大率应不低于 50:1，而纵坐标每 1mm 所代表的应力不得大于 10N／mm²。

（2）屈服强度按下式计算(精确至 5MPa):

$$\sigma_{r0.2} = \frac{F_{r0.2}}{A}$$

式中　$\sigma_{r0.2}$——无明显屈服现象钢筋的屈服强度(MPa)；

　　　　$F_{r0.2}$——残余变形率为 0.2%时的荷载(N)；

　　　　A——钢筋试件的横截面面积(mm²)。

（五）抗拉强度的测定

1.试样拉至断裂，从拉伸曲线图上确定试验过程中的最大力(图 13-15)或从测力度上读出最大力。

2.抗拉强度按下式计算(精确至 5MPa):

$$\sigma_b = \frac{F_b}{A}$$

式中　σ_b——钢筋的抗拉强度(MPa)；

　　　　F_b——试件拉断时的最大荷载(N)；

　　　　A——钢筋试件的原始横截面面积(mm²)。

（六）伸长率测定

1.试件拉断后，将其断裂部分紧密对接在一起，并尽量使其位于一条轴线上。如果断裂处形成缝隙，则此缝隙应计入该试样拉断后的标距内。

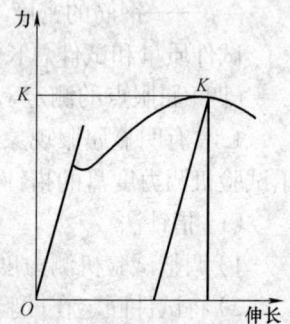

图 13-15　拉伸曲线

2. 断后标距的测量:

(1) 直测法。如果拉断处到最临近标距端点的距离大于 $L_0/3$ 时,直接测量标距两点间的距离。

(2) 移位法。如果拉断处到最近标距端点的距离小于或等于 $L_0/3$ 时,则按下列方法测定 L_1:在长段上从拉断处 O 取基本等于短段格数,得 B;然后取等于长段所余格数[偶数,图 13-16(a)BCC_1]的一半,得 C 点;或者取得余格数[奇数,图 13-16(b)]分别减 1 与加 1 的一半,得 C 点和 C_1 点。移位后的 L_1 分别为:$AB+2BC$ 和 $AB+BC+BC_1$。

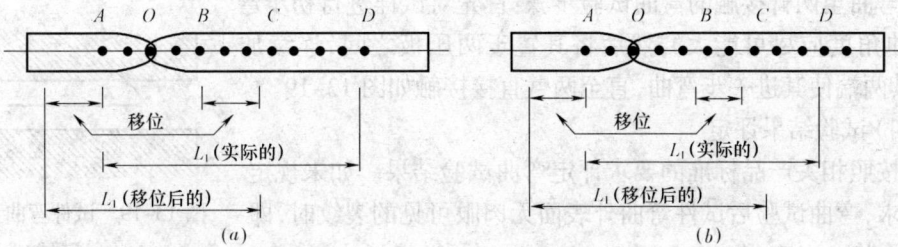

图 13-16 用位移法测量断后标距

3. 断后伸长率的计算。按下式计算(精确至 1%):

$$\delta = \frac{L_1 - L_0}{L_0} \times 100\%$$

式中 δ——试件的伸长率(%);

   L_1——试件断裂后标距部分的长度(mm);

   L_0——试件原始标距长度(mm)。

注:短试件和长试件的伸长率,分别用符号 δ_5 和 δ_{10} 表示。

4. 如试件在标距端点上或标距外断裂,则断后伸长率无效,应重做试验。

5. 结果评定:将测试结果 δ_{10} 和 δ_5 对照国家规范对钢筋性能的技术要求,如达到标准要求,则合格;如未达到,可取双倍试样重做,如仍未达到标准,则为伸长率不合格。

三、冷弯试验

(一)试验目的

检验钢筋随规定弯曲程度的变形性能,确定其塑性和可加工性能,并显示其缺陷。

(二)仪器设备

支辊式弯曲装置、弯曲压头、试验机或压力机等。

(三)试验步骤

1. 将试件放在两支辊上,如图 13-17,试件轴线应与弯曲压头轴线垂直,弯曲压头在两支座之间的中点处,对试样连续加力使之弯曲,直到达到规定的角度。

2. 如不能直接达到规定的弯曲角度,应将试件置于两平板之间连续加力,压其两端使进一步弯曲,直至达到规定的弯曲角度。

3. 弯曲至 180° 的弯曲试验步骤:首先对试样进行初步弯曲(弯曲角度应尽可能大),然后将试件置于两平行压板之间,连续加力,直到两臂平行,如图 13-18。

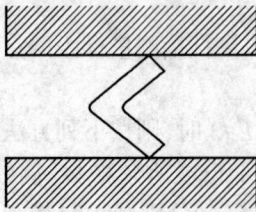

图 13-17 试件置于两平行压板之间　　　　　　图 13-18 试件弯曲至两臂平行

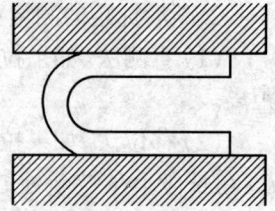

4. 弯曲至两臂接触的弯曲试验步骤：首先对试样进行初步弯曲（弯曲角度应尽可能大），然后将其置于两压板之间，连续加力，压其两端使其进一步弯曲，直至两臂直接接触如图 13-19。

（四）试验结果评定

应按照相关产品标准的要求评定弯曲试验结果。如未规定具体要求，弯曲试验后试件弯曲外表面无肉眼可见的裂纹时，即评定为合格。

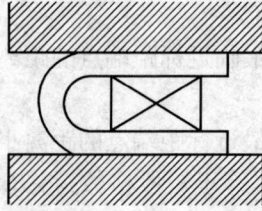

图 13-19 试件弯曲至两臂直接接触

试验七　沥青及沥青混合料试验

一、沥青取样方法

从容器中取样时，取样部位应按液面上、中、下位置各取规定数量。进行沥青性质常规检验的取样数量为：粘稠或固体沥青不少于 1.5kg，液体沥青不少于 1L，沥青乳液不少于 4L。

二、沥青针入度试验

（一）试验目的和意义

针入度是反映沥青粘滞性的指标，是沥青牌号划分的主要依据之一。

（二）试验仪器和设备

1. 针入度仪（图 13-20）。凡能保证针和针连杆在无明显摩擦下垂直运动，并能指示针贯入深度准确至 0.1mm 的仪器均可使用，针与连杆组合总质量为 50 ± 1g。

2. 盛样皿、温度计、恒温水浴、平底玻璃皿、金属皿或瓷皿、筛、秒表、砂浴等。

（三）试验方法

1. 将预先除去水分的试样在砂浴或油浴上加热熔化，加热温度不得高于估计软化点 100℃，充分搅拌后，过滤并搅拌至气泡完全消除为止。将试样注入盛样皿内，其深度不少于 30mm，放置于 15~30℃ 的空气中冷却 1h，冷却时必须注意不使灰尘落入；

2. 将盛样皿浸入 25℃ ± 0.5℃ 的恒温水浴中恒温 1h，水浴中水面应高于试样表面25mm 以上；

3. 经 1h 后，将盛有试样的金属皿从水浴中取出，置在平底保温皿内；皿中盛水，其高度必须使试样面上的水层高度不小于 10mm，同时其温度应严格控制为 25 ± 0.5℃，连同保温皿置于针入度仪的转盘上，针入度仪必须先借垂球安置水平。

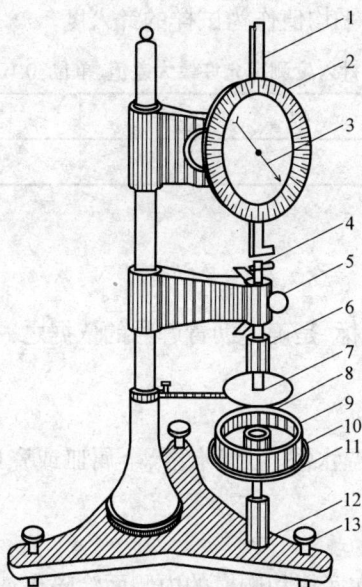

图 13-20   沥青针入度仪

1- 活杆;2- 刻度盘;3- 指针;4- 连杆;5- 按扭;6- 砝码;7- 小镜;8- 标准针;

9- 试样;10- 保温皿;11- 圆形平台;12- 底座;13- 调平螺栓

（四）试验步骤

1. 取出达到恒温的盛样器,并移入水温控制在试验温度 ± 0.1℃（可用恒温水槽中的水）的平底玻璃皿中的三脚支架上,试样表面以上的水层深度不少于 10mm;

2. 将盛有试样的平底玻璃器置于针入度仪的平台上。慢慢放下针连杆,用适当位置的反光镜或灯光反射观察,使针尖恰好与试样表面接触。拉下刻度盘的拉杆,使与针连杆顶端轻轻接触,调节刻度盘或深度指示器的指针指示为零;

3. 开动秒表,在指针正指 5s 的瞬间,用手紧压按钮,使标准针自动下落贯入试样,经规定时间,停压按钮使针停止移动。当采用自动针入度仪时,计时与标准针落下贯入试样同时开始,至 5s 时自动停止;

4. 拉下刻度盘拉杆与针连杆顶端接触,读取刻度盘指针或位移指示器的读数,准确至 0.5(0.1)mm;

5. 同一试样平行试验至少 3 次,各测试点之间及与盛样皿边缘的距离不应少于 10mm。每次试验后应将盛有盛样皿的平底玻璃皿放人恒温水槽,使平底玻璃皿中水温保持试验温度。每次试验应换一根干净标准针或将标准针取下用蘸有三氯乙烯溶剂的棉花或布揩净,再用干棉花或布擦干;

6. 测定针入度大于 200 的沥青试样时,至少用 3 支标准针,每次试验后将针留在试样中,直至 3 次平行试验完成后,才能将标准针取出;

7. 测定针入度指数 PI 时,按同样的方法在 15℃、25℃、30℃（或 5℃）3 个温度条件下分别测定沥青的针入度。

（五）试验结果评定

1. 平行测定的 3 个值的最大与最小值之差不超过表 13-9 中的数值,否则重做。

2. 每个试样取 3 个结果的平均值作为试样的针入度。

针入度测定允许最大差值（单位:0.1mm） 表 13-9

针入度	0～49	50～149	150～249	250～500
最大差值	2	4	12	20

三、沥青延度试验

（一）试验目的和意义

延度是反映沥青塑性的指标,是确定沥青牌号的依据之一。通过延度的测定,还可以了解沥青的抗变形能力。

（二）试验仪器和设备

延度仪、试模、温度计、恒温水浴、恒温水浴、金属皿或瓷皿、筛、甘油、滑石粉、隔离剂、砂浴等。

（三）试验准备

1. 组装模具于金属板上,在底板和侧模的内侧面涂隔离剂;

2. 将沥青熔化脱水至气泡完全消除,然后将沥青试样自模的一端至另一端往返倒入,使试样略高于模具;

3. 浇注好的试件在 15～30℃ 的空气中冷却 30min 后,用热刀将高出模具部分的沥青刮去,使沥青面与模面齐平,并将其浸入延度仪水槽中,水温为(25±0.5)℃,沥青表面以上水层高度不少于 25mm。

（四）试验步骤

1. 将保温后的试件连同底板移入延度仪的水槽中,然后将盛有试样的试模自玻璃板或不锈钢板上取下,将试模两端的孔分别套在滑板及槽端固定板的金属柱上,并取下侧模。水面距试件表面应不小于 25mm;

2. 开动延度仪,并注意观察试样的延伸情况。此时应注意,在试验过程中,水温应始终保持在试验温度规定范围内,且仪器不得有振动,水面不得有晃动,当水槽采用循环水时,应暂时中断循环,停止水流。在试验中,如发现沥青细丝浮于水面或沉入槽底时,则应在水中加入酒精或食盐,调整水的密度至与试样相近后,重新试验;

3. 试件拉断时,读取指针所指标尺上的读数,以厘米表示,在正常情况下,试件延伸时应成锥尖状,拉断时实际断面接近于零。如不能得到这种结果,则应在报告中注明。

（五）试验结果评定

取平行测定 3 个结果的算术平均值作为测定结果。如其中两个较高值偏离在平均值 5% 之内,而最低值偏离平均值 5% 之外,则弃去最低值,取两个较高值的平均值作为测定结果。

四、沥青软化点试验（环球法）

（一）试验目的和意义

软化点是沥青温度稳定性的指标,也是评定石油沥青牌号的指标之一。通过软化点的测定,可以了解沥青稳定性的优劣,即软化点较高的沥青,其温度稳定性较好。

（二）试验设备

1. 软化点试验仪(图 13-21),钢球直径为 9.53mm,质量为(3.50±0.05),试样环为铜制锥环或肩环,支架由上、中及下承板和定位套组成。

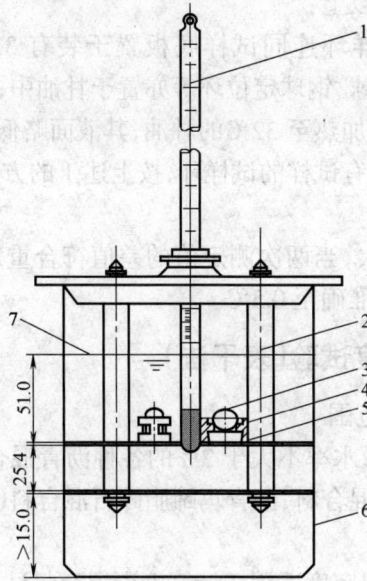

图 13-21　沥青软化点试验仪
1- 温度计;2- 立杆;3- 钢球;4- 钢球定位环;5- 金属环;6- 烧杯;7- 水面

2. 电炉或加热器、金属板(表面粗糙度 R_a 为 0.8pm)或玻璃板、刀、筛(0.3~0.5mm)、甘油、滑石粉、隔离剂、新煮沸的蒸馏水。

(三)试验准备

1. 将试样环置于涂有甘油滑石粉隔离剂的试样底板上。将准备好的沥青试样徐徐注入试样环内至略高出环面为止。如估计试样软化点高于120℃,则试样环和试样底板(不用玻璃板)均应预热至80~100℃;

2. 试样在室温冷却 30min 后,用环夹夹着试样杯,并用热刮刀刮出环面上的试样,务使与环面齐平。

(四)试验步骤

1. 试样软化点在80℃以下:

(1)将装有试样的试样环连同试样底板置于5℃±0.5℃水的恒温水槽中至少15min,同时将金属支架、钢球、钢球定位环等亦置于相同水槽中;

(2)烧杯内注入新煮沸并冷却至5℃的蒸馏水,水面略低于立杆上的深度标记;

(3)从恒温水槽中取出盛有试样的试样环放置在支架中层板的圆孔中,套上定位环;然后将整个环架放入烧杯中,调整水面至深度标记,并保持水温为5℃±0.5℃。环架上任何部分不得附有气泡。将温度计由上层板中心孔垂直插入,使端部测温头底部与试样环下面齐平;

(4)将盛有水和环架的烧杯移至放有石棉网的加热炉具上,然后将钢球放在定位环中间的试样中央,立即开动振荡搅拌器,使水微微振荡,并开始加热,使杯中水温在3min内调节至维持每分钟上升5℃±0.5℃。在加热过程中,应记录每分钟上升的温度值,如温度上升

速度超出此范围时,则试验应重做;

(5)试样受热软化逐渐下坠,至与下层底板表面接触时,立即读取温度,准确至0.5℃。

2. 试样软化点在80℃以上:

(1)将装有试样的试样环连同试样底板置于装有32℃±1℃甘油的恒温槽中至少15min;同时将金属支架、钢球、钢球定位环等亦置于甘油中;

(2)在烧杯内注入预先加热至32℃的甘油,其液面略低于立杆上的深度标记;

(3)从恒温槽中取出装有试样的试样环,按上述1的方法进行测定,准确至1℃。

(五)试验结果评定

同一试样平行试验两次,当两次测定值的差值符合重复性试验精密度要求时,取其平均值作为软化点试验结果,准确至0.5℃。

五、沥青混合料密度试验(表干法)

(一)试验目的与适用范围

1. 表干法适用于测定吸水率不大于2%的各种沥青混合料试件,包括 I 型或较密实的 Ⅱ 型沥青混凝土、抗滑表层混合料、沥青玛蹄脂碎石混合料(SMA)试件的毛体积相对密度或毛体积密度。

2. 本方法测定的毛体积密度适用于计算沥青混合料试件的空隙率、矿料间隙率等各项体积指标。

(二)试验仪器

1. 浸水天平或电子秤:最大称量在3kg以下时,感量不大于0.1g;最大称量3kg以上时,感量不大于0.5g;最大称量10kg以上时,感量5g,应有测量水中重的挂钩;

2. 网篮;

3. 溢流水箱:使用洁净水,有水位溢流装置,保持试件和网篮浸入水中后的水位一定;

4. 试件悬吊装置:天平下方悬吊网篮及试件的装置,吊线应采用不吸水的细尼龙线绳,并有足够的长度。对轮碾成型机成型的板块状试件可用钢丝悬挂;

5. 秒表;

6. 毛巾;

7. 电风扇或烘箱。

(三)试验步骤

1. 选择适宜的浸水天平或电子秤,最大称量应不小于试件质量的1.25倍,且不大于试件质量的5倍。

2. 除去试件表面的浮粒,称取干燥试件的空中质量(m_a),根据选择的天平的感量读数,准确至0.1g、0.5g或5g。

3. 挂上网篮,浸入溢流水箱中,调节水位,将天平调平或复零,把试件置于网篮中(注意不要晃动水),浸水3~5min,称取水中质量(m_w)。若天平读数持续变化,不能很快达到稳定,说明试件吸水较严重,不适于采用此法测定,应改用蜡封法测定。

4. 从水中取出试件,用洁净柔软的拧于湿毛巾轻轻擦去试件的表面水(不得吸走空隙内的水),称取试件的表干质量(m_f)。

5. 对从路上钻取的非干燥试件可先称取水中质量(m_w),然后用电风扇将试件吹干至恒重(一般不少于 12h,当不需进行其他试验时,也可用 60℃ ± 5℃烘箱烘干至恒重),再称取空中质量(m_a)。

（四）试验结果计算

1.计算试件的吸水率,取一位小数。

试件的吸水率即试件吸水体积占沥青混合料毛体积百分率,按下式计算

$$S_a = \frac{m_f - m_a}{m_f - m_w} \times 100\%$$

式中　S_a——试件的吸水率;

　　　m_a——干燥试件的空中质量(g);

　　　m_w——试件的水中质量(g);

　　　m_f——试件的表干质量(g)。

2.计算试件的毛体积相对密度和毛体积密度,取三位小数。

当试件的吸水率符合 $S_a < 2\%$ 要求时,试件的毛体积相对密度和毛体积密度按下面式计算,当吸水率 $S_a > 2\%$ 要求时,应改用蜡封法测定。

$$\gamma_f = \frac{m_a}{m_f - m_w}$$

$$\rho_f = \frac{m_a}{m_f - m_w} \times \rho_w$$

式中　γ_f——用表干法测定的试件毛体积相对密度,无量纲;

　　　ρ_f——用表干法测定的试件毛体积密度(g／cm³);

　　　ρ_w——常温水的密度 ≈ 1g／cm³。

3.试件的空隙率按下式计算,取一位小数。

$$W = \left(1 - \frac{\gamma_f}{\gamma_t}\right) \times 100\%$$

式中　W——试件的空隙率;

　　　γ_t——测定的沥青混合料理论最大相对密度(当实测理论最大相对密度有困难时,也可采用按式 7-1 或式 7-2 计算的理论最大相对密度;

　　　γ_f——试件的毛体积相对密度,用表干法测定,当试件吸水率 $S_a > 2\%$ 时,由蜡封法或体积法测定,当按规定容许采用水中重法测定时,也可用表现相对密度 γ_a 代替。

4.计算试件的理论最大相对密度或理论最大密度,取三位小数。

（1）当已知试件的油石比时,试件的理论最大相对密度可按下式计算:

$$\gamma_t = \frac{100 + P_a}{\dfrac{P_1}{\gamma_1} + \dfrac{P_2}{\gamma_2} + \cdots + \dfrac{P'_n}{\gamma'_n} + \dfrac{P_a}{\gamma_a}}$$

式中　γ_t——理论最大相对密度,无量纲;

　　　P_a——油石比(%);

　　　γ_a——沥青的相对密度(25℃／25℃);

　　　$P_1 \cdots P$——各种矿料占矿料总质量的百分率(%);

　　　$\gamma_1 \cdots \gamma_n$——各种矿料对水的相对密度。

对粗骨料,宜采用与沥青混合料同一种相对密度,即当混合料采用表干法、蜡封法或体积法测定的毛体积相对密度时,粗骨料也采用毛体积相对密度;而当混合料采用水中重法测定的表观相对密度代替时,粗骨料也采用表观相对密度。对细骨料(砂、石屑)和矿粉均采用表观相对密度。

(2)当已知试件的沥青含量时,试件的理论最大相对密度按下式计算:

$$\gamma_t = \cfrac{100+P_a}{\cfrac{P'_1}{\gamma_1}+\cfrac{P'_2}{\gamma_2}+\cdots+\cfrac{P'_n}{\gamma_n}+\cfrac{P_b}{\gamma_a}}$$

式中 $P'_1 \cdots P'_n$——各种矿料占沥青混合料总质量的百分率(%);

P_b——沥青含量(%)。

(3)试件的理论最大密度按下式计算:

$$\rho_t = \gamma_t \times \rho_w$$

式中 ρ_t——理论最大密度(g/cm³)。

(4)试件中沥青的体积百分率可按下面公式计算,取一位小数。

$$V_A = \frac{\rho_b \times \gamma_f}{\gamma_a}$$

$$V = \frac{100 \times \rho_a \times \gamma_f}{(100+\rho_a) \times \gamma_a}$$

式中 V_A——沥青混合料拭件的沥青体积百分率(%)。

(5)试件中的矿料间隙率,可按下面公式计算:

式(1)适用于空隙率按计算的理论最大相对密度计算的情况;式(2)适用于空隙率按实测的理论最大相对密度计算的情况,取一位小数。

$$VMA = VA + VV \tag{1}$$

$$VMA = \left(1-\frac{\gamma_f}{\gamma_{sb}} \times p_s\right) \times 100\% \tag{2}$$

式中 VMA——沥青混合料试件的矿料间隙率;

p_s——沥青混合料中各种矿料占沥青混合料总质量的百分率之和;

γ_{sb}——全部矿料对水的平均相对密度,按下式计算。

$$\gamma_{sb} = \cfrac{100}{\cfrac{P_1}{\gamma_1}+\cfrac{P_2}{\gamma_2}+\cdots+\cfrac{P_n}{\gamma_n}}$$

(6)试件的沥青饱和度 VFA 按下式计算,取一位小数。

$$VMA = \frac{VA}{VA+VV} \times 100\%$$

六、沥青混合料马歇尔稳定度试验

(一)目的与适用范围

1.本方法适用于马歇尔稳定度试验和浸水马歇尔稳定度试验,以进行沥青混合料的配合比设计或沥青路面施工质量检验。浸水马歇尔稳定度试验(根据需要,也可进行真空饱水马歇尔试验)供检验沥青混合料受水损害时抵抗剥落的能力时使用,通过测试其水稳定性检验配合比设计的可行性。

2. 本方法适用于标准马歇尔试件圆柱体和大型马歇尔试件圆柱体。

(二)试验仪器

1. 沥青混合料马歇尔试验仪:对 ϕ63.5mm 的标准马歇尔试件,试验仪最大荷载不小于25kN,读数准确度 100N,加载速率应能保持 50mm/min ± 5mm/min。钢球直径 16mm,上下压头曲率半径为 50.8mm。当采用 ϕ152.4mm 大型马歇尔试件时,试验仪最大荷载不得小于 50kN,读数准确度为 100N。上下压头的曲率内径为 152.4mm ± 0.2mm,上下压头间距 9.05mm ± 0.1mm。

2. 恒温水槽:控温准确度为 1℃,深度不小于 150mm。

3. 真空饱水容器:包括真空泵及真空干燥器。

4. 烘箱。

5. 天平:感量不大于 0.1g。

6. 温度计:分度为 1℃。

7. 卡尺。

8. 其他:棉纱,黄油。

(三)标准马歇尔试验

1. 试验准备

(1)标准马歇尔尺寸应符合直径 101.6mm ± 0.2mm、高 63.5mm ± 1.3mm 的要求。对大型马歇尔试件,尺寸应符合直径 152.4mm ± 0.2mm,高 95.3mm ± 2.5mm 的要求。一组试件的数量最少不得少于 4 个。

(2)测量试件的直径及高度:用卡尺测量试件中部的直径,用马歇尔试件高度测定器或用卡尺在十字对称的 4 个方向量测离试件边缘 10mm 处的高度,准确至 0.1mm,并以其平均值作为试件的高度。如试件高度不符合 63.5mm ± 1.3mm 或 95.3mm 士 2.5mm 要求或两侧高度差大于 2mm 时,此试件应作废。

(3)测定试件的密度、空隙率、沥青体积百分率、沥青饱和度、矿料间隙率等物理指标。

(4)将恒温水槽调节至要求的试验温度, 对粘稠石油沥青或烘箱养生过的乳化沥青混合料为 60℃ ± 1℃,对煤沥青混合料为 33.3℃ ± 1℃,对空气养生的乳化沥青或液体沥青混合料为 25℃ ± 1℃。

2. 试验步骤

(1)将试件置于已达规定温度的恒温水槽中保温,保温时间对标准马歇尔试件需30 ~ 40min,对大型马歇尔试件需 45 ~ 60min。试件之间应有间隔,底下应垫起,离容器底部不小于 5cm。

(2)将马歇尔试验仪的上下压头放入水槽或烘箱中达到同样温度。将上下压头从水槽或烘箱中取出擦拭干净内面。为使上下压头滑动自如,可在下压头的导棒上涂少量黄油。再将试件取出置于下压头上,盖上上压头,然后装在加载设备上。

(3)在上压头的球座上放妥钢球,并对准荷载测定装置的压头。

(4)当采用自动马歇尔试验仪时,将自动马歇尔试验仪的压力传感器、位移传感器与计算机或 X–Y 记录仪正确连接,调整好适宜的放大比例。调整好计算机程序或将 X–Y 记录仪的记录笔对准原点。

（5）当采用压力环和流值计时，将流值计安装在导棒上使导向套管轻轻地压住上压头，同时将流值计读数调零。调整压力环中百分表，对零。

（6）启动加载设备，使试件承受荷载，加载速度为 50 ± 5mm/min。计算机或 X–Y 记录仪自动记录传感器压力和试件变形曲线并将数据自动存入计算机。

（7）当试验荷载达到最大值的瞬间，取下流值计，同时读取压力环中百分表读数及流值计的流值读数。

（8）从恒温水槽中取出试件至测出最大荷载值的时间，不得超过 30s。

（四）浸水马歇尔试验

浸水马歇尔试验方法与标准马歇尔试验方法的不同之处在于，试件在已达规定温度恒温水槽中的保温时间为 48h，其余均与标准马歇尔试验方法相同。

（五）真空饱水马歇尔试验

试件先放入真空干燥器中，关闭进水胶管，开动真空泵，使干燥器的真空度达到 98.3kPa（730mmHg）以上，维持 15min，然后打开进水胶管，靠负压进入冷水流使试件全部浸入水中，浸水 15min 后恢复常压，取出试件再放入已达规定温度的恒温水槽中保温 48h，其余均与标准马歇尔试验方法相同。

（六）试验结果计算

1. 试件的稳定度及流值

（1）当采用自动马歇尔试验仪时，将计算机采集的数据绘制成压力和试件变形曲线，或由 X–Y 记录仪自动记录的荷载—变形曲线，取荷载值最大值时的变形作为流值（FL），以 mm 计，准确至 0.1mm。最大荷载即为稳定度（MS），以 kN 计，准确至 0.01kN。

（2）采用压力环和流值计测定时，根据压力环标定曲线，将压力环中百分表的读数换算为荷载值，或者由荷载测定装置读取的最大值即为试样的稳定度（MS），以 kN 计，准确至 0.01kN。由流值计及位移传感器测定装置读取的试件垂直变形，即为试件的流值（FL），以 mm 计，准确至 0.1mm。

2. 试件的马歇尔模数按下式计算。

$$T = \frac{MS}{FL}$$

式中　T——试件的马歇尔模数，kN/mm；

　　　MS——试件的稳定度，kN；

　　　FL——试件的流值，mm。

3. 试件的浸水残留稳定度按下式计算。

$$MS_0 = \frac{MS_1}{MS} \times 100$$

式中　MS_0——试件的浸水残留稳定度，%；

　　　MS_1——试件浸水 48h 后的稳定度，kN。

4. 试件的真空饱水残留稳定度按下式计算。

$$MS'_0 = \frac{MS_2}{MS} \times 100$$

式中　MS'_0——试件的真空饱水残留稳定度，%；

　　　MS_2——试件真空饱水后浸水 48h 后的稳定度，kN。

思考题与习题参考答案

绪　　论

1. 如何理解土木工程材料的基本概念？

【解】对于土木工程材料,可以从广义和狭义两个角度理解,从广义角度讲,土木工程材料是指在土木建筑工程中所应用的各种材料的总称,包括构成建筑物自身的材料、施工过程所使用的材料以及各种建筑器材。从狭义角度讲,土木工程材料是指构成建筑物自身的材料。

2. 土木工程材料在建设工程中的地位和作用体现在哪些方面？

【解】土木工程材料在建设工程中的地位和作用主要体现在:

(1)土木工程材料是一切土木建筑工程的物质基础;

(2)土木工程材料的经济性,直接影响工程的总造价;

(3)土木工程材料的质量如何,直接影响建筑物的坚固性、适用性及耐久性。

3. 土木工程材料常见的分类方法有哪些？ 具体如何分类？

【解】土木工程材料可以从化学成分和使用功能两个角度分类。从化学成分角度的分类可参考表 0-1,从使用功能角度的分类可参考表 0-2。

4. 在我国技术标准分为哪三级？ 分级依据是什么？

【解】分为国家标准、行业标准和企业及地方标准三级,是根据技术标准的发布单位与适用范围划分的。

5. 试分析土木工程材料的发展趋势。

【解】可从轻质高强、绿色环保、节能节水、部品化以及利用地方资源等方面答。

第一章　材料的基本性质

1. 材料的密度、体积密度和堆积密度有何区别？

【解】材料在绝对密实状态下,单位体积的质量称为密度。材料在自然状态下,单位体积的质量称为体积密度。粉状或颗粒状材料在堆积状态下,单位体积的质量称为堆积密度。主要区别于空隙和孔隙。

2. 材料的孔隙率与密实度有何关系？ 如何转化？

【解】孔隙率与密实度从两个不同侧面反应材料的致密程度,孔隙率小,则密实程度高,即 $P+D=1$。

3. 如何区分亲水性材料和憎水性材料？

【解】材料遇水后其表面能降低,则水在材料表面易于扩散,润湿角小于 90°,表面与水亲和能力较强的材料称为亲水性材料。与此相反,其润湿角大于 90°,材料与水接触时不与水亲和的材料称为憎水性材料。

4. 什么是材料的导热性,影响材料导热性的因素有哪些?

【解】材料传导热量的能力称为导热性,影响材料导热系数的主要因素有材料的化学成分及其分子结构、体积密度、材料的湿度和温度状况等。

5. 什么是软化系数,它有何意义?

【解】材料的耐水性常用软化系数 K 表示。软化系数是材料在吸水饱和状态下的抗压强度与干燥状态下的抗压强度之比。K 值的大小表明材料在浸水饱和后强度降低的程度,软化系数越小,说明材料吸水饱和后强度降低得越多,耐水性越差。

6. 材料的强度和强度等级有何关系? 什么叫比强度?

【解】土木工程材料常按其强度的大小被划分成若干个等级,称为强度等级。比强度反映材料单位体积质量的强度,其值等于材料的强度与体积密度之比,数值越大,表明材料越轻质高强。

7. 材料的脆性和韧性有何区别?

【解】材料在外力作用下,直至断裂前只能发生很小的弹性变形,不出现塑性变形而突然破坏的性质称为脆性。材料在冲击、振动荷载作用下,能吸收较大的能量,同时也能产生一定塑性变形而不致破坏的性质称为韧性。

8. 影响材料耐久性的因素有哪些? 为什么对材料要有耐久性的要求?

【解】影响材料耐久性的原因是多方面因素作用的结果,即耐久性是一种综合性质。它包括抗渗性、抗冻性、耐蚀性、耐老化性、耐风化性、耐热性、耐磨性等诸方面内容。为了保持结构的功能,使材料在各种因素作用下,抵抗破坏,具有保持原有性质的能力,因此要对材料的耐久性有所要求。

9. 材料的装饰性对环境的美化效果主要取决于哪些因素?

【解】材料的装饰性主要取决于材料的光学性质、表面性质和几何性质。

10. 一块黏土砖质量为55g,将其烘干,磨细放入李氏瓶,测得其体积为2.07cm³。将卵石1000g 在水中浸泡足够长时间,用布擦干后测其质量为1005g,再将其放入已装满水的瓶中(此装满水的瓶与水共重1840g),称重为2475g。求砖的密度,卵石的体积密度,表观密度,质量吸水率及体积吸水率?

【解】砖的密度:2g/cm³。卵石的体积密度:2.703g/cm³;表观密度 2.740g/cm³;质量吸水率:0.5%;体积吸水率:1.4%。

第二章　砖和砌块

1. 国家为什么要限制黏土实心砖? 多孔砖和空心砖的好处有哪些?

【解】国家限制黏土实心砖的原因:(1)烧制黏土实心砖毁坏大量农田;(2)烧制黏土实心砖消耗大量燃料;(3)黏土实心砖保温性差,不利于建筑节能;(4)黏土实心砖自重大,增加建筑结构重量;(5)黏土多孔砖和空心砖也是黏土实心砖的暂时替代过度产品,将来也会逐渐受到限制。

多孔砖和空心砖的好处有:(1)节省生产原材料和烧制所需的燃料;(2)自重轻,减少建筑结构重量,减少施工劳动量,砌筑效率高;(3)保温性好,有利于建筑节能。

2.烧制青砖与红砖的工艺有什么区别?两种砖的优缺点各是什么?

【解】烧制青砖与红砖的工艺区别是:当砖窑中为氧化气氛时,会生成红的的高价 Fe_2O_3,制得红砖;当砖窑中为还原气氛时,高价 Fe_2O_3 还原为青灰色的低价 FeO,制得青砖。青砖比红砖强度高、耐久性好,在我国古代常用,但其成本高。

3.砌筑砖墙的接槎形式一般有几种?各适合哪种厚度的墙体?

【解】砌筑砖墙的接槎形式一般有 4 种:(1)一顺一丁,即全部顺砖与同一皮中全部丁砖间隔砌成,上下皮竖缝互相错开 1/4 砖长,这种形式适合于砌一砖、一砖半及二砖墙。(2)梅花丁,即每皮中的丁砖与顺砖相隔,上皮丁砖坐中于下皮顺砖,上下皮竖缝互相错开 1/4 砖长,这种形式适合于砌一砖、及一砖半墙。(3)全顺,即各皮均为顺砖,上下皮竖缝互相错开 1/2 砖长,这种形式仅适合于半砖墙。(4)全顺一丁,即 3 皮中全部顺砖与一皮中全部丁砖相隔砌成,上下皮顺砖间的竖缝互相错开 1/2 砖长,上下皮顺砖与丁砖间的竖缝互相错开 1/4 砖长,这种形式适合于砌一砖和一砖半墙。

4.多孔砖的砌筑、施工方法与实心砖有什么区别?

【解】实心砖的砌筑接槎形式一般有"一顺一丁"、"梅花丁"、"全顺"和"全顺一丁"等 4 种。而 M 型多孔砖只有"全顺",P 型多孔砖有"一顺一丁"及"梅花丁"2 种。

5.哪些情况下禁止在实心砖墙体上留手脚架空洞?

【解】(1)半砖墙;(2)宽度小于 1m 的窗间墙;(3)梁及梁垫下及其左右 500mm 范围内的墙;(4)门窗洞口两侧 200mm 和墙角处 450mm 范围内的墙;(5)过梁上按过梁净跨的 1/2 高度以及与过梁成 60°的三角形范围内的墙。

6.哪些环境中的建筑部位不宜使用蒸压灰砂砖?

【解】在长期受热(高于 200℃)、有急冷急热作用、流水冲刷和酸性介质腐蚀等的建筑环境中不宜使用蒸压灰砂砖,因其中一些水化产物如 $Ca(OH)_2$、$CaCO_3$ 等不耐酸、不耐热、易溶于水。

7.哪些情况下禁止使用蒸压加气砌块?

【解】在处于表面温度高于 80℃或长期受干湿循环或酸碱侵蚀的环境中,或者在标高线 ±0 以下且有长期浸水条件的环境中,不允许使用蒸压加气混凝土砌块。

8.小型空心砌块有哪些砌筑施工特点?

【解】(1)灌注芯柱。(2)在较长墙体中设置的竖向变形控制缝,主要有凹槽式、舌槽式和胶条式等连接形式。(3)正砌与反砌,砌块孔洞较大的一面(即坐浆面)朝下砌筑称为反砌,反之为正砌。(4)用混凝土将部分砌块孔洞灌实,形成芯柱。(5)分为混凝土单片墙、清水单片墙、夹芯复合墙等 3 种结构形式。(6)应用中宜在现浇楼板和坡屋面建筑上使用砌块。在基础、顶面、楼及屋盖处的所有纵横墙上应设置混凝土圈梁,比较空旷的单层房屋,当檐口高度大于 5m 时也应设圈梁。砌块建筑在中高层中应用的性价比最佳,可比钢筋混凝土结构节省造价 20%。

第三章　天然石材

1.按地质形成条件,岩石分为几类?各有哪些特点?

【解】按地质形成条件不同,岩石分为岩浆岩、沉积岩、变质岩三大类。

岩浆岩又根据形成条件不同分为深成岩、喷出岩和火山岩三类。其中深成岩结晶完整、晶粒粗大、结构较密,具有抗压强度高、孔隙率及吸水率小、体积密度大、抗冻性好等特点;喷出岩因形成的岩层厚度不同而具有不同的结构和特点,岩层较厚时,其结构与性质类似深成岩。岩层较薄时,则形成玻璃质结构及多孔构造,其性质近于火山岩;火山岩具有玻璃质结构和多孔构造。

沉积岩,又称水成岩。呈层状构造,各层的组成、颜色、性能均不同且为各向异性。与岩浆岩相比,其体积密度小、孔隙率和吸水率较大、强度和耐久性较低。

变质岩是岩石由于地质作用发生再结晶,使其矿物组成、结构、构造以至化学组成都发生改变而形成的岩石。其结构与岩浆岩相似,主要结构形式有变晶结构、变余结构等。变晶结构是由重结晶作用形成的,是变质岩中最常见的结构。

2. 大理石为何不适合用于室外装修?

【解】由于大理石为碱性岩石,不耐酸,大气中的酸雨容易与岩石中的碳酸钙作用,生成易溶于水的石膏,使表面很快失去光泽变得粗糙多孔,从而降低装饰效果,因而不宜用于室外装饰。

3. 如何测试砌筑用石材的抗压强度及强度等级? 砌筑用石材产品有哪些?

【解】砌筑用石材的抗压强度由边长为 70mm 的立方体试件进行测试,以三个试件抗压强度的平均值表示。根据《砌体结构设计规范》(GB 50003—2001)的规定,石材的强度可分为 MU100、MU80、MU60、MU50、MU40、MU30、MU20 七个等级。

砌筑石材产品主要有毛石和料石两大类,而毛石又分为乱毛石、平毛石;料石又分为毛料石、粗料石、半细料石、细料石。

4. 土木工程中常见的石材制品有哪几种? 它们多用在土木工程中哪些部位?

【解】土木工程中常用的石材制品有毛石、片石、料石和石板等。

毛石又称块石,是由爆破直接得到的石块。常用于砌筑基础、勒脚、墙身、堤坝、挡土墙等,也可用作混凝土的骨料。

料石又称条石,由人工或机械开采的较规则的并略加凿琢而成的六面体石块。料石常用于砌筑墙身、地坪、踏步、拱和纪念碑等;形状复杂的料石制品可用作柱头、柱基、窗台板、栏杆和其他装饰等。

片石主要用做砌筑工程、护坡、护岸等。

石板是用致密岩石凿平或锯解而成的厚度不大的石材。主要用于室外饰面和地面板材。

第四章　无机气硬性胶凝材料

1. 何谓气硬性胶凝材料? 何谓水硬性胶凝材料? 在使用条件上有何区别?

【解】气硬性胶凝材料只能在空气中硬化,也只能在空气中保持或继续发展其强度;水硬性胶凝材料则不仅能在空气中,而且能更好地在水中硬化,保持并继续发展其强度。二者在使用条件上的主要区别在于前者只适用于干燥环境,而后者既可以在干燥环境中使用,也可以在潮湿和水环境中使用。

2. 石膏有哪些常见的品种? 性能上有何特点?

【解】主要有建筑石膏、高强度石膏、无水石膏和地板石膏。

建筑石膏性能上的主要特点有：

(1)凝结硬化快；

(2)硬化过程体积发生微小膨胀；

(3)色洁白,饱满密实,光滑细腻；

(4)防火性好；

(5)具有良好的温湿度可调节性；

(6)易于加工。

高强度石膏性能上的主要特点有：凝结硬化快,硬化后强度高。

无水石膏性能上的主要特点有：直接与水拌和,无凝结硬化能力,但当加入适量激发剂混合磨细后,具有凝结硬化能力。

地板石膏性能上的主要特点有：硬化后有较高的强度和耐磨性,抗水性也较好。

3. 为什么说建筑石膏是一种性能优良的室内装饰装修材料？

【解】这是因为建筑石膏具有如下一系列优良的性能：

(1)凝结硬化快；

(2)硬化过程体积发生微小膨胀；

(3)色洁白,饱满密实,光滑细腻；

(4)防火性好；

(5)具有良好的温湿度可调节性；

(6)易于加工。

但由于耐水性差,所以适合用于室内装饰装修。

4. 生石灰使用前为什么要陈伏？

【解】在石灰生产过程中,由于火候不均匀,不可避免会产生过火石灰,过火石灰因结构紧密且表面常被熔融的黏土杂质形成的玻璃物包裹,使其熟化速度慢。

为了避免过火石灰在使用后因吸水熟化产生膨胀,造成已硬化的砂浆或制品产生隆起、开裂等质量事故,在使用前必须对生石灰进行彻底的熟化,即陈伏。

5. 常见的建筑石膏制品有哪些？各有何应用？

【解】普通纸面石膏板、装饰石膏板、石膏空心条板等,主要用于室内装饰装修和室内隔墙。

6. 石灰有哪些性能特点？工程中应用如何？

【解】石灰具有如下性能特点：

(1)保水性和可塑性好；

(2)凝结硬化慢,硬化后强度低；

(3)硬化后体积收缩大：

(4)耐水性差。

鉴于石灰具有良好的保水性和可塑性,可与水泥配成水泥石灰混合砂浆,用于调整水泥砂浆的和易性。

7. 何谓水玻璃模数,对水玻璃的性能有何影响？

【解】水玻璃模数是指碱性氧化物 R_2O 与 SiO_2 的摩尔比,该值越大,越难溶于水,凝结硬化越快,粘结力越大。

8. 菱苦土为什么不能直接用水调制?

【解】这是因为直接用水作调和剂,将生成 $Mg(OH)_2$,浆体凝结很慢,硬化后强度很低。通常用 $MgCl_2$ 水溶液作为调和剂。

9. 水玻璃有何性能特点? 工程中有何应用?

【解】水玻璃具有粘结力强、耐高温性和耐酸性好等优点。工程上主要用于涂刷建筑材料表面、配制防水剂、配制水玻璃矿渣砂浆和用于土壤加固等。

第五章　水　　泥

1. 熟料在烧成过程中会发生哪些物理化学反应?

【解】水泥生料入窑后,在加热煅烧成熟料的过程中发生蒸发干燥、黏土脱水与分解、碳酸盐分解、固相反应、熟料烧成和熟料冷却等物理化学反应。

2. 熟料急冷的作用?

【解】熟料烧成后,要进行冷却,冷却的目的在于:回收熟料余热,降低热耗,提高热效率;改进熟料质量,提高熟料的易磨性;降低熟料温度,便于熟料的运输、储存和粉磨。

急冷的主要作用是:防止或减少 β-C_2S 转化成 γ-C_2S,防止或减少 C_3S 的分解,改善水泥的安定性,减少熟料中 C_3A 结晶体和提高熟料易磨性。

3. 硅酸二钙有几种晶型? 熟料中主要是哪种晶型的硅酸二钙?

【解】纯硅酸二钙在 1450℃以下,有同质多晶现象,通常有四种晶型,即 α-C_2S,α'-C_2S,β-C_2S,γ-C_2S,在室温下,有水硬性的 α、α'、β 型硅酸二钙的几种变形体是不稳定的,有趋势要转变为水硬性微弱型的 γ-C_2S。实际生产的硅酸盐水泥熟料中 C_2S 以 β-C_2S 的晶形存在。

4. 水泥中的四种主要矿物在水化时都起到了哪些作用?

【解】硅酸三钙:C_3S 加水后与水反应的速度快,凝结硬化也快。C_3S 水化生成物所表现的早期与后期强度都较高。一般 C_3S 颗粒在 28d 内就可以水化 70%左右,水化放热量多,因此它能迅速发挥强度作用。

硅酸二钙:C_2S 与水反应的速度比硅酸三钙慢得多,凝结硬化也慢,表现出早期强度比较低,28 天内水化很少一部分,水化放热量也少,但后期强度增进相当高。甚至在多年之后,还在继续水化增长其强度。

铝酸三钙:与水反应的速度相当快,凝结硬化也很快。其强度绝对值并不高,但在加水后短期内几乎全部发挥出来。因此,铝酸三钙是影响硅酸盐水泥早期强度及凝结快慢的主要矿物。在水泥中加入石膏主要是为了限制它的快速水化。铝酸三钙水化放热量多,而且快。

铁铝酸四钙:与水反应也比较迅速,但强度较低,水化放热量并不多。

5. 铝酸盐水泥在水化和硬化过程中主要发生哪些化学反应?

【解】铝酸盐水泥的水化和硬化,主要是铝酸一钙的水化和结晶作用。在不同温度下铝酸一钙水化生成物也不同。其反应如下:

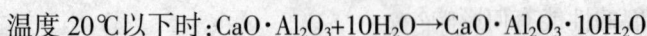

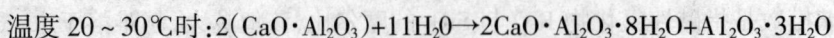

温度 20℃以下时:$CaO \cdot Al_2O_3 + 10H_2O \rightarrow CaO \cdot Al_2O_3 \cdot 10H_2O$

温度 20~30℃时:$2(CaO \cdot Al_2O_3) + 11H_2O \rightarrow 2CaO \cdot Al_2O_3 \cdot 8H_2O + Al_2O_3 \cdot 3H_2O$

温度高于 30℃时:$3(CaO \cdot Al_2O_3)+12H_2O \rightarrow 3CaO \cdot Al_2O_3 \cdot 6H_2O+2(Al_2O_3 \cdot 3H_2O)$

需要指出的是,CAH_{10} 和 C_2AH_8 都是不稳定的,会逐步转化为 C_3AH_6。这种转变会因温度升高而加速。晶体转变的结果,使水泥石析出游离水,增大了孔隙率;同时由强度高的晶体转化成强度低的 C_3AH_6。

6. 快硬硫铝酸盐水泥的主要特性是什么?

【解】快硬硫铝酸盐水泥的主要特性:
(1)早强、高强。(2)水化放热快。(3)不收缩、高抗渗性。(4)具有较好的低、负温性能。(5)高抗冻融性能。(6)高抗腐蚀性。(7)钢筋锈蚀。

7. 简述自应力硫铝酸盐水泥的自应力原理。

【解】自应力原理:在配置钢筋的混凝土中,水泥石体积膨胀时带动钢筋同时张拉,在弹性变形范围内的被拉伸的钢筋压缩混凝土使混凝土产生压应力,从而提高其抗拉和抗折强度。靠水泥石自身膨胀而产生的混凝土压应力,人们通常称之为自应力。由于水泥石膨胀是矿物与水发生化学反应的结果,所以自应力又称化学预应力。用硫铝酸盐水泥制作的钢筋混凝土中 $3CaO \cdot 3Al_2O_3 \cdot CaSO_4$、$6CaO \cdot Al_2O_3 \cdot 2Fe_2O_3$ 和石膏通水后发生化学反应,使水泥石体积膨胀,同时拉伸钢筋,于是钢筋对混凝土产生压应力,这就是硫铝酸盐水泥在钢筋混凝土中产生自应力的基本原理。

8. 矿渣硫酸盐水泥的特点。

【解】矿渣硫酸盐水泥,又称石膏矿渣水泥,是一种以硫酸盐激发为主的无熟料水泥。水化热很低,耐腐蚀性和抗渗性好。在潮湿环境中后期强度增进较快。早期强度低,硬化慢,需较长的养护期,抗冻性较差,表面易起砂,抗风化能力差,不宜长久贮存。将粒化高炉炉渣(80%左右)加石膏(15%左右)和少量硅酸盐水泥熟料(不超过 8%)或生石灰(不超过 5%)先混合再粉磨或分别粉磨再混合而制成。矿渣质量、矿渣与配料的配比和水泥的粉磨细度对这种水泥的质量影响很大。适用于一般建筑工程,特别适用于地下、水中工程和大体积混凝土工程。不适用于要求早期强度较高的工程和抢修工程,以及冻融交替作用频繁的水中工程和地上重要的承重结构、薄壁结构和钢丝网结构。且不能与其他水泥混合使用。

第六章 混 凝 土

1. 普通混凝土的主要组成材料有哪些? 各组成材料在硬化前后的作用如何?

【解】普通混凝土的主要组成材料为水泥、细骨料(砂)、粗骨料(石)和水,另外还常加入适量的掺合料和外加刑。

在混凝土中,水泥与水形成水泥浆,水泥浆包裹在骨料表面并填充其空隙。在混凝土硬化前,水泥浆起润滑作用,赋予拌合物一定的流动性、黏聚性,便于施工。在硬化后则起到了将砂、石胶结为一个整体的作用,使混凝土具有一定的强度、耐久性等性能。砂、石在混凝土中起骨架作用,可以降低水泥用量、减小干缩、提高混凝土的强度和耐久性。

2. 配制混凝土应考虑哪些基本要求?

【解】配制混凝土应考虑以下四项基本要求,即:

(1)满足结构设计的强度等级要求;

(2)满足混凝土施工所要求的和易性;

（3）满足工程所处环境对混凝土耐久性的要求；

（4）符合经济原则，即节约水泥以降低混凝土成本。

3. 砂颗粒级配、细度模数的概念及测试和计算方法。

【解】砂的颗粒级配是指不同粒径的砂粒搭配比例。砂的粗细程度和颗粒级配用筛分析方法测定，用细度模数表示粗细，用级配区表示砂的级配。根据《建筑用砂》(GB/T 14684—2001)，筛分析是用一套孔径为 4.75、2.36、1.18、0.600、0.300、0.150mm 的标准筛，将 500g 干砂由粗到细依次过筛，称量各筛上的筛余量 $m_i(g)$，计算各筛上的分计筛余率 $a_i(\%)$，再计算累计筛余率 $A_i(\%)$。a_i 和 A_i 的计算关系见表 6-3。

细度模数根据下式计算（精确至 0.01）：

$$M_x = \frac{(A_2+A_3+A_4+A_5+A_6)-5A_1}{100-A_1}$$

4. 石子最大粒径、针片状、压碎指标的概念及测试和计算方法。

【解】混凝土所用粗骨料的公称粒级上限称为最大粒径；

针状是指长度大于该颗粒所属粒级平均粒径的 2.4 倍的颗粒；

片状是指厚度小于平均粒径 0.4 倍的颗粒；

压碎值指标是将 9.5~19mm 的石子 m 克，装入专用试样筒中，施加 200kN 的荷载，卸载后用孔径 2.36mm 的筛子筛去被压碎的细粒，称量筛余，计作 m_1，则压碎值指标 $Q(\%)$ 按下式计算：

$$Q = \frac{m-m_1}{m} \times 100$$

5. 粗骨料最大粒径的限制条件。

【解】骨料最大粒径受到多种条件的限制：① 最大粒径不得大于构件最小截面尺寸的 1/4，同时不得大于钢筋净距的 3/4。② 对于混凝土实心板，最大粒径不宜超过板厚的 1/3，且不得大于 40mm。③ 对于泵送混凝土，当泵送高度在 50m 以下时，最大粒径与输送管内径之比，碎石不宜大于 1:3；卵石不宜大于 1:2.5。④ 对大体积混凝土（如混凝土坝或围堤）或疏筋混凝土，往往受到搅拌设备和运输、成型设备条件的限制。

6. 混凝土拌合物和易性的概念、测试方法、主要影响因素、调整方法及改善措施。

【解】和易性的概念：新拌混凝土的和易性，也称工作性，是指拌合物易于搅拌、运输、浇捣成型，并获得质量均匀密实的混凝土的一项综合技术性能。通常用流动性、黏聚性和保水性三项内容表示。流动性是指拌合物在自重或外力作用下产生流动的难易程度；黏聚性是指拌合物各组成材料之间不产生分层离析现象；保水性是指拌合物不产生严重的泌水现象。

和易性的测试：混凝土拌合物和易性是一项极其复杂的综合指标，到目前为止全世界尚无能够全面反映混凝土和易性的测定方法，通常通过测定流动性，再辅以其他直观观察或经验综合评定混凝土和易性。流动性的测定方法有坍落度法、维勃稠度法、探针法、斜槽法、流出时间法和凯利球法等 10 多种，对普通混凝土而言，最常用的是坍落度法和维勃稠度法。

主要影响因素：单位用水量、浆骨比、水灰比、砂率、水泥品种及细度、骨料的品种和粗细程度、外加剂、时间、气候条件。

混凝土和易性的调整和改善措施

（1）当混凝土流动性小于设计要求时，为了保证混凝土的强度和耐久性，不能单独加水，必须保持水灰比不变，增加水泥浆用量。

（2）当坍落度大于设计要求时，可在保持砂率不变的前提下，增加砂石用量。实际上相当于减少水泥浆数量。

（3）改善骨料级配，既可增加混凝土流动性，也能改善粘聚性和保水性。但骨料占混凝土用量的 75% 左右，实际操作难度往往较大。

（4）掺减水剂或引气剂，是改善混凝土和易性的最有效措施。

（5）尽可能选用最优砂率。当黏聚性不足时可适当增大砂率。

7. 减水剂的作用机理和主要功能。

【解】减水剂提高混凝土拌合物流动性的作用机理主要包括分散作用和润滑作用两方面。分散作用：水泥加水拌和后，由于水泥颗粒分子引力的作用，使水泥浆形成絮凝结构，使 10% ~ 30% 的拌和水被包裹在水泥颗粒之中，不能参与自由流动和润滑作用，从而影响了混凝土拌合物的流动性。当加入减水剂后，由于减水剂分子能定向吸附于水泥颗粒表面，使水泥颗粒表面带有同一种电荷（通常为负电荷），形成静电排斥作用，促使水泥颗粒相互分散，絮凝结构破坏，释放出被包裹部分水，参与流动，从而有效地增加混凝土拌合物的流动性。润滑作用：减水剂中的亲水基极性很强，因此水泥颗粒表面的减水剂吸附膜能与水分子形成一层稳定的溶剂化水膜，这层水膜具有很好的润滑作用，能有效降低水泥颗粒间的滑动阻力，从而使混凝土流动性进一步提高。

减水剂的主要功能：① 配合比不变时显著提高流动性；② 流动性和水泥用量不变时，减少用水量，降低水灰比，提高强度；③ 保持流动性和强度不变时，节约水泥用量，降低成本；④ 配置高强高性能混凝土。

8. 混凝土立方体抗压强度、棱柱体抗压强度、抗拉强度和劈裂抗拉强度的概念及相互关系。

【解】混凝土的立方体抗压强度：根据我国《普通混凝土力学性能试验方法标准》（GB/T 50081—2002）规定，立方体试件的标准尺寸为 150mm × 150mm × 150mm；标准养护条件为温度 20 ± 2℃，相对湿度 95% 以上；标准龄期为 28d。在上述条件下测得的抗压强度值称为混凝土立方体抗压强度，以 f_{cu} 表示。

棱柱体抗压强度：采用 150mm × 150mm ×（300 ~ 450）mm 的棱柱体试件，经标准养护到 28d 测试而得。同一材料的轴心抗压强度 f_{cp} 小于立方体强度 f_{cu}，其比值大约为 f_{cp}=0.7 ~ 0.8f_{cu}。这是因为抗压强度试验时，试件在上下两块钢压板的摩擦力约束下，侧向变形受到限制，即"环箍效应"其影响高度大约为试件边长的 0.866 倍。

抗拉强度：混凝土的抗拉强度很小，只有抗压强度的 1/10 ~ 1/20，混凝土强度等级越高，其比值越小。

劈裂拉拉强度：试验的标准试件尺寸为边长 150mm 的立方体，在上下两相对面的中心线上施加均布线荷载，使试件内竖向平面上产生均布拉应力所测得的混凝土的抗拉强度。试验研究表明，轴拉强度低于劈拉强度，两者的比值约为 0.8 ~ 0.9。劈拉强度也可通过立方体抗压强度由下式估算：f_{st} =0.35$f_{cu}^{3/4}$。

9. 影响混凝土强度的主要因素及提高强度的主要措施有哪些？

【解】影响混凝土强度的因素很多，从内因来说主要有水泥强度、水灰比和骨料质量；

从外因来说,则主要有施工条件、养护温度、湿度、龄期、试验条件和外加剂等。

提高混凝土强度的措施:

(1)采用高强度等级水泥;

(2)尽可能降低水灰比,或采用干硬性混凝土;

(3)采用优质砂石骨料,选择合理砂率;

(4)采用机械搅拌和机械振捣,确保搅拌均匀性和振捣密实性,加强施工管理;

(5)改善养护条件,保证一定的温、湿度条件,必要时可采用湿热处理,提高早期强度;

(6)掺入减水剂或早强剂,提高混凝土的强度或早期强度;

(7)掺硅灰或超细矿渣粉也是提高混凝土强度的有效措施。

10. 在什么条件下能使混凝土的配制强度与其所有水泥的强度等级相等?

解:根据题意,由 $f_{cu}=\alpha_a f_{ce}(\dfrac{C}{W}-\alpha_b)$,当 $f_{cu}=f_{ce}$ 时,

可得:$1=\alpha_a(\dfrac{C}{W}-\alpha_b)\cdots\cdots(a)$

因此,当为碎石时,有 $\alpha_a=0.46$、$\alpha_b=0.07$,代入 (a) 得 $\dfrac{W}{C}=0.446$;

当为卵石时,有 $\alpha_a=0.48$、$\alpha_b=0.33$,代入 (a) 得 $\dfrac{W}{C}=0.414$;

11. 影响混凝土收缩值的因素主要有哪些?

【解】影响混凝土收缩值的因素主要有:① 水泥用量,在水灰比一定时,水泥用量越大,混凝土干缩值也越大;② 水灰比,在水泥用量一定时,水灰比越大,意味着多余水分越多,蒸发收缩值也越大;③ 水泥品种和强度,一般情况下,矿渣水泥比普通水泥收缩大。高强度水泥比低强度水泥收缩大;④ 环境条件,气温越高、环境湿度越小或风速越大,混凝土的干燥速度越快,在混凝土凝结硬化初期特别容易引起干缩开裂。

12. 温度变形对混凝土结构的危害。

【解】混凝土的温度变形对大体积混凝土、纵长结构混凝土及大面积混凝土工程等极为不利,极易产生温度裂缝。如纵长 100m 的混凝土,温度升高或降低 30℃(冬夏季温差),则将产生 30mm 的膨胀或收缩,在完全约束条件下,混凝土内部将产生 7.5MPa 左右拉应力,足以导致混凝土开裂。故纵长结构或大面积混凝土均要设置伸缩缝、配制温度钢筋或掺入膨胀剂,防止混凝土开裂。

13. 影响混凝土耐久性的主要因素及提高耐久性的措施有哪些?

【解】混凝土的耐久性是指在外部和内部不利因素的长期作用下,保持其原有设计性能和使用功能的性质。是混凝土结构经久耐用的重要指标。外部因素指的是酸、碱、盐的腐蚀作用,冰冻破坏作用,水压渗透作用,碳化作用,干湿循环引起的风化作用,荷载应力作用和振动冲击作用等。内部因素主要指的是碱骨料反应和自身体积变化。通常用混凝土的抗渗性、抗冻性、抗碳化性能、抗腐蚀性能和碱骨料反应综合评价混凝土的耐久性。

提高耐久性的措施主要有:

(1)控制混凝土最大水灰比和最小水泥用量;

(2)合理选择水泥品种;

(3)选用良好的骨料质量和级配;

（4）加强施工质量控制；

（5）采用适宜的外加剂；

（6）掺入粉煤灰、矿粉、硅灰或沸石粉等活性混合材料。

14. 混凝土的合理砂率及确定的原则是什么？

【解】合理砂率是指砂子填满石子空隙并有一定的富余量，能在石子间形成一定厚度的砂浆层，以减少粗骨料间的摩擦阻力，使混凝土流动性达最大值。或者在保持流动性不变的情况下，使水泥浆用量达最小值。合理砂率的确定可根据上述两原则通过试验确定，在大型混凝土工程中经常采用。对普通混凝土工程可根据经验或根据《普通混凝土配合比设计规程》JGJ 55"混凝土砂率选用表"确定。

15. 混凝土质量（强度）波动的主要原因有哪些？

【解】在混凝土施工过程中，原材料、施工养护、试验条件、气候因素的变化，均可能造成混凝土质量的波动，影响到混凝土的和易性、强度及耐久性。

16. 预拌混凝土如何定义，其性能优点有哪些？

【解】预拌混凝土是指将水泥、骨料、水以及根据需要掺入的外加剂、矿物掺合料等组分按一定比例，在搅拌站经计量、拌制后出售的并采用运输车，在规定的时间内运至使用地点的混凝土拌合物。

预拌混凝土的性能优点：

（1）质量好、强度稳定；

（2）施工速度快；

（3）节约场地；

（4）提高劳动效率；

（5）改善施工环境；

（6）利于推广新技术。

17. 甲、乙两种砂，取样筛分结果如下：

筛孔尺寸(mm)		4.75	2.36	1.18	0.600	0.300	0.150	<0.150
筛余量(g)	甲砂	0	0	30	80	140	210	40
	乙砂	30	170	120	90	50	30	10

（1）分别计算细度模数并评定其级配。

（2）欲将甲、乙两种砂混合配制出细度模数为 2.7 的砂，问两种砂的比例应各占多少？混合砂的级配如何？

【解】（1）分计筛余率和累计筛余率计算结果列与下表：

分计筛余率 (%)	/	a_1	a_2	a_3	a_4	a_5	a_6
	甲砂	0	0	6	16	28	42
	乙砂	6	34	24	18	10	6
累计筛余率 (%)	/	A_1	A_2	A_3	A_4	A_5	A_6
	甲砂	0	0	6	22	50	92
	乙砂	6	40	64	82	92	98

则有：$M_{x甲}=\dfrac{(6+22+50+92)-5\times0}{100-0}=1.7$

$$M_{x乙}=\dfrac{(40+64+82+92+98)-5\times6}{100-6}=3.68$$

评定级配：甲，属细砂，Ⅲ级区砂，级配良好；乙，属粗砂，Ⅰ级区砂，级配良好。

（2）令甲 X，乙 Y，则有

$1.7X+3.68Y=2.7$ ……… （a）

$X+Y=1$ ……………… （b）

由（a）、（b）联立得：$X/Y=0.98\approx1$

则混合砂级配如下：

混合砂累计 筛余率(%)	A_1	A_2	A_3	A_4	A_5	A_6
	3	20	35	52	71	95

因此，混合砂属中砂，Ⅱ级区砂，级配良好。

18. 钢筋混凝土梁的截面最小尺寸为 320mm，配置钢筋的直径为 20mm，钢筋中心距离为 80mm，问可选用最大粒径为多少的石子？

【解】由题可得：最大粒 = min[320/4=80mm，(80-20) × 3/4=45mm]=45mm。

19. 某工程用碎石和普通水泥 32.5 级配制 C40 混凝土，水泥强度富余系数 1.10，混凝土强度标准差 4.0MPa。求水灰比。若改用普通水泥 42.5 级，水泥强度富余系数同样为 1.10，水灰比为多少？

【解】根据题意

配制强度 $f_{cu,h}=f_{cu,k}+1.645\sigma=40+1.645\times4=46.58$

则 当用普通水泥 32.5 级配制时，由

$$f_{cu}=\alpha_a f_{ce}\left(\dfrac{C}{W}-\alpha_b\right)=0.46\times32.5\times1.1\left(\dfrac{C}{W}-0.07\right)=46.58$$

得 $\dfrac{W}{C}=0.345$

则 当用普通水泥 42.5 级配制时，由

$$f_{cu}=\alpha_a f_{ce}\left(\dfrac{C}{W}-\alpha_b\right)=0.46\times42.5\times1.1\left(\dfrac{C}{W}-0.07\right)=46.58$$

得 $\dfrac{W}{C}=0.447$

20. 三个建筑工地生产的混凝土，实际平均强度均为 23.0MPa，设计要求的强度等级均为 C20，三个工地的强度变异系数 C_v 值分别为 0.102、0.155 和 0.250。问三个工地生产的混凝土强度保证率（P）分别是多少？并比较三个工地施工质量控制水平。

【解】保证率系数如下：

$$t=\dfrac{\left|f_{cu,k}-f_{cu,m}\right|}{C_v f_{cu,m}}\cdots\cdots\cdots(a)$$

对第一个工地，将 $f_{cu,k}=20$MPa、$f_{cu,m}=23$MPa、$C_v=0.102$ 代入（a）得：

$$t_1=\dfrac{\left|20-23\right|}{0.102\times23}=1.28$$

同理,第二、三个工地的保证率系数分别为:$t_2=0.84$、$t_3=0.52$

由 t 查教材表 4-21,并插值得三个工地生产的混凝土强度保证率分别为:

$P_1=90.0\%$、$P_2=80.0\%$、$P_3=69.8\%$

标准差 $\sigma=C_v f_{cu,m}$,得三个工地的标准差分别为:

$\sigma_1=2.346$,$\sigma_2=3.535$,$\sigma_3=5.75$

三个工地的施工质量控制水平从高到低分别为:第一、第二、第三。然而,即便是第一个工地,其质量管理水平也只是"一般"。

21. 某工程设计要求的混凝土强度等级为 C25,要求强度保证率 $P=95\%$。试求:

(1)当混凝土强度标准差 $\sigma=5.5$MPa 时,混凝土的配制强度应为多少?

(2)若提高施工管理水平,σ 降为 3.0MPa 时,混凝土的配制强度为多少?

(3)若采用普通硅酸盐水泥 32.5 和卵石配制混凝土,用水量为 $180\text{kg}/\text{m}^3$,水泥富余系数 $K_c=1.10$。问 σ 从 5.5MPa 降到 3.0MPa,每立方米混凝土可节约水泥多少千克?

【解】(1)混凝土配制强度 $f_{cu,h}=25+1.645\times5.5=34.05$MPa

(2)混凝土配制强度 $f_{cu,h}=25+1.645\times3=29.94$MPa

(3)标准差 $\sigma=5.5$MPa 时,水泥用量计算如下:

$$34.05=0.48\times32.5\times1.1\times(\frac{C}{180}-0.33)\rightarrow C=416.6\text{kg}$$

标准差 $\sigma=3.0$MPa 时,水泥用量计算如下:

$$29.94=0.48\times32.5\times1.1\times(\frac{C}{180}-0.33)\rightarrow C=373.4\text{kg}$$

因此,每立方米混凝土可节约水泥 $\Delta C=416.6-373.4=43.2$kg

22. 某工程在一个施工期内浇筑的某部位混凝土,各班测得的混凝土 28d 的抗压强度值(MPa)如下:

22.6;23.6;30.0;33.0;23.2;23.2;22.8;27.2;21.2;26.0;24.0;30.8;22.4;21.2;24.4;24.4;
23.2;24.4;22.0;26.20;21.8;29.0;19.9;21.0;29.4;21.2;24.4;26.8;24.2;19.0;20.6;21.8;
28.6;26.8;28.6;28.8;37.8;36.8;29.2;35.6;28.0。(试件尺寸:150mm×150mm×150mm)

该部位混凝土设计强度等级为 C20,试计算此批混凝土的平均强度 $f_{cu,m}$、标准差 σ、变异系数 C_v 及强度保证率 P。

【解】$f_{cu,m}=\dfrac{1}{N}(f_{cu,1}+f_{cu,2}+\cdots+f_{cu,N})=\dfrac{1}{N}\sum_{i=1}^{N}f_{cu,i}=25.943$

$$\sigma=\sqrt{\frac{\sum_{i=1}^{N}(f_{cu,i}-f_{cu,m})^2}{N-1}}=4.912$$

$$C_v=\frac{\sigma}{f_{cu,m}}=\frac{4.912}{25.943}=0.189$$

$$t=\frac{|f_{cu,k}-f_{cu,m}|}{C_v f_{cu,m}}=\frac{|20-25.943|}{0.189\times25.943}=1.21,查教材表 4-21 得:$$

$P=88.65\%$

23. 已知混凝土的水灰比为 0.60,每立方米混凝土拌和用水量为 180kg,采用砂率 33%,水泥的密度 $\rho_c=3.10\text{g/cm}^3$,砂子和石子的表观密度分别为 $\rho_s=2.62\text{g/cm}^3$ 及 $\rho_g=2.70\text{g/cm}^3$。试

用体积法求立方米混凝土中各材料的用量。

【解】根据体积法

$$\frac{C_0}{\rho_c}+\frac{W_0}{\rho_w}+\frac{S_0}{\rho_s}+\frac{G_0}{\rho_g}+10\alpha=1000 \quad \cdots\cdots\cdots(a)$$

因 $W_0=180kg$，$C_0=180/0.6=300kg$

$$\frac{S_0}{S_0+G_0}=0.33 \rightarrow G_0=2.03S_0$$

又 $\rho_c=3.10g/cm^3$、$\rho_s=2.62g/cm^3$、$\rho_g=2.70g/cm^3$、$\rho_w=1.0g/cm^3$，$\alpha=1$

以上代入(a)得：$S_0=629.2kg$，则 $G_0=2.03S_0=1277.3kg$

24. 某实验室试拌混凝土，经调整后各材料用量为：普通水泥 4.5kg，水 2.7kg，砂 9.9kg，碎石 18.9g，又测得拌合物表观密度为 2.38kg/L，试求：

（1）每立方米混凝土的各材料用量；

（2）当施工现场砂子含水率为 3.5%，石子含水率为 1%时，求施工配合比；

（3）如果把实验室配合比直接用于现场施工，则现场混凝土的实际配合比将如何变化？对混凝土强度将产生多大影响？

【解】（1）配合比为：$C:W:S:G=1:0.6:2.2:4.2$ 则每立方米混凝土的各材料用量：

$$C=2380/8=297.5kg$$
$$W=0.6C=178.5kg$$
$$S=2.2C=654.5kg$$
$$G=4.2C=1249.5kg$$

（2）当施工现场砂子含水率为 3.5%，石子含水率为 1%时，施工配合比如下：

$C=1$；$W=0.6-2.2\times3.5\%-4.2\times1\%=0.48$

$S=2.2\times(1+3.5\%)=2.28$；$G=4.2\times(1+1\%)=4.24$

即：$C:W:S:G=1:0.48:2.28:4.24$

（3）此时，令 $C=1$，则 $S=\frac{2.2}{1+3.5\%}=2.13$，$G=\frac{4.2}{1+1\%}=4.16$，

$$W=0.6+(2.2-2.13)+(4.2-4.16)=0.71$$

因此，$C:W:S:G=1:0.71:2.13:4.16$

则混凝土强度将降低，具体由 $f_{cu}=\alpha_a f_{ce}(\frac{C}{W}-\alpha_b)$

当石子为碎石时：强度将降低至原来的 $\frac{1/0.71-0.07}{1/0.6-0.07}\times100\%=83.8\%$

当石子为卵石时：强度将降低至原来的 $\frac{1/0.71-0.33}{1/0.6-0.33}\times100\%=80.7\%$

25. 某混凝土预制构件厂，生产预应力钢筋混凝土大梁，需用设计强度为 C40 的混凝土，拟用原材料为：

水泥：普通硅酸盐水泥 42.5，水泥强度富余系数为 1.10，$\rho_c=3.15g/cm^3$；

中砂：$\rho_s=2.66g/cm^3$，级配合格；

碎石：$\rho_g=2.70g/cm^3$，级配合格，$D_{max}=20mm$。

已知单位用水量 $W=170kg$，标准差 $\sigma=5MPa$。试用体积法计算混凝土配合比。并求出

每拌三包水泥(每包水泥重 50kg)的混凝土时各材料用量。

【解】配制强度 $f_{cu,h}=f_{cu,k}+1.64\sigma=40+1.645\times5=48.225MPa$

$f_{cu,h}=\alpha_a f_{ce}\left(\dfrac{C}{W}-\alpha_b\right)=0.46\times42.5\times1.1\left(\dfrac{C}{W}-0.07\right)=48.225$

得 $\dfrac{C}{W}=2.3125$，即水灰比 $\dfrac{W}{C}=0.432$

单位用水量 $W_0=170kg$，则 $C_0=393.1kg$

根据体积法

$\dfrac{C_0}{\rho_c}+\dfrac{W_0}{\rho_w}+\dfrac{S_0}{\rho_s}+\dfrac{G_0}{\rho_g}+10\alpha=1000 \cdots\cdots\cdots(a)$

由水灰比 $\dfrac{W}{C}=0.432$ 及 $D_{max}=20mm$，查教材表 4-13，砂率宜在 30%～35% 之间，则选择砂率 33%。则：$\dfrac{S_0}{S_0+G_0}=0.33\rightarrow G_0=2.03S_0$

又 $\rho_c=3.15g/cm^3$、$\rho_s=2.66g/cm^3$、$\rho_g=2.70g/cm^3$、$\rho_w=1.0g/cm^3$，$\alpha=1$

以上代入 (a) 得：$S_0=616.4kg$，则 $G_0=2.03S_0=1251.3kg$ 因此，每立方米混凝土的各材料用量：$C_0=393.1kg$，$W_0=170kg$，$S_0=616.4kg$，$G_0=1251.3kg$

当水泥用量为 150 时 $W_0=\dfrac{150}{393.1}\times170=64.87kg$，$S_0=\dfrac{150}{393.1}\times616.4=235.21kg$，

$G_0=\dfrac{150}{393.1}\times1251.3=477.47kg$

26. 今用普通硅酸盐水泥 42.5，配制 C20 碎石混凝土，水泥强度富余系数为 1.10，耐久性要求混凝土的最大水灰比为 0.60，问混凝土强度富余多少？若要使混凝土强度不产生富余，可采取什么方法？

【解】$f_{cu,h}=\alpha_a f_{ce}\left(\dfrac{C}{W}-\alpha_b\right)=0.46\times42.5\times1.1(1.667-0.07)=34.34MPa$

则混凝土强度富余 $\dfrac{34.34-20}{20}\times100\%=71.7\%$

若要使混凝土强度不产生富余，因水灰比不能再降低，故可通过降低水泥强度等级来实现。

27. 某建筑公司拟建一栋面积 5000m² 的 6 层住宅楼，估计施工中要用 125m³ 现浇混凝土，已知混凝土的配合比为 1：1.74：3.56，$W/C=0.56$，现场供应的原材料情况为：

水泥：普通水泥 32.5，$\rho_c=3.1g/cm^3$；

砂：中砂、级配合格，$\rho_s=2.60g/cm^3$；

石：5～40mm 碎石，级配合格，$\rho_g=2.70g/cm^3$。

试求：(1) 每立方米混凝土中各材料的用量；

(2) 如果在上述混凝土中掺入 1.5% 的减水剂，并减水 18%，减水泥 15%，计算每立方米混凝土的各种材料用量；

(3) 本工程混凝土可节省水泥约多少吨？

【解】(1) 根据体积法

$\dfrac{C_0}{\rho_c}+\dfrac{W_0}{\rho_w}+\dfrac{S_0}{\rho_s}+\dfrac{G_0}{\rho_g}+10\alpha=1000 \cdots\cdots\cdots(a)$

代入已知条件得到：$\dfrac{C_0}{3.1}+\dfrac{0.56C_0}{1}+\dfrac{1.74C_0}{2.6}+\dfrac{3.56C_0}{2.7}+10=1000$

从而每立方米混凝土中：$C_0=344.9\text{kg}$，$W_0=193.1\text{kg}$，$S_0=600.1\text{kg}$，$G_0=1227.9\text{kg}$

（2）根据题意：

$W=W_0(1-18\%)=193.1\times(1-18\%)=158.34\text{kg}$

$C=C_0(1-15\%)=344.9\times(1-15\%)=293.17\text{kg}$

$S=S_0=600.1\text{kg}$，$G=G_0=1227.9\text{kg}$

则 $C+W+S+G=2279.51\text{kg}$

因 $C_0+W_0+S_0+G_0=2366\text{kg}$

则掺减水剂后每立方米混凝土中的各材料用量如下：

$C'=\dfrac{293.17}{2279.51}\times2366=304.29\text{kg}$

$W'=\dfrac{158.34}{2279.51}\times2366=164.35\text{kg}$

$S'=\dfrac{600.1}{2279.51}\times2366=622.87\text{kg}$

$G'=\dfrac{1227.9}{2279.51}\times2366=1274.49\text{kg}$

（3）本工程混凝土可节省水泥 $\Delta C=(344.9-304.29)\times125=5076\text{kg}=5.076\text{t}$

第七章　砂　浆

1. 新拌砂浆的和易性如何测定？和易性不良的砂浆对工程质量会有哪些影响？

【解】新拌砂浆的和易性是指新拌砂浆是否便于施工并保证质量的性质，可通过其流动性和保水性来反映。反映流动性的流动度通常参照《水泥胶砂流动度测定方法》GB 2419 进行测定，而稠度则是通过砂浆稠度仪来测定。保水性可用分层度或保水率两个指标来衡量，分层度用砂浆分层度测量仪来测定，保水率则根据砂浆中的水被吸附量的多少测定。

和易性好的新拌砂浆便于施工操作，并与基层粘结牢固。砂浆和易性不良，则易离析分离，难以施工，导致砂浆与基层的粘结力以及砂浆本身的强度降低。

2. 砌筑砂浆的主要技术性质包括哪几方面？其对水泥和砂的要求有哪些？

【解】砌筑砂浆的主要技术性质包括强度、表观密度、稠度、分层度、保水率、凝结时间、抗冻性等几个方面。砌筑砂浆用水泥的强度等级应根据设计要求进行选择，应尽量选用低强度等级水泥或砌筑水泥。砂应符合混凝土用砂的技术要求，应优先选用中砂。

3. 普通抹面砂浆的品种有哪些？并分别简述其作用？

【解】普通抹面砂浆包括水泥砂浆、石灰砂浆、水泥混合砂浆、麻刀石灰砂浆以及纸筋石灰砂浆等。抹面时选择抹面砂浆的品种，应按照设计要求选用。如无设计要求时，可按其用途选用。一般而言，水泥砂浆常用于浴室、潮湿车间等墙裙、勒脚或地面、基层地面、天棚或墙面面层、混凝土地面随时压光、水磨石、斩假石等；石灰砂浆常用于砖石墙面（檐口、勒脚、女儿墙及潮湿房间的墙除外）、不潮湿房间的墙、天花板和线脚以及其他装饰工程等；水泥混合砂浆常用于檐口、勒脚、女儿墙，以及比较潮湿的部位、吸声粉刷等；麻刀石灰砂浆常用于板条天棚底层和面层;纸筋石灰砂浆常用于较高级墙板、天棚等。

4. 装饰砂浆常用的骨料及其特点?装饰砂浆的做法有哪些?

【解】装饰砂浆所用的骨料除普通砂外,还常使用石英砂、彩釉砂和着色砂,以及石碴、石屑、砾石及彩色瓷粒和玻璃珠等。石英砂分为天然石英砂和人工石英砂两种,人工石英砂更纯净、质量好。彩釉砂颜色品种丰富,在 $-20 \sim 80$℃温度范围内不变色,且具有防酸、耐碱性能等。着色砂多采用矿物颜料,具有色彩鲜艳、耐久性好等特点。石渣也称为石粒、石米等,是由天然大理石、白云石、方解石、花岗石破碎而成,可制成多种规格,具有多种色泽。石屑主要用于配制外墙喷涂饰面用聚合物砂浆,包括松香石屑、白云石屑等。

装饰砂浆可分为灰浆类和石渣类。灰浆类装饰砂浆的做法有拉毛、拉条、洒毛灰、搓毛灰、喷涂、弹涂、假面砖、假大理石等几种;而石渣类装饰砂浆的做法包括水刷石、拉假石、水磨石、干粘石和斩假石等。

5. 某建筑工地抹面用水泥石灰混合砂浆,从有关资料查出,可使用其配合比值为水泥:石灰膏:砂子 =1∶1∶5(体积比),问拌制 1m³ 砂浆需要各项材料用量为多少千克?(已知水泥为 $\rho_{0\text{水}}$=1300kg/m³,石灰膏为 $\rho_{0\text{ 石灰膏}}$ =1400kg/m³,砂子为 $\rho_{0\text{ 干}}$ =1450kg/m³,砂的表观密度为 2600kg/ m³。)

【解】砂的用量 V_s= 配合比中砂的比例数 /(配合比中比例总和 – 砂的比例数 × 砂的空隙率)= 5/[7–5 ×(1–1450/2600)] = 1.044 m³

砂的质量 m_s = 1.044 × 1450 = 1514 kg

水泥用量 V_c = 配合比中水泥的比例数 × 砂用量 / 砂的比例数

$\qquad$ = 1 × 1.044/5 = 0.2088 m³

水泥质量 m_c = 0.2088 × 1300 = 271.4 kg

石灰膏用量 V_D = 配合比中石灰膏的比例数 × 砂用量 / 砂的比例数

$\qquad$ = 1 × 1.044/5 = 0.2088 m³

石灰膏质量 m_d = 0.2088 × 1400 = 292.3 kg

该砂浆的质量比为:$m_c : m_d : m_s$ = 271.4∶292.3∶1514 = 1∶1.08∶5.6

第八章　沥青及沥青混合料

1. 石油沥青按三组分划分的三组分是什么?它们各自对沥青的性质有何影响?

【解】石油沥青按三组分划分,分为油分、树脂、地沥青脂。油分赋予沥青流动性,其含量越高,石油沥青流动性越好;树脂决定沥青的黏性和塑性,其含量越高,石油沥青黏性和塑性越好;地沥青质决定石油沥青的温度稳定性、黏性和硬度,其含量越高,石油沥青黏性和温度稳定性越好,硬度越大。

2. 石油沥青的牌号如何划分?牌号大小与石油沥青主要技术性质之间的关系如何?

【解】石油沥青的牌号主要是根据针入度、延度和软化点等指标划分,并以针入度值表示。同一品种的石油沥青材料,牌号越高,则黏性越小(针入度越大),塑性越好(延度越大),温度敏感性越大(软化点点越低)。

3. 石油沥青的老化与组分有何关系?在老化过程中,沥青的性质发生了哪些变化?

【解】石油沥青老化是石油沥青在大气因素的综合作用下,沥青组分递变的结果。在老化过程中,沥青中的低分子量组分会向高分子组分递变,即油分→树脂→地沥青质,由于树脂向地沥青质转化的速度要比油分变为树脂的速度快得多,因此石油沥青会随时间进展而变硬变脆。

4. 某工地需要使用软化点为85℃的石油沥青5t,现有10号石油沥青、60-乙号石油沥青,已知10号、60-乙号石油沥青的软化点分别为95℃和55℃。试通过计算确定出二种牌号沥青各需用多少?

【解】$Q_1 = \dfrac{T_2 - T}{T_2 - T_1} \times 100\% = \dfrac{95 - 85}{95 - 45} \times 100\% = 25\%$

$Q_2 = 1 - 25\% = 75\%$

$Q_1 = 5 \times 25\% = 1.25t$　　$Q_2 = 5 \times 75\% = 3.75t$

5. 为什么要对沥青进行改性?改性沥青的种类及特点有哪些?

【解】建筑上使用的沥青必须具有一定的物理性质和黏附性。低温条件下应有弹性和塑性;高温条件下应有足够的强度和稳定性;加工和使用条件下具有抗"老化"能力;使用时应与各种矿料和结构表面有较强的黏附力;以及对构件变形的适应性和耐疲劳性。通常石油加工厂制备的沥青不一定能满足这些要求,尤其我国大多数用大庆油田的原油加工出来的沥青,如单一控制其温度稳定性,其他方面就很难达到要求,致使目前沥青防水屋面渗漏现象严重,使用寿命短。为此,常用橡胶、树脂和矿物填料等改性。

6. 论述沥青混合料的主要技术性质。

【解】沥青混合料的主要技术性质:高温稳定性、低温抗裂性、耐久性、抗滑性、施工各易性。

7. 简述热拌沥青混合料配合比设计的步骤。

【解】热拌沥青混合料配合比设计的步骤:1. 矿质混合料的配合比组成设计;2. 通过马歇尔试验确定沥青混合料的最佳沥青用量;3. 沥青混合料的性能检验。

第九章　建筑钢材

1. 建筑钢材主要有哪几种技术性质?其抗拉性能分为哪几个阶段?

【解】钢材的技术性质主要包括力学性能、工艺性能和化学性能等,建筑工程中主要考虑钢材的前两种性能。

抗拉性能是建筑钢材的主要力学性能。低碳钢从受拉到断裂经历了四个阶段:弹性阶段、屈服阶段、强化阶段、颈缩阶段。

2. 建筑钢材的分类?

【解】(1)材按质量分类可分为:普通碳素钢、优钢碳素钢、高级优质碳素钢、特等优质碳素钢;(2)按化学成分分类可分为碳素钢[a.低碳钢(C≤0.25%);b.中碳钢(C≤0.25%~0.60%);c.高碳钢(C≤0.60%)]和合金钢[a.低合金钢(合金元素总含量≤5%);b.中合金钢(合金元素总含量>5%~10%);c.高合金钢(合金元素总含量>10%)];(3)按成型方法分类可分为锻钢、铸钢、热轧钢和冷拉钢;(4)按用途分可分为建筑工程用钢、结构钢、工具钢、特殊性能钢和专业用钢;(5)按金相组织分类可分为退火状态的、正火状态的和无相变或部分发生相变的钢;(6)按冶炼方法分类:按炉种分可分为平炉钢、转炉钢、电弧钢;按脱氧程度和浇注制度分类可分为沸腾钢、半镇静钢、镇静钢和特殊镇静钢。

3. 钢材中的化学成对钢材性能有何影响?

【解】(1)碳:钢中含碳量的多少,对钢的性能有决定性的影响,碳是决定钢材性质的主要元素。当含碳量低于 0.8% 时,随着含碳量的增加,钢的抗拉强度和硬度提高,而塑性、断面收缩率及韧性降低。同时,还将使钢的冷弯、焊接及抗腐蚀等性能降低,并增加钢的冷脆性和时效敏感性。(2)磷、硫:磷对钢材有固溶强化的作用,它使常温状态下钢材的屈服点和抗拉强度提高,塑性和冲击韧性下降,变脆,焊接时,易出现冷裂纹,这种现象称为冷脆。磷的偏析较严重,焊接时焊缝容易产生冷裂纹,所以磷是降低钢材可焊性的元素之一。但磷可使钢材的强度、耐蚀性提高。硫在钢材中以 FeS 的形式存在,当对钢材进行锻轧加工时,需加热到 1100℃ 以上,此时硫化铁已熔化,使钢的内部产生裂纹,这种在高温状态下产生裂纹的现象,称为热脆性。硫的存在还使钢的冲击韧度、疲劳强度、可焊性及耐蚀性降低,因此硫的含量要严格控制。(3)氧、氮和氢:氧、氮和氢是钢中的有害元素,能显著降低钢的塑性和韧性,以及冷弯性能和可焊性。(4)硅、锰:硅是钢的主要合金元素,建筑钢材中硅的含量在 0.5%～0.6% 时,可提高强度,对塑性和韧性没有明显影响。但含硅量超过 1% 时,可使其冷脆性增加,可焊性变差。锰能消除钢的热脆性,改善热加工性能,能使有害物质形成 MnO、MnS 而进入钢渣中,其余的锰溶于铁素体中,从而显著提高钢的强度。但其含量不得大于 1%,否则可降低塑性及韧性,使可焊性变差。(5)铝、钛、钒、铌:以上元素均是炼钢时的强脱氧剂,适量加入钢内可改善钢的组织,细化晶粒,显著提高强度和改善韧性。钒是钢中很好的脱氧剂和除气剂。含量小于 0.5% 时,能使钢的组织致密、晶粒细化,明显提高强度,改善焊接性能;钛与氧能很好地结合,脱氧造渣,提高钢的性能,钛与碳也能很好结合生成碳化钛,起稳定碳的作用;钛还有细化钢的组织的作用,所以,钢中钛的含量在 0.06%～0.12% 时,其强度、冲击韧性会显著提高,热敏感性降低。

4. 钢材的选用原则是什么?

【解】钢材的选用一般遵循以下原则:

(一)荷载性质:对于经常承受动力或振动荷载的结构,容易产生应力集中,从而引起疲劳破坏,需要选用材质高的钢材。

(二)使用温度:对于经常处于低温状态的结构,钢材容易发生冷脆断裂,特别是焊接结构更甚,因而要求钢材具有良好的塑性和低温冲击韧性。

(三)连接方式:对于焊接结构,当温度变化和受力性质改变时,焊缝附近的母体金属容易出现冷、热裂纹,促使结构早期破坏,焊接结构对钢材化学成分和机械性能要求应较严。

(四)钢材厚度:钢材力学性能一般随厚度增大而降低,钢材经多次轧制后,钢的内部结晶组织更为紧密,强度更高,质量更好。故一般结构用的钢材厚度不宜超过 40mm。

(五)结构重要性:选择钢材要考虑结构使用的重要性,如大跨度结构、重要的建筑物结构,须相应选用质量更好的钢材。

5. 钢材腐蚀会造成什么后果? 有哪几种腐蚀方式?

【解】钢材的腐蚀是指其表面与周围介质发生化学反应而遭到的破坏。建筑钢材若遭到腐蚀,将使受力面积减小,而且由于产生局部锈坑,可能造成应力集中,促使结构提前破坏,尤其是在有反复荷载作用的情况下,将产生腐蚀疲劳现象,使疲劳强度大为降低,出现脆性断裂。在钢筋混凝土中的钢筋发生锈蚀时,由于锈蚀产物体积增大,在混凝土内部产生膨胀应力,严重时会导致混凝土保护层开裂,降低钢筋混凝土构件的承载能力。

按照周围侵蚀介质所发生的作用及机理,钢材腐蚀可分为化学腐蚀和电化学腐蚀两类。

6. 如何防止钢材腐蚀?

【解】防止钢材锈蚀主要有以下几种措施:

(一)制成合金钢

在碳素钢中加入能提高抗腐蚀能力的合金元素,制成合金钢,如加入铬、镍元素制成不锈钢,或加入 0.1%~0.15%的铜,制成含铜的合金钢,可以显著提高抗锈蚀的能力。

(二)表面覆盖

在钢材表面用电镀或喷镀的方法覆盖其他耐蚀金属,以提高其抗锈能力,如镀锌、镀锡、镀铬、镀银等。另一种方法是在钢材表面涂以防锈油漆或塑料涂层,使之与周围介质隔离,防止钢材锈蚀。油漆防锈是建筑上常用的一种方法,是在钢材的表面将铁锈清除干净后涂上涂料,使与空气隔绝。它简单易行,但不耐久,要经常维修。油漆防锈的效果主要取决于防锈漆的质量。

(三)设置阳极或阴极保护

阳极保护是在钢结构附近埋设废钢铁,外加直流电源,将阴极接在被保护的钢结构上,阳极接在废钢铁上,通电后废钢铁成为阳极而被腐蚀,钢结构成为阴极而被保护。阴极保护是在被保护的钢结构上,连接一块比钢铁更活泼的金属,如锌、镁等,使锌、镁成为阳极而被腐蚀,钢结构成为阴极而被保护。

第十章 木 材

1. 什么是木材的纤维饱和点和平衡含水率? 在实际使用中有何意义?

【解】(1)木材的纤维饱和点:当木材中无自由水、仅细胞壁内吸附水达到饱和时,这时的木材含水率称为纤维饱和点。纤维饱和点是木材物理力学性质发生变化的转折点。在纤维饱和点之上,木材的强度为恒量,不随含水率的变化而变化。同时木材也没有胀缩这种体积上的变化。当含水率降至纤维饱和点之下,也就是细胞壁中的吸附水开始蒸发时,强度随含水率下降而增加,而湿胀干缩的现象也明显呈现出来。不同的木材纤维饱和点含水率约在 22%~33%之间。

(2)木材的平衡含水率:当木材长时间处于一定温度和湿度的空气中,则会达到相对稳定的含水率,亦即水分的蒸发和吸收趋于平衡,这时木材的含水率称为平衡含水率。木材的平衡含水率随它们所处环境的温度和湿度的变化而变化,当平衡含水率和环境湿度有差值时,会趋向于接近环境。这就产生了木材的湿胀与干缩现象,这是木材特有的物理现象。

2. 影响木材强度的主要因素有哪些? 是如何影响的?

【解】(1)木材的纤维组织。木材受力时,主要靠细胞壁承受外力,细胞纤维组织越均匀密实,强度就越高。

(2)含水量的影响。含水量在纤维饱和点以上变化时,木材强度不变,纤维饱和点以下时,随含水量降低,即吸附水减少,细胞壁趋于紧实,木材强度增大,反之,强度减小。

(3)负荷时间的影响。木材在长期荷载作用下会导致强度降低。

（4）温度的影响。木材随环境温度升高强度会降低。

（5）疵点的影响。木材的疵点致使木材的物理力学性质受到影响。

3. 解释木板湿胀干缩的原因及防止方法？

【解】木材具有显著的湿胀干缩性。当木材从潮湿状态干燥至纤维饱和点时，自由水蒸发其尺寸不改变，继续干燥，亦即当细胞壁中吸附水蒸发时，则发生体积收缩。反之，干燥木材吸湿时，将发生体积膨胀，直到含水量达纤维饱和点时为止，此后，木材含水量继续增大，也不再膨胀。木材的这种湿胀干缩性随树种而有差异，一般来讲，表观密度大的，晚材含量多的，胀缩就较大。

木材的湿胀干缩对木材的使用有严重影响，干缩使木结构构件连接处发生隙缝而致接合松弛，湿胀则造成凸起。为了避免选种情况，最根本的办法是预先将木材进行干燥，使木材的含水率与将做成的构件使用时所处的环境湿度相适应，或将木材预先干燥至平衡含水率后才加工使用。

4. 胶合板有哪些优点，为什么？

【解】胶合板是将原木沿年轮切成大张薄片，再用胶粘合压制而成。木片层数应成奇数，一般为3～13层，胶合时应使相邻木片的纤维互相垂直。

生产胶合板是合理利用、充分节约木材的有效方法，同时还能改善木材的物理力学性能。其特点是：由小直径的原木就能制得宽幅的板材，且板面有美丽的木纹，增加了板的外观美，因其各层单板的纤维互相垂直，故能消除各向异性，得到纵横一样的均匀强度；收缩率小，没有木节和裂纹等缺陷。同时，产品规格化，便于使用。

5. 引起木材腐朽的主要原因有哪些？ 木材的防腐有哪些措施？

【解】木材腐朽是由真菌侵害所致，真菌是一种最低等的植物。引起木材变质腐朽的真菌有三种，即霉菌、变色菌和腐朽菌。霉菌只寄生在木材表面，通常叫发霉，对木材不起破坏作用。变色菌是以细胞腔内含物(如淀粉、糖类等)为养料，不破坏细胞壁，所以对木材破坏作用很小。而腐朽菌是以细胞壁为养料，它能分泌出一种酵素，把细胞壁物质分解成简单的养料，供自身生长繁殖，这就使细胞壁遭到完全破坏，从而使木材腐朽。木材腐朽除真菌所致外，还会遭受昆虫的蛀蚀，常见的蛀虫有蠹虫、天牛、白蚁等。

木材的防腐措施有：

第一种形式的主要办法是将木材进行干燥，使其含水率在20%以下。在储存和使用木材时，要注意通风、排湿，对于木构件表面应刷以油漆。总之，要保证木结构经常处于干燥状态。

第二种形式是把化学防腐剂注入木材内，使木材成为对真菌有毒的物质。防止虫蛀的办法通常是向木材内注入防虫剂。

第十一章　高分子材料

1. 区分：高分子材料与高分子化合物

【解】高分子材料是以高分子化合物为基材，配以其他添加剂（助剂）的一大类材料的总称。高分子化合物是指分子量在 $10^4 \sim 10^6$，以共价键连接起来的化合物。

2. 何谓塑料，有哪些特性？

【解】塑料是以聚合物(合成树脂)为基本材料,加入各种添加剂后,在一定温度和压力下混合、塑化、成型的材料或制品的总称。塑料具有质量轻、比强度高、可塑性好、耐腐蚀性好、耐水性好、耐热性差、热膨胀系数高、易老化等特性。

3. 使用Ⅰ型硬质聚氯乙稀(PVC-U)塑料管作热水管。使用一段时间后,为什么管道会变形漏水?

【解】Ⅰ型硬质聚氯乙稀塑料管是用途较广的一种塑料管,但其热变形温度为70℃,故不甚适宜较高温的热水输送。可选用Ⅲ型氯化聚氯乙稀管,此类管称为高温聚氯乙稀管,使用温度可达100℃。需说明的是,若使用此类管输送饮水,则必须进行卫生检验,因若加入铅化合物稳定剂,在使用过程中能析出,影响身体健康。

4. 某建筑工程中按设计需采用塑料热水供水管,按规定是要采用PP-R水管,但采购员为了降低成本,购买了普通的聚丙烯水管来代替PP-R管,请分析随意采用普通的PP管代替PP-R管可能会产生哪些工程问题?

【解】用普通的PP管代替PP-R管作热水供水管容易产生爆裂。因为聚丙烯是由丙烯单体聚合而来的,只由丙烯单体聚合而得到聚丙烯称为均聚PP,其宏观力学性能表现为刚性大,强度高,但由于结晶度过高导致材料的韧性下降,在5℃左右时均聚PP就表现出脆性,所以均聚PP的用途受到限制。为此可以在丙烯聚合时掺入少量的其他单体如:乙烯、1-丁烯等进行共聚,由丙烯和少量其他的单体共聚的PP称为共聚PP,共聚PP可以减少聚丙烯高分子链的规整性,从而减少PP的结晶度,达到提高PP韧性的目的。共聚聚丙烯又分为嵌段共聚聚丙烯和无规共聚聚丙烯(PP-R)。PP-R具有优良的韧性和抗温度变形性能,能耐95℃以上的沸水、低温脆化温度可降至-15℃,是制做热水管的优良材料,现已在建筑工程中广泛应用。

5. 为什么胶粘剂能与被粘物牢固地粘结在一起?

【解】一般认为粘结力主要来源于以下几个方面:

(1)机械粘结力 胶粘剂涂敷在材料的表面后,能渗入材料表面的凹陷处和表面的孔隙内,胶粘剂在固化后如同镶嵌在材料内部。正是靠这种机械锚固力将材料粘结在一起。

(2)物理吸附力 胶粘剂分子和材料分子间存在的物理吸附力,即范德华力将材料粘结在一起。

(3)化学键力 某些胶粘剂分子与材料分子间能发生化学反应,即在胶粘剂与材料间存在有化学键力,是化学键力将材料粘结为一个整体。对不同的胶粘剂和被粘材料,粘结力的主要来源也不同,当机械粘结力、物理吸附力和化学键力共同作用时,可获得很高的粘结强度。

(4)扩散理论 互相扩散形成牢固地粘结。胶粘剂与被粘结物之间的牢固粘结是上述因素综合作用的结果。但上述因素对不同材料粘结力的作用贡献大小不同。

当被粘表面有油污时,使物理吸附力下降,使胶粘剂与石材表面产生的化学键数量大大减少,导致粘结强度达不到设计要求。

6. 在粘结结构材料或修补建筑结构(如混凝土、混凝土结构)时,为什么选用热固性胶粘剂?

【解】因为结构材料通常是要承受较大的作用力,非结构胶粘剂与被粘物没有化学键的结合,所能提供的粘结力有限,而热固性胶粘剂在粘合的同时还产生化学反应,能给粘合面提供较大的作用力,常用热固性胶粘剂有:环氧树脂,不饱和聚酯树脂,α-氰基丙烯酸酯胶等。修补建筑结构(如混凝土、混凝土结构)时,同样宜选用热固性胶粘剂,同样也是因为建筑结构也要承受较大的作用力的缘故。

7. 某工程外墙装修采用大理石面板,须使用挂石胶粘结,该胶粘剂的粘结强度达到20MPa,但实际测得的粘结强度远低于此值,观察大理石表面,发现不够清洁。讨论粘结力低的原因。

【解】大理石表面不够清洁,是导致粘结强度不够的主要原因。

胶粘剂能够将材料牢固粘结在一起,是因为胶粘剂与材料间存在有粘结力。一般认为粘结力主要来源于以下几个方面:

① 机械粘结力 胶粘剂涂敷在材料的表面后,能渗入材料表面的凹陷处和表面的孔隙内,胶粘剂在固化后如同镶嵌在材料内部。正是靠这种机械锚固力将材料粘结在一起。

② 物理吸附力 胶粘剂分子和材料分子间存在的物理吸附力,即范德华力将材料粘结在一起。

③ 化学键力 某些胶粘剂分子与材料分子间能发生化学反应,即在胶粘剂与材料间存在有化学键力,是化学键力将材料粘结为一个整体。对不同的胶粘剂和被粘材料,粘结力的主要来源也不同,当机械粘结力、物理吸附力和化学键力共同作用时,可获得很高的粘结强度。

当被粘表面有油污时,使物理吸附力下降,使胶粘剂与石材表面产生的化学键数量大大减少,导致粘结强度达不到设计要求。

8. 某工程采购单组分硅胶密封胶计划用作窗的密封,由于某种原因,该工程延迟了半年才施工,使用时发现胶粘剂无法施工,请分析原因。

【解】单组分的密封胶储存稳定性较差,是因为固化剂与粘合剂预先混合在一起,随着贮存时间的增加,固化剂分解变性的趋势增加,导致胶粘剂固化失效,所以其贮存的有效期较短。

① 若使用单组分硅胶密封胶,即买即用,尽量减少贮存时间;

② 使用双组分密封胶。双组分的密封胶贮存稳定性好,固化时间短,且固化时间可调节。

9. 某住宅楼购买了一批胶合板进行室内装修,经检测室内甲醛含量严重超标,分析原因。

【解】胶合板通常是由脲醛树脂作粘合剂,在热压的条件下使树脂固化,制成胶合板。脲醛树脂属于热固型粘合剂,是由尿素和甲醛反应而成。但是一些胶合板生产企业为了追求产量和效益,在生产时脲醛树脂时甲醛用量偏多,或胶合板生产时热压时间过短,或热压温度过低造成胶合板残余甲醛含量过高,导致使用过程中胶合板中不断有甲醛释放出来,污染环境。

第十二章　建筑功能材料

1. 什么是绝热材料? 其绝热机理是什么?

【解】建筑上主要起到保温、隔热作用,且导热系数不大于 0.23W/(m·K)的材料称为保温隔热材料,工程上习惯称为绝热材料。

绝热材料的隔热机理

(1) 多孔型

当热量从高温面向低温面传递时,在未碰到气孔之前,传递过程为固相中的导热,在碰到气孔后,一条线路仍然是通过固相传递,但其传热方向发生变化,总的传热路线大大增加,从而使传递速度减缓。另一条路线是通过气孔内气体的传热,其中包括高温固体表面对气体的辐射与对流传热、气体自身的对流传热、气体的导热、热气体对低温固体表面的辐射及对流传热以及热固体表面和冷固体表面之间的辐射传热。由于在常温下对流和辐射传热在总的传热中所占的比例很小,故以气孔中气体的导热为主,但由于空气的导热系数仅为 $0.029W/(m \cdot K)$,大大小于固体的导热系数,故热量通过气孔传递的阻力较大,从而传热速度大大减缓。这就是含有大量气孔的材料能起绝热作用的原因。

(2) 纤维型

纤维型绝热材料的绝热机理基本上和通过多孔材料的情况相似。显然,传热方向和纤维方向垂直时的绝热性能比传热方向和纤维方向平行时要好一些。

(3) 反射型

当外来的热辐射能量投射到物体上时,通常会将其中一部分能量反射掉,另一部分被吸收(一般建筑材料都不能穿透热射线,故透射部分忽略不计)。所以,凡是善于反射的材料,吸收热辐射的能力就小;反之,如果吸收能力越强,则其反射率就越小。故利用某些材料对热辐射的反射作用,如铝箔的反射率为 0.95,在需要绝热的部位表面贴上这种材料,就可以将绝大部分外来热辐射(如太阳光)反射掉,从而起到绝热作用。

2. 影响绝热材料性能的因素有哪些? 建筑物上使用绝热材料有何意义?

【解】影响绝热材料性能的因素有材料的导热系数(主要由材料的化学结构、组成和聚集状态、表观密度、湿度、温度及热流方向决定)、温度稳定性、吸湿性及强度。

建筑节能及各类热工设备的保温隔热是节约能源、提高建筑物居住和使用功能的一个重要方面。随着各国工业化进程的发展,地球上可供人类利用的化石燃料日渐枯竭,解决能源危机只有在开发新能源的同时注意节约能源。建筑能耗在人类整体能耗中所占比例很高,所以保温隔热在建筑节能中意义重大,而绝热材料是建筑节能的物质基础。

3. 为什么使用绝热材料时要特别注意防水防潮?

【解】由于水的导热系数 $\lambda[0.5812W/(m \cdot K)]$ 比静态空气的导热系数 $\lambda[0.02326W/(m \cdot K)]$ 大 20 多倍,如果材料含水率提高,必然导致材料的导热系数增大。如果材料孔隙中的水分冻结成冰,冰的导热系数 $\lambda[2.326W/(m \cdot K)]$ 是水的 4 倍,材料的导热系数将更大。所以使用绝热材料时要特别注意防水防潮。

4. 建筑装饰材料外观的基本要求。

【解】(1) 颜色

材料的颜色实质上是材料对光谱的反射,并非是材料本身固有的。它主要与光线的光谱组成有关,还与观看者的眼睛对光谱的敏感性有关。

(2) 光泽

光泽是指由方向性的光线反射性质,它对于物体形象的清晰度起着决定性的作用。光泽与材料表面的平整程度、材料的材质、光线的投射及反射方向等因素有关。

（3）透明度

材料的透明度也是与光线有关的一种性质。既能透光又能透视的物体称为透明体；只能透光而不能透视的物体称为半透明体；既不能透光又不能透视的物体称为不透明体。

（4）质感

质感是材料质地的感觉，主要是通过线条的粗细、凸凹不平程度等对光线吸收、反射强度不同产生感官上的区别。质感不仅取决于饰面材料的性质，而且取决于施工方法，同种材料不同的施工方法，也会产生不同的质地感觉。

（5）形状与尺寸

对于块材、板材和卷材等装饰材料的形状和尺寸，以及表面的天然花纹、纹理以及人造花纹或图案等都有特定的要求，除卷材的尺寸和形状可在使用时按需要裁剪外，大多数装饰板材和块材都有一定的规格和形状，以便拼装成各种图案或花纹。

5. 选用装饰材料应注意哪些问题？

【解】建筑装饰材料除颜色、光泽、透明度、质感、形状与尺寸等基本要求外，还应具备一定的强度、可靠的耐水性、吸声性、耐火性、绝热性、重量指标及耐腐蚀性。

建筑装饰材料在选用时，必须考虑材料的使用功能、装饰特性、使用环境、材料供应、施工可行性、经济性，并结合装饰主体的特点加以考虑和分析比较，才能从众多建筑装饰材料中选择出合适的材料。以达到保证装饰质量、提高施工速度和降低工程造价的总目标。

6. 常用装饰材料有哪几类？

【解】根据建筑装饰材料的化学性质不同，可以分为无机装饰材料和有机装饰材料两大类。无机装饰材料又可分为金属和非金属两大类，包括石材、建筑陶瓷、金属板材及建筑玻璃等，有机装饰材料包括塑料、木材、卷材及涂料等。

7. 简述橡胶系防水卷材，塑料系防水卷材，橡塑共混防水卷材的各自优缺点？

【解】橡胶系防水卷材具有优异的耐化学腐蚀性、耐水性、耐候性，优异的弹性、拉伸强度、抗老化性能及使用寿命。塑料系防水卷材的优点有低温柔性好、延伸率大，因此能很好地适应基层的冷热伸缩而不会开裂；机械性能、抗拉强度、抗撕裂强度、耐磨性都很好，故不易受机械损伤；使用寿命长，通过合理的配方设计、添加剂的使用以及合理的防水系统设计和施工，可具有很好的耐候性、耐热性。复合卷材优点是可根据卷材不同部位对防水的要求来选择材料，因而解决了面层耐候性好的材料但价格高，以及一些卷材粘结性差的缺点。

8. 简述建筑防火涂料的防火机理。

【解】防火涂料的防火原理是涂层能使底材与火（热）隔离，从而延长了热侵入底材和到达底材另一侧所需的时间，即延迟和抑制火焰的蔓延作用。侵入底材所需的时间越长，涂层的防火性越好，因此，防火涂料的主要作用应是阻燃，在起火的情况下，防火涂料就能起防火作用。

9. 简述建筑玻璃种类。

【解】建筑工程的玻璃品种主要有四大类：平板玻璃、饰面玻璃、功能玻璃和安全玻璃。其中平板玻璃是建筑玻璃中用量最大的一类，它包括普通平板玻璃、浮法玻璃、磨光玻璃、毛玻璃、压花玻璃、彩色玻璃等。安全玻璃主要包括钢化玻璃、夹层玻璃、夹丝玻璃、防火玻璃、防紫外线玻璃、防盗玻璃和防弹玻璃等。饰面玻璃包括釉面玻璃和彩色玻璃等。功能玻璃主要包括吸热玻璃、热反射玻璃、电热玻璃、低辐射玻璃、光致变色玻璃、太阳能玻璃、电磁屏蔽玻璃和中空玻璃等。

10.什么是吸声材料?材料的吸声性能用什么指标表示?其与绝热材料在结构上的主要区别是什么?

【解】在建筑结构中起到吸声作用,且吸声系数不小于0.2的材料称为吸声材料。吸声系数是评定材料吸声性能的指标。吸声材料与绝热材料的主要不同是,吸声材料要求具有开放的互相连通的气孔,这种气孔越多,吸声性能越好;而绝热材料则要求具有封闭的不连通的气孔,这种气孔越多其绝热性能越好。

11.影响多孔吸声材料吸声效果的因素有哪些?

【解】声波的频率及入射方向、材料的表面条件、材料厚度、材料的孔隙特征及材料的表观密度。